26648

MÉMOIRES

POUR SERVIR A L'HISTOIRE

ANATOMIQUE ET PHYSIOLOGIQUE

DES VÉGÉTAUX ET DES ANIMAUX.

II.

IMPRIMÉ CHEZ PAUL RENOUARD,
RUE GARANCIÈRE; N° 5.

MÉMOIRES

POUR SERVIR A L'HISTOIRE

ANATOMIQUE ET PHYSIOLOGIQUE

DES VÉGÉTAUX

ET

DES ANIMAUX,

PAR M. H. DUTROCHET,

MEMBRE DE L'INSTITUT (Académie royale des Sciences) ET DE LA LÉGION-D'HONNEUR.

AVEC UN ATLAS DE 30 PLANCHES GRAVÉES.

Je considère comme non avenu tout ce que
j'ai publié précédemment sur ces matières, et
qui ne se trouve point reproduit dans cette
collection.

AVANT-PROPOS.

TOME SECOND.

PARIS

CHEZ J.-B. BAILLIÈRE,

LIBRAIRE DE L'ACADÉMIE ROYALE DE MÉDECINE,

RUE DE L'ÉCOLE-DE-MÉDECINE, 13 bis.

A LONDRES, MÊME MAISON, 219, REGENT-STREET.

1837.

MÉMOIRES

POUR SERVIR A L'HISTOIRE

ANATOMIQUE ET PHYSIOLOGIQUE

DES VÉGÉTAUX ET DES ANIMAUX.

XII.

DE LA DIRECTION OPPOSÉE

DES TIGES ET DES RACINES. [1]

§ 1. — *De la direction des tiges vers le ciel et des racines vers la terre.*

Les phénomènes les plus généraux de la nature, ceux qu'elle présente sans cesse à nos yeux, sont en général ceux que la plupart des hommes remarquent le moins. Celui

---

(1) Les observations contenues dans ce Mémoire ont été publiées à diverses époques, savoir, en 1824, en 1828 et en 1833.

qui n'a point appris à méditer sur les phénomènes naturels, a peine à se persuader, par exemple, qu'il existe un
mystère dans l'ascension des tiges des végétaux, et dans la
progression descendante de leurs racines. Ce phénomène,
cependant, est un des plus curieux parmi ceux que nous
offre la vie végétale. Le mouvement descendant des racines
paraîtra facile à expliquer pour la plupart des esprits : elles
tendent, dira-t-on, comme tous les autres corps, vers le
centre de la terre, en vertu des lois connues de la pesanteur ; mais comment expliquera-t-on l'ascension verticale
des tiges, qui est en opposition manifeste avec ces lois? C'est
ici qu'ont échoué ceux qui ont tenté d'expliquer ce phénomène. Dodart (1), le premier, à ce qui paraît, qui ait recueilli quelques observations sur ce sujet, prétend expliquer
le retournement de la radicule et de la plumule dans les
graines semées *à contre-sens*, par l'hypothèse suivante : il
admet que la racine est composée de parties qui se contractent par l'effet de l'humidité ; et que les parties de la
tige, au contraire, se contractent par l'effet de la sécheresse. Il doit en résulter, selon lui, que, dans la graine
semée à contre-sens, la radicule tournée vers le ciel se contracte et s'incline vers la terre, siège de l'humidité ; tandis
que la plumule, au contraire, se contracte et se tourne du
côté du ciel, ou plutôt de l'atmosphère, milieu plus sec
au moins humide que ne l'est la terre. On connaît les expériences de Duhamel, et les tentatives qu'il a faites pour
contraindre des graines à pousser leur radicule en haut,
et leur plumule en bas, en les enfermant dans des tubes
qui ne permettaient pas le retournement de ces parties ; ne
pouvant obéir à leurs tendances naturelles, la radicule et
la plumule se contournèrent en spirale. Ces expériences

(1) Sur la perpendicularité des tiges par rapport à l'horizon. (Mémoires de
l'Académie des Sciences, 1700.)

prouvent que les tendances opposées de la radicule et de la plumule ne peuvent être interverties; mais elles nous laissent dans une ignorance complète de la cause à laquelle sont dues ces tendances. Les tiges pour se développer ont besoin d'être placées dans le sein de l'atmosphère; les racines au contraire ont besoin de se trouver dans le sein de la terre : existerait-il une tendance entre l'atmosphère et la tige, entre la terre humide et la racine, tendance de laquelle résulterait l'ascension de la tige, et le mouvement descendant de la racine? C'est à l'observation à éclaircir les doutes sur ces différens objets.

J'ai rempli de terre une boîte dont le fond était percé de plusieurs trous; j'ai placé des graines de haricot (*phaseolus vulgaris*) dans ces trous, et j'ai suspendu la boîte en plein air à une élévation de six mètres. De cette manière les graines, placées dans les trous pratiqués à la face inférieure de la boîte, recevaient de bas en haut l'influence de l'atmosphère et de la lumière; la terre humide se trouvait placée au-dessus d'elles. Si la cause de la direction de la plumule et de la radicule existait dans une tendance de ces parties pour la terre humide et pour l'atmosphère, on devait voir la radicule monter dans la terre placée au-dessus d'elle, et la tige au contraire descendre vers l'atmosphère placée au-dessous; c'est ce qui n'eut point lieu. Les radicules des graines descendirent dans l'atmosphère, où elles se desséchèrent bientôt; les plumules, au contraire, se dirigèrent en haut dans l'intérieur de la terre. Je plaçai verticalement en haut la pointe de la radicule de quelques-unes de ces graines germées, en les enfonçant dans les trous dont il vient d'être question; ces radicules, au lieu de se diriger vers la masse de terre humide placée au-dessus d'elles, se courbèrent en bas. Je voulus voir si une grande masse de terre, placée au-dessus des graines, exercerait plus d'influence sur la direction de leurs radicules. Je fixai donc des graines de haricot au plancher d'une excavation qui était recouverte d'environ six mètres de terre, et je les y maintins dans de la terre humide par des moyens appropriés. Les résultats de cette seconde expérience ne furent point différens de ceux de la première.

Ces expériences prouvent que ce n'est point vers le terre humide que se dirige la radicule, et que ce n'est point vers l'atmosphère que se dirige la plumule. Ces deux parties se dirigent toujours l'une vers le centre de la terre, l'autre dans une direction opposée. Quoiqu'il paraisse résulter des expériences précédentes que la radicule des embryons séminaux ne possède aucune tendance spéciale vers les corps humides, on pourrait cependant penser que, dans les expériences dont il s'agit, la tendance de la radicule vers le centre de la terre étant plus forte que la tendance supposée de cette même radicule vers les corps humides, cette dernière tendance n'aurait pas pu se manifester. J'ai vu évanouir ce soupçon par l'expérience suivante : j'ai suspendu dans un bocal une petite soucoupe que j'ai remplie d'eau, et dans laquelle j'ai placé une éponge taillée et placée de manière à présenter une face plane verticale ; ensuite, au moyen d'un fil de fer fixé au couvercle du bocal, j'ai suspendu dans l'intérieur de ce dernier une fève nouvellement germée, ayant soin de placer la radicule aussi près qu'il était possible de la face verticale de l'éponge sans la toucher. De cette manière le corps humide était placé latéralement par rapport à la radicule, et comme il n'y avait point d'eau au fond du bocal, et que la face verticale de l'éponge dépassait un peu le bord de la soucoupe qui la contenait, il en résultait que la radicule, si elle avait une tendance vers l'humidité, devait se courber latéralement pour se diriger vers l'éponge qui l'avoisinait ; car il n'y avait point d'eau ni de corps humide de tout autre côté. Au reste, l'air de l'intérieur du bocal se trouvant saturé d'eau, et la radicule étant extrèmement rapprochée de l'éponge mouillée, cela non-seulement empêchait cette radicule de se flétrir, mais fournissait à son absorption une quantité d'eau suffisante pour suffire à son développement et même à la production de nouvelles racines latérales. Cette expérience donna les résultats suivans : la radicule ne manifesta aucune tendance vers l'éponge imbibée d'eau ; les racines latérales qu'elle produisit du côté de l'éponge pénétrèrent dans les cellules de cette dernière ; mais les autres racines latérales qui prirent naissance dans les autres points de la surface de la radicule ne manifestèrent aucune tendance vers l'éponge, quoique plusieurs de ces racines latérales prissent leur origine très près de ce corps mouillé. Il résulte de ces diverses expériences que les racines n'ont aucune tendance vers les corps humides, et que, par conséquent, cette cause n'est point une de celles qui déterminent la direction des racines vers la terre. Il est probable que les tiges n'ont pas plus de tendance spéciale vers l'air atmosphérique, que les racines n'en ont vers l'eau, mais on ne peut guère s'en assurer par l'expérience.

Les divers essais tentés pour donner l'explication de la tendance inverse des tiges et des racines étant demeurés infructueux, il a été libre à chacun de donner sur ce point un champ libre à son imagination : on a pensé, par exemple, que la direction de la racine vers la terre, et de la tige vers le ciel, serait le résultat d'une sorte de *polarité* analogue à celle qui dirige les deux pôles de l'aiguille aimantée vers les pôles opposés de la terre. J'ai moi-même autrefois penché vers cette opinion, qui est encore partagée par certains auteurs en Allemagne et en France. Si cette polarité existait chez les végétaux, le sommet de la tige tendrait constamment vers le ciel et la pointe de la racine tendrait constamment vers la terre ; or, c'est ce qui n'a point toujours lieu. Il y a des tiges qui se dirigent vers la

terre comme des racines : telles sont les tiges naissantes de
beaucoup de végétaux aquatiques, tels que le *sagittaria
sagittifolia*, le *sparganium erectum*, le *typha latifolia*, les
carex, etc., etc. Ces tiges, à leur naissance, courbent leur
pointe vers la terre, et cela avec tant de force qu'elles
percent toute l'épaisseur des feuilles engaînantes qui les
recouvrent ; elles s'enfoncent dans la vase où elles forment
des tiges souterraines qui habitent le même milieu que les
racines dont elles affectent la direction. Les racines, de leur
côté, ne sont pas toujours descendantes, on les voit quelquefois
monter vers le ciel ; c'est, par exemple, ce que j'ai observé
dans les racines produites sur la tige du *pothos crassinervia* et
du *cactus phyllantus*. Ainsi la qualité de tige et de racine ne suffit point pour déterminer l'ascension de l'une et la descente
de l'autre ; il n'y a donc point là de *polarité*. D'ailleurs, la
double tendance qui résulte de la polarité appartient à
toutes les parties dans lesquelles le corps qui possède cette
polarité peut être divisé. C'est ainsi qu'une aiguille aimantée, brisée en deux moitiés, forme sur-le-champ deux
aiguilles aimantées pourvues de leurs pôles opposés. Or,
dans une tige séparée de la racine, il n'existe plus de
double tendance, c'est toujours sa partie demeurée libre
et mobile qui se dirige vers le ciel, ainsi que le prouve
l'expérience suivante, qui appartient à Bonnet (1), et que
j'ai répétée. J'ai enfoncé le sommet d'une tige de *mercu-
rialis annua* dans une fiole pleine d'eau, puis j'ai courbé
cette tige vers le corps de la fiole au col de laquelle je l'ai
fixée avec une ligature ; de cette manière, la partie inférieure de la tige se trouvait dans la position naturelle,
c'est-à-dire dans la position verticale, et sa vie pouvait être
entretenue par l'eau qu'absorbait la partie supérieure de
cette même tige qui était plongée dans l'eau ; bientôt je,

(1) Recherches sur l'usage des feuilles.

vis la partie inférieure de cette tige se courbet et se diriger
vers le ciel. Ce fait prouve bien évidemment que la tendance vers le ciel n'appartient point exclusivement au sommet de la tige, puisque la base de la tige la possède également : il suffit, par conséquent, qu'une partie de tige
soit libre et mobile pour qu'elle tende à se diriger vers le
ciel. L'expérience suivante achève de prouver cette assertion. J'ai couché sur le sol une tige d'*allium porrum*, et,
dans cette position couchée, je l'ai courbée en arc; j'ai fixé
solidement au sol les deux extrémités de l'arc, dont le
milieu demeurait libre et mobile. Bientôt cet arc horizontal est devenu vertical par le redressement de ses deux
moitiés fixées au sol.

La lumière influe puissamment sur la direction des tiges:
ainsi une plante placée dans un lieu éclairé par une seule
fenêtre dirige sa tige vers cette ouverture qui lui transmet
la lumière. On pourrait donc penser que la direction de la
tige vers le ciel serait exclusivement le résultat de la tendance de cette tige vers la lumière, qui arrive du ciel de
toutes parts par la réflection des nuages et de l'atmosphère.
L'expérience suivante dissipe tous les doutes à cet égard.
J'ai fait germer des graines dans la plus parfaite obscurité,
en couvrant le vase qui les contenait avec un récipient
opaque, autour de la base duquel j'accumulais de la sciure
de bois; les tiges se sont dirigées vers le ciel et les racines
vers la terre comme à l'ordinaire. La direction spéciale de
ces parties opposées reconnaît donc bien certainement pour
cause occasionnelle l'action de la pesanteur, seule cause
connue qui agisse sur le globe dans le sens vertical. L'influence de la lumière agit sur les tiges comme cause occasionnelle accessoire pour déterminer leur ascension, ainsi que le
prouvent les expériences suivantes. J'ai arraché avec leurs
bulbes plusieurs tiges d'*allium porrum* et d'*allium cepa*.
Ces tiges, pourvues d'une sève dense et visqueuse, con-

servent long-temps leur vitalité, même dans le lieu le plus
sec. J'ai couché quelques-unes de ces tiges en plein air,
en les fixant au sol par leur partie inférieure ; j'ai couché,
de la même manière, d'autres tiges semblables dans un lieu
sec et parfaitement obscur. Les premières ont achevé de
diriger leur sommet vers le ciel au bout de trois jours,
tandis que les secondes n'ont présenté le même résultat
qu'au bout de dix jours. L'influence de la lumière, comme
cause occasionnelle accessoire à la pesanteur pour déterminer l'ascension des tiges, se manifeste évidemment dans
cette expérience. On pourrait penser qu'une tige couchée
sur le sol y absorbe de l'humidité qui gonfle son tissu dans
sa partie latérale qui touche la terre, tandis que la partie
latérale opposée, soumise spécialement à l'action de l'évaporation, perdrait une partie de sa turgescence aqueuse,
ce qui déterminerait la courbure de cette tige et la direction
de sa partie mobile vers le ciel. Cette hypothèse échoue
devant l'observation que j'ai faite, que les tiges se redressent
vers le ciel, même lorsqu'elles sont entièrement couvertes
d'eau, et cela a lieu dans l'obscurité comme à la lumière.

M. Knight, cet ingénieux observateur auquel la physiologie végétale doit tant de vues neuves et heureuses, a
essayé d'expliquer le phénomène de l'ascension des tiges
et de la descente des racines. Voici l'exposé sommaire de
sa théorie. (1)

On sait que les racines ne croissent en longueur que par
leur pointe, tandis que les tiges croissent en longueur par
leur sommet et par l'allongement de leurs mérithalles ; ce
sont ces deux modes d'élongation que j'ai nommés l'un
élongation terminale, l'autre *élongation intermédiaire*. M.
Knight pense que lorsqu'une tige est couchée horizontale-

(1) On the direction of the radicle and germen, etc., Philosophical Transactions, 1806.

ment, la sève se précipite vers le côté qui se trouve inférieur
où elle se trouve ainsi en plus grande abondance que dans le
côté qui se trouve supérieur. Cette plus grande abondance de
la sève nourricière dans le côté inférieur, détermine dans
ce côté une *élongation intermédiaire* plus rapide et plus
considérable que dans le côté supérieur. Dès lors, la tige se
courbe de manière à ce que sa convexité est en bas, et il en
résulte que le sommet libre de la tige est dirigé en haut.
La racine ne possédant point d'*élongation intermédiaire*,
n'est point déterminée comme la tige à se courber vers le
ciel. Lorsque cette racine est verticale, elle tend à s'accroître dans cette direction, parce que son élongation ne
s'opère qu'à l'aide de la matière organisée qui est ajoutée
successivement à sa pointe. Cette théorie explique d'une
manière très plausible la direction des tiges vers le ciel et
leur retournement lorsqu'elles n'ont pas cette direction;
elle explique également l'accroissement descendant des racines lorsqu'elles sont placées la pointe en bas; elle explique pourquoi les racines ne tendent point vers le ciel, mais
elle n'explique point du tout pourquoi une racine nouvellement produite, étant placée horizontalement sur le sol,
elle se courbe pour diriger sa pointe en bas. En outre, la
théorie de M. Knight échoue complètement devant l'existence de ces faits bien constatés qu'il existe des tiges qui se
dirigent vers la terre et des racines qui se dirigent vers le
ciel. En outre, il est une foule de circonstances où les racines croissent horizontalement dans le sol et où les branches des arbres ont dans l'atmosphère une direction horizontale et même quelquefois descendante. Ces considérations prouvent que la théorie de M. Knight ne peut être
admise; toutefois on va voir que, dans cette circonstance,
M. Knight s'est approché de la vérité autant que pouvaient
le permettre les connaissances physiques alors existantes.

Lorsque j'eus fait la découverte du phénomène de l'endosmose, je ne tardai pas à pressentir les applications que l'on pouvait faire de ce nouveau phénomène physique à l'explication des phénomènes de flexion que présentent, dans certains cas, les caudex végétaux et notamment à l'explication des flexions en sens inversés que prennent les tiges et les racines sous l'influence de la pesanteur. Je vis, en effet, que les tiges et les racines possèdent, sous un certain point de vue, une organisation inverse, et que de là devaient résulter des tendances à la flexion dans des directions opposées par l'effet de la puissance de l'endosmose. J'ai démontré, dans mes *Recherches sur l'accroissement des végétaux*,[1] que le végétal est composé de deux systèmes concentriques, le système cortical et le système central, et que ces deux systèmes sont composés de parties semblables ou analogues, disposées en sens inverses. Dans le système central, la moelle ou médulle centrale occupe le centre ; dans le système cortical, le parenchyme ou médulle corticale occupe la circonférence. Ce sont ces deux médulles qui composent essentiellement l'organisation de la tige naissante et de la radicule des embryons séminaux lors de leur germination. Ces deux caudex, l'un ascendant et l'autre descendant, sont essentiellement cellulaires dans le principe ; le tissu fibreux est encore rudimentaire chez eux. On sait que ce que l'on nomme généralement la *radicule* chez les embryons séminaux, n'est point une racine dans son entier. C'est en grande partie la *tigelle*, ou le premier mérithalle de la jeune plante qui forme ce caudex descendant, ainsi que M. Turpin l'a fait voir le premier et ainsi que je l'ai exposé dans le III° Mémoire (tome 1, page 158). Or, l'observation apprend que dans la tige naissante composée des mérithalles qui suivent le premier et qui est ascendante, la médulle centrale l'emporte en volume sur la médulle corticale, comme on le voit dans la figure 2 (planche 17) qui représente la coupe transversale de la tige

naissante ou du caudex ascendant du haricot. Chez le
caudex descendant, au contraire, caudex qui est composé de
la tigelle et de la racine naissante, la médulle corticale
l'emporte en volume sur la médulle centrale, comme on le
voit dans la figure 1 (planche 17) qui représente la coupe
transversale de la *radicule* du haricot. Cette prédomination
inversé des deux médulles corticale et centrale dans le caudex descendant et dans le caudex ascendant des embryons
séminaux, est un premier fait qu'il faut noter.

Les deux médulles centrale et corticale sont composées
de cellules ou d'utricules agglomérées et remplies par un
liquide dense. Or, une disposition organique très importante de ces deux médulles, disposition qui n'avait point
été notée avant moi, est celle-ci : dans la médulle centrale,
les cellules, grandes au centre, vont en décroissant de grandeur vers le dehors; dans la médulle corticale, on observe deux ordres inverses de décroissement de grandeur
dans l'assemblage des cellules composantes, ainsi que je l'ai
déjà exposé dans le IIIᵉ Mémoire (t. 1, p. 151). Dans un point
quelconque de l'épaisseur de cette médulle corticale, se
trouvent les cellules les plus grandes. A partir de ce point,
ces cellules vont en décroissant de grandeur vers le dehors
et vers le dedans. Or, dans la *radicule* ou plutôt dans le
caudex descendant (figure 1, planche 17), le point où se
trouvent les plus grandes cellules de la médulle corticale
est fort rapproché de l'enveloppe tégumentaire, en sorte
que la couche des cellules qui décroissent de grandeur vers
le dehors est presque nulle, tandis que la couche des cellules qui décroissent de grandeur vers le dedans, occupe
à-peu-près toute l'épaisseur de l'écorce. Cette disposition
ne souffre aucune exception chez les caudex descendans
des végétaux; il n'en est pas de même chez les caudex ascendans ou chez les tiges; tantôt on voit prédominer dans
leur médulle corticale la couche cellulaire dont les cellules

décroissent de grandeur du dedans vers le dehors, ainsi que cela a lieu dans la tige du haricot (figure 2, planche 17); tantôt, et c'est le cas le plus général, on voit prédominer dans cette médulle corticale, la couche cellulaire dont les cellules décroissent de grandeur du dehors vers le dedans, comme cela se voit dans la figure 4 (planche 18), qui représente la coupe transversale de la tige du *phytolacca decandra*. Cette dernière organisation de la médulle corticale des jeunes tiges est, je le répète, presque générale; l'organisation de cette médulle corticale des tiges, telle qu'elle est représentée par la figure 2 (planche 17), appartient spécialement aux *tiges grimpantes*, ainsi que je le ferai voir dans le Mémoire XIII.

Le décroissement de grandeur des cellules de la médulle centrale du centre vers la circonférence, est un fait général dont on peut facilement constater l'existence même chez les tiges fistuleuses. Chez ces dernières, la moelle forme les parois du canal central, et les cellules composantes offrent comme à l'ordinaire une grandeur décroissante de dedans en dehors. Je citerai ici le pissenlit (*leotondon taraxacum*) comme l'une des plantes herbacées chez lesquelles cette disposition est le plus facile à observer. La tige ou hampe de ce végétal est fistuleuse; son canal médian occupe le centre de la médulle centrale, qui, blanche et diaphane, forme les parois immédiates de ce canal. En dehors existe le système cortical, dont l'épaisseur est moindre, qui est de couleur verte, et qui contient les vaisseaux du suc laiteux. Une tranche mince et longitudinale de cette tige étant soumise au microscope, on voit avec la plus grande facilité le décroissement des cellules de dedans en dehors. Le système cortical de la tige du pissenlit est si mince, qu'il n'est guère possible de voir l'ordre de décroissement des cellules dont il est composé.

Il résulte de ces observations que la moelle ou médulle

centrale est toujours composée de cellules décroissantes de
grandeur du dedans vers le dehors, et que la médulle corticale est composée d'une couche extérieure de cellules décroissantes de grandeur du dedans vers le dehors, et d'une
couche intérieure de cellules décroissantes de grandeur du
dehors vers le dedans, et que c'est cette dernière couche
qui toujours est prédominante dans les racines et qui, dans
le plus grand nombre des cas, est également prédominante
dans les tiges. On peut donc faire momentanément abstraction de la disposition inverse qui s'observe dans la médulle
corticale des tiges grimpantes, et admettre qu'en général la
médulle centrale et la médulle corticale offrent un décroissement en sens inverse dans la grandeur de leurs cellules,
la médulle centrale offrant toujours ce décroissement du
dedans vers le dehors et la médulle corticale offrant le plus
souvent ce décroissement du dehors vers le dedans. Il résulte
de cette organisation inverse du système central et du système cortical, que ces deux systèmes étant isolés et divisés
en lanières longitudinales, ces lanières, quand elles appartiennent au système cortical, doivent tendre à se courber
en dedans; et quand elles appartiennent au système central, doivent tendre à se courber en dehors. C'est effectivement ce que l'expérience démontre. Une lanière longitudinale d'écorce, prise sur une plante herbacée ou sur une
branche très jeune d'un végétal ligneux, étant plongée
dans l'eau, se courbe en dedans. Si on la plonge ensuite
dans le sirop de sucre, elle se courbe en dehors. Pour que
cette expérience réussisse bien, il faut, chez les végétaux
ligneux, enlever l'épiderme qui s'opposerait à la prompte
et facile absorption de l'eau par la partie qu'il recouvre. Au
contraire, une lanière longitudinale du système central,
prise sur une plante herbacée ou sur une branche très jeune
de végétal ligneux, étant plongée dans l'eau, se courbe en
dehors; transportée dans le sirop de sucre, elle se courbe

en dedans. Les mêmes phénomènes s'observent sur le système cortical et sur le système central des racines. Ainsi,
les tiges et les racines se ressemblent exactement sous le
point de vue de ce phénomène physiologique, et par conséquent sous le point de vue de la disposition organique à
laquelle ce phénomène est dû. Il résulte de ces observations,
que les médulles corticale et centrale ont une tendance à
l'incurvation dans des sens diamétralement opposés. Or,
comme ces deux systèmes sont cylindriques, et que les parties diamétralement opposées de chaque cylindre tendent
à l'incurvation, toutes les deux en dedans, ou toutes les
deux en dehors avec une même force, il en résulte que le
caudex végétal conserve sa rectitude; elle est le résultat de
l'équilibre parfait de toutes les tendances concentriques à
l'incurvation. Les expériences rapportées dans le neuvième
Mémoire prouvent que cette incurvation dépend : 1° de la
grandeur décroissante de leurs cellules composantes, qui
offrent d'un côté de la *capacité en plus*, et de l'autre côté
de la *capacité en moins;* 2° de ce que ces cellules contenant
un liquide organique d'une densité quelconque, elles exercent l'endosmose implétive lors de l'accession de l'eau, et
l'endosmose déplétive lors de l'accession extérieure d'un
liquide plus dense que celui qu'elles contiennent. Ainsi,
d'une part *capacité en plus* et *capacité en moins* des cellules,
et d'une autre part, *densité en plus* et *densité en moins* des
deux liquides intérieur et extérieur. Voilà les conditions
fondamentales des incurvations spontanées qu'affectent les
caudex ascendans et descendans des embryons séminaux.
Ces caudex possèdent dans leurs médulles corticale et centrale des organes de mouvement en action d'incurvation
permanente, et que l'équilibre parfait de leur antagonisme
circulaire condamne au repos dans l'état naturel; mais
qu'une cause quelconque vienne à rompre cet équilibre ou
cette égalité parfaite d'action d'incurvation, à l'instant les

caudex végétaux se courberont dans le sens déterminé par l'action d'incurvation de celui de leurs côtés dont la force sera prépondérante. Il ne s'agit donc que de déterminer les causes particulières qui, en détruisant l'équilibre auquel les caudex végétaux doivent leur situation immobile, les déterminé à se courber pour affecter des directions spéciales.

La prédomination de l'incurvation en un sens déterminé, dans une tige ou dans une racine, atteste nécessairement la rupture de l'équilibre qui primitivement maintenait chacun de ces caudex dans la rectitude, par l'égalité des tendances concentriques à l'incurvation. Le moyen le plus simple de rompre cet équilibre est de fendre en deux, longitudinalement, chacun de ces caudex. Je fais cette opération sur une tige et sur une racine de plante nouvellement germée. Considérons séparément ici la tige et la racine. La tige offre une prédomination du système central sur le système cortical; ces deux systèmes tendent à se courber en sens inverse : or, dans la moitié de tige il y aura une forte tendance du système central à se courber en dehors, et une tendance plus faible du système cortical à se courber en dedans, en raison de la prédomination de masse du premier de ces systèmes. Si donc l'on plonge cette moitié de tige dans l'eau, elle se courbera en dehors par l'effet de l'endosmose implétive et avec une force qui sera égale à l'excès de la tendance à l'incurvation en dehors du système central sur la tendance à l'incurvation en dedans du système cortical. Si l'on transporte cette moitié de tige dans le sirop de sucre, elle perdra sa courbure en dehors et se courbera en dedans, par l'effet de l'endosmose déplétive. (Voyez tome 1, page 14.)

La même expérience, faite sur la moitié de racine fendue longitudinalement, donne des résultats inverses. La racine offre une prédomination du système cortical sur le système central; par conséquent la tendance du système cortical à

se courber en dedans l'emportera sur la tendance du système central à se courber en dehors ; et la moitié de racine
étant plongée dans l'eau, se courbera en dedans avec une
force égale à l'excès de la tendance du système cortical à se
courber en dedans, sur la tendance du système central à se
courber en dehors : cet effet sera dû à l'endosmose implétive. Si l'on transporte cette moitié de racine dans le sirop
de sucre, elle perdra sa courbure en dedans, et prendra une
courbure en dehors par l'effet de l'endosmose déplétive.

Nulle tige ne manifeste avec plus d'énergie les tendances
à l'incurvation dont il vient d'être question, que la tige ou
hampe du pissenlit. Une lanière longitudinale de cette tige
fistuleuse étant plongée dans l'eau, se roule en dehors sous
forme d'une spirale très serrée. Cette incurvation en dehors
a lieu également sans plonger la lanière de tige dans l'eau ;
mais cette incurvation est bien moins profonde. Si l'on
transporte cette lanière de l'eau dans le sirop de sucre, elle
perd sa position roulée en dehors, se redresse, et se roule
en spirale en dedans. Cette incurvation en dedans est le résultat de la déplétion générale des cellules par l'effet de
l'endosmose déplétive. Cela se voit de la manière la plus facile, en soumettant au microscope une petite lanière de tige
de pissenlit plongée dans du sirop. On voit ses cellules composantes, et spécialement les plus grandes, qui sont situées
à la partie intérieure, se vider et devenir plus petites. Si on
laisse une tige de pissenlit se flétrir un peu avant de la diviser en lanières longitudinales, ces lanières ne se courberont point en dehors dans l'air, comme cela a lieu pour ces
mêmes lanières lorsqu'elles appartiennent à une plante
fraîche, c'est-à-dire qui contient beaucoup de sève lymphatique. C'est donc l'accession de cette sève lymphatique sur
les cellules remplies d'un liquide dense, qui, dans l'état naturel, provoque l'endosmose implétive de ces cellules, et
par suite l'incurvation du tissu qu'elles forment par leur

assemblage. Ces lanières à demi flétries sont dans l'état de flaccidité. Si on les plonge dans l'eau, elles reprennent promptement, par l'accession de ce liquide, leur tendance à l'incurvation en dehors. Ainsi, on voit que l'incurvabilité exige, ici, pour son exercice, l'accession d'un liquide extérieur sur les cellules qui composent le tissu incurvable, et que ce liquide extérieur est la sève lymphatique, lorsque l'incurvation a lieu par endosmose implétive.

On vient de voir que l'incurvation inverse des moitiés longitudinales de tige et de racine est le résultat du défaut d'équilibre, qui existe entre les tendances inverses à l'incurvation des systèmes cortical et central de chacune de ces moitiés de caudex végétal. Ceci conduit à la connaissance de la cause qui détermine les tiges et les racines à se courber dans leur entier en sens opposé, sous l'influence de la pesanteur.

J'ai couché horizontalement une tige ou hampe de pissenlit, et je l'ai maintenue dans cette position au moyen d'un poids placé sur la moitié de sa longueur. Au bout de vingt-quatre heures, la tige couchée s'était redressée et dirigée vers le ciel, en se courbant dans le voisinage de l'obstacle. Je détachai cette tige du sol, j'en retranchai les parties qui avaient conservé leur rectitude. Je ne voulais étudier que la partie courbée. Je fendis longitudinalement cette partie courbée en deux, en suivant le sens de la courbure ; j'obtins de cette manière deux moitiés de tige courbées, l'une *aa* (fig. 3, pl. 17) dont l'épiderme occupait la concavité dirigée dans l'état naturel vers le ciel, l'autre *bb* dont l'épiderme occupait la convexité dirigée dans l'état naturel vers la terre. Ainsi, la première, ou celle d'en haut, était courbée en dehors, et la seconde, ou celle d'en bas, était courbée en dedans. Or, il arriva que la première *aa* augmenta son incurvation en dehors, et que la seconde *bb* perdit une partie de son incurvation en dedans, et tendit à se redresser. Ce phénomène devint encore plus sensible en retranchant deux lanières latérales à chacune de ces deux moitiés de tige fistuleuse, et en ne conservant ainsi qu'une seule lanière médiane pour chacune de ces moitiés. La lanière médiane de la portion supérieure *aa* se courba plus fortement en dehors, la lanière médiane de la portion inférieure *bb* se redressa complètement. Cette observation prouve que la moitié inférieure *bb* était courbée en dedans *malgré elle*, ou dans le sens opposé à celui de sa tendance naturelle à l'incurvation. Etant abandonnée à elle-même par sa séparation de la moitié supérieure *aa*, elle tendait au redressement et à l'incurvation en dehors, qui était le sens naturel de sa tendance, mais cette tendance naturelle à l'incurvation en dehors était affaiblie, elle n'était pas, à beaucoup près aussi énergique que celle de la portion supérieure *aa*. Ainsi, dans la plante vivante et sur pied, les deux moitiés longitudinales de tige *aa* et *bb* tendaient toutes les deux à l'incurvation en dehors, comme c'est l'ordinaire. Mais cette tendance à l'incurvation en dehors étant affaiblie dans la moitié longitudinale inférieure *bb*, et la moitié longitudinale supérieure *aa* ayant conservé sa tendance à l'incurvation en dehors dans toute son intégrité, il est résulté de cette rupture d'équilibre, que la moitié de tige supérieure *aa*, par sa prédomination d'action d'incurvation en dehors, à courbé la tige tout entière dans le sens d'incurvation qui lui est propre. La moitié de tige inférieure *bb* ayant une action d'incurvation en dehors moindre, a été vaincue et entraînée *malgré elle* dans un état de courbure contraire à celui qui résulte de sa tendance naturelle. Ainsi, la courbure que prend une tige couchée horizontalement, pour diriger son sommet vers le ciel, dépend de la rupture de l'équilibre ou de l'égalité d'action d'incurvation en dehors dans ses deux moitiés longitudinales supérieure et inférieure. Cette dernière qui regarde la terre, étant affaiblie,

et son antagoniste, qui regarde le ciel, ayant conservé toute
sa force, la tige tout entière est courbée dans le sens d'incurvation en dehors et en haut, qui est propre au côté vainqueur, et le sommet de la tige se trouve ainsi dirigé vers le
ciel. Je passe actuellement à la cause de la direction des racines vers la terre.

J'ai pris un haricot germé, dont la radicule, parfaitement
droite, avait acquis une longueur d'environ un pouce. Je
donnai à cette radicule une position horizontale, et bientôt
elle se courba pour diriger sa pointe vers la terre. Je détachai cette racine courbée, et je la fendis longitudinalement
en deux, en suivant le sens de la courbure. J'obtins, de
cette manière, deux moitiés de racine courbées, l'une *aa*
(figure 4, planche 17), dont l'épiderme occupait la convexité, dirigée, dans l'état naturel, vers le ciel; l'autre *bb*,
dont l'épiderme occupait la concavité, dirigée, dans l'état
naturel, vers la terre. Ainsi, la première, ou celle d'en haut,
était courbée en dedans, et la seconde, ou celle d'en bas,
était courbée en dehors. Ayant plongé ces deux moitiés de
racine dans l'eau, la moitié supérieure *aa* augmenta sa
courbure; la moitié inférieure *bb*, au contraire, perdit la
sienne et se redressa. Par conséquent, dans cette circonstance, la moitié inférieure *bb* était courbée en dehors,
malgré elle, ou dans le sens contraire à celui de sa tendance
naturelle à l'incurvation, tendance qui, chez les racines, a
lieu *en dedans*, ainsi qu'on l'a vu plus haut. Cependant,
cette moitié longitudinale de racine *bb*, plongée dans l'eau,
ne fit que perdre sa position forcément courbée en dehors,
elle atteignit la rectitude sans se courber en dedans, comme
cela a lieu ordinairement. Cette moitié longitudinale inférieure *bb* a donc perdu une partie de sa tendance à l'incurvation en dedans : cette tendance est affaiblie; or, comme
cette même tendance naturelle à l'incurvation en dedans
existe dans toute son intégrité chez la moitié longitudinale

2.

supérieure *aa*, il résulte de cette rupture d'équilibre, ou de cette inégalité de force d'incurvation en dedans, dans les deux côtés supérieur *aa* et inférieur *bb*, que ce dernier est vaincu par la prédomination de force d'incurvation, en dedans et en bas de son côté antagoniste *aa*; de cette manière, la pointe de la racine se trouve ramenée vers la terre.

Une conclusion importante se déduit de ces deux observations. Dans la tige courbée (figure 3), comme dans la racine courbée (figure 4), c'est toujours le côté supérieur *aa* qui est vainqueur du côté inférieur *bb*, et qui lui imprime de force le mode de courbure qui lui est propre. Cette prédomination d'action d'incurvation du côté supérieur *aa* provient, dans la tige comme dans la racine, de l'affaiblissement de l'action d'incurvation dans le côté inférieur *bb*. Quelle est donc la cause qui, dans une tige ou dans une racine couchée horizontalement, affaiblit la tendance à l'incurvation qui est propre au côté de cette tige ou de cette racine qui regarde la terre? C'est encore l'expérience qui va résoudre ce dernier problème. Reportons-nous d'abord aux connaissances précédemment acquises. Nous savons que la force d'incurvation est proportionnelle à la force de l'endosmose des cellules qui composent le tissu incurvable; par conséquent, l'affaiblissement de cette force d'incurvation provient de l'affaiblissement de l'endosmose. Il s'agit donc de déterminer quelle est, dans cette circonstance, la cause de l'affaiblissement de l'endosmose implétive. Cet affaiblissement peut avoir lieu de trois manières : 1° par le défaut d'accession de la sève lymphatique en qualité suffisante; 2° par la diminution de densité du liquide intérieur des cellules; 3° par l'augmentation de densité de la sève lymphatique, qui est ici le liquide extérieur aux cellules. Il n'existe aucune raison pour qu'il y ait une diminution dans la quantité de sève lymphatique que reçoit la partie latérale inférieure des caudex végétaux, couchés horizon-

talement; il n'existe, de même, aucune raison pour que le
liquide intérieur des cellules composantes de cette même
partie latérale inférieure éprouve de la diminution dans sa
densité par l'effet de la pesanteur. L'exclusion de ces deux
premières manières dont peut avoir lieu l'affaiblissement
de l'endosmose implétive, met dans la nécessité d'adopter
la troisième, et on va voir cette adoption confirmée et lé-
gitimée par l'expérience. Lorsque deux liquides, imparfaitement mêlés, sont réunis dans un même vase, le plus dense
se précipite vers la partie inférieure, et le moins dense occupé la partie supérieure. Or, la sève lymphatique n'est
point un liquide homogène et partout le même ; lors de son
introduction dans le végétal , ce n'est que de l'eau pure ;
cette eau acquiert peu-à-peu une densité plus considérable, par la dissolution qu'elle opère des liquides organiques.
Ce fait est bien prouvé par les expériences de M. Knight.
Lorsqu'un caudex végétal est couché horizontalement, la
sève la plus dense doit se précipiter vers le côté qui regarde
la terre ; la sève la plus aqueuse, et par conséquent la plus
légère, doit demeurer dans le côté qui regarde le ciel.

Cette induction rationnelle est pleinement confirmée
par l'expérience. Je pris de jeunes tiges de bourrache dont
j'avais sollicité le redressement vers le ciel, en les maintenant courbées vers la terre. Je retranchai les parties droites
de ces tiges, et ne conservai que les portions courbées. Je
fendis en deux ces tiges courbées par une section longitudinale pratiquée dans le sens de la courbure, de la même
manière que cela est présenté pour la tige du pissenlit, dans
la fig. 3. Je plongeai ces deux moitiés de tige dans l'eau :
elles se précipitèrent au fond, parce que leur pesanteur
spécifique était plus considérable que celle de l'eau. Je les
transportai dans de l'eau sucrée, suffisamment dense pour
que ces deux moitiés de tige surnageassent ; alors j'ajoutai
de l'eau peu-à-peu à la solution sucrée, et je diminuai

ainsi sa densité d'une manière graduelle; bientôt je vis la
moitié de tige inférieure, c'est-à-dire celle qui, dans l'état
naturel, était située du côté de la terre, se précipiter au
fond du liquide, tandis que la moitié de tige supérieure
continuait de surnager. J'ai répété cette expérience plusieurs fois, et toujours avec le même résultat. Je dois faire
observer ici que l'on ne doit faire cette expérience qu'avec
des plantes dont la moelle est entièrement remplie de liquides, et ne contient point d'air du tout. Or, les jeunes
tiges de bourrache remplissent parfaitement à cet égard les
vues de l'expérimentateur; il faut avoir soin seulement
qu'il ne reste point de bulles d'air adhérentes aux poils
dont l'écorce de la plante est chargée. Ces expériences
prouvent que la tige qui s'est courbée pour se redresser,
offre une pesanteur spécifique plus grande dans sa moitié
longitudinale inférieure que dans sa moitié longitudinale
supérieure; celle-ci contient donc des liquides dont la
densité est plus grande que ne l'est la densité des liquides
contenus dans la moitié supérieure. Cette déduction
est rigoureuse; car la matière solide du végétal, qui
consiste tout entière dans les parois des cellules ou
des tubes, n'est pas susceptible d'augmenter de pesanteur
d'un instant à l'autre. La sève lymphatique, au contraire,
peut devenir plus dense en très peu de temps dans la partie latérale qui regarde la terre, chez une tige ou chez une
racine placée horizontalement, parce que la pesanteur précipite nécessairement vers la partie inférieure la portion la
plus dense ou la plus pesante de cette sève, dont la diffu-
sion s'opère avec la plus grande facilité dans le tissu végétal. Les résultats de cette précipitation de la sève la plus
dense, dans la partie latérale inférieure des caudex placés
horizontalement, sont faciles à déduire. On a vu plus haut
que l'accession extérieure de la sève lymphatique sur les cellules composantes du tissu cellulaire incurvable, est la cause

de l'endosmose implétive de ces cellules, et par suite la cause de l'incurvation du tissu qu'elles composent. Or, plus ce liquide extérieur est dense, moins il y a de force d'endosmose implétive dans les cellules; moins par conséquent il y a de force d'incurvation. La partie latérale des caudex horizontaux qui regarde la terre, contenant une sève lymphatique plus dense que ne l'est celle que contient la partie latérale opposée qui regarde le ciel, il en résulte une rupture de l'équilibre qui existait antérieurement entre les tendances concentriques à l'incurvation. Le côté inférieur se trouve affaibli, le côté supérieur a conservé toute la force de sa tendance à l'incurvation; dès-lors ce dernier, doué d'une force prédominante, entraîne son antagoniste vaincu dans le sens d'incurvation qui lui est propre. Ce sens propre de l'incurvation est en dehors pour la tige et en dedans pour la racine; par conséquent dans la tige horizontale, le côté qui regarde le ciel se courbant en dehors, dirige le sommet de cette tige vers le ciel; et dans la racine horizontale, le côté qui regarde le ciel se courbant en dedans, dirige la pointe de cette racine vers la terre. Ces deux caudex opèrent ensuite leur élongation, selon les directions opposées dans lesquelles ils sont constamment maintenus par la cause qui les y a placés. Voilà tout le mystère de ces deux directions spéciales opposées l'une à l'autre. Il n'y a point, à proprement parler, de tendance de la tige vers le ciel, ni de tendance de la racine vers la terre; il n'existe dans ces caudex végétaux que des tendances à l'incurvation dans des sens diamétralement opposés; et qui sont mises en jeu par l'action de la pesanteur, ce qui fait que ces caudex végétaux affectent la direction verticale.

J'ai supposé, dans la théorie qui vient d'être exposée, que l'écorce de la tige tendait toujours à se courber *en dedans* lors de la turgescence de ses cellules composantes; cepen-

dant j'ai fait observer plus haut que chez certaines plantes
et spécialement chez les plantes grimpantes, c'est l'inverse qui
a lieu, leur écorce tend à se courber *en dehors*, et j'ai fait
remarquer que cela tient à ce que la couche extérieure de
leur médulle corticale, dont les cellules décroissent de grandeur du dedans vers le dehors, l'emporte en volume sur la
couche intérieure de cette même médulle corticale dont les
cellules décroissent de grandeur du dehors vers le dedans,
ainsi que cela se voit dans la figure 2 (pl. 17) qui représente
la coupe transversale de la tige naissante du haricot. Ici
l'incurvation *en dehors* du système cortical est congénère de
l'incurvation également *en dehors* du système central, au
lieu d'être son antagoniste ainsi que cela a lieu lorsque
l'écorce tend à se courber en dedans; or, comme c'est exclusivement l'incurvation *en dehors* du système central qui
dresse vers le ciel la tige couchée, lorsque le système cortical de cette tige tend à se courber *en dedans*, il en résulte
qu'à bien plus forte raison une tige couchée se dressera-t-
elle vers le ciel lorsque ses deux systèmes cortical et central
tendront à-la-fois à se courber en dehors, ainsi que cela a
lieu dans la tige du haricot (fig. 2. pl. 17). Alors l'incurvation du système cortical aide l'incurvation du système
central pour redresser la tige, au lieu de lui faire obstacle
et de détruire une partie de son effet, comme cela a lieu
lorsque l'écorce tend à se courber *en dedans*.

Ce n'est pas seulement lorsque la racine et la tige sont
horizontales, qu'elles se fléchissent pour se diriger, la première vers la terre, et la seconde vers le ciel. Le retournement de ces caudex végétaux a lieu également lorsqu'ils
sont verticalement placés dans une position renversée,
c'est-à-dire la racine en haut, et la tige en bas. Il semblerait que, dans cette circonstance, la théorie que je viens
d'exposer ne serait point applicable, puisqu'il n'y aurait point
de *côté* ou *de partie latérale inférieure* vers laquelle la sève

la plus dense ait à se précipiter. Mais il ne faut pas perdre
de vue que la rectitude mathématique n'appartient point
aux caudex végétaux ; il en résulte qu'il est imposible de
donner à ces caudex renversés une position verticale dans
le sens rigoureux et mathématique. J'ai expérimenté que
lorsqu'on dirige vers le ciel des radicules de graines en
germination, l'inflexion de ces radicules, pour se retourner, a toujours lieu du côté où elles ont une inclinaison,
même la plus légère. La même chose a lieu pour les tiges ;
mais il est nécessaire de faire observer que ces expériences
doivent être faites dans une obscurité complète, car la lumière possède sur les tiges une grande puissance pour opérer
leur direction. Ainsi, c'est toujours la partie latérale la plus
basse ou la plus voisine de la terre, qui, dans les caudex
végétaux, perd une partie de la force de sa tendance naturelle à l'incurvation. Il n'est pas nécessaire pour cela que
cette partie latérale soit placée horizontalement ; la plus
légère déviation de la position verticale suffit pour produire cet effet. On sent que s'il était possible qu'une radicule fût pourvue d'une force d'incurvation mathémati-
quement égale dans toutes ses parties latérales opposés, et
qu'elle fût dirigée vers le ciel dans une position verticale
mathématique, elle resterait dans cette position, n'y ayant
aucune raison qui puisse la déterminer à opérer son inflexion
d'un côté plutôt que d'un autre. Mais cette égalité mathématique dans les forces opposées qui animent les côtés
opposés de la radicule n'existe point. Sa rectitude mathématique n'existe point non plus ; par conséquent, sa position
verticale mathématique est impossible ; et quand bien
même cette position serait possible, la radicule ne laisserait
pas de trouver un moyen de commencement d'inflexion
dans le défaut d'une égalité mathématique entre les forces
d'incurvation de ses parties latérales opposées ; et dès-lors,
l'action de la pesanteur agirait sur cette radicule fléchie ;

pour déterminer l'achèvement de son inflexion ; le même raisonnement peut être fait par rapport à la tige.

Au reste, ce n'est que dans leur jeunesse, et tant qu'ils conservent leur flexibilité, que les caudex végétaux peuvent opérer leur retournement, qui devient impossible lorsqu'ils ont acquis de la dureté ; aussi les arbres dont le bois est très mou, conservent plus long-temps que les autres cette propriété de se fléchir spontanément. J'ai vu un peuplier (*populus fastigiata*) de la grosseur du poignet, qui, placé accidentellement dans une position inclinée, se courba pour ramener la partie supérieure de sa tige à la position verticale; mais il fallut toute une période annuelle de végétation pour opérer cette inflexion.

Il y a des tiges qui dirigent leur sommet vers la terre comme des racines. Cela provient comme on va le voir de ce que, par anomalie, elles possèdent la même organisation que les racines.

Il est trois plantes chez lesquelles j'ai spécialement observé la direction du sommet des tiges naissantes vers le centre de la terre; ces plantes sont le *sagittaria sagittifolia*, le *sparganium erectum*, et le *typha latifolia;* chez ces trois plantes aquatiques, les nouvelles tiges naissent, comme cela a toujours lieu, des bourgeons situés dans les aisselles des feuilles, et celles-ci, submergées par leur base, sont engaînantes. Si les nouvelles tiges avaient une tendance à monter vers le ciel, elles se développeraient en s'allongeant dans l'intervalle des deux feuilles engaînantes où se trouve situé le bourgeon, et cela avec d'autant plus de facilité qu'elles ne trouveraient là aucun obstacle à leur progression ascendante. Or, il n'en est point ainsi; la tige naissante, pointue et blanche comme une racine, au lieu de se diriger verticalement en haut, tend à diriger sa pointe vers la terre; pour prendre cette direction elle a un obstacle puissant à vaincre; c'est celui que lui opposent

les feuilles engaînantes qui la recouvrent de dedans en dehors, feuilles qui sont souvent au nombre de deux ou de
trois, et dont la base est assez épaisse et fort résistante.
La pointe de la nouvelle tige perce de vive force, en se
développant, ces feuilles engaînantes, et cela en se dirigeant peu-à-peu verticalement en bas, en sorte qu'elle s'enfonce dans le sol vaseux. J'ai étudié dans le IIIe mémoire
(t. 1, p. 195) la structure de la pointe de ces tiges souterraines, et j'ai fait voir que cette pointe est composée de
piléoles ou de petits cônes creux en forme d'éteignoir, qui
se recouvrent les uns les autres, et qui sont les rudimens
des feuilles de ces tiges souterraines. Or, en examinant au
microscope la coupe transversale de chacune de ces *piléoles*,
on voit que leur tissu est composé de cellules d'autant plus
grandes que ces piléoles sont plus extérieures; ceci est un
effet naturel du développement; les piléoles les plus extérieures étant les plus âgées, leurs cellules composantes
doivent nécessairement être les plus développées; les piléoles intérieures, d'un âge moins avancé, ont leurs cellules plus petites. Il résulte de là que l'ensemble de ces petits
cônes emboîtés offre, dans sa composition générale, des
cellules qui décroissent de grandeur de la circonférence
vers le centre ou de la surface du cône général vers son
axe. Or ce décroissement des cellules de la circonférence
vers le centre est une condition organique de laquelle résulte nécessairement la tendance à l'incurvation *en dedans*
des parties concentriques dont se compose le cône général,
qui constitue ici le sommet de la tige. Ce sommet conique
de tige, qui possède sous ce point de vue l'organisation du
système cortical d'une racine, doit donc, comme cette
dernière, se diriger vers la terre, par le mécanisme que
j'ai indiqué plus haut. Cette tige conique ressemble, sous le
point de vue de son organisation cellulaire, à une racine qui
n'aurait point de système central, et sa tendance vers la

terre en est d'autant plus forte; car on a vu plus haut
que le système central est, en vertu de son décroissement des cellules de dedans, en dehors, l'agent de la direction des caudex végétaux vers le ciel, tandis que le
système cortical est, en vertu de son décroissement des
cellules de dehors en dedans, l'agent de la direction
des caudex végétaux vers la terre. Les racines se dirigent
vers la terre, parce que leur système cortical est plus
fort que leur système central; à plus forte raison un caudex végétal se dirigera-t-il, et avec plus de force, vers
la terre, lorsqu'il ne possédera rien qui, sous le point
de vue de l'ordre de décroissement des cellules, soit analogue au système central. C'est le cas des sommets coniques des tiges souterraines dont je viens de parler :
aussi la tendance vers la terre, de ces sommets de tiges,
est-elle suffisamment forte pour leur faire vaincre des obstacles assez puissans.

Les tiges souterraines qui rampent horizontalement dans
le sol sont communes; on les observe chez beaucoup de
végétaux de toutes les classes. Ces tiges, la plupart du temps
horizontales, doivent leur position souterraine à ce qu'elles n'ont possédé dès leur naissance aucune tendance à se
diriger en haut; étant nées sous terre, elles y sont restées
et s'y sont développées dans une position horizontale,
parce qu'elles ne tendaient ni vers le ciel ni vers la terre,
ou plutôt parce qu'elles tendaient également vers ces deux
points opposés; on en trouve facilement la raison dans leur
organisation. Leur système central et leur système cortical
sont généralement égaux en volume, en sorte que les tendances opposées, dont ces deux systèmes sont les agens,
se contrebalancent et se font équilibre. Il en résulte nécessairement que la tige doit conserver une position horizontale et s'accroître dans cette direction; demeurant ainsi
souterraine jusqu'à ce que son système central soit devenu

prédominant, ce qui la déterminera à devenir ascendante.

Le système central, composé d'organes cellulaires décroissans de grandeur de dedans en dehors, doit être généralement regardé comme l'agent de la direction ascendante des caudex végétaux; le système cortical, lorsqu'il est spécialement composé d'organes cellulaires décroissans de grandeur de dehors en dedans, doit être généralement regardé comme l'agent de la direction descendante de ces mêmes caudex; il y aura, en effet, direction ascendante ou direction descendante, suivant que ce sera le système central ou le système cortical composé, comme il vient d'être dit, qui seront prédominans en volume et par conséquent en force d'incurvation. Pour faire avec justesse cette appréciation du volume respectif des deux systèmes, il est une observation mathématique importante à faire. Lorsqu'on veut apprécier le volume comparatif du système central et du système cortical dans une plante, il ne faut pas faire cette appréciation par la considération de l'étendue linéaire qui mesure leur épaisseur diamétrale. Ainsi, par exemple, lorsqu'on voit une plante dont le système central possède un diamètre 4 et dont le système cortical possède seulement de chaque côté une épaisseur 1, on serait tenté d'admettre que, dans cette plante, le système central est plus volumineux que le système cortical, et cependant c'est l'inverse qui a lieu. Effectivement, la tige entière formant un cylindre dont le diamètre est 6, son volume sera égal au cube de 6, c'est-à-dire à 216. Le système central considéré isolément, formant un cylindre dont le diamètre est 4, son volume sera égal au cube de 4, c'est-à-dire à 64. Or, en retranchant ce volume 64 du volume de la tige qui est 216, il reste 152 pour le volume du système cortical, lequel se trouve ainsi bien supérieur au volume du système central. On voit par ce calcul que le système cortical peut paraître souvent très inférieur en volume

au système central, et lui être cependant supérieur par le
fait. Pour que ces deux systèmes soient égaux en volume,
il faut que le caudex végétal cylindrique, ayant un diamètre total 5,04, dont le cube est très approximativement 128,
son système central ait un diamètre 4 dont le cube 64 re-
tranché de 128 laisse le même nombre 64 pour le cube
proportionnel du système cortical. Ce dernier possède alors
de chaque côté une épaisseur de 0,52 ou une épaisseur diamétrale totale de 1,04. Ainsi, lorsque sur un caudex végétal
dont le diamètre total est 504 le système cortical possède
104 d'épaisseur diamétrale dans ses deux côtés pris ensem-
ble, cette épaisseur totale du système cortical est $\frac{104}{504}$ ou $\frac{13}{63}$
du diamètre total du caudex végétal dont les deux systèmes
cortical et central sont égaux en volume et par conséquent
en force d'incurvation. Si cette largeur diamétrale de l'é-
corce était portée seulement à $\frac{11}{63}$ ou à $\frac{1}{5}$ du diamètre total
du caudex végétal, le système cortical deviendrait un peu
plus volumineux que le système central, et sa force d'incurvation devenue par conséquent légèrement prédominante tendrait à incliner le caudex végétal vers la terre.
J'insiste beaucoup sur cette considération mathématique ;
sans elle on pourrait faire à ma théorie des objections qui
paraîtraient spécieuses et qui ne seraient point fondées ;
avec elle on expliquera facilement la plupart des phénomènes de direction ascendante ou descendante que prennent les caudex végétaux. Ainsi, par exemple, le pédoncule de la fleur de bourrache se courbe et dirige sa fleur
vers la terre ; or j'ai observé au microscope la coupe transversale de ce pédoncule ; j'ai vu que son système central
est composé de cellules décroissantes de dedans en dehors,
et son système cortical composé de cellules décroissantes de
dehors en dedans, ainsi que cela a lieu le plus généralement.
Or, le pédoncule entier ayant un diamètre 6, le système
central a un diamètre 4, ce qui laisse 2 en total ou 1 de

chaque côté pour l'épaisseur diamétrale du système cortical. On vient de voir tout-à-l'heure que dans ce cas le volume du système cortical est au volume du système central
comme 152 est à 64. Le système cortical étant ici prédominant, c'est lui qui opère la direction du pédoncule vers la
terre, sous l'influence de la pesanteur. Il se comporte
comme une racine.

Dans bien des circonstances, on voit les branches de
certains arbres affecter obliquement une direction descendante vers la terre sans y être contraintes par une grande
flexibilité. On a remarqué spécialement ce phénomène dans
la variété du frêne qui porte le nom de *frêne pleureur*.
Avec un peu d'attention, on observe le même phénomène
dans une grande quantité d'autres arbres, et notamment
chez l'orme, mais il n'y est pas aussi marqué que chez l'ar-
l'arbre que je viens de citer. Ordinairement les scions
de l'orme qui ont une direction descendante, n'offrent
ce phénomène que dans les premiers temps de leur évolution; lorsqu'ils ont acquis une certaine longueur,
ils se redressent vers le ciel. Ce phénomène de la direction descendante des branches ne dépend point ordinairement de la cause que je viens d'expliquer, car leur
système central est plus volumineux que leur système cortical; il y a donc une autre cause qui opère la direction
oblique des branches vers la terre; cette cause est la *tendance à fuir la lumière*, tendance que j'étudierai dans un
autre Mémoire. On conçoit, en effet, que s'il existe dans
les branches d'un arbre une tendance à fuir la lumière, laquelle vient généralement d'en haut, elles doivent tendre à
se diriger en bas.

La prédomination du système cortical sur le système central dans les racines tient sans doute à leur nature, mais on
ne peut douter qu'elle ne tienne aussi à leur position dans
un milieu humide; leur écorce sans cesse en contact avec

l'eau qu'elle absorbe, soustraite à l'influence de l'évaporation, se gonfle de sucs et la nutrition y devient très active;
il en arrive autant aux tiges souterraines que possèdent
beaucoup de végétaux.

Il est à remarquer que, même chez les végétaux monocotylédons dont les tiges aériennes ne possèdent point de système cortical apercevable, les tiges souterraines, lorsqu'elles
existent, ont une écorce très développée qui disparaît en
devenant rudimentaire lorsqu'elles se changent en tiges aériennes. A plus forte raison, les racines de ces plantes mo-
nocotylédones possèdent-elles une écorce dont le volume
est considérable. Ainsi il est généralement de l'essence de
la racine naissante de posséder un système cortical prédominant sur le système central, et d'être par conséquent
soumise au pouvoir d'incurvation de ce système cortical
lequel tend à la faire descendre; il est généralement de
l'essence de la tige de posséder un système central prédominant sur le système cortical, et d'être par conséquent
soumise au pouvoir d'incurvation de ce système central qui
tend à la faire monter. Par cas exceptionnels, il y a des
tiges qui, possédant un système cortical ou plus volumineux
que le système central où égal à ce système, sont ou descendantes ou horizontales.

Les racines ne descendent pas toujours verticalement; il
y en a beaucoup qui croissent horizontalement dans le sol.
Cette position horizontale des racines a sa cause dans l'égalité du volume de leurs deux systèmes cortical et central.
A ce sujet, il est une observation importante à faire. Ce
n'est que dans sa jeunesse que la racine opère sa direction.
Cette direction étant une fois donnée et la racine logée
dans le terrain, elle doit nécessairement demeurer dans la
position qui lui a été primitivement donnée, quand bien
même elle viendrait à perdre les conditions d'organisation
en vertu desquelles cette position a été prise. Ainsi les vieil-

les racines, chez les végétaux dicotylédons, ont bien plus de
volume dans leur système central que dans leur système
cortical; mais ces racines, souvent devenues inflexibles,
n'ont plus de direction à prendre; elles sont invariablement fixées dans la position qu'elles ont prise dans leur
jeunesse. A cette dernière époque, leur système cortical
plus volumineux que leur système central, ou égal à ce
système, détermine leur position descendante ou leur position horizontale, position qu'elles conservent ensuite nécessairement. Ce n'est donc généralement que sur les racines nouvellement développées qu'il faut fixer son attention
si l'on veut apprécier les conditions organiques auxquelles
est due leur direction descendante ou horizontale. J'ai observé que chez les végétaux ligneux, et spécialement, par
exemple, dans la vigne, la partie la plus nouvellement développée des radicelles est beaucoup plus volumineuse que
ne l'est le corps de cette même radicelle qu'elle prolonge.
Cette observation est facile à faire au printemps au retour
de la végétation; on voit alors la radicelle de l'année précédente, radicelle qui est noire et très grêle donner naissance
en se prolongeant, à une radicelle blanche et beaucoup plus
volumineuse. Cet excès de volume de la nouvelle radicelle
tient au développement considérable de son parenchyme
cortical; en vieillissant, ce parenchyme meurt et se décom-
pose; il n'en reste plus alors qu'une couche très mince, en
sorte que la radicelle perd une portion très considérable
de son volume primitif. On conçoit ainsi combien il est important d'avoir égard aux changemens que l'âge a apportés
dans les volumes respectifs des deux systèmes cortical et
central chez les racines, si l'on veut apprécier avec exactitude les conditions organiques auxquelles sont dues les directions spéciales qu'elles affectent.

Les racines prennent quelquefois une direction ascendante comme des tiges; ce cas est assez rare. Ce phénomène

se remarqué spécialement chez les plantes du genre *pothos*. Chez les plantes de ce genre, on voit des racines assez volumineuses qui, nées dans l'air et à peu de distance au-dessus du sol, se dirigent très souvent verticalement vers le ciel; d'autres fois elles descendent vers la terre. J'ai surtout observé ce phénomène chez les *pothos maxima*, *crassiner-via* et *digitata*. J'ai même vu, chez ce dernier, des racines qui, après s'être développées horizontalement dans la partie superficielle du sol, se relevaient tout-à-coup dans l'atmosphère et se dirigeaient verticalement vers le ciel. J'ai reconnu que ces racines aériennes toutes de couleur verte, possèdent un système cortical très volumineux et un système central très exigu. Or, d'après les principes que j'ai posés, ces racines devraient descendre vers la terre et non monter vers le ciel, puisque c'est en vertu de la prédomination de leur système cortical que les racines prennent une direction descendante. Ce fait semble donc, au premier coup-d'œil, devoir renverser ma théorie; bien loin de là, cependant, je vais faire voir qu'il en offre une singulière confirmation.

Le type général de l'organisation du système cortical dans les racines est le décroissement de dehors en dedans des cellules qui composent son parenchyme; c'est cet ordre de décroissement qui détermine l'incurvation en *dedans* du système cortical et par suite la descente des caudex végétaux chez lesquels ce système est prédominant. Or, par une anomalie singulière, le système cortical des racines aériennes et ascendantes des *pothos* se trouve composé de cellules décroissantes de dedans en dehors dans presque toute son épaisseur; il n'y a auprès du système central qu'une faible couche de cellules qui décroissent de grandeur de dehors en dedans. Il résulte de cette disposition inverse de l'état normal, que le système cortical de ces racines doit tendre à se courber, non plus en dedans, comme cela a lieu dans

l'état normal, mais en dehors. C'est aussi ce que l'expérience fait voir, en plongeant dans l'eau de petits fragmens
longitudinaux de ce système cortical. Il suit naturellement
de là que, dans cette circonstance, la direction de la racine
doit être inverse de celle qu'elle affecte dans l'état normal,
c'est-à-dire qu'au lieu de descendre vers la terre, elle doit
monter vers le ciel. Son système cortical est semblable au
système central sous le point de vue de l'ordre de décroissement de ses cellules composantes. Or, comme j'ai démontré que c'est en vertu de cet ordre de décroissement que le
système central dirige vers le ciel les tiges dans lesquelles il
est toujours prédominant, il est évident que le système cortical des racines dont il est ici question doit produire le même
effet. Ainsi, cette exception remarquable dans le mode
d'organisation des racines confirme d'une manière éclatante
la théorie que j'ai établie, bien loin de l'infirmer comme
cela semblait devoir être au premier coup-d'œil.

Les racines souterraines des *pothos* possèdent en partie
l'organisation que je viens de signaler dans leurs racines
aériennes. Leur système cortical présente toujours superficiellement une couche de cellules qui décroissent de grandeur de dedans en dehors et à laquelle succède une couche
plus épaisse de cellules qui décroissent comme à l'ordinaire
de dehors en dedans, en sorte que c'est dans le milieu du
système cortical, qui est très volumineux, que se trouvent
les plus grandes cellules. La couche profonde qui tend à se
courber en dedans étant, chez les racines souterraines,
plus épaisse que la couche superficielle qui tend à se courber en dehors, il en résulte que c'est la première qui l'emporte et qui opère la direction de la racine vers la terre.
L'inverse a lieu ordinairement chez les racines aériennes ;
c'est la couche superficielle qui est plus épaisse que la couche profonde, et qui par conséquent l'emporte et opère la
direction de la racine vers le ciel. Il paraît que c'est à l'ac-

3.

tion desséchante de l'atmosphère qu'il faut attribuer l'augmentation d'épaisseur de la couche extérieure à cellules
décroissantes de dedans en dehors du système cortical des
racines aériennes des pothos. L'évaporation dissipant rapidement les liquides que contiennent ces cellules superficielles, elles se développent mal, elles s'atrophient jusqu'à
une profondeur plus ou moins considérable. L'action de la
lumière, en augmentant leur émanation aqueuse contribue
à empêcher le développement de ces cellules superficielles
qui se remplissent de matière verte. Lorsque, malgré
leur position aérienne, ces racines sont descendantes,
cela provient de ce que l'atrophie des cellules de leur
système cortical n'a pas pénétré très profondément, en
sorte que ces racines ont conservé en quantité suffisante
les conditions de décroissement normal des cellules de leur
système cortical, et que par suite elles ont conservé leur
tendance vers la terre. Je pense aussi que la tendance descendante de ces racines aériennes, lorsqu'elle existe, est favorisée par la tendance qu'elles ont à fuir la lumière, ainsi
que je le ferai voir dans un autre Mémoire.

Le volume prédominant de l'un des deux systèmes cortical ou central ne peut être pour un caudex végétal une
cause de direction vers la terre ou vers le ciel qu'autant que
ces deux systèmes sont composés de cellules ou plus généralement d'organes cellulaires dont la grosseur offre un décroissement dans un sens déterminé. Lorsque ces organes
cellulaires composans sont tous sensiblement égaux ou lorsqu'ils n'offrent point un décroissement régulier de grosseur
dans un sens déterminé, ils ne sont point susceptibles de
produire l'incuryation des parties qu'ils composent ; dèslors ces parties sont incapables d'affecter une direction spéciale ; il leur manque la possibilité de se courber spontanément, c'est ce qui a lieu chez certains rhizômes.

Les rhizômes sont de véritables tiges ordinairement sou-

terraines; tels sont ceux des *nymphea*, de plusieurs *iris*, du
ruscus aculeatus, etc. Le rhizôme de l'*iris germanica* n'est
point souterrain, il est couché superficiellement sur le sol.
Les rhizômes souterrains des autres plantes que je viens de
citer sont également dans une situation horizontale. Ces
tiges horizontales de végétaux monocotylédons ont toutes
un système cortical très marqué, mais extrêmement inférieur en volume à celui du système central. L'observation
microscopique du tissu de ces deux systèmes fait voir qu'ils
sont l'un et l'autre composés de cellules qui n'offrent aucun décroissement de grosseur, ni du centre vers la circonférence, ni de la circonférence vers le centre. L'absence
de ce décroissement entraîne nécessairement l'absence de
toute tendance à l'incurvation ; ces tiges sont par conséquent incapables de se fléchir pour choisir une direction ;
elles doivent donc demeurer horizontales, c'est leur poids
qui leur donne cette direction. Ne tendant ni à monter ni à
descendre, elles demeurent couchées dans le sol ou sur le
sol comme le feraient des corps inertes.

Des vérités désormais incontestables se trouvent établies
par cet ensemble de faits :

1º Les directions ordinairement inverses et quelquefois
semblables que prennent les tiges et les racines dépendent,
sous le point de vue organique, de la prédomination du
volume de l'un de leurs deux systèmes cortical ou central,
systèmes composés l'un et l'autre d'organes cellulaires décroissans, mais dans des sens inverses pour chaque système.
Sous le point de vue physique, ces directions dépendent
de l'influence de la pesanteur et de l'endosmose qui produit
la turgescence des cellules décroissantes et par suite l'incurvation des parties que ces cellules composent par leur
assemblage.

2º En vertu du sens inverse du décroissement de leurs
cellules composantes, les deux systèmes cortical et central

tendent à se courber dans des sens inverses. La racine ayant
plus de système cortical que de système central, agit pour
se courber avec l'excès de son système cortical ; la tige, au
contraire, ayant plus de système central que de système
cortical, agit pour se courber avec l'excès de son système
central, ou avec ce système central sans aucune opposition
lorsque l'écorce est rudimentaire.

3° C'est la précipitation de la sève la plus dense dans le
côté inférieur du caudex végétal couché horizontalement
qui en diminuant l'endosmose implétive, et par conséquent
la turgescence, dans les cellules de ce côté, laisse, par cela
même, une supériorité de turgescence et par conséquent
de force d'incurvation au côté opposé, lequel courbe vers la
terre la racine fléchie par son système cortical et vers le
ciel la tige fléchie par son système central.

§ II. — *De la direction des tiges et des racines sous l'influence du mouvement de rotation.*

Les plumules des embryons séminaux pour se diriger
vers le ciel, et leurs radicules pour se diriger vers la terre,
doivent nécessairement être dans une position fixe pendant
le temps nécessaire pour qu'elles puissent opérer les flexions
qui les dirigent dans des sens opposés. On sent, en effet,
que si la graine en germination était sans cesse retournée,
l'embryon séminal ne pourrait diriger sa plumule vers le
ciel et sa radicule vers la terre. D'après cette considération
il devenait curieux de savoir ce qui arriverait à des graines
qui, soumises à un mouvement de rotation continuel,
présenteraient ainsi leur radicule et leur plumule, chacune
successivement au ciel et à la terre. Hunter mit une fève au
centre d'un baril plein de terre et qui était animé d'un
mouvement continuel de rotation sur son axe horizon-

tal : la radicule se dirigea dans le sens de l'axe de la rotation
du baril. M. Knight (1) fixa des graines de haricot à la circonférence d'une roue de onze pouces de diamètre, laquelle,
mue continuellement par l'eau dans un plan vertical, faisait cent cinquante révolutions par minute. Il résulta de
cette expérience que chaque graine dirigea sa radicule et
sa plumule dans le sens des rayons de la roue ; les radicules
tendirent vers la circonférence et les plumules vers le centre. M. Knight répéta la même expérience avec une roue
de semblable diamètre et qui était mue dans un plan horizontal ; elle faisait deux cent cinquante révolutions par
minute. Toutes les radicules se dirigèrent encore vers la
circonférence et les plumules vers le centre, mais avec une
inclinaison de 10 degrés des radicules vers la terre et des
plumules vers le ciel. En réduisant à quatre-vingts révolutions par minute la vitesse de rotation de cette roue horizontale, l'inclinaison des radicules vers la terre, et des
plumules vers le ciel, devint de 45 degrés. Ces expériences
sont extrêmement intéressantes, en ce qu'elles démontrent
qu'il existe des moyens d'occasioner artificiellement chez les
plantes des directions différentes de celles qu'elles prennent
naturellement. Je résolus de répéter ces expériences et
de les varier ; mais comme je ne pouvais disposer d'un
appareil mu par l'eau sans interruption, je pris le parti de
faire construire un mouvement d'horlogerie assez semblable
à un tournebroche. Il était mu par un poids de deux cent
soixante-dix livres, que l'on remontait de douze heures en
douze heures ; son mouvement était réglé par un régulateur
ou volant, dont la rotation s'opérait dans le sens horizontal :
les roues verticales, qui étaient au nombre de cinq, prolon-
geaient leurs axes de chaque côté au-delà des montans qui

les supportaient; ces prolongemens des axes étaient carrés, en
sorte qu'il était facile d'y adapter une roue de bois, à la circonférence ou au centre de laquelle je plaçais les graines dont
je voulais observer la germination. Je plaçais ces graines
dans des ballons de verre munis de deux ouvertures diamétralement opposées, et que je fermais avec des bouchons
après y avoir introduit la quantité d'eau nécessaire pour la
végétation des embryons des graines. Celles-ci étaient enfi-
lées par leurs enveloppes, ou par leurs cotylédons, au moyen
de deux fils de cuivre extrêmement déliés , dont les extrémités étaient fixées de part et d'autre aux bouchons qui
fermaient les deux ouvertures des ballons de verre. Ceux-ci
étaient ensuite fixés d'une manière solide à la roue avec la -
quelle ils devaient se mouvoir; de cette manière, les graines
transportaient avec elles dans leur mouvement circulaire
l'eau nécessaire à leur germination ; les ballons de verre au
milieu desquels elles étaient fixées d'une manière invariable,
avaient l'avantage de les soustraire à l'influence de toute action mécanique de la part du milieu dans lequel le mouvement s'opérait. Le fil de cuivre dont je me suis servi pour
fixer les graines dans l'intérieur des ballons de verre est le
plus fin que l'on emploie pour envelopper en spirale des
cordes d'instrumens.

J'ai pris des graines de pois (*pisum sativum*) et des graines de vesce (*vicia sativa*) qui commençaient à germer ; je
les ai placées, suivant le procédé décrit plus haut, dans
des ballons de verre que j'ai fixés à la circonférence d'une
roue d'un mètre de diamètre, qui faisait quarante révolutions par minute. Le résultat de cette expérience fut que
toutes les radicules se dirigèrent vers la circonférence, et
que toutes les plumules se dirigèrent vers le centre de la
rotation; les radicules, qui s'étaient trouvées originairement
tournées vers le centre, se retournèrent vers la circonférence ; les plumules se courbèrent de même pour se di-

riger vers le centre. Cette expérience, répétée plusieurs
fois, m'a donné constamment le même résultat, qui est
également celui qui a été obtenu par M. Knight.

A l'exemple de M. Knight, j'ai voulu éprouver l'effet
que produirait sur les graines en germination une rotation
rapide, opérée dans un plan horizontal; pour cela, j'ai
remplacé le régulateur ou volant de mon mouvement
d'horlogerie par une règle de bois, à chacune des extrémités de laquelle j'ai attaché solidement un petit ballon de
verre contenant des graines de vesce, fixées dans son intérieur, comme je l'ai dit plus haut, au moyen de deux fils
de cuivre; cette règle formait un diamètre de 38 centimètres de longueur, elle faisait cent vingt révolutions par
minute. Les radicules et les plumules se dirigèrent dans un
sens parfaitement horizontal, les premières vers la circonférence et les secondes vers le centre. Ici les graines n'a-
vaient point cessé d'être soumises à la cause qui, dans l'état
naturel, préside à la direction perpendiculaire de la plumule
et de la radicule; mais cette cause naturelle avait été surpas-
sée en énergie par la cause artificielle employée dans cette
circonstance, c'est-à-dire par la force centrifuge qui résultait
de la rotation rapide. M. Knight n'avait pas obtenu un résultat aussi complet de son expérience sur les graines de haricot
soumises au mouvement de rotation horizontale, puisqu'elles
avaient conservé un peu de leur tendance verticale; cependant la force centrifuge à laquelle elles étaient soumises était
plus considérable qu'elle ne l'était dans mon expérience,
puisque sa roue, qui avait 11 pouces anglais (ou 28 centimètres) de diamètre, faisait deux cent cinquante révolutions par minute. Cette différence dans le résultat dépend entièrement de la nature des graines soumises à
l'expérience. J'ai éprouvé que l'embryon de la graine de
vesce est beaucoup plus facile à influencer pour sa direction
que ne le sont les embryons beaucoup plus gros des graines

de haricot ou de pois ; aussi est-ce presque toujours avec
des graines de vesce que j'ai fait mes expériences. J'ai placé
un certain nombre de ces graines dans un ballon de verre,
dont elles occupaient le diamètre intérieur, fixées, comme
à l'ordinaire, dans cette place au moyen de deux fils de
cuivre qui enfilaient leurs enveloppes. J'ai attaché ce ballon de verre sur une petite planche que j'ai adaptée au
pivot du volant horizontal de mon mouvement d'horlogerie,
en remplacement de ce volant ; cet appareil faisait deux
cent cinquante révolutions par minute ; le centre de la rotation répondait au milieu de cette série longitudinale et
horizontale de graines, une de ces dernières était située
aussi exactement que possible au centre même ; cependant
la radicule de celle-ci se trouva décrire un cercle extrêmement petit, car je ne pense pas qu'il eût, dans l'origine,
plus d'un à deux millimètres de rayon. Cette radicule se
dirigea vers la circonférence, dans un sens parfaitement
horizontal ; la plumule s'éleva verticalement vers le ciel ; les
radicules des autres graines, qui étaient plus éloignés du
centre, se dirigèrent à plus forte raison dans une horizontalité parfaite vers la circonférence ; leurs plumules se
dirigèrent toutes vers le centre, mais avec différens degrés
d'inclinaison par rapport à l'horizon : celles qui étaient à
plus de deux centimètres du centre dirigèrent leurs plumules vers ce dernier avec une horizontalité parfaite ; celles
qui étaient situées plus près du centre s'en approchèrent
en se dirigeant obliquement vers le ciel ; enfin, toutes
les plumules ayant continué de s'accroître, se réunirent en
faisceau au centre, où elles prirent toutes une direction
verticale vers le ciel. Je répétai cette expérience avec des
graines germées, dont je dirigeai la radicule vers la terre ;
au bout de quelques heures de rotation, les radicules aban-
donnèrent cette direction naturelle, et, se courbant vers la
circonférence, se placèrent dans une situation horizontale.

La rotation horizontale la plus lente qu'il m'ait été possible d'obtenir avec mon mouvement d'horlogerie a été de cinquante-quatre révolutions par minute. Les graines de vesce soumises à cette rotation ont incliné leur radicule vers la terre, dans une position oblique, éloignée d'environ 45 degrés de la ligne verticale, et dirigée vers la circonférence; les plumules ont affecté le même degré d'inclinaison vers le centre, en montant obliquement vers le ciel.

Après avoir répété et vérifié les expériences de M. Knight, j'ai voulu essayer de reproduire l'expérience de Hunter, qui a vu qu'en faisant tourner une graine sur elle-même, la radicule se dirigeait dans le sens de l'axe horizontal de la rotation; cette observation fort incomplète méritait d'être suivie. J'ai placé un ballon de verre, contenant des graines de vesce, au centre d'une roue verticale qui faisait quarante révolutions par minute, j'avais fait en sorte que la série longitudinale des graines, que maintenaient les deux fils de cuivre, fût située aussi exactement que possible sur le prolongement de l'axe horizontal de la rotation, axe dirigé à-peu-près du nord-est au sud-ouest. Les radicules et les plumules se dirigèrent également selon cet axe de rotation, mais dans des sens diamétralement opposés; les radicules s'avancèrent vers le sud-ouest et les plumules vers le nord-est. Le même effet eut lieu avec tous les degrés de vitesse de rotation qu'il me fût possible d'employer, ce qui me prouva que ce phénomène ne dépendait point du tout du degré de cette vitesse. Je pensai que cette direction spéciale de la plumule et de la radicule pouvait provenir du sens dans lequel la rotation s'opérait; je répétai donc mon expérience en faisant tourner la roue dans le sens opposé à celui dans lequel sa rotation s'opérait précédemment; mais le résultat ne varia point : les radicules se dirigèrent constamment vers le sud-ouest, et les plumules avec le nord-est. Ce phénomène singulier pouvait donner lieu de penser, que les radicules

tendaient vers un point déterminé de l'horizon et les plumules vers le point opposé; on pouvait croire qu'il y avait
quelque chose de *magnétique* dans cette double direction;
mais un examen attentif, en m'apprenant la véritable cause
de ce phénomène, me fit voir combien il faut se tenir en
garde contre les déceptions de l'expérimentation(1). Je
soupçonnai que l'axe de la roue n'était pas horizontal quoiqu'il parût l'être; je lui appliquai un niveau, et je vis qu'il
inclinait vers le sud-ouest d'une quantité que je trouvai
être d'un degré et demi. Cette inclinaison, quoique légère,
me parut devoir être la cause de la direction spéciale des
caudex séminaux; pour m'en assurer, je penchai légèrement mon mouvement d'horlogerie, en inclinant les axes

(1) L'idée de rapporter les directions opposées de la plumule et de la radicule à une sorte de *polarité* est une des premières qui se présenta à mon esprit; et si j'eusse observé superficiellement, j'aurais été affermi dans cette
opinion par une expérience décevante. Une aiguille aimantée, librement suspendue sur son pivot et placée à la circonférence d'une roue horizontale qui
tourne sur son axe vertical, dirige toujours son pôle sud vers le centre de la
rotation, et son pôle nord vers la circonférence. Ce phénomène ne paraît-il
pas semblable à celui de la direction de la plumule vers le centre de la rotation, et de la radicule vers la circonférence? Cependant il n'en est rien. Le
pôle nord se dirige vers la circonférence, parce que la partie de l'aiguille
qu'il occupe a plus de masse que celle du pôle opposé, afin de compenser la
force d'inclinaison de ce dernier. Cette moitié *nord* ayant plus de masse que
la moitié *sud*, obéit davantage à la force centrifuge. Si l'on emploie à cette expérience une aiguille aimantée, dont les deux moitiés ont une masse égale, et
qui par conséquent aura de l'inclinaison, le résultat sera le même; le pôle
sud se dirigera encore vers le centre; en voici la raison : un liquide contenu
dans un vase placé à la circonférence de la roue qui tourne horizontalement,
perdra son horizontalité; sa surface présentera un plan incliné vers le centre
de la rotation. Or, l'aiguille se comporte dans cette circonstance de même que
le liquide, et comme elle est naturellement inclinée, c'est son pôle incliné,
c'est-à-dire son pôle sud qui doit se diriger vers le centre. Je rapporte ici cette
expérience pour éviter qu'elle ne trompe quelqu'un, et pour faire voir en
même temps combien il faut se tenir en garde contre les analogies apparentes.

des roues vers le nord-est, et dans cette position je recommençai mon expérience. Alors les directions précédentes
de la plumule et de la radicule furent interverties : les radicules se dirigèrent vers le nord-est, et les plumules vers
le sud-ouest. Ainsi, il me fut démontré que la radicule se
dirige vers le côté abaissé de l'axe dont elle suit la pente en
descendant, et que la plumule, au contraire, se dirige
vers le côté relevé de l'axe dont elle suit la pente en
remontant. Il est évident que, dans cette circonstance, la
plumule et la radicule subissent l'influence de la cause qui
les sollicite dans l'état naturel; mais ne pouvant, à cause
de la rotation continuelle, monter et descendre verticalement, elles montent et descendent par une ligne inclinée.
Après m'être éclairci sur ce point, j'ai voulu voir ce qui arriverait en plaçant l'axe dans une horizontalité parfaite, et
j'ai vu qu'alors la plumule et la radicule se sont dirigées
comme les deux rayons d'un même diamètre d'un cercle
vertical dont la graine occupait le centre. Ayant répété
plusieurs fois de suite la même expérience, je vis que
les caudex séminaux se dirigeaient constamment dans
le sens d'un diamètre toujours le même, et que, par conséquent, la plumule tendait constamment vers un point
déterminé de la circonférence de la roue au centre de
laquelle la graine était fixée, et que la radicule tendait
constamment vers le point diamétralement opposé, et
toujours le même de cette circonférence. J'ai cherché, sans
succès, pendant fort long-temps, la cause de cette tendance spéciale, et je l'ai enfin trouvée en observant des
graines en germination soumises à un mouvement très
lent de rotation. J'avais fixé deux ballons de verre, contenant, comme à l'ordinaire, des graines de vesce prêtes à
germer, à la circonférence d'une roue de deux décimètres
de rayon qui faisait trente révolutions par heure; un autre
ballon de verre semblable était placé au centre de cette

même roue, dont l'axe de rotation était parfaitement horizontal. Les radicules, dans ces trois ballons de verre, prirent une même direction, c'est-à-dire qu'elles se dirigèrent suivant des lignes toutes parallèles entre elles; les plumules prirent généralement une direction diamétralement
opposée à celle des radicules. De cette manière, les graines
situées au centre de la roue avaient leurs radicules dirigées
selon l'un des rayons de cette roue; les graines situées à la
circonférence avaient leurs radicules dirigées parallèlement
à ce même rayon et du même côté. Les réflexions que je
fis sur ce phénomène me conduisirent à penser qu'il y avait
de l'inégalité dans le mouvement de la roue, c'est-à-dire
qu'il y avait un des points de cette roue qui marchait vite
pendant une demi-révolution, et qui marchait plus lentement pendant l'autre demi-révolution. Comme chaque révolution s'exécutait dans l'espace de deux minutes, il me
fut facile de mesurer et de comparer entre elles les diverses
parties de cette révolution, au moyen d'un pendule qui
marquait les demi-secondes. Je trouvai de cette manière
que ce que j'avais soupçonné avait lieu effectivement; la
rotation de la roue n'était point uniforme. Celui des points
de sa circonférence pour lequel cette inégalité de mouvement était la plus marquée parcourait l'une de ses deux
demi-révolutions, observée en partant d'un point déterminé, en soixante-six secondes, et l'autre demi-révolution
en cinquante-quatre secondes; en sorte que les temps dans
lesquels s'opéraient ces deux demi-révolutions étaient entre eux comme onze est à neuf. Or, les caudex séminaux
étaient tous perpendiculaires à celui des diamètres de la
roue qui, en raison de l'inégalité de la rotation, restait le
plus long-temps exposé à l'influence de la pesanteur par
l'un de ses côtés ou *flancs* pendant une demi-révolution,
et le moins long-temps exposé à cette même influence par
le *flanc* opposé pendant l'autre demi-révolution. Les radi-

cules étaient perpendiculaires au côté ou *flanc* le plus long-
temps tourné vers la terre, et les plumules se dirigeaient
perpendiculairement sur le côté ou *flanc* opposé, lequel
était le plus long-temps tourné vers le ciel ; ainsi, dans
cette circonstance, les caudex séminaux se dirigeaient sous
l'influence de la pesanteur à laquelle ils étaient incomplètement soustraits à cause de l'inégalité du mouvement de
rotation. Cette inégalité du mouvement provenait de la construction défectueuse de mon mouvement d'horlogerie,
qui avait été confectionné par un serrurier fabricant de
tournebroches. Quelques tentatives que j'aie faites, il m'a
été impossible de corriger ce défaut et d'obtenir un mouvement de rotation parfaitement égal ; en revanche, il m'a
été facile de rendre la rotation de mes roues plus inégale
qu'elle ne l'était, en les chargeant aux deux extrémités
d'un même diamètre de ballons de verre d'inégale pesanteur, de manière cependant à ce que le mouvement de rotation ne fût pas arrêté par une trop forte inégalité de poids
entre ces ballons. J'ai pleinement confirmé de cette manière les résultats de l'expérience précédente. Lorsque le
ballon le plus pesant parcourait sa demi-révolution en descendant, son excès de poids s'ajoutait à la force motrice et
accélérait le mouvement : lorsque au contraire ce même
ballon parcourait sa demi-révolution en remontant, son
excès de poids diminuait la force motrice et retardait le
mouvement. Il résultait de là que le diamètre sur lequel
étaient placés ces deux ballons présentait ses deux *flancs* à
la terre pendant des espaces de temps inégaux : lorsque,
par exemple, le ballon le plus pesant était au point le plus
bas de sa révolution, il commençait à parcourir lentement sa demi-révolution ascendante, et le diamètre sur
lequel il était placé présentait pendant long-temps à la terre
l'un de ses flancs, et cela sous tous les degrés successifs
d'inclinaison jusqu'à ce que le ballon pesant eût gagné le

point le plus élevé de la révolution. A partir de ce moment,
le ballon pesant parcourait rapidement sa demi-révolution
descendante, et le diamètre sur lequel il était placé présentait, pendant peu de temps, à la terre, son autre *flanc*
sous tous les degrés d'inclinaison. Il résultait de là que ces
deux flancs opposés du diamètre dont il est ici question
étaient dirigés vers la terre pendant des temps inégaux, et
que, par conséquent, la pesanteur devait agir sur les embryons séminaux avec une force proportionnelle à cette différence de temps. La direction des caudex séminaux devait,
dans cette circonstance, être la ligne moyenne entre toutes
les inclinaisons sous lesquelles le flanc du diamètre se présentait à la terre, c'est-à-dire que les caudex séminaux devaient être perpendiculaires au diamètre dont il s'agit :
c'est aussi ce que l'expérience m'a prouvé. Ainsi, en observant l'appareil lorsque le ballon pesant parcourait sa
demi-révolution ascendante, et au moment où le diamètre sur lequel il était situé était horizontal, on voyait toutes les radicules dirigées verticalement vers le centre de la
terre, et toutes les plumules dirigées verticalement vers le
ciel. Il n'y avait ainsi qu'une seule et même direction pour
toutes les graines contenues dans les ballons dont la roue
pouvait être chargée, soit à son centre, soit à sa circonférence. Ainsi me fut dévoilée la cause de la direction, selon
les deux rayons d'un même diamètre, d'un cercle vertical
qu'affectaient les deux caudex séminaux de mes graines
lorsqu'elles tournaient sur elles-mêmes; l'axe étant parfaitement horizontal. Il m'était impossible d'apercevoir cette
cause lorsque j'employais une rotation plus rapide, qui ne
permettait pas de mesurer la durée des demi-révolutions,
ni même de soupçonner leur inégalité.

On voit, par les expériences qui viennent d'être rapportées, que lorsque la rotation est lente, les embryons séminaux qui l'éprouvent cessent de diriger leur radicule vers

la circonférence et leur plumule vers le centre. Il me paraissait important de trouver quel est le degré de vitesse de
rotation où cette direction spéciale cesse d'avoir lieu. Les
expériences que j'ai faites sur cet objet ne m'ont rien appris de bien positif; d'abord parce que je n'ai pu essayer
toutes les vitesses de mouvement; en second lieu, à cause
de la construction défectueuse de mon mouvement d'horlogerie. Le mouvement le plus lent que j'ai pu obtenir avec
ma roue la plus élevée a été de quinze révolutions par minute; les graines soumises à cette rotation avec un déci-
mètre de rayon ont dirigé leurs radicules vers la circonférence et leur plumule vers le centre. Les graines parcouraient
ici neuf mètres quatre décimètres par minute. Le mouvement le plus rapide de la roue immédiatement située au-
dessous était de quatre révolutions par minute. J'ai soumis
des graines à cette rotation, avec un rayon de cinq décimètres : ici les graines parcouraient douze mètres quatre
décimètres par minute, par conséquent leur mouvement
était plus rapide que dans l'expérience précédente; cependant la radicule ne se porta point vers la circonférence
ni la plumule vers le centre, ces deux caudex se dirigèrent
parallèlement à l'axe de rotation, lequel était incliné légèrement. La radicule se porta vers le côté descendant de l'axe
et la plumule vers le côté ascendant; ce résultat, comme on
le voit, est semblable à celui que j'avais obtenu en faisant
tourner des graines sur elles-mêmes. Je recommençai l'expérience en plaçant l'axe dans une situation horizontale;
alors les caudex séminaux affectèrent la direction particulière qui est produite par l'inégalité de la rotation; c'est-à-
dire que toutes les radicules et toutes les plumules se dirigèrent perpendiculairement au même diamètre dans un
plan vertical. Il me fut impossible de corriger cette inégalité de mouvement, dans la roue dont il est ici question;
en sorte que je ne sais pas d'une manière bien positive quel

est le degré de vitesse de mouvement rotatoire sous l'influence duquel la plumule cesse de se porter vers le centre
et la radicule vers la circonférence; toutefois ces expériences pourraient porter à penser que la direction de la radicule vers la circonférence, et celle de la plumule vers le
centre, seraient produites plutôt par le nombre des révolutions dans un temps donné, que par l'étendue du chemin
parcouru par la graine dans le même temps; on vient
de voir en effet que des graines qui parcourent environ
douze mètres par minute, en faisant quatre révolutions
dans le même temps, ne dirigent point leur radicule vers
la circonférence et leur plumule vers le centre, tandis que
l'on observe cette double direction chez les graines qui ne
parcourent qu'environ neuf mètres par minute, en faisant
quinze révolutions dans le même temps. Mais ici il y a une
observation importante à faire; la roue qui ne faisait que
quatre révolutions par minute, éprouvait des seccades multipliées qui résultaient de l'engrenage des dents avec les
pignons; ainsi son mouvement de rotation n'était point
uniforme, c'était plutôt un transport circulaire opéré à des
reprises multipliées. On conçoit que, dans cette circonstance, il ne devait point y avoir de force centrifuge; elle
ne peut exister d'une manière sensible que dans un mouvement rotatoire continu; le même inconvénient n'existait
pas lorsque j'employais la roue la plus élevée de mon mouvement d'horlogerie, à laquelle je pouvais faire exécuter
depuis quinze jusqu'à quarante révolutions par minute,
avec un rayon que je pouvais porter jusqu'à cinq décimètres : je supprimais son engrenage avec le volant. Les ballons de verre, situés sur leur roue verticale à long rayon,
servaient alors de régulateurs pour le mouvement de rotation, qui était continu et complètement exempt de saccá-
des. On conçoit que, dans cette circonstance, rien ne s'opposait au développement de la force centrifuge, et ceci

explique d'où vient la différence qui a été signalée plus
haut.

Lorsque le mouvement de rotation est lent, et que par
conséquent la force centrifuge est insuffisante pour opérer
la direction des caudex séminaux, ceux-ci subissent l'influence de la pesanteur, tantôt en se dirigeant parallèlement à l'axe, lorsque cet axe est incliné à l'horizon, tantôt
en prenant la direction particulière qui résulte de l'inégalité de la rotation. Lorsque le mouvement rotatoire s'effectue avec une vitesse modérée, l'axe étant un peu incliné, et
qu'en même temps la rotation est inégale, les caudex séminaux affectent des directions variées : tantôt on voit, par
exemple, toutes les radicules affecter une direction semblable, qui est la direction moyenne résultant des trois forces qui les sollicitent, tantôt on voit ces radicules subir
chacune en leur particulier l'influence exclusive de l'une
quelconque de ces trois forces, sans qu'il soit possible de
savoir d'où provient cette irrégularité dans ces effets, sous
l'influence d'un même assemblage de causes. Les plumules
sont, à cet égard, encore plus irrégulières que les radicules;
il est rare que, dans cette circonstance, la plumule prenne
la direction diamétralement opposée à celle de la radicule;
souvent elle semble errer au hasard, souvent même elle se
dirige dans le même sens que la radicule. Cela s'observe
spécialement lorsque, la rotation étant fort lente, et l'axe
étant horizontal, les caudex séminaux subissent seulement
l'influence d'une faible inégalité dans le mouvement rotatoire,

Les deux caudex séminaux sont absolument indépendans l'un de l'autre pour leur direction; on peut supprimer
l'un quelconque de ces deux caudex sans que le caudex opposé cesse pour cela d'affecter la direction qui lui est propre; cette direction spéciale n'appartient qu'à l'axe du végétal, lequel axe est représenté par l'assemblage rectiligne

4.

de la tigelle et de la radicule) j'ai vu, en effet, que les racines produites latéralement par la radicule *centrifuge*
ne se dirigent point comme elle vers la circonférence lorsqu'elles sont soumises à une rotation rapide. Elles font
avec cette radicule *centrifuge* un angle plus ou moins ouvert et quelquefois même un angle droit. Ces racines latérales se comportent, dans ce dernier cas, comme les racines
qui croissent horizontalement dans le sol, affectant ainsi
une direction perpendiculaire à celle de la radicule *pivo-
tante*. J'ai fait voir plus haut (page 32) que cette direction
horizontale des racines provient de l'égalité qui existe dans
le volume de leurs deux systèmes cortical et central. C'est
par la même raison que ces racines, lorsqu'elles sont soumises au mouvement de rotation affectent une direction
perpendiculaire à celle de la racine *centrifuge* de laquelle
elles émanent.

Le procédé au moyen duquel j'ai fait mes expériences
ne m'a pas permis de répéter une expérience très curieuse
de M. Knight. Cet observateur ayant fixé des graines de
haricot à la circonférence d'une roue de 11 pouces de diamètre que l'eau faisait mouvoir, observa le développement
des tiges qui, en s'allongeant, gagnèrent le centre de la rotation : il avait eu soin de les attacher aux rayons de la
roue ; sans cette précaution, ces tiges, grêles et flexibles,
auraient été, ou brisées, ou déviées de leur direction par
l'effet de leur pesanteur. Lorsque, par leur accroissement
progressif, ces tiges eurent un peu dépassé le centre de la
rotation, elles se recourbèrent et ramenèrent leurs sommets
vers ce même centre, unique but de leur tendance constante. Si je n'ai pu répéter cette expérience ; en revanche
il m'a été possible d'en faire plusieurs autres que M. Knight
ne pouvait pas entreprendre avec son appareil. J'ai voulu
voir si les feuilles étaient susceptibles d'affecter une direction spéciale sous l'influence d'un mouvement de rotation

rapide. Cette expérience était facile à faire avec mon appareil ; il ne s'agissait que de renfermer des tiges munies de
feuilles dans des ballons de verre, de les fixer solidement
dans leur intérieur, et de soumettre ces ballons à un mouvement de rotation rapide. Je plaçai donc dans un ballon
de verre une tige de *convolvulus arvensis*, munie de quatre
feuilles ; j'avais choisi pour cet effet les feuilles les plus petites qu'il m'avait été possible de trouver, afin de pouvoir
employer des ballons de verre d'une médiocre dimension,
et, par conséquent, afin d'obtenir une rotation rapide, à
laquelle il m'eût été impossible de soumettre des ballons
volumineux, à cause de leur pesanteur. La tige grêle et
flexible du *convolvulus* était attachée avec un fil à une tige
de fer de peu de grosseur, que j'introduisis ensuite dans le
ballon de verre, et dont je fixai les deux extrémités aux ouvertures opposées de ce ballon, dans lequel je mis seulement une ou deux cuillerées d'eau. Un second ballon de
verre fut préparé de la même manière, et je plaçai ces deux
ballons aux deux extrémités d'un même diamètre, sur une
roue qui avait cinq décimètres de rayon, et qui faisait quarante révolutions par minute. Les tiges des plantes étaient
perpendiculaires au plan de la roue, en sorte que, pendant
la rotation, elles étaient toujours dans une situation horizontale ; ainsi, elles ne touchaient point à l'eau, qui occupait
toujours la partie la plus basse des ballons de verre ; les
feuilles n'y touchaient point non plus, cependant elles ne tardèrent point à être mouillées par l'eau vaporisée dans l'intérieur des ballons qui étaient bouchés, et cela suffit pour entretenir leur vie et leur fraîcheur. Les feuilles placés au hasard
affectaient des directions variées par rapport au plan de rotation. Au bout de dix-huit heures, toutes les feuilles soumises
à l'expérience avaient dirigé leur face supérieure vers le
centre de la rotation, et par conséquent leur face inférieure
se trouva dirigée vers la circonférence ; ce retournement

s'était opéré au moyen de l'inflexion des pétioles. Je soumis
à la même expérience des feuilles de violette (*viola odorata*)
et des feuilles de fraisier (*fragaria vesca*); je choisis pour
cela les feuilles les plus petites qu'il me fût possible de
trouver par rapport à la grandeur du limbe, mais dont cependant le pétiole était assez long. Les feuilles de violette
n'avaient que six lignes de largeur dans leur limbe; les folioles des feuilles de fraisier n'étaient larges que de quatre
lignes. On en rencontre fréquemment de pareilles chez ces
plantes à l'état sauvage et lorsque leur végétation est faible;
ces feuilles tenaient à leurs racines que j'avais arrachées
et que j'attachai avec un fil; chacune à une tige de fer : je
plaçai diamétralement ces tiges de fer chacune dans l'intérieur de l'un de mes ballons de verre disposés comme
dans l'expérience précédente. Au bout de vingt-quatre
heures de rotation par un temps très chaud, toutes les
feuilles avaient dirigé leur face supérieure vers le centre,
et par conséquent leur face inférieure vers la circonférence.
La cause de ce phénomène est essentiellement la même
que celle à laquelle est due la direction de la jeune tige
des embryons séminaux vers le centre de la rotation. Soit,
en effet, une feuille C (fig. 5, pl. 17) dont le pétiole est
fixé par sa base à la circonférence d'une roue, et dont le
limbe fort petit et très léger se trouve ainsi avoir sa face
inférieure dirigée vers le centre de la roue; cette feuille,
étant placée dans l'intérieur d'un ballon de verre, lequel n'est pas représenté ici, se trouve à l'abri de toute
action impulsive de la part de l'air qui est rapidement
déplacé par l'action du mouvement de rotation, elle
peut, par conséquent, prendre librement et sans obstacle
la direction qu'elle sera sollicitée à suivre. Si l'on n'avait
égard ici qu'aux lois physiques du mouvement, le limbe de
la feuille, en vertu de sa pesanteur obéirait à la force centrifuge, et tendrait à s'éloigner du centre de la rotation; or

ici c'est l'inverse qui a lieu; le limbe de la feuille se porte vers le centre de la rotation, comme on le voit en D, et cela au moyen de l'inflexion profonde de son pétiole; il y a donc dans ce pétiole une action d'incurvation qui dirige vers le centre le sommet de ce même pétiole avec le limbe léger qu'il supporte, et cela malgré la force centrifuge qui tend naturellement à éloigner ce même limbe du centre. Il est évident que, dans cette circonstance, le pétiole se comporte de la même manière que le fait une tige sous l'influence du mouvement de rotation; son sommet tend, comme celui d'une tige, vers le centre de la rotation, et, par l'inflexion que prend ce pétiole, il dirige la face supérieure du limbe vers ce même centre. Ce n'est point ainsi le limbe qui se dirige, il est dirigé passivement par l'incurvation du pétiole. Pour que ce phénomène ait lieu, il faut que la force d'incurvation du pétiole, force qui tend à rapprocher le limbe du centre, soit, dans cette circonstance, supérieure à la force centrifuge qui tend à éloigner du centre ce même limbe : il faut donc que ce limbe soit fort léger; s'il était plus lourd il obéirait à la force centrifuge qui ne pourrait être surmontée par la force d'incurvation du pétiole; aussi n'ai-je obtenu le phénomène que je viens d'exposer qu'avec des feuilles à limbe fort léger, les feuilles dont le limbe était plus pesant s'y sont refusées. Au reste le mécanisme du retournement des feuilles sous l'influence du mouvement de rotation est nécessairement le même que celui du retournement des feuilles par le seul effet de la pesanteur. Bonnet a observé en effet, et j'ai expérimenté après lui, que les feuilles renversées tendent à se retourner quoique placées dans la plus profonde obscurité; on sait que c'est ordinairement l'influence de la lumière qui détermine ce retournement des feuilles; s'il tend à s'effectuer aussi dans l'obscurité, cela provient de ce que l'action de la pesanteur agissant sur le pétiole comme elle agit sur une tige, elle provoque de

même son inflexion vers le ciel lorsqu'il a été antérieurement incliné vers la terre ; dans cette dernière position, le
limbe de la feuille a sa face supérieure dirigée vers la terre :
or, le pétiole en se fléchissant vers le ciel reporte vers ce
dernier la face supérieure du limbe, lequel est passif dans ce
mouvement. On voit facilement ainsi que le retournement
des feuilles, sous l'influence de la force centrifuge produite
par le mouvement de rotation, est un phénomène tout
semblable à celui de leur retournement sous l'influence de
la pesanteur ; il n'en diffère que par la nature de la force
qui le détermine.

, C'est parce que le pétiole possède une structure intérieure
analogue à celle d'une tige que sa tendance à l'incurvation
porte de même son sommet vers le centre de la rotation ;
une partie appartenant à la tige et qui posséderait par anomalie une structure intérieure analogue à celle des racines,
se courberait comme ces dernières sous l'influence de la
force centrifuge produite par le mouvement de rotation,
c'est-à-dire que cette partie de tige dirigerait son sommet
vers la circonférence. C'est effectivement ce que j'ai expérimenté avec les tiges fleuries de la bourrache (*borago officinalis*). Les fleurs de cette plante ont toujours l'ouverture
de leur corolle dirigée vers la terre. J'ai attribué plus haut
(p. 3o) cette tendance spéciale à ce que le pédoncule de cette
fleur est influencé par l'action de la pesanteur, comme le serait une racine ; d'après cela, il devait se comporter de même
sous l'influence du mouvement de rotation. C'est effectivement ce qui est arrivé. J'ai renfermé dans deux ballons de
verre des tiges fleuries de bourrache. J'ai fixé ces ballons de
verre à la circonférence d'une roue de trente-deux centimètres de rayon, laquelle faisait trente-six révolutions par
minute. Les tiges étaient placées de manière que leur partie
inférieure était dirigée vers le centre de la roue : les ouvertures des corolles regardaient par conséquent aussi ce même

centre, car les pédoncules des fleurs conservaient leur courbure à l'aide de laquelle cette direction des corolles vers la partie inférieure de la tige avait lieu dans l'état naturel. Au bout de seize heures de rotation, tous les pédoncules furent redressés, et les ouvertures des corolles furent dirigées vers la circonférence. Ces pédoncules s'étaient donc comportés dans cette circonstance comme des racines, et cela devait être, puisqu'ils possèdent les conditions organiques, en vertu desquelles les racines prennent une direction semblable.

Les racines et les tiges soumises à l'influence de la pesanteur ou soumises à l'influence de la force centrifuge se comportent, par rapport à la force qui les sollicite, d'une manière exactement semblable. Les racines se dirigent dans le sens de la direction de chacune de ces deux forces ; les tiges se dirigent dans le sens opposé à la direction de chacune de ces deux forces. D'après cette considération il devient évident que la théorie des inflexions que prennent les tiges et les racines doit être la même dans ces deux cas. C'est même par l'observation des effets de la rotation sur les graines en germination que M. Knight fut conduit à émettre sa théorie sur la cause de l'ascension des tiges et de la descente des racines. Il pense que la matière organique qui opère l'accroissement terminal de la racine obéit à l'impulsion de la force centrifuge, comme le ferait un corps inerte ; il n'a point vu que cela n'est point ainsi, puisqu'une radicule d'embryon séminal droite et placée tangentiellement à la circonférence d'une roue qui tourne, se courbe dans sa longueur pour diriger sa pointe vers le dehors du cercle. Il pense que la courbure qu'affecte la plumule de l'embryon séminal pour se diriger vers le centre de la rotation à laquelle il est soumis, provient de ce que la sève est projetée dans le côté de cette plumule qui est opposé au centre de la rotation, et qu'elle y détermine localement une

augmentation de nutrition et d'allongement, d'où résulte
sa courbure vers le centre de la rotation. Sa théorie, relativement aux effets de la force centrifuge sur les graines
en germination, se trouve ainsi en harmonie avec sa théorie
sur les effets de la pesanteur sur ces mêmes graines. Or les
raisons qui infirment cette dernière théorie infirment également la première. Quant à moi, j'envisage ces effets de
la force centrifuge sur la radicule et sur la plumule des
embryons séminaux, de la même manière que j'ai envisagé
les effets de la pesanteur sur ces mêmes caudex végétaux.
Voici comment je détermine la cause de cette double direction sous l'influence de la force centrifuge. Les deux
caudex opposés d'un embryon séminal en germination A
(fig. 5, planche 17) sont disposés tangentiellement à la
circonférence d'une roue qui tourne rapidement sur son axe;
la force centrifuge projette la sève la plus dense vers le côté
extérieur *b b* de la jeune tige et de la radicule; de là résulte
l'affaiblissement de la force d'incurvation de ce côté et la
prédomination de force d'incurvation du côté opposé *a a*, et
cela par le mécanisme que j'ai indiqué plus haut, lorsque
c'était la pésanteur qui portait la sève la plus dense dans le
côté inférieur de la jeune tige et de la radicule couchées
horizontalement sur le sol. Dès-lors, le côté *à* de la tige
dont la force d'incurvation est prédominante et qui tend à
se courber en dehors dirige le sommet de la tige vers le
centre de la rotation, comme on le voit en B; le côté *a* de
la radicule dont la force d'incurvation est également prédominante et qui tend à se courber en dedans dirige la pointe
de la radicule dans une direction opposée à celle de la tige.

La récapitulation des expériences précédentes offre les
résultats suivans :

1° Lorsqu'une graine en germination est située à la circonférence d'une roue soit verticale, soit horizontale, qui
tourne rapidement, la force centrifuge détermine l'inflexion

de la radicule vers la circonférence concentrique d'un cercle plus grand, et détermine l'inflexion de la jeune tige vers le centre de la roue.

2° Lorsqu'une graine en germination est située à la circonférence d'une roue horizontale qui tourne avec une vitesse médiocre, la radicule et la plumule se dirigent obliquement entre la position horizontale que tend à leur donner la force centrifuge, et la position verticale que la pesanteur tend à leur faire prendre.

3° Lorsqu'une graine en germination est située au centre d'une roue verticale et tourne ainsi sur elle-même, ou bien lorsqu'elle est située à la circonférence d'une roue verticale dont la rotation est lente, et que dans l'une et l'autre circonstances l'axe de la rotation est incliné, même d'une manière peu sensible, la radicule de la graine située sur l'axe se dirige vers la partie descendante de cet axe et la plumule vers sa partie ascendante; la radicule et la plumule de la graine située à la circonférence prennent une direction parallèle à l'axe; la première dans le sens de la descente de cet axe, et la seconde dans le sens de son ascension. Ces directions spéciales sont opérées par l'influence de la pesanteur, parce que la force centrifuge est nulle.

4° Lorsque la graine en germination est située soit au centre, soit à la circonférence d'une roue verticale dont l'axe est horizontal et dont la rotation est inégale, les radicules se dirigent toutes parallèlement à celui des rayons de cette roue dont l'extrémité circonférentielle est en bas au moment de la plus grande lenteur de la rotation. Les plumules prennent toutes la direction inverse. La découverte des deux premiers résultats appartient à M. Knight. La découverte des deux derniers m'appartient.

XIII.

DE LA TENDANCE DES VÉGÉTAUX

A SE DIRIGER VERS LA LUMIÈRE,

ET

DE LEUR TENDANCE A LA FUIR. (I)

L'un des phénomènes les plus importans de la végétation, est celui de la tendance des parties végétales, tantôt à se diriger vers la lumière, tantôt à se diriger dans le sens opposé à celui de son afflux, en sorte qu'alors elles semblent la fuir. La première de ces tendances, celle qui porte les parties végétales vers la lumière, est celle que l'on observe le plus généralement. Ainsi, lorsqu'une tige est privée en partie sur l'un de ses côtés de cette lumière qui frappe avec

(1) Ce mémoire reçoit ici sa première publication.

plus d'intensité le côté opposé, elle se courbe pour se diriger vers le côté par lequel la lumière est le plus abondamment affluente. C'est pour cela qu'un arbre planté près
d'un muraille élevée, tend à s'en éloigner ; il se dirige alors
vers la partie du ciel de laquelle il reçoit le plus de lumière.
C'est le même phénomène que présente une plante renfermée dans un appartement et qui dirige sa tige vers la
fenêtre. Mais, outre cette tendance bien évidente vers la
lumière, les végétaux en manifestent une autre, non moins
évidente quoique bien moins commune, à fuir la lumière.
La découverte de cet important phénomène appartient à
M. Knight (1); elle date déjà de loin et cependant elle n'est
pas encore introduite comme vérité dans la physiologie végétale. M. Knight a été conduit à cette découverte par
l'observation de la direction que prennent les *vrilles* des
plantes grimpantes. Ces vrilles se portent vers les corps solides qui les avoisinent comme si elles étaient attirées par
eux. Or, M. Knight a prouvé par l'expérience que ce phénomène de tendance spéciale était dû à ce que les *vrilles*
fuyant la lumière, se portaient vers les corps opaques qui
les avoisinaient ; frappées par une lumière vive et directe
du côté opposé au corps opaque, ne recevant de ce dernier
qu'une lumière faible et réfléchie, ces vrilles se portaient
vers ce corps, parce qu'elles fuyaient la lumière la plus vive.
Aussi M. Knight a-t-il vu qu'en présentant à ces villes un
miroir qui leur renvoyait une vive lumière, il les déterminait à se mouvoir pour s'en éloigner. C'est spécialement
sur les vrilles de la vigne vierge (*ampelopsis quinquefolia*)
que M. Knight a fait ces observations et ces expériences. Il
en a fait de semblables sur les *mains* de la vigne et sur les
vrilles du *pisum sativum*.

(1) On the motions of the tendriels of plants. Philosophical transactions,
1812.

Je ne connaissais point ces expériences de M. Knight, lorsqu'en 1824 je publiai mes expériences sur la germination de la graine du gui (*viscum album*). On sait depuis long-temps que la graine du gui en germination dirige sa radicule dans toutes les directions. Cette graine enveloppée dans une pulpe glutineuse se colle aux branches des arbres dans la position que le hasard lui donne : tantôt elle se trouve collée sur la face supérieure d'une branche horizontale, tantôt elle se trouve fixée sur la partie latérale d'une branche verticale. Or, voici ce que l'on observe. Le premier développement de l'embryon séminal du gui, consiste dans une *elongation intermédiaire* de sa tigelle, qui puise sa matière nutritive dans la substance des cotylédons situés à son sommet. Ces cotylédons étant invariablement fixés à la branche, la tigelle en éloigne progressivement son extrémité inférieure qui est terminée par un petit renflement hémisphérique d'un vert pâle. Ce petit renflement est la radicule. Son extrême brièveté fait qu'elle ne peut prendre par elle-même aucune inflexion pour se diriger; c'est la seule inflexion de la tigelle qu'elle termine inférieurement, qui lui donne la direction qu'elle doit affecter. Or, l'inflexion de la tigelle s'opère toujours de manière à diriger la radicule hémisphérique qui la termine vers la branche sur laquelle la graine est collée; ainsi cette inflexion est descendante lorsque la graine est sur une branche horizontale; elle est ascendante lorsque la graine est située sous cette même branche horizontale; enfin, sa direction est horizontale lorsque la graine est fixée sur une branche verticale. Lorsque la radicule touche la surface de la branche, elle s'épanouit dessus en une sorte de disque, résultat de l'aplatissement du tubercule hémisphérique qui la constituait. C'est de la partie de ce disque qui est collée sur la branche que sortent les racines qui vont puiser leur nourriture dans la substance de la branche qui porte cette plante

parasite. Existe-t-il dans cette circonstance une tendance
de la radicule vers les parties vivantes du végétal dans lequel elle doit s'implanter? Pour éclaircir ce doute, j'ai fixé
des graines de gui sur du bois mort, sur des pierres, sur
des corps métalliques, sur du verre, etc.; toujours j'ai vu
la radicule prendre une direction perpendiculaire au plan
sur lequel la graine était collée. Je fixai un grand nombre
de graines de gui sur la surface d'un gros boulet de fer;
toutes les radicules se dirigèrent vers le centre du boulet.

Ayant observé que la radicule de l'embryon séminal du
gui ne se dirigeait point vers les corps solides, lorsqu'ils
étaient trop éloignés de la graine en germination et qu'elle
ne se dirigeait point non plus vers les fils déliés sur lesquels
la graine était fixée, je fus d'abord conduit à penser que
l'attraction des corps était la cause de cette direction de la
radicule, en sorte que l'attraction particulière de ces corps
aurait agi sur cette radicule comme l'attraction du globe
terrestre agit sur la radicule des autres embryons séminaux
pour déterminer sa direction vers le centre de la terre. J'étais dans l'erreur à cet égard, et je ne tardai pas à m'apercevoir que la direction que prenait dans toutes les circonstances la radicule du gui par l'inflexion de sa tigelle provenait de la tendance que possédait cette tigelle à fuir la
lumière. Ayant tendu un fil vis-à-vis d'une fenêtre dans
l'intérieur d'un appartement, j'y collai des graines de gui;
elles ne tardèrent pas à germer, et je vis toutes les tigelles se
fléchir pour diriger les radicules vers le fond de l'appartement. J'ai collé plusieurs de ces graines sur les carreaux de
vitre en dedans de l'appartement; toutes les radicules se
sont dirigées vers le fond de cet appartement. J'avais en
même temps collé un pareil nombre de ces graines en dehors, sur la face opposée du même carreau de vitre; toutes
les radicules se dirigèrent vers la surface de ce carreau. J'ai
retourné quelques-unes de ces graines, et je les ai placées

en sens inverse de celui qu'elles avaient pris naturellement : les graines de l'intérieur dont j'avais dirigé les radicules vers le carreau de vitre ne tardèrent point à ramener ces mêmes radicules vers l'intérieur de l'appartement; les graines de l'extérieur dont j'avais dirigé les radicules vers les objets du dehors ramenèrent en même temps ces mêmes radicules vers la surface du carreau de vitre. Il est de la plus grande évidence que dans ces diverses expériences la tigelle du gui se fléchit vers le côté le moins éclairé, et qu'elle n'obéit ici qu'à sa seule tendance à fuir la lumière ou à se diriger dans le sens opposé à celui de son afflux. La lumière directe ne possède pas seule le pouvoir de déterminer ce mouvement rétrograde de la tigelle du gui. La lumière réfléchie par les objets terrestres produit le même effet : je m'en suis assuré par l'expérience suivante : j'ai pris un tube de bois fermé à l'un de ses bouts par une lame de verre, et recouvert à l'autre bout par un couvercle de bois fermant exactement; j'ai collé plusieurs graines de gui sur la face intérieure de la lame de verre, et j'ai suspendu le tube verticalement sous l'abri du toit d'une fenêtre en mansarde, et de manière à ce que l'extrémité de ce tube qui était fermée par la lame de verre fût en bas : ainsi l'intérieur du tube n'était éclairé que par la lumière que réfléchissaient les objets terrestres. Les tigelles des graines de gui mises en expérience se dirigèrent toutes verticalement vers le ciel, fuyant ainsi la lumière qui leur arrivait de bas en haut. Il était intéressant de savoir si cette tendance singulière de la tigelle du gui était le résultat d'une répulsion exercée sur elle par la lumière. Je pris une graine de gui que j'avais fait préalablement germer sur un fil et vis-à-vis de la lumière. Cette graine portait deux embryons dont les tigelles étaient fléchies du même côté. Je fixai cette graine germée à l'une des extrémités d'une aiguille de cuivre construite comme une aiguille de boussole

et suspendue de même sur un pivot. Une petite boule de
cire placée à l'autre extrémité de l'aiguille formait contre-
poids. Je couvris d'un récipient de verre cet appareil que
je plaçai auprès d'une fenêtre que n'éclairaient point les
rayons directs du soleil, et j'eus soin de diriger les deux
radicules vers la lumière. Au bout de quelques jours, ces
deux radicules changèrent de direction, et se dirigèrent
vers le fond de l'appartement, sans faire éprouver aucun
changement à la direction de l'aiguille. Cette expérience
me prouva que la tigelle du gui fuit la lumière par un
mouvement spontané, et non par l'effet d'une répulsion
qui serait exercée sur elle ; car une force extérieure qui serait capable de fléchir la tigelle de l'embryon du gui serait
bien plus que suffisante pour opérer un changement de direction dans l'aiguille extrêmement mobile qui portait cet
embryon. Cette expérience est fort délicate, et demande,
pour réussir, des précautions particulières. Il faut que
l'appareil soit mis à l'ombre, car si le récipient était échauffé
par les rayons du soleil, il communiquerait à l'air qu'il
contient un mouvement qui se ferait sentir à l'aiguille ; il
faut que cette expérience soit faite par un temps chaud, car
la germination de la graine du gui ne s'opère qu'avec une
extrême lenteur lorsque le thermomètre de Réaumur n'est
pas au moins à quinze degrés au-dessus de zéro. Comme il
est facile de trouver des graines de gui mûres de l'année
précédente jusque vers le milieu de l'été ; j'ai pu faire l'expérience dont il s'agit pendant les jours les plus chauds de
cette saison. Malgré ces précautions, mon expérience a
quelquefois été dérangée par une autre cause. La glu qui
enveloppe la graine est fort hygrométrique ; l'eau qu'elle
absorbe de l'atmosphère ou qu'elle lui livre augmente ou
diminue son poids, en sorte que, suspendue à l'une des
pointes d'une aiguille mobile, elle fait éprouver à cette dernière des mouvemens de bascule qui peuvent un peu dé-

ranger sa direction ; aussi m'a-t-il fallu répéter plusieurs fois l'expérience pour la voir réussir à souhait.

Pour compléter mes observations sur la germination du gui, il ne restait à observer la tendance qu'affecterait sa tigelle dans l'obscurité. J'ai collé des graines de gui germées sur un cylindre de bois que j'ai placé dans une obscurité parfaite. Leurs tigelles ne manifestèrent aucune tendance vers ce corps solide vers lequel elles se seraient certainement dirigées, si elles avaient été placées à la lumière. Le défaut de lumière les fit mourir au bout de quelque temps. Ainsi il demeure bien prouvé que c'est en vertu de sa seule tendance à fuir la lumière que la tigelle de l'embryon séminal du gui se fléchit vers les corps solides et opaques qui l'avoisinent, et que l'attraction de ces corps ne joue aucun rôle dans ce phénomène. La tigelle se fléchit vers les corps opaques, parce que c'est de leur côté qu'il lui arrive le moins de lumière ; elle fuit la lumière plus vive qui lui arrive du côté opposé.

Dans les observations que je viens de rapporter sur la graine du gui, je n'ai point parlé de la direction de la plumule, parce que ce n'est qu'un an après la germination qu'elle se développe ; il ne se manifeste d'abord du caudex ascendant de l'embryon du gui que la portion de la tige qui est comprise entre l'insertion des cotylédons et l'origine de la radicule, c'est-à-dire, la tigelle. La plumule, située entre les cotylédons, reste pendant la première année à l'état rudimentaire, et ne prend ainsi aucune direction particulière pendant la germination ; les cotylédons eux-mêmes, fixés sur les corps au moyen de la glu qui les environne, n'ont aucune liberté pour prendre une direction quelconque ; ce n'est que dans le printemps de la seconde année que les cotylédons desséchés se détachent de la tige qui commence à développer ses premières feuilles.

Les faits que je viens de rapporter et qui prouvent que

la tigelle de l'embryon séminal du gui possède une tendance à fuir la lumière, viennent à l'appui des observations de M. Knight, observations qui établissent également
l'existence de cette tendance à fuir la lumière chez certains
autres végétaux. Cet assemblage de preuves établit définitivement sur des bases inébranlables cette vérité physiologique, qu'il y a des caudex végétaux qui fuient la lumière.
C'est à ce phénomène de fuite de la lumière qu'il faudra
attribuer généralement les tendances par lesquelles certains
végétaux s'approchent des corps solides et opaques qui
les avoisinent. C'est ce phénomène que présentent toutes les
plantes grimpantes volubiles ou non volubiles, lesquelles
au lieu de s'éloigner des murailles ou des autres corps solides dont elles sont voisines s'en approchent au contraire,
agissant ainsi en sens inverse de la plupart des autres plantes qui *fuient les abris*, selon l'expression très inexacte de
Bonnet. C'est cette cause qui fait, par exemple, que la tige
du lierre s'applique sur le tronc des arbres ou sur les murailles. Cette tendance des plantes grimpantes vers les corps
solides et opaques qui les avoisinent avait jadis été con-
statée par Mustel (1). « Rien ne m'a paru si singulier, dit
« cet observateur, que les expériences que j'ai faites sur la
« plante nommée *apios americana*..... On est dans l'usage
« de lui donner des perches très élevées, comme on en
« donne au houblon, et bientôt elle s'y accroche. L'ayant
« détachée et éloignée de la perche du côté du nord, elle
« s'y était accrochée dès le lendemain; l'en ayant détachée
« et mis la perche du côté du midi, elle ne tarda pas à se
« retourner de ce côté, et je l'y trouvai attachée. Enfin, de
« quelque côté que je misse la perche, elle ne manquait
« jamais d'aller trouver son appui et de s'y entortiller.

(1) Traité théorique et pratique de la végétation, tome 1, page 151.

5.

« Ayant mis deux perches à côté de cette plante dont
« j'éloignai davantage celle qui était du côté où elle incli-
« nait, elle se redressa pour s'attacher à l'autre qui était
« plus près d'elle. » Mustel se contente de consigner cette
observation dans son ouvrage, sans rechercher pourquoi
la plante grimpante se dirigeait ainsi vers les corps solides
qui l'avoisinaient. Ces observations, qui sont pleinement
d'accord avec celles de M. Knight, prouvent d'une manière
certaine la tendance de la tige des plantes grimpantes vers
les corps solides et opaques. Cette tendance, cependant, a
été mise en doute par M. de Candolle (1). Son existence,
en effet, est loin de pouvoir s'accorder avec la théorie que
cet illustre botaniste a émise touchant la cause de la tendance des tiges des végétaux vers la lumière, théorie qui
sera exposée plus bas. Cependant, cette tendance des plantes grimpantes vers les corps solides et opaques est extrèmement facile à voir. J'ai détaché du tronc d'un arbre le sommet encore herbacé d'un tige de lierre, et je l'ai maintenu
éloigné de l'arbre à la distance d'un pouce. Six heures
après, cette tige de lierre était revenue s'appliquer sur le
tronc de l'arbre vers lequel elle s'était infléchie. Cette inflexion était le résultat de sa tendance à fuir la lumière,
comme le prouvent les expériences suivantes : Je pris une
tige de houblon (*humulus lupulus*) et une tige de grand
liseron (*convolvulus sepium*), que je mis tremper par le bas
dans deux flacons pleins d'eau. Je mis ces tiges dans un
appartement et près de la fenêtre qui était assez petite.
J'avais dirigé le sommet de ces tiges vers la lumière qui venait de cette fenêtre. Cette expérience fut établie le matin.
Dans le courant de la journée, les sommets des tiges de ces
deux plantes se recourbèrent vers le fond de l'apparte-

(1) Physiologie végétale.

ment, fuyant ainsi la lumière qui venait de la fenêtre.
Pendant la nuit suivante, les deux tiges revinrent à leur
direction primitive vers la fenêtre; elles se recourbèrent de
nouveau vers le fond de l'appartement dans le courant de
la journéé suivante. Ce double phénomène cessa d'avoir
lieu pendant les jours suivans; cela provenait probablement de ce que la vitalité de la plante s'était altérée; les
tiges demeurèrent dirigées vers la fenêtre : c'était pour ces
tiges l'état organique acquis avant l'expérience ou pendant qu'elles étaient dans leur position naturelle; elles y
revenaient par élasticité dans l'absence de la lumière dont
l'influence transitoire les avait contraintes à se courber
vers le fond de l'appartement, elles fuyaient alors la lumière. Ayant perdu une partie de leur vitalité, elles per-
dirent en même temps leur tendance à fuir la lumière, et
alors elles reprirent par élasticité et conservèrent constamment la direction qui était le résultat de leur état organique
acquis avant l'expérience. Bonnet (1) cite une observation
analogue, mais dont les résultats sont inverses, touchant de
jeunes haricots qui, placés dans une serre, se courbaient
pendant le jour vers la lumière et reprenaient pendant la
nuit leur rectitude précédemment acquise. Ces observations
prouvent : 1° que certaines tiges végétales fuient la lumière, et que c'est pour cela qu'elles s'appliquent sur les
corps solides et opaques; 2° que l'inflexion des tiges ou vers
la lumière, où dans le sens opposé à celui de son afflux, est
le résultat d'une action physiologique d'incurvation, d'où
il résulte que cette incurvation n'est point nécessairement stable, comme elle le serait si elle dérivait d'un excès
d'accroissement en longueur dans un des côtés de la tige.
C'est un phénomène qui se rattache à celui que présentent
les autres actions physiologiques d'incurvation chez les

---

(1) Recherches sur l'usage des feuilles (II° Mémoire).

plantes *excitables*. L'incurvation prise par une tige pour *rechercher* ou pour *fuir* la lumière devient stable sans doute par suite de sa durée prolongée, mais elle n'est point telle tant que le tissu de la tige n'a point acquis une certaine solidité; tant que la tige demeure à l'état herbacé qui constitue son état primitif ou naissant, elle demeure susceptible de se courber dans un sens ou dans un autre sous l'influence de la lumière.

C'est sans doute à la tendance à fuir la lumière, qu'il faut attribuer le phénomène observé depuis long-temps de l'inflexion de la tige de certains arbres résineux vers le nord, c'est-à-dire vers la partie du ciel de laquelle il émane le moins de lumière, dans l'hémisphère boréal. Ces mêmes arbres courberaient le sommet de leur tige vers le midi dans l'hémisphère austral.

Les racines n'affectent ordinairement aucune tendance ni pour rechercher la lumière, ni pour la fuir. On peut s'en assurer en faisant développer les racines d'une plante quelconque dans un vase de verre rempli d'eau et exposé à la lumière. Les racines se développent dans l'eau et se portent dans toutes les directions, sans que la lumière influe sur la manière dont elles se dirigent. Cependant il est une circonstance dans laquelle la lumière exerce de l'influence sur la direction des racines, c'est lorsqu'elles se colorent accidentellement en vert. L'expérience suivante m'a démontré l'existence de ce phénomène, fort important par les inductions que l'on en peut tirer. J'avais fait germer des graines de *mirabilis jalappa* dans de la mousse humide. En examinant les radicules qui avaient déjà acquis la longueur du doigt, je m'aperçus que leurs pointes ou leurs *spongioles*, avaient une couleur verdâtre. Il me parut curieux d'expérimenter si la pointe de ces racines à raison de sa couleur verte, serait influencée dans sa direction par l'influence de la lumière. Je plaçai donc plusieurs de ces

graines germées à la surface de l'eau qui remplissait un
bocal de verre. Une petite planche percée de trous laissait
passer les racines qui plongeaient dans l'eau sans laisser
passer les graines, ce qui maintenait les plumules naissantes dans l'air. J'enveloppai le bocal avec une étoffe noire,
laissant seulement à cette étoffe une fente verticale étroite
par laquelle la lumière pénétrait dans le bocal ; ce dernier
fut placé près d'une fenêtre, vers laquelle la fente verticale
de l'étoffe enveloppante fut dirigée. La lumière directe du
soleil éclairait le bocal dans le moment où j'établis cette
expérience. Quelques heures après ayant ôté l'étoffe enveloppante, je vis que les pointes de toutes les radicules
s'étaient courbées en crochet pour se diriger vers la fente
par laquelle la lumière avait eu accès dans l'intérieur du
bocal. Je répétai la même expérience avec des graines germées dont les radicules n'avaient point leurs spongioles de
couleur verte ; ces radicules n'affectèrent aucune direction
spéciale sous l'influence de la lumière. Cette expérience
prouve que l'existence de la matière verte dans le tissu végétal est une des conditions que doivent posséder les caudex végétaux pour avoir la faculté de se diriger vers la lumière. Or, on sait que c'est par son action sur la matière
verte que la lumière produit de l'oxigène gazeux dans le
tissu végétal, et j'ai fait voir dans le vII° Mémoire, que cet
oxigène gazeux produit par l'influence de la lumière, sert
à la respiration du végétal. Or, puisque la direction des
caudex végétaux vers la lumière n'a point lieu sans l'existence de la matière verte dans leur tissu, il en résulte que
c'est dans l'acte de leur respiration que ces caudex végétaux
trouvent la cause de leur inflexion sous l'influence de la
lumière. Je reviendrai plus bas sur ce fait.

Le mécanisme par lequel la lumière détermine l'inflexion
des tiges des végétaux n'a point encore été déterminé d'une
manière satisfaisante. M. de Candolle est le seul qui ait

tenté de résoudre une partie de ce problème, celle qui regarde le fait de l'inflexion des tiges vers la lumière ; il regarde cette inflexion comme le résultat d'une différence dans l'accroissement des deux côtés opposés de la tige. Le côté qui est frappé par la lumière fixe plus de carbone dans son tissu que ne le fait le côté opposé. Aussi est-il ordinairement plus fortement coloré. Ce côté dans lequel le carbone se solidifie rapidement, s'accroît par conséquent moins que le côté opposé ; ce dernier est en partie *étiolé*. Or, on sait que les plantes étiolées sont remarquables par l'excès de leur allongement. On conçoit fort bien de cette manière, que le côté qui ne reçoit point directement la lumière s'allongeant plus que le côté qui en est frappé directement, il en résultera que la tige se courbera. Le côté frappé directement par la lumière étant le plus court, occupera la concavité de la courbure et la tige se trouvera ainsi fléchie vers la lumière. Cette explication est si ingénieuse et elle paraît en même temps si simple et si naturelle, qu'elle a dû entraîner la conviction de tous les physiologistes. Mais malheureusement c'est ici l'un de ces cas, où l'extrême probabilité ne se trouve point d'accord avec la vérité. L'inflexion des tiges sous l'influence de la lumière est quelquefois temporaire, et ne dure que pendant le temps que ces tiges subissent cette influence. On a vu en effet plus haut, que des tiges pendant le jour se fléchissaient ou vers la lumière, ou dans le sens contraire à celui de son afflux, et qu'elles revenaient pendant la nuit à leur position primitive. Ainsi, la flexion des tiges sous l'influence de la lumière est quelquefois variable dans d'assez courts intervalles de temps ; or on ne peut admettre qu'une tige qui est fléchie d'un côté pendant le jour et d'un autre côté pendant la nuit, et qui recommence le lendemain les mêmes inflexions successives, doive ces positions variables à des différences d'accroissement dans ses côtés opposés. En second lieu, si telle

était, en effet, la cause de l'inflexion des caudex végétaux
sous l'influence de la lumière, cet effet serait constant ; il
n'y aurait point de caudex végétaux qui fuient la lumière.
Or l'existence bien démontrée de ce fait prouve que l'influence de la lumière ne diminue point l'accroissement
dans le côté sur lequel elle agit, puisqu'il faudrait ici admettre, au contraire, qu'elle y produirait un excès d'accroissement propre à déterminer dans la tige une courbure
dont la convexité occuperait le côté frappé par la lumière.
Aussi M. de Candolle a-t-il été porté par sa théorie à mettre en doute les expériences et les observations par lesquelles plusieurs observateurs ont cherché à établir que dans
certains cas les tiges tendent à se fléchir vers les corps solides et opaques, c'est-à-dire, du côté opposé à celui de l'afflux de la lumière. Or l'existence incontestable de ce phénomène suffirait pour infirmer la théorie de M. de Candolle,
quand bien même il n'y aurait pas des preuves directes
à lui opposer. Voici l'une de ces preuves, elle est des plus
décisives. Si l'inflexion d'une tige vers la lumière provenait
de l'excès d'allongement de celui de ses côtés qui n'est
point frappé par la lumière, ce serait ce côté qui seul agirait pour opérer la flexion de la tige. Le côté opposé, celui
qui occupe la concavité de la courbure serait passif dans
cette circonstance. Or c'est exactement l'inverse qui a lieu,
ainsi que le prouve l'expérience suivante. Je prends une
jeune tige herbacée quelconque pourvu qu'elle soit douée
de la faculté de se diriger vers la lumière, et l'ayant mise
tremper dans l'eau par son extrémité inférieure afin d'entretenir sa vie et sa fraîcheur, je la place dans un appartement muni d'une seule petite fenêtre bien éclairée par le
soleil. La jeune tige ne tarde pas à se courber vers la fenêtre. Je prends ici pour exemple une jeune tige de luzerne
(*medicago sativa* L.). La courbure de la tige vers la lumière étant opérée, comme on le voit dans la figure 1,

planche 18, je retranche le sommet, *s* de cette tige et je fends sa partie inférieure et courbée *a b* en deux moitiés longitudinales dans le sens de la courbure, ainsi que cela est représenté dans la figure 2. A l'instant de cette séparation la moitié de tige *b* située du côté concave prend une courbure beaucoup plus profonde, tandis que l'autre moitié de tige *a* située du côté convexe se redresse d'abord et se courbe ensuite un peu en sens inverse. La ligne ponctuée *c d* indique la position courbée de la tige avant sa division en deux moitiés longitudinales. Il résulte de cette expérience que la flexion de la tige vers la lumière était opérée par l'action d'incurvation de la seule moitié longitudinale de tige *b*, laquelle recevait directement l'influence de la lumière; la moitié longitudinale de tige *a* située du côté opposé à l'afflux de la lumière tendait au contraire à résister à cette inflexion, puisqu'elle prend une courbure inverse, lorsqu'elle se trouve séparée de la moitié de tige *b* qui l'entraînait de force et *malgré elle* dans le mode d'incurvation qui lui est propre. Cette dernière moitié de tige *b* se trouvant délivrée de la résistance qu'opposait à son incurvation vers la lumière, la moitié de tige *a* se courbe beaucoup plus profondément. Cette expérience est décisive : elle prouve que c'est la seule moitié concave *b* fig. 1, laquelle est dirigée vers la lumière qui est l'agent de l'inflexion de la tige vers la lumière; la moitié convexe *a* est tout-à-fait passive dans cette inflexion à laquelle même elle tend à s'opposer par sa tendance inverse à l'incurvation, en sorte que l'inflexion de la tige vers la lumière s'effectue suivant une courbe qui est la résultante de la force d'incurvation de la moitié de tige *b* moins la force antagoniste d'incurvation de la moitié de tige *a*. Dans la théorie de M. de Candolle, ce serait la moitié de tige *b* qui serait passive et qui serait courbée de force par l'excès d'allongement de la moitié de tige *a*, ce qui est formellement contraire à l'expé-

rience. Cette théorie ne peut donc plus se soutenir. Ainsi
ce ne sera plus dans l'excès d'accroissement ou d'allongement d'un des côtés de la tige qu'il faudra chercher la cause
de son inflexion vers la lumière ou dans le sens opposé ;
ce sera dans la considération des tendances diverses à l'incurvation que possèdent les diverses parties constituantes
de cette tige, et dans la considération de l'influence qu'exerce
la lumière sur ces incurvations naturelles pour les fortifier
ou pour les affaiblir.

Les incurvations végétales s'effectuent par l'action de
deux tissus différens par leur texture comme par le principe
de leur action ; ces deux tissus incurvables sont le tissu cellulaire et le tissu fibreux , ainsi que je l'ai fait voir dans
le x° Mémoire. Le tissu cellulaire à cellules décroissantes de grandeur , se courbe par implétion de liquide ou
par endosmose. Le tissu fibreux à fibres décroissantes de
grosseur, se courbe par implétion d'oxigène. J'ai fait voir
l'existence de ce tissu fibreux incurvable par oxigénation,
dans les corolles et dans les renflemens moteurs des feuilles,
et j'ai émis l'idée que ce tissu fibreux n'était autre chose
que le tissu fibreux du bois ou de l'écorce encore à l'*état
naissant*, état sous lequel ce tissu possède des propriétés
qu'il perd en acquérant de la solidité (voyez tome 1, page
503). L'expérience est venue confirmer cette idée. .

Dans les tiges naissantes la partie ligneuse, ou plutôt fibreuse du système central, est ordinairement fort mince.
C'est le tissu cellulaire médullaire qui y est prédominant.
Cette partie fibreuse du système central est toujours disposée alors par faisceaux isolés dans les intervalles desquels
pénètre le tissu cellulaire médullaire. Il résulte de cette
disposition, qu'il est impossible d'obtenir isolé le tissu fibreux des tiges naissantes ; une lame mince que l'on enlève
sur ce tissu fibreux, contient toujours du tissu cellulaire
médullaire. Ce dernier tend toujours à se courber *en de-*

hors par turgescence, ou par l'implétion de liquide qu'y produit l'endosmose lorsqu'on le plonge dans l'eau. Or, comme l'endosmose a lieu aussi bien dans l'eau non aérée que dans l'eau aérée, il en résulte qu'en plongeant dans l'eau une lame mince du tissu fibreux dont il est ici question, cette lame ne manque jamais de se courber *en dehors* par endosmose. Mais l'expérience fait voir que l'incurvation de cette lame est beaucoup plus profonde quand on la plonge dans l'eau aérée que lorsqu'on la plonge dans l'eau non aérée. Le tissu fibreux naissant, tel qu'il existe dans les tiges très jeunes, est donc véritablement *incurvable par oxigénation*. C'est évidemment, en effet, à l'oxigénation qu'est due l'incurvation très profonde de la lame de tissu fibreux plongée dans l'eau aérée; son incurvation bien moins profonde dans l'eau non aérée, est due à la turgescence par endosmose du tissu cellulaire médullaire mêlé au tissu fibreux. Il résulte de ces considérations que, pour déterminer les causes qui produisent les inflexions des végétaux sous l'influence de la lumière, il faut étudier les influences qu'exerce la lumière sur la turgescence du tissu cellulaire et sur l'oxigénation du tissu fibreux. Or, ces influences sont bien connues. L'action de la lumière augmente la transpiration végétale; elle doit donc diminuer la turgescence cellulaire plus sur le côté de la tige qu'elle frappe directement que sur le côté opposé. La lumière en donnant lieu à la production de l'oxigène dans les parties vertes, favorise par cela même la respiration végétale; elle doit donc favoriser l'oxigénation du tissu fibreux plus sur le côté de la tige qu'elle frappe directement que sur le côté opposé. Il résulte de là, que l'action de la lumière diminuera la force d'incurvation du tissu cellulaire et augmentera la force d'incurvation du tissu fibreux dans le côté ou dans la moitié longitudinale de tige qu'elle frappera directement. Je vais étudier ces deux effets séparément. Je com-

mence par faire abstraction du tissu fibreux; en considérant
la tige naissante comme composée par le seul tissu cellulaire.

Je pose en principe que lorsqu'on observe chez les caudex végétaux deux inflexions en sens inverse sous l'influence d'une même cause extérieure, cela atteste qu'il
existe une certaine opposition d'organisation entre ces caudex dont les inflexions sont opposées. Ce principe que j'ai
déjà déduit de l'observation du mécanisme qui préside aux
deux inflexions opposées des tiges et des racines sous l'influence de la pesanteur, va trouver une nouvelle confirmation dans l'observation du mécanisme que préside aux deux
inflexions opposées des caudex végétaux sous l'influence de
la lumière. Je vais faire voir en quoi consiste l'opposition
d'organisation qui fait que certains caudex végétaux frap-
pés par la lumière, tantôt se courbent vers elle, tantôt se
courbent en sens contraire.

Chez les plantes herbacées et chez les tiges naissantes des
végétaux ligneux, le système cortical est très spécialement
composé par la médulle corticale. J'ai fait voir dans le III°
Mémoire (t. 1, p. 151), que cette médulle corticale offre deux
ordres inverses de décroissement de grandeur dans ses cellules composantes; en partant du milieu de cette médulle
ou de ce parenchyme cortical où se trouvent les cellules
les plus grandes, ces organes vont en décroissant de grandeur vers le dehors et vers le dedans, en sorte qu'il y a là
deux couches de cellules dont la tendance à l'incurvation
est inverse. La couche extérieure tend par turgescence à se
courber vers le dehors; la couche intérieure tend par turgescence à se courber vers le dedans. Or, suivant que l'une
ou l'autre de ces deux couches cellulaires l'emportera en
volume, leur assemblage tendra par turgescence à se courber dans le sens qui sera celui de l'incurvation de la couche
prédominante. Le plus ordinairement, c'est la couche cel-

lulaire intérieure qui l'emporte en volume, en sorte que le plus généralement l'écorce tend à se courber en dedans par turgescence ; mais il arrive quelquefois que c'est la couche cellulaire la plus extérieure qui l'emporte en volume ; alors l'écorce tend par turgescence à se courber en dehors. On s'assure de la direction de cette tendance de l'écorce à se courber vers le dedans ou vers le dehors, en détachant de cette écorce une lanière longitudinale que l'on plonge dans l'eau. Alors l'endosmose implétive rend les cellules turgescentes et la lanière d'écorce prend dans sa totalité l'incurvation qui appartient à sa couche cellulaire la plus volumineuse.

J'ai fait voir dans le xiiiᵉ Mémoire (page 34) comment la prédomination insolite du volume de la couche externe de la médulle corticale sur sa couche interne de cette même médulle dans les racines des pothos , déterminait ces racinés à se diriger vers le ciel au lieu de se diriger verticalement en bas, ainsi que cela a lieu lorsque c'est la couche interne de la médulle corticale qui est prédominante. Je vais faire voir que c'est en partie à des causes semblables, que sont dûes les deux directions inverses que présentent les tiges végétales soumises à l'influence de la lumière. J'ai observé, en effet, que généralement les caudex végétaux, dont l'écorce considérée dans toute son épaisseur tend par turgescence à se courber *en dedans*, se fléchissent vers la lumière, et qu'au contraire tous les caudex végétaux, dont l'écorce considérée de même dans toute son épaisseur tend par turgescence à se courber *en dehors*, tendent à se fléchir en sens inverse de celui de l'afflux de la lumière. Les premiers tendent vers la lumière et les seconds la *fuient*. Je vais chercher à déterminer la liaison qui existe entre ces deux phénomènes et l'action de la lumière sur le végétal. Je commence par le cas le plus général, qui est celui de la tendance vers la lumière.

Les caudex végétaux qui tendent vers la lumière ont généralement, comme je viens de le dire, une écorce qui tend par turgescence à se courber en dedans, parce que l'ordre de décroissement des cellules de dehors en dedans y est prédominant. Je choisis pour exemple la tige du phytolacca decandra. La figure 4, planche 18, représente la coupe transversale de cette tige. On y voit les deux ordres de décroissement des cellules dont se compose exclusivement l'écorce dans cette tige naissante, et l'on remarque que la couche profonde des cellules corticales, celle qui touche au système central et qui offre le décroissement de ses cellules du dehors vers le dedans est celle dont le volume est prédominant. Aussi une lanière longitudinale de cette écorce plongée dans l'eau se courbe-t-elle en dedans par suite de la turgescence cellulaire que produit l'endosmose. J'ai exposé plus haut comment la tige de la luzerne courbée vers la lumière ayant été fendue longitudinalement dans le sens de sa courbure (fig. 2), la moitié b de cette tige qui avait subi l'action directe de la lumière augmenta aussitôt son incurvation, tandis que l'autre moitié a de la tige se courba en sens inverse de la courbure qu'elle avait précédemment subie. La tige du phytolacca decandra tendant, comme la tige de la luzerne à se fléchir vers la lumière, présente les mêmes phénomènes d'incurvation dans les deux moitiés de la tige courbée séparées l'une de l'autre. Je puis donc prendre ici pour l'appliquer à la tige du phytolacca, les figures 1 et 2 (planche 18) qui ont été faites pour la tige de la luzerne. Les jeunes tiges de cette dernière plante, ne possédant qu'une écorce presque rudimentaire, ne se prêteraient pas à une démonstration aussi facilement que les jeunes tiges du phytolacca, dont l'écorce est beaucoup plus épaisse.

La moitié longitudinale de tige b, celle qui est frappée directement par la lumière, est par son incurvation le seul agent de l'inflexion totale de la tige vers la lumière; la moitié longitudinale opposée *a* est, dans cette circonstance, courbée *malgré elle*, ou dans le sens opposé à celui de sa tendance naturelle à l'incurvation. La lumière en frappant directement la moitié longitudinale de tige *b*, a donc augmenté sa force d'incurvation *en dehors* et l'a rendue victorieuse de la force d'incurvation antagoniste de la moitié longitudinale de tige *a*. Cette prédomination de la force d'incurvation en dehors de la moitié de tige *b*, peut provenir de deux causes : 1° de l'augmentation de la force d'incurvation en dehors que possède le système central de cette moitié de tige *b*; 2° de la diminution de la force d'incurvation *en dedans* que possède le système cortical de cette même moitié de tige *b*. En effet, la force totale avec laquelle les deux moitiés de tige *a* et *b* tendent à se courber en dehors, se mesure par la force d'incurvation *en dehors* de leur système central, moins la force d'incurvation *en dedans* de leur système cortical. Lors donc que l'une de ces deux moitiés de tige *b* acquiert une force d'incurvation en dehors, supérieure à celle de son antagoniste *a*, cela atteste ou que son système central a été directement augmenté de force, ou bien que ce même système central conservant sa force sans augmentation directe, a reçu cependant une augmentation proportionnelle de force par le fait de la diminution de la force antagoniste du système cortical qui le recouvre. Je le répète, la force totale d'incurvation en dehors de chaque moitié de tige *a* et *b*, se mesure par l'excès de la force d'incurvation en dehors de son système central sur la force d'incurvation en dedans de son système cortical; or, si la force de ce dernier système est diminuée dans la moitié de tige *b*, l'excès de force de son système central devient plus grand. Le système cortical de la moitié de tige *a*, étant supposé n'avoir point éprouvé de diminution de force d'incurvation, l'excès de force d'incurvation de son système

central sera toujours le même, il sera, par conséquent, inférieur à celui de la moitié de tige *b* qui, de cette manière,
sera victorieuse et entraînera de force la moitié de tige antagoniste *a*, dans le mode de flexion qui lui est propre.

Il s'agit actuellement de déterminer comment la lumière
a agi pour rendre la moitié de tige *b* victorieuse de la moitié
de tige antagoniste *a*. Pour suivre l'exposition de cette détermination, il ne faut point perdre de vue que je ne considère d'abord ici que les seules actions d'incurvation du
tissu cellulaire qui constitue les deux médulles centrale et
corticale ; je fais abstraction momentanément de l'incurvation de la couche fibreuse *f* (figure 4, planche 18) du système central ; l'écorce *a* de la jeune tige du *phytolacca decandra* ne contient point encore de tissu fibreux ; elle est
composée exclusivement de tissu cellulaire dont la tendance
à l'incurvation est *vers le dedans*. La tendance à l'incurvation du tissu cellulaire médullaire central *c* est, comme à
l'ordinaire, *vers le dehors*, et cette incurvation est supérieure en force à la tendance à l'incurvation *vers le dedans*
que possède l'écorce *a*. Ce sera donc le tissu cellulaire central *c* qui, par l'excès de sa force d'incurvation *en dehors* sur
la force d'incurvation en dedans du tissu cellulaire cortical *a*,
tendra à courber *en dehors* la moitié longitudinale de tige à
laquelle il appartient. Or, la moitié longitudinale de tige *b*
(figure 1, planche 18), qui est frappée directement par la
lumière, se trouve par l'expérience (figure 2) posséder une
force d'incurvation *en dehors*, supérieure à la force d'incurvation également en dehors, que possède la moitié longitudinale de tige *a*. Pour produire cet effet, la lumière
a-t-elle augmenté directement la force d'incurvation *en
dehors* du tissu cellulaire central *c* (figure 4), ou bien a-t-
elle seulement diminué la force d'incurvation *en dedans* du
tissu cellulaire cortical *a* ? On sent fort bien que, dans l'une
ou dans l'autre de ces deux hypothèses, la moitié longitu-

dinale de tige *b* (figure 2) aurait plus de force d'incurvation *en dehors* que n'en aurait la moitié longitudinale de tige *a*, laquelle privée de l'influence de la lumière n'aurait point éprouvé de changement dans la force d'incurvation de ses deux tissus cellulaires central ou cortical. J'établis ici et je démontrerai tout-à-l'heure qu'il faut adopter la seconde des deux hypothèses établies plus haut; savoir : celle qui consiste à considérer la lumière comme affaiblissant par son influence la force d'incurvation *en dedans* du tissu cellulaire cortical. On sait que la lumière augmente considérablement la transpiration végétale : or, il résulte nécessairement de cette augmentation de transpiration que le tissu cellulaire de la partie de l'écorce qui est frappée directement par la lumière, doit perdre une partie de sa turgescence et par suite perdre une partie de sa force d'incurvation. Cela posé, l'écorce tendant à se courber *en dedans*, l'affaiblissement de cette tendance antagoniste de celle du système central qu'elle recouvre, permet à l'incurvation *en dehors* de ce système central de s'exercer avec plus de facilité ou avec une force proportionnelle plus grande. Il résultera de là, que la moitié longitudinale de tige *b* (fig. 2, pl. 18) qui est frappée directement par la lumière, ayant acquis un surcroît de tendance à se courber vers le dehors, tandis que la moitié longitudinale de tige opposée *a*, a conservé sans augmentation sa tendance à se courber vers le dehors en sens opposé, la moitié de tige *b* (fig. 1, pl. 18) entraînera de force et *malgré elle* la moitié de tige *a* dans le sens de flexion qui lui est propre, et la tige dans sa totalité sera fléchie versla lumière. Cette théorie trouve sa confirmation dans l'observation qui prouve que toutes les tiges végétales qui fuient la lumière ou qui se fléchissent en sens contraire à celui de son afflux, ont une écorce qui tend naturellement à se courber *en dehors* par turgescence, tandis qu'au contraire, ainsi qu'on vient de le voir, les tiges se

fléchissent vers la lumière lorsque leur écorce tend à se
courber *en dedans* par turgescence. Comme il est évident
que le lien qui unit constamment le fait d'une structure
spéciale avec le fait d'une action physique spéciale est celui
qui attache une cause à son effet, il en résultera que c'est
l'écorce des caudex végétaux qui seule est modifiée d'une
certaine manière par l'influence de la lumière, et qui agit en
conséquence de cette modification. Ainsi, en se reportant
à l'expérience exposée plus haut (figure 2), il deviendra
bien certain que la lumière a agi, dans le cas dont il est ici
question, en affaiblissant l'incurvation de l'écorce et non en
fortifiant l'incurvation du système central.

J'ai dit que les caudex végétaux qui fuient la lumière
ont généralement un système cortical qui tend à se courber
en dehors par turgescence, parce que l'ordre de décroissement des cellules de dedans en dehors ou bien y existe
seul, ou bien y est prédominant. Cette organisation se remarque en effet chez toutes les plantes grimpantes, lesquelles ne s'appliquent contre leurs appuis que parce qu'elles
tendent à fléchir leurs tiges dans le sens opposé à celui de
l'afflux de la lumière, laquelle est interceptée par l'appui
opaque qui est voisin de l'un de leurs côtés. La coupe transversale de la tige naissante du haricot (figure 2, planche 17),
la coupe transversale de la tige naissante du lierre (fig. 5,
planche 18), font voir que chez ces deux tiges grimpantes
l'écorce a est spécialement composée de cellules qui décroissent de grandeur du dedans vers le dehors ; par conséquent cette écorce doit tendre à se courber *en dehors*
lorsque ses cellules deviennent turgescentes. C'est effectivement ce que l'on observe lorsqu'on plonge dans l'eau une
lanière longitudinale de cette écorce dont les cellules sont
rendues turgescentes par l'endosmose implétive. J'ai fait
voir plus haut par l'expérience, que la tige naissante des
plantes grimpantes et en particulier la tige naissante du

6.

lierre (*hedera helix*), tend à se fléchir dans le sens opposé
à celui de l'afflux de la lumière ou qu'elle *fuit la lumière*.
Je vais faire voir par quel mécanisme ce phénomène
s'opère.

J'ai détaché le sommet d'une tige de lierre du tronc d'un
arbre sur lequel elle était appliquée et l'ayant coupée à
deux pouces environ au-dessous de son sommet, je l'ai fendue en deux moitiés longitudinales *a b* (fig. 3, pl. 18), la moitié *a* est celle qui était appliquée sur le tronc de l'arbre, la
moitié *b* est celle qui était frappée directement par la lumière. A l'instant de cette séparation de la tige en deux, la
moitié *a* se courba profondément *en dehors*; la moitié *b* se
courba aussi *en dehors* mais bien moins profondément. Il
y a donc ici une inégalité marquée dans les tendances avec
lesquelles les deux moitiés longitudinales *a* et *b* de la tige
naissante du lierre tendent à se courber *en dehors*. La moitié de tige *b* qui est du côté de la lumière et qui tend à se
courber vers elle est évidemment ici la plus faible; c'est
la moitié de tige *a* qui l'emporte en force d'incurvation, et
comme elle tend à se courber en sens inverse de celui de
l'afflux de la lumière, elle doit nécessairement entraîner de
force la moitié de tige *b*, lorsqu'elle lui est unie, dans le
sens d'incurvation qui lui est propre, c'est-à-dire dans le
sens de la fuite de la lumière. La tige du lierre doit ainsi
tendre à s'appliquer sur les corps solides et opaques dont
elle se trouve voisine, elle fuit la lumière affluente du côté
opposé. Le mécanisme intérieur qui préside à cette inflexion de la tige du lierre est facile à déterminer. Le tissu
cellulaire médullaire central *c* (figure 5), chez le lierre et
son tissu cellulaire médullaire cortical *a*, tendent également
à se courber vers le dehors en vertu de l'ordre semblable
du décroissement de grandeur de leurs cellules. Si donc la
moitié longitudinale de tige *b* (figure 3) tend plus faiblement que la moitié longitudinale de tige *a* à se courber

en dehors, cela ne peut provenir que de l'affaiblissement
apporté par l'action de la lumière dans l'incurvation du
tissu cellulaire cortical de cette moitié de tige *b*. On se con-
vaincra de la vérité de cette assertion en considérant que
chez les tiges qui se fléchissent vers la lumière, le tissu cellulaire cortical *a* (figure 4) offre seul dans ses cellules un
ordre prédominant de décroissement de grandeur inverse
de celui qui existe dans le tissu cellulaire cortical *a* (fig. 5)
des tiges qui se fléchissent pour fuir la lumière. Le tissu
cellulaire central *c* de ces deux tiges (fig. 4 et 5) se ressemble quant à l'ordre de décroissement vers le dehors de ses
cellules composantes. Ainsi toute la différence entre ces
deux tiges se trouve ici dans leur écorce seulement. Et
c'est cette différence qui entraîne la différence de leur inflexion par rapport à la lumière par le mécanisme que voici.
Que l'incurvation *en dedans* du tissu cellulaire cortical *a*
(fig. 4) soit affaiblie sur un seul côté de la tige par l'augmentation de la transpiration que produit la lumière, le
tissu cellulaire central *c* (fig. 4), qui tend à se courber en
dehors, sera délivré sur ce seul côté d'une force antagoniste
qui lui fait obstacle, et devenu ainsi proportionnellement
plus fort que le côté opposé, il courbera la tige vers la lumière. L'inflexion d'une tige pour fuir la lumière découle
du même principe à l'aide d'une structure inverse de
l'écorce : en effet, que l'incurvation *en dehors* du tissu cellulaire cortical *a* (fig. 5) soit affaiblie sur un seul côté
de la tige par l'augmentation de la transpiration que produit
la lumière, le tissu cellulaire central *c* (figure 5), qui tend
de même à se courber *en dehors*, se trouvera privé sur ce
seul côté d'une force auxiliaire ; il deviendra ainsi proportionnellement plus faible que le côté opposé, en sorte
que ce dernier courbera la tige du côté opposé à celui de
l'afflux de la lumière.

Jusqu'ici je n'ai tenu compte que de l'action d'incurva-

tion des tissus cellulaires médullaires central et cortical,
pour expliquer le mécanisme de l'inflexion des tiges soit
vers la lumière, soit dans le sens opposé à celui de son
afflux. Cette incurvation du tissu cellulaire a lieu par implétion de liquide avec excès ou par endosmose, or, dans
les tiges naissantes, il existe un *tissu fibreux,* lequel dans
ce premier temps de son existence est incurvable par oxigénation ; c'est ce tissu fibreux qui dans la suite deviendra
ligneux ; le tissu fibreux de l'écorce n'existe pas encore la
plupart du temps dans les tiges très jeunes : or, l'incurvation de ce tissu fibreux *f* (fig. 4), incurvation *en dehors* qui
a lieu par implétion d'oxigène ; joue un rôle important
dans le phénomène de l'inflexion des tiges vers la lumière.
J'ai fait voir dans le VIIe mémoire que l'oxigène produit par
l'action de la lumière sur les parties vertes des végétaux,
sert à entretenir leur respiration ; les tiges qui sont ordinairement vertes à leur naissance possèdent donc plus d'oxigène dans le tissu de leur moitié longitudinale qui est frappée directement par la lumière, que dans le tissu de leur
moitié longitudinale opposée ; par conséquent le tissu fibreux de la première de ces deux moitiés est celui qui est
dans les conditions les plus favorables pour l'oxigénation :
d'où il suit que son incurvation doit l'emporter en force
sur celle du tissu fibreux de la moitié de tige opposée ;
or, comme ce tissu fibreux tend à se courber *en dehors* ; il
en résulte que son incurvation étant plus forte dans la moitié de tige frappée par la lumière qu'elle ne l'est dans la
moitié de tige opposée ; la tige entière sera fléchie vers la
lumière par l'action du tissu fibreux. C'est évidemment à
cette action du tissu fibreux qu'est due la direction des racines vers la lumière lorsqu'elles deviennent accidentellement vertes ; alors elles produisent de l'oxigène sous l'influence de la lumière, et cet oxigène, versé dans leurs organes pneumatiques, sert à l'oxigénation du tissu fibreux, lequel

se courbe par le fait même de cette oxigénation. Lorsque les racines restent blanches, elles ne produisent point d'oxigène, et leur tissu fibreux, par cela même qu'il ne s'oxigène point, ne courbe point ces racines vers la lumière.

Il résulte de ce qui vient d'être exposé que chez les tiges qui se fléchissent vers la lumière, cette inflexion est due à l'action d'incurvation par endosmose du tissu cellulaire médullaire central c (fig. 4, pl. 18), et en outre à l'action d'incurvation par oxigénation du tissu fibreux f. Ces deux incurvations ont également lieu *en dehors*, et elles sont un peu contrariées, ou contre-balancées par l'incurvation *en dedans* du tissu cellulaire cortical a; la lumière affaiblissant, sur la seule moitié de tige qu'elle frappe, cette incurvation contre-balançante qu'opère le tissu cellulaire cortical, la tige tout entière est fléchie du côté de l'afflux de la lumière. Chez les tiges qui fuient la lumière ou qui se fléchissent du côté opposé à celui de son afflux, le tissu fibreux f (fig. 5 pl. 18) est toujours extrêmement mince lorsque ces tiges sont naissantes, comme on le voit ici chez le lierre. Il résulte de là que son action d'incurvation est très faible. Ici l'incurvation du tissu cellulaire central c, l'incurvation du tissu fibreux f, et l'incurvation du tissu cellulaire cortical a, sont congénères; elles s'opèrent toutes les trois de même *en dehors*. La lumière affaiblit, sur la seule moitié de tige qu'elle frappe, l'incurvation *en dehors* qu'opère le tissu cellulaire cortical a; la moitié de tige opposée, et qui est dans l'ombre, ayant conservé dans son entier la force d'incurvation de son tissu cellulaire cortical, ses trois agens d'incurvation congénères, dont la force n'a subi aucune diminution, fléchissent la tige entière dans le sens opposé à celui de l'afflux de la lumière. Pour que cette inflexion ait lieu, il faut que le tissu fibreux f (fig. 5) offre au moins une des conditions suivantes: 1° il faut qu'il ait assez peu de volume pour que l'augmentation de son action d'incur-

vation par oxigénation que produit la lumière, soit inférieure à la diminution de l'action d'incurvation par endosmose que produit en même temps la lumière dans le tissu
cellulaire cortical *a* : cela dépend du volume de ce tissu
cellulaire ; 2° il faut que le tissu fibreux *f* soit peu oxigéné,
en sorte que sa force d'incurvation soit à-peu-près nulle,
ou du moins qu'elle n'éprouve point d'augmentation sensible dans la moitié longitudinale de tige qui est frappée
directement par la lumière. Cette absence ou cette diminution considérable de l'oxigénation a lieu lorsque la tige est
en partie étiolée faute d'une lumière assez vive : ainsi la
condition indispensable pour qu'une tige fuie la lumière
est que son écorce tende par turgescence à se courber *en
dehors*. A cette condition fondamentale de la fuite de la
lumière doit se joindre la faiblesse de l'action d'incurvation *en dehors* du tissu fibreux central. Cette faiblesse dépend ou du peu de volume de ce tissu fibreux, ou de son
défaut d'oxigénation ; je vais citer des exemples de ces deux
cas de faiblesse du tissu fibreux central.

1° *Faiblesse du tissu fibreux central par raison de son peu
de volume.* — La tigelle de l'embryon séminal du gui est
peut-être, de tous les caudex végétaux, celui qui manifeste
le plus évidemment la tendance à fuir la lumière ; or,
cette tigelle est entièrement composée de tissu cellulaire
dont l'opacité ne permet pas de distinguer celui qui appartient au système central de celui qui appartient au système
cortical ; mais cela est indifférent, car on voit très bien que
le tissu cellulaire qui est le plus extérieur et qui par conséquent est celui de l'écorce, est composé de cellules décroissantes de grandeur du dedans vers le dehors. Cette écorce
doit donc tendre par turgescence à se courber en dehors,
ce qui est la condition fondamentale de la fuite de la lumière ; en outre le tissu fibreux central manque totalement

dans cette tigelle : or, comme ce tissu fibreux central serait
ici le seul agent qui pût faire tendre la tigelle vers la lumière, son absence favorise au plus haut point la tendance
inverse qui résulte de l'organisation du tissu cellulaire
cortical; aussi n'arrive-t-il jamais que la tigelle de l'embryon séminal du gui se dirige vers la lumière, quelle que
soit l'intensité de celle-ci, et quelle que soit l'intensité de
la coloration en vert de cette tigelle.

Les tiges naissantes de la vigne ont une écorce qui tend
par turgescence à se courber *en dehors*, ainsi que cela a
lieu chez toutes les plantes grimpantes. Cette organisation
est la condition fondamentale en vertu de laquelle les tiges
fuient la lumière; or, les tiges naissantes de la vigne,
telles qu'elles existent à l'extrémité des scions en pleine
végétation, ne contiennent presque que du tissu cellulaire
central et cortical. Le tissu fibreux central y est rudimentaire; aussi ces tiges naissantes fuient-elles la lumière; on
les voit toujours courbées fortement en crochet vers la
terre, fuyant ainsi la lumière qui afflue d'en haut : cette
flexion n'est point le résultat de la faiblesse de cette tige,
car elle est assez grosse; elle persiste avec force dans cette
flexion qui est le résultat d'une incurvation spontanée qu'on
ne peut lui faire perdre sans la rompre. En acquérant un
peu plus d'âge, cette jeune tige augmente le volume de son
tissu fibreux central, lequel prend de l'oxigénation sous
l'influence de la lumière dans la moitié de tige qui est
éclairée directement, c'est-à-dire dans la moitié de tige qui
occupe le côté convexe du crochet que forme cette tige à
son extrémité; alors l'incurvation *en dehors* de ce tissu fibreux redresse, à mesure qu'elle s'allonge, cette tige qui
cesse de fuir la lumière, et se dresse vers le ciel. Pendant
ce temps, le développement terminal produit une nouvelle
partie naissante, en sorte que le scion, pendant sa végétation, est toujours terminé par un crochet dont la pointe est

dirigée vers la terre. J'ai observé que cette courbure de
l'extrémité du scion de la vigne est plus profonde pendant
le jour que pendant la nuit; cette courbure en crochet
tend ainsi un peu à se redresser pendant l'absence de la
lumière dont l'influence pendant le jour la rend plus profonde. Ce fait suffit pour prouver que l'influence vers la
terre du sommet des scions de la vigne est véritablement
due à ce que ce sommet de tige fuit la lumière affluente du
ciel; c'est à la même cause qu'il faut attribuer la direction
que prennent les *vrilles* ou *mains* de la vigne; lorsque le
scion auquel elles appartiennent est tendu horizontalement
à distance du sol, toutes ces *vrilles* se dirigent verticalement vers la terre; lorsque le scion est étendu le long d'une
muraille, les vrilles se dirigent toutes perpendiculairement
vers cette muraille; ces vrilles, comme celles de tous les végétaux grimpans fuient la lumière; leur inflexion s'opère
exclusivement dans le renflement qui est situé à leur base,
et l'observation microscopique fait voir que ce renflement,
comme le reste de la vrille, possède éminemment la structure intérieure qui fait que les caudex végétaux fuient la
lumière. Chez cette vrille qui est une tige avortée, le tissu
cellulaire cortical tend, par l'ordre de décroissement de
grandeur de ses cellules, à ce courber en dehors par turgescence, de la même manière que le tissu cellulaire central;
le tissu fibreux est rudimentaire dans le renflement de la
base de cette vrille, et ce renflement est le siège exclusif
du mouvement qu'elle exécute; or, ce sont là les conditions organiques générales qui font que les caudex végétaux
fuient la lumière, ainsi que je l'ai établi plus haut.

Les branches de certains arbres, au lieu de se diriger
vers le ciel se courbent vers la terre, sans que cela soit un
effet de leur pesanteur; c'est ce que l'on remarque, par
exemple, dans la variété du frêne (*fraxinus excelsior*) qui
porte le nom de *frêne pleureur;* cela provient de ce que les

branches de cette variété du frêne fuient la lumière affluente du ciel. L'expérience m'a prouvé en effet, que
l'écorce des scions de cet arbre, prise dans leur sommet encore herbacé, étant réduite en lanières longitudinales, se
courbe *en dehors* lorsqu'on la plonge dans l'eau. L'observation microscopique fait voir que cela dépend de ce que la
couche cellulaire extérieure de l'écorce, dont les cellules
décroissent de grandeur du dedans vers le dehors, est plus
épaisse que la couche cellulaire plus profonde dont l'ordre
de décroissement des cellules est inversé. En même temps,
le tissu fibreux central se trouve être excessivement mince
et presque rudimentaire dans la partie encore herbacée des
scions du *frêne pleureur*. Or, ce sont là les conditions organiques qui font qu'une tige fuit la lumière. J'ai étudié
comparativement sous les mêmes points de vue le frêne
ordinaire dont les scions se dirigent vers la lumière. J'ai vu
que des lanières d'écorce enlevées sur la partie encore herbacée des scions de cet arbre se courbent *en dedans* lorsqu'on les plonge dans l'eau ; ce qui est l'opposé de ce qui a
lieu chez le *frêne pleureur* , et l'observation microscopique
fait voir que ce mode d'incurvation dépend de ce que le
tissu cellulaire de cette écorce, offre d'une manière prédominante le décroissement de ses cellules du dehors vers le
dedans; en outre, le tissu fibreux central de ces scions encore herbacés est assez développé. Or, ce sont là les conditions organiques qui font que les tiges végétales tendent à
se diriger vers la lumière. J'ai fait des observations analogues aux précédentes sur plusieurs végétaux, soit ligneux,
soit herbacés, dont les tiges se dirigent en sens inverse de
l'afflux de la lumière, et j'ai trouvé constamment chez eux
l'existence des conditions organiques que je viens d'exposer,
et en vertu desquelles les tiges végétales fuient la lumière.
Je citerai, parmi les végétaux ligneux, le *juniperus communis*
dont les branches sont toujours obliquement descendantes,

et le *saule pleureur* (*salix babylonica*). Ce dernier arbre possède en effet, dans la structure organique de ses scions, les conditions de la fuite de la lumière. Ce qui prouve que ce n'est pas à leur seule flexibilité qu'ils doivent leur position descendante.

2° *Faiblesse du tissu fibreux central par raison de son défaut d'oxigénation.* — Le tissu fibreux central tend à se courber en dehors avec d'autant plus de force qu'il est plus oxigéné. La lumière a pour effet de produire de l'oxigène dans les parties vertes des tiges ; par conséquent le tissu fibreux sera plus oxigéné dans la moitié de tige frappée directement par la lumière que dans la moitié de tige opposée qui est dans l'ombre. Il résultera de là que la tige, dans son entier, sera fléchie vers la lumière par l'action du tissu fibreux central, à moins qu'une inflexion inverse ne soit produite par l'action prédominante de l'incurvation du tissu cellulaire cortical, ainsi que cela a lieu dans les exemples ci-dessus exposés. Or on conçoit facilement que si une tige qui ne tend pas très fortement à fuir la lumière par l'incurvation de son tissu cellulaire cortical est soumise à une vive lumière, son tissu fibreux central, fortement oxigéné du côté de la lumière, fléchira cette tige vers cette même lumière ; si, au contraire, cette même tige qui tend à fuir la lumière par l'incurvation de son tissu cellulaire cortical est en partie étiolée, et par conséquent privée en partie d'oxigène intérieur ; son tissu fibreux central peu oxigéné ne tendra que très faiblement à fléchir cette tige vers la lumière, et dès-lors cette tige abandonnée à l'action d'incurvation du tissu cellulaire cortical, lequel tend à la fléchir dans le sens opposé, fuira la lumière. Tels sont les phénomènes que le lierre offre à l'observation. Lorsque ses scions sont exposés à l'action d'une vive lumière et que leur extrémité végétante et herbacée est d'une couleur bien verte, ces scions se dirigent vers la lumière. C'est ce que l'on remarque dans les scions du lierre, lorsqu'ils se projettent en avant d'un mur qui est tapissé par cet arbuste grimpant. Il n'en est pas de même de ceux des scions du lierre qui se développent à l'ombre et qui présentent ainsi un commencement d'étiolement. Ceux-ci tendent fortement à fuir la lumière, et c'est pour cela qu'ils s'appliquent sur les murs ou sur le tronc des arbres. Aussi le lierre demande-t-il généralement à croître sous l'ombrage des arbres ou derrière des murailles qui le garantissent de l'action de la lumière directe du soleil. Lorsqu'il croît sur des murailles exposées au midi, il projette vers la lumière de nombreux rameaux, et c'est sous leur ombrage que d'autres rameaux prennent le commencement d'étiolement qui les dispose à fuir la lumière et à se fléchir en conséquence vers la muraille à laquelle ils se fixent. Presque toutes les plantes grimpantes sont dans le même cas ; en général, elles demandent à croître ombragées par les arbres qui doivent leur servir de supports, et, sous cet ombrage, leurs tiges prennent un commencement d'étiolement qui augmente leur tendance à fuir la lumière. Au reste, de même que le lierre, les autres plantes grimpantes manifestent souvent dans leurs tiges la tendance vers la lumière, tendance qui existe toujours dans leurs feuilles.

Les résultats suivans découlent des observations qui viennent d'être exposées. 1° Tout caudex végétal dont l'écorce tend par turgescence cellulaire à se courber *en dedans* doit tendre à se fléchir vers la lumière : il est favorisé dans cette tendance par l'incurvation de son tissu fibreux central. 2° Tout caudex végétal dont l'écorce tend par turgescence cellulaire à se courber *en dehors* doit tendre à fuir la lumière, à moins que son tissu fibreux central ne soit volumineux ou fortement oxigéné par l'action de la lumière; dans ce cas, le caudex végétal tend à se diriger vers la lumière.

Il y a des caudex végétaux qui, à diverses époques offrent des inflexions différentes par rapport à la lumière. Cela s'observe surtout par rapport aux pédoncules des fleurs. Parmi des exemples fort nombreux que je pourrais citer sur ce sujet, je choisirai celui qu'offre la fleur de l'*i-pomea purpurea* (*convolvulus purpureus* L.). Dans la préfloraison de cette fleur, son pédoncule est fléchi vers la terre. Lorsque la fleur est épanouie, son pédoncule se redresse, et dirige vers le ciel ou vers la lumière l'ouverture de la corolle ; après la chute de la corolle, le pédoncule se fléchit de nouveau vers la terre. J'ai fait voir dans le xii° mémoire (page 30) que le pédoncule de la fleur de la bourrache se fléchit vers la terre, parce qu'il possède les conditions organiques qui occasionnent la même inflexion chez les racines. J'ai voulu savoir si la flexion du pédoncule de la fleur de l'*ipomea purpurea* vers la terre provenait de la même cause, ou bien si elle provenait de ce que ce pédoncule fuyait la lumière affluente du ciel. L'inspection microscopique de l'organisation de l'écorce de ce pédoncule m'a suffi pour savoir à quoi m'en tenir à cet égard. Tout caudex végétal qui se fléchit spontanément vers la terre sous l'influence physiologique de la pesanteur doit avoir, comme les racines, une écorce dont le tissu cellulaire est spécialement composé de cellules décroissantes de grandeur du dehors vers le dedans ; au contraire, tout caudex végétal qui se fléchit vers la terre, parce qu'il fuit la lumière affluente du ciel doit avoir une écorce spécialement composée de cellules décroissantes de grandeur du dedans vers le dehors. C'est là, en effet, la condition organique indispensable pour qu'un caudex végétal fuie la lumière, ainsi que je l'ai fait voir plus haut. Or l'examen microscopique de la structure intérieure du pédoncule de la fleur de l'*ipomea purpurea* fait voir que son écorce est entièrement composée de cellules décroissantes de grandeur du

dedans vers le dehors ; en outre son tissu fibreux central
disposé par petits faisceaux isolés est très exigu. Ainsi ce pédoncule possède éminemment les conditions organiques,
en vertu desquelles les caudex végétaux fuient la lumière.
C'est donc bien certainement à cette cause qu'il faut rapporter son inflexion vers la terre avant et après la floraison.
Ce pédoncule courbe son sommet vers la terre par l'action
d'incurvation de son tissu cellulaire cortical, et cette incurvation est le résultat de la turgescence de ce tissu cellulaire. Or, lorsque arrive l'épanouissement de la corolle,
celle-ci, par la large surface d'évaporation qu'elle offre,
occasionne une grande perte de liquide intérieur, en sorte
que le tissu cellulaire du pédoncule cesse d'être turgescent
et cesse, par conséquent, d'affecter l'incurvation qui dirigeait le sommet de ce pédoncule vers la terre. Alors le tissu
fibreux agit seul et dirige le sommet de la tige florale vers la
lumière. Après la chute de la corolle, les choses reviennent
dans l'état où elles étaient avant l'épanouissement de la
fleur ; il n'y a plus autant de déperdition des liquides intérieurs : en conséquence, le tissu cellulaire cortical, repre-
nant son incurvation par turgescence, fléchit de nouveau
le pédoncule vers la terre. Le *convolvulus arvensis* présente
les mêmes phénomènes ; ils ne sont point offerts par le
convolvulus sepium, et j'attribue cela à ce que ce dernier
possède deux larges bractées au sommet de son pédoncule
floral. Ces bractées favorisent l'évaporation des liquides
intérieurs, comme le fait la corolle ; elles doivent donc de
même empêcher la turgescence du tissu cellulaire cortical
du pédoncule et, par conséquent, empêcher son incurvation, laquelle, sans cela, dirigerait le sommet du pédoncule vers la terre avant et après la floraison. J'ai dit, dans
le XIIe mémoire (page 36) que les racines aériennes des
pothos, lesquelles se dirigent souvent vers le ciel, affectent
aussi souvent une direction descendante, et j'ai attribué,

en partie, ce dernier phénomène à ce que ces racines fui-
raient la lumière affluente du ciel. C'est effectivement ce
qui a lieu. J'ai vu une racine aérienne de *pothos digitata*
qui, voisine d'un bâton planté dans la terre, du côté obscur de la serre, dans laquelle se trouvait la plante, s'était
appliquée et courbée sur ce bâton, comme l'aurait fait la
vrille d'une plante grimpante, fuyant ainsi la lumière affluente du côté opposé. Or ces racines possèdent dans leur
écorce l'organisation qui fait que les caudex végétaux verts
fuient la lumière ; elles ont au-dessous de l'enveloppe tégumentaire une couche épaisse de cellules décroissantes
de grandeur de dedans en dehors. J'ai fait voir, dans le
mémoire précité, comment cette organisation tend à intervertir la tendance ordinaire des racines à descendre et,
par conséquent ; à les faire monter vers le ciel sous l'influence de la pesanteur ; or on voit ici que cette même organisation tend à faire descendre ces mêmes racines vers la
terre, parce qu'elles fuient la lumière affluente du ciel.
Ainsi ces racines sollicitées dans des sens inverses par l'influence de la pesanteur et par l'influence de la lumière
obéissent tantôt à la première, tantôt à la seconde de ces
deux causes de direction, suivant qu'elles subissent avec
excès l'influence spéciale de l'une ou de l'autre de ces deux
causes extérieures.

La tendance qu'ont les feuilles à donner une direction
spéciale à leurs deux faces, leur retournement lorsqu'elles
reçoivent accidentellement une position inverse de celle qui
leur est naturelle, sont des phénomènes qui depuis long-
temps ont exercé la sagacité des naturalistes ; ici surtout
doivent être citées les recherches de Bonnet (1). On va voir
par l'exposé des observations de ce naturaliste, qu'il ne
suffit pas toujours de bien voir les faits, mais qu'il faut

(1) Recherches sur l'usage des feuilles (II° Mémoire).

aussi savoir les coordonner pour les rattacher à leurs véritables causes. C'est dans ce dernier point seulement que Bonnet a failli, car ses observations sont excellentes. Il a vu que le retournement des feuilles s'opère tantôt au moyen de l'inflexion du pétiole, tantôt au moyen de sa torsion et quelquefois au moyen de ces deux actions. Il a vu que le pétiole incliné vers la terre, se relève comme une tige ayant de même une tendance à la verticalité. De ces faits, il a déduit avec raison quoique sans preuves véritablement suffisantes, que le phénomène du retournement des feuilles renversées, a de l'analogie avec le phénomène du retournement de la plumule et de la radicule dans les graines en germination placées à *contre-sens.* Bonnet nota ce phénomène que les feuilles qui, telles que celles de la vigne, ont dans l'état naturel leur face supérieure dirigée horizontalement vers le ciel, dirigent cette même face verticalement en avant lorsqu'elles sont voisines d'une muraille. Alors le pétiole qui, dans le premier cas, était vertical, se trouve ici horizontal ou à-peu-près. Bonnet vit qu'une plante placée dans un appartement et auprès de la fenêtre, dirige la face supérieure de ses feuilles vers cette fenêtre et parallèlement aux carreaux de vitre; il expérimenta qu'une jeune tige de mérisier garnie de ses feuilles et faisant encore partie de l'arbre, étant placée sous l'abri d'une table horizontale, les feuilles qui n'étaient ainsi éclairées que latéralement placèrent leurs limbes dans une position verticale, ayant leurs pointes en bas, dirigeant ainsi leur face supérieure vers la lumière qui leur arrivait latéralement et dirigeant leurs faces inférieures vers l'ombre qu'elles se faisaient mutuellement. Bonnet ne me paraît pas avoir assez bien exposé cette importante expérience que j'ai répétée sur l'érable, et qui prouve si bien que la face supérieure des feuilles tend à se diriger vers la lumière. Il expérimenta encore que les feuilles renversées se retournent bien plus

promptement à la lumière du soleil qu'à l'ombre ; il expérimenta enfin que des feuilles renversées se retournaient
vers la lumière d'une bougie. Il semble qu'on ne puisse
rien ajouter à de pareilles expériences, pour prouver que
les feuilles tendent à diriger leur face supérieure vers la lumière ; or, Bonnet vient encore les corroborer par l'observation du phénomène de la nutation, phénomène dans lequel on voit la face supérieure de certaines feuilles suivre
le soleil dans sa marche diurne et se tenir ainsi toujours
dirigées vers cet astre. Cependant, Bonnet ayant observé
que les feuilles tendaient aussi à se retourner dans la plus
complète obscurité, fut porté par ce fait à admettre que ce
n'était point l'influence de la lumière qui occasionait généralement leur retournement. L'esprit humain est généralement disposé à adopter les opinions exclusives quoique
fort rarement la vérité soit tout entière d'un seul côté. Cette
réflexion s'applique naturellement ici. Bonnet ayant vu
que le retournement des feuilles s'opérait, dans certaines
circonstances, sans le concours de la lumière, rejeta entièrement l'influence de cette dernière et chercha une
autre cause au phénomène qu'il observait. Adoptant l'hypothèse imaginée par Dodart, pour expliquer le retournement
de la radicule et de la plumule, Bonnet l'appliqua ainsi au
phénomène du retournement des feuilles. Selon lui, la face
inférieure des feuilles serait composée de fibres qui se contracteraient à l'humidité, tandis que leur face supérieure
serait composée de fibres qui se contracteraient à la sécheresse. Il résulterait de là, selon lui, que chez la feuille renversée la face inférieure se retournerait vers la terre, siège de
l'humidité qui ferait contracter les fibres de cette face, tandis
que la face supérieure se retournerait en même temps vers
le ciel, ou plutôt du côté de l'atmosphère dont la chaleur
et l'action desséchante feraient contracter ses fibres. Cherchant à donner des preuves à ces étranges assertions,

Bonnet imagina de fabriquer des feuilles artificielles dont la face supérieure était en parchemin, qui se resserre par l'effet de la sécheresse et dont la face inférieure était en toile dont les fils se raccourcissent par l'effet de l'humidité. Il soumit ces feuilles artificielles à la chaleur et à l'humidité, et il crut voir que selon les circonstances de l'expérience elles tendaient à se comporter dans leurs inflexions comme de véritables feuilles. Il est inconcevable que Bonnet se soit arrêté à une pareille explication après avoir expérimenté, comme il l'a fait, que les feuilles entièrement plongées dans l'eau étant à l'état de renversement, se retournent aussi bien que les feuilles qui sont dans l'air. Aucune autre tentative n'a été faite depuis par les physiologistes, pour expliquer le mécanisme du retournement des feuilles.

La direction de la face supérieure des feuilles vers le ciel est un fait qui d'abord a paru général; cependant il souffre quelques exceptions. Bonnet a cité celle que présente le gui dont les feuilles affectent indifféremment toutes les positions. Quelquefois ce n'est plus la face supérieure de la feuille qui tend à se diriger vers le ciel, c'est sa face inférieure. C'est ce que l'on observe, par exemple, chez les feuilles d'un très grand nombre de graminées qui tordent leur limbe sur lui-même pour diriger sa face inférieure vers le ciel, comme on le voit dans la figure 2, planche 19 (1). Les *feuilles ramules* du *ruscus aculeatus* (voyez dans le IIIe mémoire tome 1, page 201) dirigent de même leur face inférieure vers le ciel au moyen de la torsion de leur court pétiole. En général, on remarque que c'est toujours la face la plus colorée de la feuille qui est dirigée en haut ou vers

(1) Je crois avoir publié le premier cette observation en 1824, dans mes *Recherches anatomiques et physiologiques*, etc., page 120. M. de Candolle, dans sa *Physiologie* publiée en 1832 (page 848), attribue cette observation à M. Ernest Meyer, et cela d'après ce que lui aurait dit M. Roper.

la lumière. La face opposée doit son infériorité de coloration à l'air qui est contenu dans ses cavités pneumatiques superficielles, ainsi que je l'ai démontré dans le VII° mémoire. Ces cavités pneumatiques sont situées à la face supérieure de la feuille chez beaucoup de graminées ; il en est de même chez les *feuilles ramules* du *ruscus aculeatus*. En ne considérant ici que la cause finale, on voit pourquoi ces feuilles se placent dans une position renversée; cette position est nécessaire, en effet, pour que la feuille produise, sous l'influence de la lumière, l'oxigène nécessaire pour la respiration de la plante. J'ai fait voir, en effet, par l'expérience, dans le Mémoire précité, que la face de la feuille qui porte les cellules pneumatiques doit être placée à l'opposite de la lumière pour que la feuille remplisse sa fonction de produire l'oxigène respiratoire. C'est pour cela que le plus généralement les cellules pneumatiques sont placées à la face inférieure des feuilles. Lorsque ces cellules pneumatiques se trouvent placées à la face supérieure, les feuilles pourvues de cette organisation exceptionnelle se retournent et dirigent en haut leur face inférieure. Chez le genevrier (*juniperus communis*), les cellules pneumatiques sont situées à la face supérieure des feuilles ; c'est ce qui donne à cette face supérieure une couleur blanchâtre ; la face inférieure de ces mêmes feuilles dépourvue de cellules pneumatiques est verte. Or ces feuilles courtes, coriaces et privées de pétioles ne peuvent se retourner pour diriger à l'opposite de la lumière leur face supérieure. Ce sont alors les jeunes branches qui s'inclinent vers la terre, en sorte que par ce mécanisme la face supérieure des feuilles se trouve dirigée vers la terre ou à l'opposite de la lumière, laquelle frappe alors directement leur face inférieure. Ce fait me paraît des plus remarquables.

Les feuilles qui possèdent autant de cellules pneumati- ues à leur face supérieure qu'à leur face inférieure ne di-

rigent ni l'une ni l'autre de ces faces vers le ciel ; elles placent le plan de leur limbe dans une situation verticale ;
telles sont les feuilles de la laitue vireuse (*lactuca virosa*).
Les feuilles épaisses dont les cavités pneumatiques sont situées profondément présentent indifféremment leurs deux
faces à la lumière ; telles sont les feuilles du gui ; telles sont
encore les feuilles tubuleuses de quelques alliacées.

  Les pétales des fleurs offrent à leurs faces opposées la
même inégalité de coloration que l'on observe dans les
deux faces des feuilles, et c'est de même à la présence ou
à la plus grande abondance des cellules pneumatiques qu'est
due la coloration moins grande de l'une des faces. Or j'ai
observé que chez les pétales comme chez les feuilles, c'est
toujours la face qui porte spécialement les cellules pneumatiques ou la face la moins colorée qui est située à l'opposite
de la lumière. Le plus généralement c'est la face interne
des pétales ou des corolles qui est plus colorée que leur face
externe ; aussi la plupart des fleurs dirigent-elles leur ouverture ou leur face interne vers la lumière. Quelquefois
cette face interne de la fleur est dirigée vers la terre, et cette
direction coïncide avec l'infériorité de la coloration de
cette face interne. C'est ce qu'on remarque, par exemple,
chez les fleurs de *digitalis purpurea*, de *symphytum offi-
cinale*, de *fritillaria imperialis*, etc. Chez les fleurs papil-
lonacées les deux pétales, dont l'ensemble porte le nom de
pavillon, ont leur face interne plus colorée que leur face externe ; c'est aussi cette face externe qui est dirigée vers la
lumière ; les deux pétales qui portent le nom d'*ailes* ont,
au contraire, le plus ordinairement leur face interne plus
colorée que leur face interne ; et, par suite, c'est leur face
externe qui est dirigée vers la lumière. Ces deux *ailes* restent appliquées l'une contre l'autre par leur face interne.
Dans le genre *phaseolus*, on voit ces *ailes* se tordre sur elles-
mêmes pour diriger vers le ciel leur face externe plus co-

lorée que l'interne. L'inverse a lieu dans la fleur du *me-
lilotus officinalis* dont les *ailes* se dirigent avec la lumière par
leur face interne qui est plus colorée que leur face externe.

Il résulte de ces observations que chez les corolles, comme
chez les feuilles, c'est toujours la face qui porte spécialc-
ment ou exclusivement les cellules pneumatiques qui est
dirigée à l'opposite de la lumière; j'ai fait voir dans le
vii° Mémoire que chez les feuilles cela doit être ainsi pour
qu'il y ait production de l'oxigène respiratoire sous l'influence de la lumière; mais l'existence démontrée de cette
nécessité physiologique n'apprend point comment la face
de la feuille qui porte les cellules pneumatiques, tend à se
soustraire à l'influence directe de la lumière; d'ailleurs les
corolles qui ne fabriquent point d'oxigène sous l'influence
de la lumière dirigent, comme les feuilles à l'opposite de la
lumière, celles de leurs faces qui portent spécialement les
cellules pneumatiques. On voit donc seulement ici l'existence d'un fait que sa généralité doit faire regarder comme
nécessaire; puisque ce fait est constant, il faut bien que la
disposition organique en vertu de laquelle il a lieu, entre
comme élément dans sa production; mais on ignore encore
comment l'organisation du limbe de la feuille influe sur
la position de ses faces par rapport à la lumière; quoiqu'on
ignore quelle est l'action physiologique du limbe dans
cette circonstance, il n'en est pas moins certain que cette action existe, et que c'est en grande partie à elle qu'est dû
le retournement de la feuille; toutefois le pétiole agit
aussi pour opérer ce retournement sans aucune participa-
tion du limbe. Ce dernier peut même être enlevé, et le pétiole agira comme si ce limbe était encore situé à son sommet. J'ai pris une feuille de capucine (*tropeolum majus*),
et en ayant ôté le limbe, j'ai enfoncé par sa base son long
pétiole dans une fiole pleine d'eau, j'ai ensuite rabattu ce
pétiole le long des parois de la fiole, et je l'y ai maintenu

par son milieu avec une ligature. La partie supérieure et rabattue du pétiole était ainsi libre et mobile ; cette partie supérieure du pétiole placée vis-à-vis de la lumière, ne tarda pas à se redresser vers le ciel, en sorte que si elle eût encore porté le limbe, celui-ci eût été dirigé vers la lumière. Je variai l'expérience : j'enfonçai dans l'eau que contenait la fiole le limbe d'une autre feuille, et je rabattis la partie inférieure du long pétiole le long des parois de la fiole où je le fixai par son milieu au moyen d'une ligature ; la partie inférieure et rabattue du pétiole se dressa vers le ciel en sorte que si un limbe de feuille eût été fixé à cette extrémité inférieure du pétiole, ce limbe eût été dirigé vers le ciel. Ces expériences semblent prouver que le redressement du pétiole ne serait point influencé nécessairement par les fonctions physiologiques du limbe, et que ce dernier serait même tout-à-fait passif dans cette circonstance ; mais les faits rapportés plus haut prouvent que cette manière exclusive d'envisager le phénomène ne doit point être adoptée. Le limbe exerce certainement une action physiologique sur l'incurvation du pétiole lorsque sa face inférieure est accidentellement dirigée vers la lumière ; mais il est également certain que le pétiole agit pour retourner le limbe lorsqu'il est renversé sans aucune influence de la part de ce dernier ; le pétiole est un segment longitudinal de tige, il doit donc en cette qualité se fléchir vers la lumière par son action propre et indépendammment de toute influence de la part du limbe ; il doit de même comme une tige tendre à se diriger vers le ciel sous l'influence de la pesanteur : aussi une feuille de capucine renversée redresse-t-elle son pétiole dans la plus profonde obscurité de manière à diriger la face supérieure du limbe vers le ciel, mais ce phénomène s'accomplit bien plus lentement et moins parfaitement qu'à la lumière.

Bien que dans l'état actuel de la science il ne soit plus

nécessaire de prouver que c'est par une action spontanée
que les feuilles renversées reportent leur face supérieure
vers la lumière, et qu'elles ne subissent point passivement
dans cette circonstance l'action d'une force extérieure, je
ne laisserai pas de rapporter ici l'expérience à l'aide de laquelle j'ai établi autrefois cette vérité alors problématique. J'ai pris un fragment de tige de *polygonum convolvulus*, chargé de deux feuilles situées du même côté et
dirigées dans le même sens; j'ai fixé avec un petit crochet
un cheveu à la partie supérieure de ce fragment de tige;
un morceau de plomb fixé à l'autre extrémité du cheveu,
a précipité dans l'eau d'un bocal ce fragment de tige dans
une situation renversée, en sorte que les deux feuilles qu'il
portait avaient leur face supérieure dirigée obliquement
vers la terre et à l'opposite de la lumière. La plante se tenait suspendue au milieu de l'eau du bocal sans toucher les
parois de ce dernier qui était placé auprès d'une fenêtre.
Les deux feuilles ne tardèrent pas à se retourner au moyen
de l'inflexion et de la torsion de leurs pétioles; le fragment
de tige qui les portait ne changea point de position et le
cheveu qui le retenait au milieu de l'eau n'éprouva pas la
moindre torsion, ce dont je jugeai à la direction du crochet au moyen duquel la tige était attachée au cheveu; ce
dernier offrait à la torsion une résistance infiniment moindre que celle qui était opposée à cette même torsion par
les deux pétioles des feuilles. Si donc ces deux derniers ont
été tordus par l'effet du retournement des feuilles sans que
le cheveu ait participé à cette torsion, cela prouve d'une
manière irréfragable que ce n'est point une attraction ou
une autre cause mécanique extérieure qui détermine le retournement des feuilles, mais que ce retournement est le
résultat d'un mouvement spontané exécuté à l'occasion de
l'influence d'un agent extérieur sur la feuille. Cette expérience, pour le dire en passant, suffit pour faire voir le

peu de fondement de l'hypothèse qui a pour objet de faire
considérer la tendance que manifestent les feuilles à diriger
leurs faces opposées vers une position déterminée par rapport à la lumière comme le résultat d'une *polarisation* ; la
feuille dans ce cas serait attirée ou repoussée par la lumière
selon qu'elle lui présenterait l'une ou l'autre de ses deux faces qui seraient occupées par des pôles différens. Or, l'expérience prouve qu'en se retournant les feuilles n'obéissent ni
à une attraction, ni à une répulsion de la part de la lumière.

Après avoir prouvé que le retournement des feuilles est le
résultat d'une action organique et spontanée, il me reste à
déterminer le mécanisme de cette action organique.

J'ai fait voir dans le iiie Mémoire (t. 1, p. 200) que le pétiole des feuilles est un segment longitudinal de tige. J'ai
choisi pour l'un des exemples au moyen desquels j'ai établi
cette vérité le pétiole de la feuille du pommier, pétiole dont
la coupe transversale est représentée par la figure 7 de la
planche 4. On voit très facilement par cet exemple, que le
pétiole représente une moitié longitudinale de tige, moitié
dont la partie extérieure ou corticale est à la face inférieure
de la feuille. Le tissu fibreux central *b* de cette moitié de
tige ou de ce pétiole tend, ainsi que cela a toujours lieu, à
se courber *en dehors*, c'est-à-dire ici de manière à rendre
concave la face inférieure de la feuille. Or, cette action
d'incurvation du tissu fibreux central est fortement augmentée par l'influence de la lumière, ainsi que je l'ai fait
voir plus haut. C'est alors le résultat de l'augmentation de
l'oxigénation de ce tissu fibreux. Ceci posé, on va voir sans
difficulté quel est le mécanisme du retournement de la
feuille lorsqu'elle a été renversée. Un jeune scion de pommier *c d* (figure 6, planche 18) a été fléchi de haut en bas
et maintenu fixement dans cette direction au moyen de laquelle la feuille *f* se trouve renversée et avoir ainsi sa face
inférieure dirigée vers la lumière. Celle-ci par son influence

sur le côté inférieur du pétiole qu'elle frappe directement,
détermine cette moitié longitudinale de tige à se fléchir
vers elle. Le pétiole et la nervure médiane qui lui fait suite,
se courbent donc en dirigeant la concavité de leur courbure vers la lumière, ainsi que cela a lieu pour toutes les
tiges qui sont organisées de manière à tendre vers la lumière. Par suite de cette inflexion vers la lumière de la
part du pétiole et de la part de la nervure médiane de la
feuille, celle-ci se trouve définitivement retournée comme
on le voit dans la figure 7 (planche 18). Ainsi dans ce mode
de retournement, qui est le plus général, la feuille est retournée par l'inflexion du pétiole vers la lumière. Ce dernier est une moitié longitudinale de tige ; or, toute moitié
de tige tend exclusivement à se courber de manière à placer son écorce à la concavité de la courbure qu'elle affecte ;
jamais elle ne tend à se courber en sens inverse. Ce fait
trouve ici tout naturellement son application. Le pétiole en
sa qualité de moitié longitudinale de tige, ne tend point du
tout à se courber de manière à placer à la concavité de la
courbure son côté supérieur *a* (fig. 6 et 7, pl. 18) qui est
occupé par la moelle placée ici superficiellement ; il ne
tend à se courber que de manière à placer à la concavité de
la courbure son côté inférieur *b*. Ainsi l'influence de la
lumière qui ne fait que fortifier ou augmenter cette tendance
naturelle à l'incurvation, ne détermine jamais le pétiole à
se fléchir vers elle par son côté supérieur *a*, qu'elle frappe
toujours directement et le détermine toujours à se fléchir
vers elle par son côté inférieur *b*, lorsqu'elle vient accidentellement à le frapper directement. Tel est le mécanisme le
plus général du retournement des feuilles ; il a lieu par l'inflexion de leur pétiole vers la lumière. Dans des cas moins
nombreux, ce retournement s'effectue au moyen de la torsion du pétiole ou même au moyen de la torsion du limbe
de la feuille. J'ai déjà cité un exemple de cette torsion du

limbe chez beaucoup de graminées (figure 2, planche 19),
j'ai observé cette même torsion du limbe chez des feuilles
du *linocera sempervirens* (figure 1, planche 19); chez le
saule pleureur (*salix babylonica*), les tiges pendantes vers
la terre ont par cela même leurs feuilles originairement
renversées; elles se retournent au moyen de la torsion de
leur pétiole. Le même phénomène a lieu chez les feuilles
que portent les longues tiges recourbées et pendantes vers
la terre du *rubus fruticosus*. C'est de même par le moyen de
la torsion de leur pétiole que les *feuilles ramules* du *ruscus
aculeatus* dirigent vers le ciel leur face inférieure destinée
originairement à être dirigée vers la terre.

La nutation, chez les folioles du haricot, s'opère souvent au moyen de la torsion du renflement moteur qui
constitue leur court pétiole. Cette torsion du pétiole incline la face supérieure de la foliole le matin vers l'orient
et le soir vers l'occident, en sorte que la face supérieure de
la foliole suit le soleil dans sa course. J'ai observé qu'une
feuille de haricot placée dans un appartement, inclinait latéralement ses folioles vers la fenêtre pendant le jour au
moyen de la torsion des pétioles de ces folioles, et que cette
torsion cessait d'avoir lieu le soir, en sorte que les folioles
cessaient d'être inclinées vers la fenêtre. Ce mouvement de
cessation de nutation était très distinct du mouvement par
lequel les folioles prenaient la position de sommeil.

J'ai tenté vainement de découvrir comment la lumière
agit pour déterminer la torsion des pétioles lors du retournement des feuilles. Il paraît évident que, dans cette circonstance, l'influence de la lumière a lieu sur le limbe renversé
de la feuille, et que cette influence se transmet au pétiole
dont elle détermine la torsion, mais on ne voit point quel
est ici le lien qui unit la cause à son effet.

Les plantes héliotropes dirigent leurs fleurs vers le soleil
qu'elles suivent ainsi dans sa course diurne. Tel est, à

cet égard, l'exemple bien connu de la fleur de l'*helianthus annuus*. Ce mouvement de la fleur s'exécute au moyen de la torsion de son pédoncule. On voit ici pour les corolles, comme on l'a vu pour les feuilles, la tendance à tenir leur face supérieure dirigée vers la lumière, sans apercevoir le lien qui unit l'influence exercée par la lumière sur la fleur avec le mouvement de torsion de son pédoncule.

J'ai annoncé dans mes *Recherches sur les organes pneumatiques et sur la respiration des végétaux* (VII° Mémoire) que la présence de l'air respirable dans ces organes est une condition indispensable pour l'exercice de toutes les actions organiques de la plante. Aussi l'expérience m'a-t-elle démontré que les feuilles cessent de se diriger vers la lumière, lorsque leurs organes pneumatiques sont privés de cet air qui sert à la respiration végétale sans laquelle il n'y a point d'actions physiologiques. J'ai expérimenté que certains végétaux, les légumineuses, par exemple, perdent avec une extrême facilité la totalité de l'air qui est contenu dans leurs organes pneumatiques, tandis que certains autres végétaux, les *chenopodium*, par exemple, conservent une grande partie de l'air que contiennent leurs organes pneumatiques, malgré l'action prolongée du vide le plus complet que l'on puisse opérer. J'ai mis dans le vide et j'ai renversé du côté opposé à celui de l'afflux de la lumière des feuilles de haricot (*phaseolus vulgaris*) et une tige feuillée de *chenopodium album*. Les folioles des feuilles du haricot ne firent aucun mouvement pour se diriger vers la lumière ; elles restèrent immobiles dans la position renversée où elles avaient été placées ; les feuilles du *chenopodium* quittèrent la position renversée que je leur avais donnée et elles dirigèrent leur face supérieure vers la lumière ; ce phénomène ne fut accompli que le troisième jour, tandis qu'il s'exécuta dès le premier jour chez des feuilles de haricot et de *chenopodium* que j'avais placées à l'air libre dans le même appartement.

Ces plantes trempaient dans l'eau par leur extrémité inférieure coupée. Cette différence de résultat donné dans la même expérience par le *phaseolus vulgaris* et par le *chenopodium album* est évidemment en rapport avec la différence de l'aptitude qu'ont ces deux plantes à conserver dans le vide l'air contenu dans leurs organes pneumatiques. On voit en outre que la rapidité avec laquelle la plante obéit à l'influence de la lumière vers laquelle elle se dirige est en rapport avec la quantité de sa respiration ou de l'air respirable qu'elle contient.

Il résulte de ce qui vient d'être exposé que le retournement des feuilles dépend de deux causes déterminantes différentes : 1° il dépend de la disposition que possède le pétiole à se redresser vers le ciel, lorsqu'il a été accidentellement incliné vers la terre, le pétiole agit alors comme une tige sous l'influence de la gravitation; 2° le retournement des feuilles dépend de la disposition que possède le pétiole à se fléchir vers la lumière, mais seulement lorsqu'il lui présente sa face inférieure; le pétiole agit encore ici, comme le fait une tige dont il représente un segment. Dans ces deux circonstances, le pétiole seul est influencé par la cause déterminante extérieure; le limbe de la feuille est entièrement passif, comme il l'est encore dans l'expérience par laquelle j'ai fait voir qu'il est dirigé vers le centre de la rotation par l'inflexion du pétiole vers ce centre (planche 17, fig. 5, C. D.) Il n'en est pas de même lors du retournement de la feuille par torsion de son pétiole ou de son limbe. Alors ce dernier, influencé par la lumière, agit physiologiquement sur le pétiole ou sur sa propre nervure médiane pour déterminer la torsion spontanée de l'un ou de l'autre.

En déterminant le mécanisme au moyen duquel les végétaux se dirigent vers la lumière ou dans le sens opposé à celui de son afflux, j'ai prouvé implicitement que les mou-

vemens au moyen desquels s'exécutent ces actions végétales
ne sont point les résultats d'une détermination instinctive,
ainsi que cela a lieu lorsqu'un animal se dirige vers la lumière ou s'en éloigne. Les mouvemens des végétaux pour
rechercher ou pour fuir la lumière, s'expliquent mécaniquement; on suit de l'œil la chaîne qui lie la cause extérieure à son effet qui est ici l'action organique du végétal ;
mais cette chaîne ne peut être suivie chez l'animal qui recherche ou qui fuit instinctivement la lumière; il prend
alors une *détermination* en vertu de ses *sensations*, et il agit
en conséquence. Ainsi, il y a toute une série de phénomènes psychologiques entre l'influence de la lumière sur l'animal et les actions qu'il exécute pour la rechercher ou pour
la fuir. Or, chez quelques-uns de ces êtres ambigus qui,
appartenant au règne animal sous certains rapports, se rapprochent à d'autres égards du règne végétal, on observe une
action de recherche de la lumière que l'on ne sait dans
quelle catégorie placer. Cette action peut être purement
mécanique, comme cela a lieu chez les végétaux; elle peut
être *instinctive*, comme cela a lieu chez les animaux. Ainsi,
certains polypes, et notamment les hydres qui occupent l'un
des derniers rangs de l'échelle animale , se dirigent vers la
lumière lorsqu'on les met dans un vase opaque qui ne permet l'accès de la lumière dans son intérieur que par une
ouverture étroite, ils viennent tous se placer auprès de cette
ouverture. Cette recherche de la lumière par les hydres,
est un phénomène très surprenant, car ces zoophytes n'ont
point d'yeux; est-ce là un phénomène purement mécanique, ou bien est-ce une action instinctive? c'est ce que je
ne puis décider. Or, il est des végétaux inférieurs qui re-
cherchent la lumière de la même manière que les hydres,
c'est-à-dire en se transportant vers elle par un mouvement
spontané; certaines oscillaires sont dans ce cas. Les oscillaires sont bien certainement des végétaux; elles ont évi-

demment l'organisation végétale, et j'ai constaté qu'elles
dégagent de l'oxigène à la lumière, ce qui est peut-être le
phénomène le plus caractéristique de la nature végétale.
Certains naturalistes, séduits par les mouvemens spontanés
d'oscillation des filamens des oscillaires, ont été tentés de
considérer ces filamens comme des animaux. Mais cette
raison est bien loin d'être suffisante, puisque l'on observe
une oscillation analogue dans certaines parties bien incontestablement végétales, telles que les pétioles des folioles
de l'*hedysarum girans*. Il est même remarquable que les
flexions des filamens des oscillaires dans des sens alternativement opposés, s'exécutent par saccades brusques, comme
cela a lieu chez l'*hedysarum girans*. On doit donc considérer les filamens des oscillaires comme des végétaux pourvus
de mouvemens spontanés et dirigés dans des sens alternativement inverses. Ces mouvemens, ayant lieu dans l'eau, doivent nécessairement imprimer un mouvement de déplacement au filament d'oscillaire qui l'exécute lorsque ce
filament est libre, en sorte qu'il doit se transporter par une
sorte de natation jusqu'à ce qu'il rencontre un corps solide
qui l'arrête. J'ai effectivement observé qu'en mettant un
fragment d'oscillaire dans le milieu d'une soucoupe remplie
d'eau, on ne tarde pas à voir sur les bords de cette eau des
nappes verdoyantes d'oscillaires qui semblent s'y être transportées filament à filament. J'ai observé que c'était surtout
vers le côté de la soucoupe le plus éclairé, que s'étaient
transportées les oscillaires, en sorte qu'il me sembla qu'elles
recherchaient la lumière et qu'elles se dirigeaient vers elle.
Ce n'était cependant là qu'un simple soupçon; car on peut
penser que ce seraient les séminules de ces oscillaires qui
auraient germé et se seraient développées dans l'endroit le
plus éclairé du vase de préférence à tout autre endroit,
parce que les oscillaires ont besoin de lumière pour vivre
comme tous les végétaux verts. Pour dissiper mes doutes à

cet égard, je fis l'expérience suivante : Je pris sur l *oscillaria*
smaragdina (1) un petit fragment de la largeur de deux
millimètres et pris dans son expansion membraneuse la
plus nouvellement produite, afin d'être certain de la vitalité de tous les filamens composans. Je mis ce petit fragment d'oscillaire dans une soucoupe de porcelaine remplie
d'eau, au fond de laquelle il demeura, et je le couvris avec
une petite lame de plomb courbée en voûte très surbaissée;
elle occupait le centre de la soucoupe. De cette manière, le
petit fragment d'oscillaire se trouvait à-peu-près soustrait
à l'influence de la lumière, une loupe placée à demeure
au-dessus de la soucoupe me servait à observer de temps en
temps ce qui s'y passait. Je ne tardai pas à voir des filamens isolés de l'oscillaire qui, sortis de dessous la petite
voûte de plomb, s'étaient posés sur le fond de la soucoupe
à une petite distance de cette voûte. Je voyais leur nombre
augmenter insensiblement et surtout du côté de l'afflux
de la lumière. C'était le matin que j'avais établi cette
expérience et cela dans un des jours longs et chauds de
l'été, j'ajoute que cette expérience se faisait à la simple
lumière diffuse. Avant la fin du jour il y avait de chaque
côté de la petite voûte de plomb et spécialement du côté
de l'afflux de la lumière, une petite expansion verte membraneuse formée par l'accumulation des filamens de l'oscillaire; cette membrane verte appliquée sur le fond de la
soucoupe était séparée par un espace vide de la petite
voûte de plomb, en sorte qu'il était bien évident qu'elle
n'avait point été formée par une extension végétative du
petit fragment d'oscillaire que j'avais placé sous cette petite
voûte de plomb. Ayant enlevé cette dernière je ne trouvai
plus aucune trace du fragment d'oscillaire que j'avais mis

(1) Bory de Saint-Vincent. Dictionnaire classique d'histoire naturelle.
C'est l'*Oscillatoria viridis* de Vaucher, et l'*Oscillatoria tenuis* d'Agardh.

dessous, en sorte qu'il me fut prouvé par cette expérience, que les filamens dont se composait ce fragment d'oscillaire s'étaient *enfuis*, comme l'auraient fait des animaux, de dessous la petite voûte qui leur interceptait la lumière et qu'ils étaient venus, chacun par son propre mouvement et isolément se placer au dehors de cette petite voûte afin d'y recevoir l'influence de la lumière, influence nécessaire à leur existence. J'ai répété cette expérience plusieurs fois et toujours avec le même résultat tant que la température a été supérieure à + 15 degrés centésimaux ; au dessous de cette température ce phénomène a cessé de se produire.

Cette expérience prouve que les filamens de l'*oscillaria smaragdina* se transportent par un mouvement spontané vers la lumière comme le font les hydres ; chez ces dernières, qui se rapprochent évidemment du règne animal, il peut être permis de considérer l'action par laquelle elles se dirigent vers la lumière comme une *action instinctive* ; chez les oscillaires qui, au contraire, se rapprochent évidemment du règne végétal, on ne peut guère, à mon avis, considérer l'action par laquelle elles se dirigent vers la lumière que comme un effet purement mécanique de la lumière sur la direction des mouvemens qu'exécutent naturellement leurs filamens ; les flexions en sens alternativement inverses qu'exécutent les filamens des oscillaires constituent une sorte de reptation ; l'*oscillaria anguina* (Bory) présente même dans chacun de ses filamens une reptation véritable et tout-à-fait semblable à celle des serpens, ainsi que l'a observé M. Bory de Saint-Vincent. Or, on conçoit que le filament d'oscillaire, libre et plongé dans l'eau où il s'agite flexueusement, se transportera dans un sens ou dans le sens opposé suivant que son mouvement flexueux commencera à l'un de ses bouts ou au bout opposé. C'est par ce mécanisme que les serpens *amphisbènes* marchent à volonté en avant ou à reculons ; or, il est possible que le sens de

l'afflux de la lumière par rapport au filament d'oscillaire,
détermine son mouvement flexueux à commencer par celui
de ses bouts dont l'initiative de mouvement est propre à le
faire marcher, vers cette même lumière. Considérée de
cette façon la recherche de la lumière par les filamens des
oscillaires serait un phénomène purement *mécanique*, il
n'y aurait là rien d'*instinctif*. On doit convenir, au reste,
qu'il est impossible d'asseoir un jugement sur des bases
certaines en pareille matière : tout est obscurité là où la
physiologie et la psychologie viennent à se toucher, et elles
se touchent surtout chez les êtres ambigus qui sont situés
entre les deux règnes animal et végétal.

M. Bory de Saint-Vincent, auquel j'avais fait part des résultats de mes observations précédentes sur les oscillaires
avant leur publication, m'a dit qu'il avait observé depuis
long-temps la tendance vers la lumière de ces êtres qu'il
considère comme étant à-la-fois animaux et végétaux ; il
a vu qu'en mettant l'*oscillaria Adansonii* dans un vase de
verre plein d'eau et rendu opaque dans tout son pourtour,
excepté sur une ligne verticale, il avait trouvé au bout de
quelque temps les oscillaires fixées en grand nombre auprès
de cette ligne transparente. Je me félicite de pouvoir citer
à l'appui de mes expériences celles d'un naturaliste aussi
habile.

XIV.

DE LA GÉNÉRATION SEXUELLE

DES PLANTES,

et

DE L'EMBRYOLOGIE VÉGÉTALE.

Les végétaux se reproduisent par *génération gemmaire* ou par bourgeons et par *génération sexuelle*. Les fleurs sont les organes au moyen desquels s'accomplit ce dernier mode de génération.

Long-temps la fonction spéciale départie aux fleurs a été ignorée. Camérarius, vers la fin du seizième siècle, fut le premier qui reconnut des organes sexuels dans les pistils

(1) Ce mémoire a paru en 1820 dans le 8ᵉ volume des Annales du Muséum d'histoire naturelle; j'y ai fait quelques additions et plusieurs changemens.

8.

et dans les étamines des fleurs; il fut suivi par quelques
autres naturalistes qui partagèrent ses opinions sans parvenir à les faire adopter par le monde savant. C'était au
grand Linné qu'était réservée la gloire, sinon de faire cette
découverte importante, du moins de lui donner de l'éclat
et de la consistance. Diverses expériences prouvèrent que
les étamines sont des organes mâles, et que leur pollen est
une matière fécondante dont l'accession aux styles ou plutôt aux stigmates qui sont des organes femelles, est nécessaire pour la production de l'embryon végétal. Tout le
monde savant connaît cette expérience fameuse de Gleditsch qui féconda à Berlin un palmier femelle dont les
fleurs avaient été jusqu'alors stériles avec le pollen des étamines d'un palmier mâle dont quelques rameaux chargés
de fleurs avaient été apportés de Dresde. Depuis ce temps
ces sortes d'expériences se sont multipliées; on a fait pour
les végétaux ce que, de temps immémorial, on avait fait
pour les animaux. On a créé des espèces *hybrides*, sortes de
mulets végétaux, au moyen de fécondations artificielles.
Dans ces derniers temps, M. Knight, dont le nom est justement célèbre dans la physiologie végétale, a enrichi l'hor-
ticulture de beaucoup de nouvelles variétés de fruits produites par ce moyen; comment se fait-il donc qu'il se
manifeste encore des doutes sur l'existence des sexes chez
les plantes? Ces doutes, même en leur supposant quelques
motifs plausibles en apparence, ne devraient-ils pas disparaître devant une expérience aussi concluante que l'est celle
de Gleditsch?

Les jardiniers sont à même de faire tous les ans une expérience semblable avec le fraisier dioïque que l'on nomme
capron (fragaria elatior communis). Les individus femelles
ne produisent jamais de fruits lorsqu'il n'y a point d'individus mâles dans leur voisinage. Il suffit de mettre une tige
chargée de fleurs mâles auprès d'une plate-bande qui ne

contient que des individus femelles pour féconder ces derniers à plusieurs pieds de distance ; ceux qui sont plus éloignés restent stériles. Chez les plantes dont les fleurs sont
hermaphrodites, on remarque quelquefois une stérilité qui
résulte d'un défaut dans les organes sexuels ; c'est ce que
j'ai observé chez plusieurs variétés hybrides du cerisier. Les
hybrides tendent généralement à être stériles bien qu'ils ne
le soient pas toujours. Ce fait connu depuis long-temps dans
le règne animal n'est pas encore entièrement mis en lumière
dans le règne végétal. On possède une observation due à
MM. Dutour de Salvert et Auguste de Saint-Hilaire sur
la stérilité d'une digitale hybride (1). Cette observation est,
je crois, la seule sur cet objet ; j'y ajoute ici l'observation
dont je viens de parler touchant la stérilité de plusieurs variétés hybrides de cerisiers, stérilité très remarquable,
quoiqu'elle soit incomplète. Les variétés dont il est ici
question sont de véritables hybrides qui proviennent du
cerisier (*prunus cerasus*) et du merisier cultivé (*prunus
avium*). Ces variétés sont presque stériles. On les voit se
couvrir de fleurs au printemps, et il ne leur succède qu'un
très petit nombre de fruits. Je soupçonnais qu'il y avait
quelque imperfection dans les organes sexuels chez ces cerisiers, et l'observation a confirmé mes doutes à cet égard.
Chez la plupart des fleurs de ces arbres les étamines n'ont
point de pollen ; leurs anthères forment une masse com-
pacte et pâteuse qui ne se divise point en poussière polli-
nique, comme cela a lieu chez les étamines des cerisiers
fertiles. Les fleurs de ces cerisiers hybrides sont donc,
pour la plupart, privées de fécondation ; c'est ce qui fait
qu'elles tombent avec leurs ovaires immédiatement après
la floraison. Les fruits rares que produisent ces cerisiers

___

(1) Bulletin des Sciences de la Société philomatique. 1823.

succèdent à des fleurs qui, par un cas exceptionnel, se sont trouvées pourvues de quelques étamines bien constituées. On sait que le merisier à fleurs doubles dont toutes les étamines sont changées en pétales et dont le style est changé en feuille est complétement stérile. Il résulte donc incontestablement de ces observations que la fécondation sexuelle est indispensable pour la production des embryons séminaux ; elles apprennent en même temps que chez les végétaux l'hybridité tend à priver les organes sexuels de leurs fonctions génératrices, comme cela s'observe chez les animaux. Ce fait devient ainsi bien curieux par sa généralité.

Il est une expérience de Spallanzani qui serait de nature à inspirer des doutes sur la nécessité de la fécondation pour la production des embryons séminaux. Cet observateur rapporte (1) qu'il renferma deux rameaux de chanvre femelle dans des bouteilles à gros ventre et cela un certain temps avant la floraison ; il scella l'ouverture du col de ces bouteilles avec du mastic et cela d'une manière tellement exacte qu'il ne se manifesta durant quatre mois aucun abaissement dans une colonne d'eau élevée dans un tube de verre dont une extrémité était avec le rameau dans le ventre de la bouteille au col de laquelle il était scellé de même que le rameau, et dont l'autre extrémité trempait dans un vase plein d'eau. Dans cette expérience le corps de la tige plantée dans un pot était à l'air libre. Or dans une expérience instituée de cette façon l'air extérieur ne peut manquer de s'introduire au travers du tissu de la tige et du rameau jusque dans la bouteille dans laquelle l'expérimentateur a fait un vide léger pour faire monter l'eau dans son tube, et cette colonne d'eau ne tarderait pas à s'a-

(1) Expériences sur la génération.

baisser. D'ailleurs on sait qu'une plante hermétiquement
renfermée dans une prison transparente verse de l'oxigène
pendant le jour dans cette atmosphère, et l'absorbe pendant
la nuit. Comment donc croire que cette atmosphère ait
conservé son volume pendant quatre mois sans qu'il ait
éprouvé de variations? d'ailleurs il est très certain que,
renfermée de cette manière, aucune plante ne pourrait vivre long-temps et fructifier; cependant Spallanzani affirme
que ses rameaux de chanvre ainsi hermétiquement renfermés fleurirent et produisirent des graines fécondes. Cette
observation pourrait inspirer des doutes sur la sexualité
des plantes, s'il n'était évident que Spallanzani a donné par
l'imagination plus d'extension à son expérience qu'elle n'en
a eu réellement.

La substance fécondante des étamines est contenue dans
les grains du pollen lesquels sont de petites cellules qui
contiennent un liquide rempli de granules. Le célèbre Ber-
nard de Jussieu a vu les grains de pollen crever avec explosion lorsqu'il les mettait sur l'eau, et le liquide qu'ils
contenaient s'étendre sur la surface de ce liquide. On a
conclu de cette observation que lorsque les grains de pollen
étaient déposés sur le stigmate, ils crevaient par l'effet de
l'humidité de cet organe femelle, et lançaient ainsi sur sa
surface le liquide fécondant que cet organe absorbait ensuite. D'autres observateurs ont vu que l'explosion des
grains du pollen n'avait point lieu sur le stigmate, et ils
ont pensé que le liquide fécondant contenu dans ces grains
transsudait simplement au travers de leur enveloppe. Cependant un phénomène des plus curieux découvert déjà
depuis long-temps par Needham était tombé dans le plus
profond oubli. Cet observateur avait vu que les grains du
pollen produisent une sorte de boyau ou d'appendice tubuleux. M. Amici, en rappelant l'attention des savans sur ce
fait oublié qu'il a constaté, a véritablement eu l'avantage de

le découvrir une seconde fois. M. Adolphe Brongniart a
poussé plus loin les recherches à cet égard : il a vu que
l'appendice ou le prolongement végétatif produit par le
grain de pollen s'introduit dans la substance du stigmate
sur lequel ce grain est déposé. Le liquide granuleux que
contient ce grain passe dans son appendice tubuleux et
s'accumule à son extrémité qui se renfle un peu. Cette extrémité s'ouvre et verse le liquide fécondant lequel se trouve
alors déposé dans les méats intercellulaires de la substance
organique du stigmate. Cet organe femelle, couvert de grains
de pollen dont les appendices tubuleux pénètrent dans sa
substance, ressemble alors à une pelotte couverte d'épingles
enfoncées jusqu'à la tête. Les grains de pollen sont ainsi
des parties sexuelles mâles ou des sortes de *penis végétaux*
qui, détachés du végétal, vont exercer leur fonction de co-
pulation par eux-mêmes (1). Ce fait curieux découvert par
M. Ad. Brongniart a depuis été constaté par M. Amici. (2)

J'ai étudié avec soin le phénomène de la production de
l'appendice tubuleux des grains du pollen ; voici ce que
l'observation m'a appris. Cet appendice ne se manifeste
point lorsque les grains de pollen sont tenus au sec ; il faut
nécessairement que ces grains soient en contact avec un
corps humide ou du moins soient dans un air chargé d'humidité pour que leur appendice tubuleux soit produit.
Je place, par exemple, les grains de pollen dans un cristal
de montre fort petit et très aplati, recouvert par une lame
de verre à la face inférieure de laquelle adhère une petite
goutte d'eau ; l'air que renferme cette petite cavité se sature
bientôt d'humidité, et les grains de pollen produisent en

(1) Sur la génération et le développement de l'embryon dans les végétaux
phanérogames.

(2) Note sur le mode d'action du pollen sur le stigmate. Ann. des Sc. nat. ;
tome xxi, page 329.

vingt-quatre heures leur appendice tubuleux. Ceux de ces
grains qui absorbent trop promptement et trop abondamment l'humidité crèvent sans produire d'appendice, et
répandent immédiatement autour d'eux le liquide rempli
de granules qu'ils contiennent; j'ai soumis de cette manière
à l'expérience le pollen d'une grande quantité de végétaux,
et j'ai acquis la certitude qu'il y a plusieurs familles végétales chez lesquelles les grains de pollen ne produisent
jamais d'appendice, lorsqu'ils sont soumis au mode d'expé-
rimentation que je viens d'indiquer, telles sont : par exemple, les liliacées et les crucifères. Chez les rosacées j'ai
observé la production de l'appendice du grain de pollen
dans les genres *prunus* et *pyrus*; je ne l'ai point observé
dans les genres *fragaria* et *rubus*. Chez toutes les labiées,
et chez toutes les légumineuses il y a production de l'appendice des grains de pollen; le pois (*pisum sativum*)
est assez curieux à noter à cet égard; les grains de pollen
de cette plante sont semblables à de petits cylindres; c'est
du milieu de la longueur de chacun d'eux que naît l'appendice qui s'allonge perpendiculairement au petit cylindre
duquel il est issu. Cet appendice se comporte, chez toutes
les plantes où il existe, de la manière que M. Ad. Brongniart
l'a observé: lorsqu'il a acquis toute son extension qui ne
dépasse guère 0,3 de millimètre et qui n'est souvent que
0,1 de millimètre, son extrémité se renfle et finit par se
percer; alors cette ouverture terminale donne issue au
liquide rempli de granules que contient le grain de pollen
et son appendice. Dans cette émission, le grain de pollen
ne diminue point de volume; ainsi ce n'est point par l'effet de la contraction de ses parois que le grain de pollen
lance au dehors et par le bout de son appendice le liquide
fécondant qu'il contient, cette émission est évidemment
due à l'état de turgescence toujours croissante que prend
le grain de pollen par l'effet de l'eau introduite dans sa

cavité par l'endosmose implétive ; lorsque cette turgescence est trop rapide, elle occasionne immédiatement la rupture de l'enveloppe du grain de pollen et l'épanchement du liquide fécondant qu'il contient : c'est ce qui a lieu lorsqu'on met les grains de pollen en contact immédiat avec l'eau.

L'influence de l'humidité sur l'extérieur du grain de pollen est la condition indispensable de sa turgescence et de l'émission du liquide fécondant qu'il renferme ; la grande quantité d'eau que contient le tissu du stigmate est donc très propre à opérer la turgescence des grains de pollen situés sur sa surface ; l'humidité de l'atmosphère peut y contribuer, mais elle n'est pas indispensable pour que ce phénomène ait lieu : aussi remarque-t-on que la fécondation des plantes s'effectue parfaitement par un temps sec ; elle est imparfaite, au contraire, et même souvent elle est nulle par un temps pluvieux ; aussi les agriculteurs savent-ils par une expérience trop ancienne et trop fréquente pour être incertaine, qu'il ne succède point de fruits aux fleurs lorsque des pluies fréquentes ont eu lieu pendant la floraison ; cela a été observé pour la vigne comme pour la plupart des arbres fruitiers ; il paraît qu'alors les grains du pollen mouillés par la pluie crèvent dans les anthères, que leur liquide fécondant se trouve perdu, et que d'un autre côté, ce liquide fécondant, s'il se trouve épanché sur le stigmate, est entraîné par l'abondance de l'eau qui tombe sur cet organe. Ce fait seul suffirait pour prouver l'existence d'une fécondation chez les végétaux.

M. Ad. Brongniart a observé, après Gleichen, que les granules contenues dans le liquide fécondant qui est renfermé dans le grain de pollen, manifestent des mouvemens spontanés lorsqu'ils sont suspendus dans l'eau ; il a pensé d'après cette observation que ces *granules polliniques* sont analogues aux *animacules spermatiques*, et qu'ils sont doués comme eux de la faculté de se mouvoir volontairement.

Le fait du mouvement des granules polliniques est incontestable ; il a été vu par le célèbre Robert Brown , mais cet observateur a vu en même temps que tous les corps de la nature, lorsqu'ils sont réduits en molécules assez ténues pour être suspendues dans l'eau, présentent de même des mouvemens en apparence spontanés. Il est donc bien probable que les mouvemens des granules polliniques sont dus à la même cause qui du reste est tout-à-fait inconnue.

M. Amici a observé que le liquide granuleux contenu dans les appendices des grains de pollen est soumis à une circulation pareille à celle que l'on observe dans les chara. (1)

C'est très probablement par les méats intercellulaires que le liquide fécondant parvient du stigmate aux ovules végétaux ; mais par quelle voie parvient-il dans l'intérieur de ces derniers ? Ici l'on peut tirer quelques lumières de l'observation de ce qui se passe dans la fécondation des œufs chez les animaux. Lorsque la fécondation s'opère sur des œufs pondus, comme cela a lieu chez les reptiles batraciens et chez les poissons, le fluide fécondant agit en touchant simplement la surface de ces œufs qui, probablement l'absorbent. J'ai fait voir dans mes *Recherches sur les enveloppes du fœtus*, en traitant de l'état de l'œuf des oiseaux avant la ponte, que cet œuf est complètement isolé dans l'ovaire et sans aucun lien organique avec lui. J'en ai conclu que le liquide fécondant, de quelque manière qu'il lui parvienne, n'agit sur lui qu'en touchant sa surface : il est donc bien certain, que chez les animaux, il n'y a point de *canal spécial* pour transmettre le liquide fécondant de la mère qui l'a reçu, dans l'*intérieur de l'ovule*. Il doit en être de même chez les végétaux. Cette considération doit donc porter à

(1) Note sur le mode d'action du pollen sur le stigmate.

rejeter *à priori* l'hypothèse de l'existence d'un canal destiné
à transmettre le liquide fécondant du stigmate *dans l'intérieur* de l'ovule végétal. Lorsque M. Turpin découvrit le
petit canal dont l'ouverture béante sur la graine a reçu de
lui le nom de *micropyle*, il pensa, et tout le monde crut
avec lui, que ce canal était destiné à transmettre le liquide
fécondant dans l'intérieur de l'ovule. Depuis, M. Turpin a
abandonné cette opinion, et il considère le micropyle
comme une ouverture en quelque sorte accidentelle et qui
n'a aucune fonction physiologique. Je n'approuverai point
l'abandon que M. Turpin fait de sa découverte; tout en
reconnaissant que le micropyle n'est point un canal de fécondation, je ne le réduirai point, comme lui, à la nullité
physiologique. Le développement considérable du canal
dont le micropyle est l'ouverture béante prouve que ses
fonctions sont en activité jusqu'à l'époque de la maturité
de la graine; et il m'a été démontré, par des observations
suivies, que ce canal est un *tube pneumatique* destiné à
transmettre à l'intérieur de la graine l'air nécessaire à sa
respiration et à celle de l'embryon. Si le micropyle servait
à transmettre le liquide fécondant, il ne serait pas aussi
développé qu'il l'est dans la graine mûre; car il est dans la
nature de tous les organes, de cesser de se développer et
même souvent de disparaître entièrement quand ils ont
rempli complètement leurs fonctions et qu'ils ne servent
plus à rien. Il est donc bien certain que le canal du micropyle est étranger à l'acte de la fécondation, acte qui, comme
je viens de l'exposer, s'opère constamment par le simple
contact du liquide fécondant sur la surface extérieure de
l'ovule et jamais au moyen d'un canal qui pénètre dans son
intérieur. On va voir ce fait général établi par l'observation
chez les végétaux.

Pendant que la fleur se prépare à s'épanouir, pendant
que les organes de la fécondation acquièrent le développe-

ment qui doit les rendre aptes à remplir leurs fonctions, l'ovule encore à l'état d'extrême petitesse, présente des phénomènes très importans et dont l'observation première appartient à Thomas Schmitz. Les observations de ce savant, faites en 1818, n'ont été publiées qu'en 1826 par M. Robert Brown, dans ses *Recherches sur la structure de l'ovule antérieurement à l'imprégnation.* Schmitz et M. Brown ont vu que l'ovule végétal avant la floraison, est composé d'un corps parenchymateux nommé *nucleus,* recouvert par deux enveloppes, superposées l'une *intérieure,* l'autre *extérieure.* Un certain nombre de jours avant la floraison, le *nucleus* se développe en grosseur sans que ses enveloppes participent à ce développement; il en résulte que la pointe de ce corps conique perce en les déchirant les enveloppes qui la recouvrent, et qu'elle se produit à nu dans l'intérieur de la cavité du péricarpe. L'ouverture de la membrane intérieure a été nommée *endostôme* par Schmitz, l'ouverture de la membrane extérieure a reçu de lui le nom d'*exostôme.* Ces faits, exposés dans l'ouvrage de M. R. Brown, ont été reproduits dans deux Mémoires fort importans qui ont été publiés depuis sur la structure de l'ovule végétal. Le premier est le Mémoire de M. Ad. Brongniart cité plus haut; le second est le Mémoire de M. de Mirbel, intitulé : *Nouvelles recherches sur la structure et les développemens de l'ovule végétal* (1). M. Ad. Brongniart donne le nom d'*amande* au *nucleus* de M. R. Brown; M. de Mirbel le nomme *le nucelle,* nom que j'adopte en lui donnant toutefois une terminaison masculine qui est plus en harmonie, ce me semble, avec nos formes grammaticales; je nommerai donc le *nucleus* de M. R. Brown *le nucel.* Avant d'entrer dans l'examen des développemens que subit cet organe, il est nécessaire de jeter un coup-d'œil sur la nomen-

(1) Annales des Sciences naturelles, tome XVII.

clature des enveloppes séminales d'après les différens auteurs.

Les premières observations sur les enveloppes de l'ovule végétal sont dues à Grew et à Malpighy. Le premier ne reconnaît que deux enveloppes à l'ovule ; ce sont de dedans en dehors le *test* et la *membrane moyenne*. Malpighy établissant une analogie imaginaire entre les enveloppes du fœtus des animaux mammifères et celles de l'embryon végétal admet trois enveloppes dans l'ovule des végétaux ; ces trois enveloppes sont, de dedans en dehors, l'*amnios*, le *chorion* et la *secondine externe*. De célèbres carpologistes qui sont venus ensuite se sont exclusivement attachés à l'étude des organes de la graine parvenue à la maturité ou voisine de cette époque. Ils ont négligé l'étude de l'ovule naissant. Tel est le célèbre Gœrtner dont la carpologie est un livre classique ; tel est L. C. Richard dans son *Analyse du fruit* et dans son *Mémoire sur les embryons monocotylédonés* (1). De Jussieu a fait paraître aussi de savantes recherches sur le même sujet dans son *Genera plantarum*. L'étude spéciale de l'ovule a été reprise depuis par M. Treviranus. Il ne lui reconnaît que deux enveloppes qu'il nomme *tunique interne* et *tunique externe*. M. de Mirbel, dans ses premiers travaux sur le développement des ovules dans les ovaires des plantes (2) ne reconnaissait à l'ovule que deux enveloppes qu'il nommait *tegmen* et *lorique*. J'adoptai ces deux noms dans mes observations *sur le développement des ovules et des embryons séminaux dans les ovaires* publiées en 1820 (3). Cependant, reconnaissant trois enveloppes à l'ovule, je conservai le nom de *lorique* à l'enveloppe la plus extérieure et celui de *tegmen* à l'enveloppe immédiate de l'embryon.

(1) Annales du Muséum d'histoire naturelle, tome XVII.
(2) Bulletin des Sciences de la Société Philomatique, 1813.
(3) Mémoires du Muséum d'histoire naturelle, tome III.

Je donnai le nom d'*énéilème* à la troisième enveloppe intermédiaire aux deux précédentes. M. R. Brown ne reconnaît à l'ovule que deux tuniques, l'une *interne*, l'autre *externe* recouvrant le *nucleus* qui est lui-même l'enveloppe immédiate de l'embryon. Cependant il admet qu'il existe quelquefois une quatrième enveloppe intérieure au *nucleus* et qui alors revêt immédiatement l'embryon; il lui donne le nom de *membrane additionnelle*.

M. Ad. Brongniart, reproduisant la théorie de M. Brown, change seulement les noms imposés aux enveloppes de l'embryon végétal par ce dernier botaniste. Il nomme *testa* la tunique externe et *tegmen* la tunique interne qui recouvre immédiatement l'*amande* (*nucleus*). Il donne le nom de *sac embryonaire* à la *membrane additionnelle* qui revêt immédiatement l'embryon et il admet la généralité de l'existence de cette quatrième enveloppe.

M. de Mirbel, dans son dernier travail, reconnaît cinq enveloppes à l'embryon végétal, et il les désigne par les noms numériques de *primine*, *secondine*, *tercine*, *quartine* et *quintine*. Cette dernière est l'enveloppe immédiate de l'embryon. Ces enveloppes sont toutes imperforées dans l'origine et sont emboîtées les unes dans les autres. De très bonne heure la secondine, par son développement, rompt et perce la primine à son sommet par lequel elle émerge; en même temps la tercine en fait autant par rapport à la secondine. Ces deux ouvertures sont l'*exostome* et l'*endostome* de T. Schmitz et R. Brown.

La tercine imperforée s'allonge en cône en sortant par ces deux ouvertures, et M. de Mirbel lui donne le nom de *nucelle*. Dans son intérieur apparaît la *quartine* assez rarement apercevable, et dans l'intérieur de cette dernière se trouve constamment la *quintine*, enveloppe immédiate de l'embryon; quelquefois il arrive que le nucelle émerge d'une seule enveloppe extérieure perforée, comme cela a lieu chez

le noyer (juglans regia). M. de Mirbel qui admet que ce
nucel est toujours une tercine, suppose que, dans cette circonstance, la secondine manque; on pourrait dire tout
aussi bien que c'est la primine qui est absente; on pourrait
également, ce me semble, admettre que chez le noyer le
nucel serait formé par la secondine imperforée, au lieu
d'être formé par la tercine imperforée comme ci-dessus. Il
y a, comme on le voit, beaucoup d'incertitude dans cette
théorie : cette incertitude existe de même par rapport à la
quartine et à la quintine. M. de Mirbel admet que l'enveloppe immédiate de l'embryon est toujours une quintine,
en sorte que lorsque la quartine ne s'observe pas, il pense
que cela provient de ce qu'elle a disparu. Mais ne serait-il
pas possible que l'enveloppe immédiate de l'embryon fût
réellement une quartine? C'est une question qui sera exa-
minée plus bas; je me bornerai ici à l'exposition d'une
seule considération. Les enveloppes séminales sont véritablement des feuilles rudimentaires formant des cavités clo-
ses et indéhiscentes, ainsi que l'a avancé M. Turpin (1) : ce
sont de véritables piléoles qui tantôt sont percées à leur sommet par le développement des piléoles qu'elles recouvrent,
et qui tantôt se développent avec elles en conservant leur
cavité complètement close. Or chacune de ces enveloppes
séminales est composée comme la feuille, d'un parenchyme
cellulaire compris entre deux cuticules plus ou moins distinctes; il est possible que ces cuticules soient prises séparément pour des enveloppes séminales particulières; il est
possible encore que le parenchyme intermédiaire, s'il possède une certaine épaisseur et une nature particulière, soit
pris pour un organe à part; c'est effectivement ce qui est
arrivé, c'est souvent ce parenchyme épaissi qui a reçu le nom
de périsperme ou d'endosperme. On a considéré ce périsper-

(1) Essai d'une iconographie élémentaire et philosophique des végétaux.

me comme une substance sans organisation produite par sécrétion et disposée dans certaines cavités ; cette erreur a persisté malgré les observations positives et contradictoires que j'avais publiées sur cet objet, observations qui seront reproduites plus bas, et qui prouvent que ce que l'on nomme le *périsperme* n'est point une substance sécrétée ; mais bien un organe déterminé, lequel a subi un développement d'une nature particulière, et que même cet organe n'est point à beaucoup près le même chez tous les végétaux !

L'idée qu'a eue M. de Mirbel de désigner les enveloppes de l'embryon végétal par de simples noms numériques, est très-philosophique et je m'y conformerai. Cependant, cette nomenclature offre un inconvénient qui rendra son adoption générale très difficile. Les graines, en parvenant à leur maturité, ne présentent plus le même nombre d'enveloppes qu'elles offraient lorsqu'elles étaient à l'état d'ovules ; ces enveloppes disparaissent souvent en se soudant les unes aux autres. Il résulte de là que, lorsqu'on observe une graine mûre ou voisine de sa maturité, on ignore quel est le nom numérique que l'on doit donner à celles de ses enveloppes qui restent apercevables et distinctes. Si donc il est bon de désigner les enveloppes de l'ovule par des noms numériques dont l'ordre successif est de l'extérieur à l'intérieur, il est peut-être nécessaire de désigner les enveloppes de la graine mûre par d'autres noms. Il est nécessaire, par exemple, que l'enveloppe immédiate de l'embryon porte un nom qui ne varie point. Or, il m'est démontré que l'embryon végétal n'a pas toujours le même nombre d'enveloppes, et que par conséquent celle qui l'entoure immédiatement n'est pas toujours *une quintine*, ainsi que l'admet M. de Mirbel. Il devient donc nécessaire de désigner cette enveloppe immédiate de l'embryon par un nom particulier ; j'adopterai le nom de *sac embryonaire* qui lui a été donné par M. Ad. Brongniart. Après cette discussion préalable sur la nomenclature des enveloppes de l'ovule végétal, j'aborde l'exposition de mes observations particulières sur le développement de cet ovule chez plusieurs végétaux.

§. I. — *Observations sur l'ovule de l'amandier* (amygdalus communis).

Il y a deux ovules dans l'ovaire de l'amandier, mais il en avorte presque toujours un. Ces deux ovules, de forme conique, ont leur pointe placée près de la base du style, comme on le voit dans la figure 4 (planche 19). Cette position est importante à remarquer. Lorsque le bouton de la fleur commence à se développer et que les pétales ne se montrent pas encore au dehors, les ovules ne présentent rien de remarquable; l'un d'eux est représenté par la figure 5. Lorsque les pétales commencent à montrer leur pointe qui dépasse le calice, on voit un petit corps pointu et demi transparent *a* (figure 6), qui a percé l'enveloppe extérieure de l'ovule à sa pointe et qui se produit à nu dans la cavité de l'ovaire. Ce petit corps pointu est le sommet du nucel. L'ouverture qui lui donne issue est due à la rupture de la *primine* ou enveloppe extérieure de l'ovule. Cette ouverture est l'*exostôme* de Schmitz; cet état de l'ovule dure jusqu'à la floraison. Ainsi, la primine est ici la seule enveloppe de l'ovule qui soit percée par la pointe du nucel; il n'y a point, par conséquent, d'*endostôme*. La même chose s'observe dans les ovules du genre *prunus* et dans ceux du genre *pyrus*. M. de Mirbel a déjà noté qu'il en est de même de l'ovule du *juglans regia*; ainsi l'existence des deux enveloppes de l'ovule qui, selon M. R. Brown, recouvrent le nucel est bien loin d'être générale. C'est évidemment afin de recevoir l'influence du fluide fécondant, que le nucel met sa pointe à nu dans la cavité de l'ovaire.

L'extrême délicatesse du tissu de cet organe le rend en effet éminemment propre à être pénétré par le liquide qui le baigne. Ce liquide, à l'époque de la floraison, remplit toute la partie de la cavité de l'ovaire qui n'est pas occupée par les ovules; quelques jours avant cette époque, on ne l'aperçoit pas encore. C'est de la sève versée par transsudation dans la cavité de l'ovaire; il paraît que c'est cette sève qui, mêlée à quelques parcelles du fluide fécondant fourni au stigmate par le pollen, opère la fécondation du nucel par le seul fait de son contact avec cet organe. C'est ainsi que le sperme des batriciens et des poissons, mêlé à l'eau, féconde leurs œufs. C'est dans la pointe a du nucel (fig. 6) qu'apparaîtra plus tard l'embryon, comme on va le voir tout-à-l'heure. Cette pointe est située près de la base du style (fig. 4); ainsi, elle est placée de la manière la plus convenable pour recevoir le liquide fécondant qui descend du stigmate, mêlé très probablement à la sève descendante et transmis avec elle par les méats intercellulaires, ainsi que l'admet M. Ad. Brongniart.

Peu de jours après la chute de la corolle, la primine perforée par la pointe du nucel s'accroît et recouvre de nouveau la pointe saillante de cet organe, pointe qui elle-même s'est arrondie en devenant plus grosse. Le nucel se trouve donc de nouveau complètement enveloppé par la primine. C'est ici qu'avaient commencé mes observations publiées en 1820. J'avais distingué l'existence de l'enveloppe extérieure de l'ovule et celle du nucel, que je nommais *petit corps parenchymateux*, mais je n'avais point vu que ce petit corps ou ce nucel avait percé antérieurement son enveloppe. Les développemens subséquens que subit le nucel ont été exposés dans mon ouvrage avec le plus grand détail, et cela six ans avant la publication qu'a faite M. R. Brown, des observations de T. Schmitz. J'ai donc lieu d'être surpris du peu de justice que m'ont rendue à cet égard ceux qui ont

traité depuis le même sujet d'anatomie végétale. Je vais reproduire ici mes observations, en changeant seulement la
nomenclature que j'avais adopté alors pour les enveloppes
de l'ovule.

Un mois et demi après la floraison, l'ovule assez développé offre dans l'intérieur de la pointe du nucel un corps
qui, d'abord fort petit, grossit peu-à-peu et se présente
sous la forme que l'on voit en *a* (fig. 7) ; ce corps parenchymateux et transparent porte à sa suite trois corps de même
nature *b*, auxquels je donne le nom d'*hypostates* (1), à
cause de leur position à la partie inférieure du corps *a* qui,
comme on va le voir tout-à-l'heure, est l'enveloppe immédiate de l'embryon. Les trois hypostates sont suivies par
un prolongement *c* qui aboutit à la base de l'ovule. En examinant au microscope le prolongement *c*, on voit qu'il est
composé d'articles placés les uns à la suite des autres. Les
hypostates *b* sont des articles développés et épaissis. Le
corps parenchymateux *a* est le dernier des articles ; c'est
aussi le plus développé. A cette époque, on s'aperçoit que le
nucel *a* est un sac dont les parois fort épaisses sont contiguës à l'intérieur. C'est une *secondine* composée d'une cuticule extérieure en contact avec la primine, d'un tissu cellulaire parenchymateux et d'une cuticule intérieure d'une
extrême ténuité. Si l'on presse ce sac entre les doigts dans
la direction *ff*, c'est-à-dire dans le sens opposé à celui de
son aplatissement, les parois contiguës s'éloignent et la cavité du sac se manifeste. On voit alors que le corps filiforme
a b c est contenu dans cette cavité qui est close de toutes
parts. Le point *g* auquel il aboutit inférieurement est l'unique endroit d'adhérence organique qui existe entre le nucel
ou la secondine *d d* et la primine *f f*. Cette adhérence

(1) Mot divisé de ὑπο στατις, qui est situé au-dessous.

s'opère au moyen d'un plateau articulaire semblable à celui qui unit un gland à sa cupule. C'est dans cet endroit qu'aboutit un faisceau vasculaire qui part du point *i* qui est le hile, et qui, dans son trajet, est contenu dans l'épaisseur de la primine *ff* ce faisceau vasculaire est une râphe qui se termine en formant le second hile, ou hile interne, au point *g*. Le corps parenchymateux *a* se prolonge en pointe dans la petit cône creux que forme la primine à son sommet. C'est dans l'intérieur de ce corps *a* et dans l'endroit qu'occupera dans la suite la radicule que naît l'embryon. Ce corps *a* est donc la tercine et le sac embryonaire. On aperçoit d'abord l'embryon à la loupe comme une molécule blanche et sphérique *o*. Bientôt ce petit globe se divise en deux parties qui forment les cotylédons, comme on le voit en *q* (fig. 8). Cette figure représente seulement le sac embryonaire *a* contenant l'embryon, et suivi de ses trois hypostates. J'ai fait cette observation extrêmement délicate vers le cinquante-cinquième jour après la floraison.

Cependant l'embryon isolé dans le sac embryonaire continue de s'accroître ; ce sac s'accroît encore plus rapidement. Son accroissement s'opère aux dépens des sucs qui gonflent le tissu cellulaire de la secondine dans l'intérieur de laquelle il est contenu. Cette dernière se trouve bientôt réduite à n'occuper qu'une place de peu d'étendue à la base de l'ovule. La figure 9 représente l'état de l'ovule quatre-vingts jours après la floraison ; *ff* est la primine dans l'épaisseur de laquelle est la râphe *i g* ; la secondine parenchymateuse *d d* occupe encore un petit espace à la base de l'ovule, dont la cavité presque entière est envahie par la tercine parenchymateuse, ou par le sac embryonaire *a* et par les hypostates *b* qui se sont groupées irrégulièrement à sa base. On voit alors que le sac embryonaire *q* est composé : 1° d'une cuticule extérieure en contact avec la cuticule intérieure de la secondine ; 2° d'un tissu cellulaire parenchymateux ;

3° d'une cuticule intérieure extrêmement fine. Ainsi il ne diffère point, quant à son organisation, de la secondine dans l'intérieur de laquelle il est contenu. L'embryon *o* n'occupe encore qu'un petit espace au sommet de l'ovule et dans l'intérieur du sac embryonaire ou de la tercine qui l'enveloppe de toutes parts. Les cotylédons devenus aplatis sont appliqués l'un contre l'autre.

Vers le quatre-vingt-dixième jour après la floraison, la cavité entière de la primine est occupée par le sac embryonaire et par ses hypostates ; le nucel ou la secondine a disparu complètement ; ses deux cuticules intérieure et extérieure sont devenues adhérentes par la disparition du tissu cellulaire rempli de sucs qui les séparait ; et dans cet état elles se sont confondues par adhérence avec la paroi interne de la primine. Cependant les cotylédons prennent un accroissement progressif. Cet accroissement s'opère aux dépens des sucs contenus dans le tissu cellulaire du sac embryonaire qui joue ici le rôle de périsperme de même que les hypostates. Vers le centième jour après la floraison, l'embryon remplit la cavité tout entière de l'ovule. Le sac embryonaire parenchymateux a disparu ainsi que ses hypostates ; réduit à ses deux cuticules intérieure et extérieure par l'absorption des sucs qui remplissaient son tissu cellulaire, il s'est confondu par adhérence avec la secondine, dont les débris doublaient déjà la paroi interne de la primine. Ainsi l'enveloppe qui revêt immédiatement l'amande parvenue à sa maturité est l'assemblage de trois enveloppes devenues intimement adhérentes. Savoir : la primine, la secondine ou nucel, et la tercine ou sac embryonaire. On voit, par cette observation, que le nucel n'est pas toujours une tercine ; ainsi que l'admet M. de Mirbel qui a suivi en cela M. R. Brown , il est bien évident ici, de même, que le sac embryonaire n'est pas toujours une quintine.

La position de l'embryon par rapport au végétal qui le porte est fort digne de remarque. La radicule de l'embryon de l'amandier est véritablement *ascendante*; elle est par conséquent *inverse*. On dit que la radicule d'un embryon est inverse lorsque sa pointe est dirigée vers le point de la graine diamétralement opposé au hile. Dans l'ovule de l'amandier, la radicule présente le côté au hile extérieur, ce qui la fait considérer par les botanistes comme étant *latéralement adverse*. Mais la direction de la radicule vers le hile extérieur ne mérite aucune attention; la seule chose qu'il soit important de considérer dans cette circonstance, c'est la position de l'embryon par rapport à la direction du funicule; car ce dernier étant véritablement la continuation de la tige du végétal, ses rapports de position avec l'embryon détermineront d'une manière exacte la position de l'embryon par rapport au végétal qui le porte. Dans l'ovule de l'amandier, on peut suivre les vaisseaux du funicule depuis le point *i* (fig. 8), qui est le point de suspension de l'ovule au péricarpe, jusqu'au point *g*. Le funicule forme une raphe dans l'épaisseur des parois de la primine. Le corps filiforme articulé *c* offre la continuation du funicule dont les hypostates *b* sont la dernière extrémité. Par conséquent l'embryon est véritablement renversé; il oppose sa tige à celle du végétal qui le porte; la radicule de l'embryon est par conséquent *inverse*.

§ II. — *Observations sur l'ovule du fusain* (evonymus europæus).

C'est au commencement de mai que le fusain fleurit; ses ovules peuvent s'apercevoir quinze jours avant; ils sont au nombre de deux dans chacune des quatre loges du fruit. Ces ovules ne présentent aucune des deux ouvertures désignées sous les noms d'*endostôme* et d'*exostôme*. C'est un

fait dont je me suis assuré de la manière la plus positive.
Ces ovules fécondés prennent de l'accroissement et un
mois environ après, on commence à voir qu'ils sont fixés
par leur partie latérale et inférieure chacun dans une petite
cupule *f* (fig. 10, pl. 19); l'ovule possède dans l'épaisseur
de sa tunique une râphe *i* qui fait saillie et qui aboutit à
un hile interne *d* situé au sommet de l'ovule; cette râphe
transmet l'extrémité du funicule aux organes situés dans
l'intérieur de l'ovule. Plus tard la cupule *f* qui est verte
et membraneuse se développe davantage et finit en quinze
jours par recouvrir la totalité de l'ovule. Dans ce développement ses bords viennent se réunir, mais sans se souder
au sommet *d* de l'ovule ; lequel se trouve ainsi enveloppé
après coup par une coiffe membraneuse dans l'intérieur de
laquelle il est renfermé comme dans une bourse ouverte à
son sommet. Cette coiffe membraneuse est l'*arille* qui,
verte dans l'origine, prend une couleur orangée lorsque
la graine approche de sa maturité.

L'ovule un peu plus âgé que celui qui est représenté par
la figure 10, pl. 19, étant dépouillé de son arille et coupé
longitudinalement offre la structure représentée par la
figure 11. *C* enveloppe externe ou primine dans l'épaisseur
de laquelle est située la râphe *i*, qui vient du hile externe *e*
et qui aboutit au hile interne *d* ; cette enveloppe est blanche et elle devient rouge lors de la maturité. Au dessous
de la primine se trouve une enveloppe molle et pulpeuse
b, c'est la secondine qui par sa face interne s'accroît en
végétant par un développement centripète. Cette couche
de substance molle est le périsperme naissant qui, par son
accroissement graduel, tend à remplir toute la cavité *h* de
l'ovule, cavité qui est remplie par un liquide organique diaphane. En observant superficiellement ce périsperme, on
croirait que c'est tout simplement une matière versée par
sécrétion dans la cavité de l'ovule ; cette matière, observée

deux mois après la floraison, n'a presque point de consistance, et ressemble plutôt à une matière lactescente épaisse
qu'à un tissu organique ; mais l'examen microscopique
démontre sa véritable nature. Une tranche mince de l'ovule
étant détachée avec précaution et soumise au microscope,
on voit que cette matière lactescente épaisse qui est demi
transparente est un tissu organique qui s'est accru par
couches successives de l'extérieur vers l'intérieur, exactement comme cela a lieu pour l'écorce chez les arbres dicotylédons. Les couches de cette substance sont opaques
et sont séparées les unes des autres par des espaces transparens. Chaque couche est composée de cellules, et chacune de ces cellules contient une multitude de globules
blancs et opaques qui sont des grains de fécule ; les cellules
sont articulées en séries rectilignes, lesquelles convergent
toutes vers le centre de la graine. Cette disposition est
semblable à celle que j'ai décrite dans le VIe Mémoire pour
la graine du *tamus communis* (planche 10, figure 4), seulement chez cette dernière graine, il n'y a point de couches
distinctes les unes des autres dans ce tissu cellulaire rayon-
né. Dans l'ovule du fusain (pl. 19, fig. 11), l'embryon
naissant *a* est situé à la base de l'ovule dont il envahit ensuite la cavité où il se trouve environné par le périsperme ;
il est très certain que ce dernier n'est point le résultat
d'une sécrétion quoiqu'il ressemble dans le principe à une
pulpe lactescente ; il est produit par un véritable accroissement végétatif. Si cette pulpe lactescente était effectivement
sécrétée par la face interne de la secondine, on verrait la
partie la plus nouvelle de cette pulpe à l'extérieur, et la
partie la plus ancienne à l'intérieur : or, c'est le contraire
qui s'observe. D'ailleurs cette pulpe est composée de cellules articulées en séries convergentes, et ces cellules contiennent des grains de fécule ; elle offre donc un véritable tissu organique et non le résultat d'une sécrétion.

Le périsperme est donc ici la secondine accrue progressive‑
ment en épaisseur par un accroissement végétatif centripète.
La disposition de son tissu cellulaire par couches dis‑
tinctes est un phénomène très remarquable et dont il est
difficile d'apercevoir la cause.

Ainsi l'ovule du fusain ne possède que deux enveloppes
primitives, savoir : une primine membraneuse et une *se‑
condine périsperme*. A ces deux enveloppes s'adjoint ensuite
l'arille. L'embryon *a*, de couleur verte et globuleux dans
le principe, se divise bientôt en deux cotylédons ; il est
remarquable qu'il apparaît au point opposé à celui de l'in‑
sertion *d* du funicule *i*. Ainsi, cet embryon n'a aucun rap‑
port organique avec le hile interne *d*; mais dans le principe
il est uni organiquement par un pédicule avec le hile ex‑
terne *e*. L'existence de ce pédicule atteste l'existence du
sac embryonaire auquel ce pédicule appartient. Ce sac
embryonaire est excessivement mince ; il enveloppe immé‑
diatement l'embryon, et il disparaît promptement ; il est
le dernier article du véritable funicule, lequel est extrê‑
mement court, et qui part du hile externe *e*. La râphe *i*,
qui aboutit au hile interne *d*, doit être considérée comme
une ramification du funicule véritable. La figure 12 (pl. 19)
représente la coupe longitudinale de la graine du fusain
parvenue à sa maturité ; *a*, embryon qui par son dévelop‑
pement a envahi la cavité de la *secondine périsperme b ;
c*, primine dans l'épaisseur de laquelle est située la râphe
i, laquelle commence au hile externe *e*, et aboutit au hile
interne *d*. L'arille *f* offre en *g* l'ouverture de son sommet.

§ III. — *Observations sur l'ovule du* pisum sativum (*famille des légumineuses*).

Les ovules du pisum sativum sont apercevables dans l'ovaire avant la floraison. Lorsque après la fécondation ils se sont un peu développés, on voit qu'ils offrent deux enveloppes, et une petite cavité, remplie d'un liquide diaphane, se manifeste dans leur centre. L'enveloppe extérieure *e* (fig. 3, pl. 20) est verte et opaque; elle contient dans son épaisseur une râphe ou *prostype funiculaire*, qui s'étend du hile externe *f* au hile interne *g*. Cette enveloppe est la primine. Au-dessous d'elle se trouve une couche diaphane et molle *d*; c'est la secondine qui, par l'extrême mollesse de son tissu, paraît former une sorte de périsperme; lequel, au reste, n'est que temporaire : il se dessèche et disparaît en se confondant avec la primine lors de la maturité de la graine. L'embryon, de couleur verte, se présente, dans l'origine, sous la forme d'un globule, situé dans l'épaisseur de la *secondine périsperme d*; comme on le voit en *a* dans la figure 1 de la planche 20, qui représente seulement la portion de l'ovule dans laquelle naît l'embryon. Ce dernier est uni par un pédicule à un autre globule *b*, demi-transparent; ce dernier est uni de même par un pédicule à un corps oblong *c*, demi transparent comme lui. Les deux globules *b c* sont évidemment des hypostates. Leur existence prouve que l'embryon possède un sac embryonaire ou une tercine; trop mince pour pouvoir être aperçue dans les premiers temps. C'est ainsi, en effet, qu'on voit dans l'ovule de l'amandier (fig. 7 et 8, pl. 19) l'embryon contenu dans un sac embryonaire suivi de trois hypostates. Si on examine l'embryon au microscope, on voit de la manière la plus évidente qu'il ne présente aucune division; c'est un corps parfaitement sphérique, chez lequel on ne distingue ni radicule ni cotylédons. Peu de temps après l'embryon sort du tissu diaphane de la secondine dans lequel il était plongé, et il se montre dans la cavité de l'ovule. Bientôt il cesse d'être complètement sphérique ; sa partie opposée à celle qui regarde l'hypostate *b* s'ouvre spontanément en deux demi-calottes, qui sont les rudimens des deux cotylédons *a* (fig. 2, pl. 20); dans leur intervalle on voit la pointe de la plumule *d*. Plus tard la radicule commence à se manifester par l'apparition d'un mammelon arrondi sur la partie opposée à la plumule.

Ce n'est que lorsque l'embryon remplit à-peu-près le tiers de la cavité de l'ovule qu'il devient possible d'apercevoir le sac embryonaire d'une minceur extrême qui l'enveloppe immédiatement ; il est exactement collé sur les cotylédons. Ce sac embryonaire est fort difficile à apercevoir ; cependant je l'ai vu de la manière la plus distincte ; il paraît qu'il a été rompu lorsque l'embryon a commencé à développer ses cotylédons, et que ses débris sont restés collés sur ces derniers. La figure 3, planche 20, représente l'ovule du *pisum sativum* à l'époque dont je parle. L'embryon *a* est suspendu à ses deux hypostates *b c* dans la cavité de l'ovule où il est placé de côté. L'hypostate *c* est organiquement unie avec une râphe au *prostype funiculaire* qui est situé dans l'épaisseur de l'enveloppe extérieure ou de la priminé *e*, et qui perce la secondine *d* au sommet *g* de l'ovule, là où était primitivement situé l'embryon *a* (fig. 1, pl. 20). Lorsque la graine approche de sa maturité la radicule fait un crochet qui la dirige vers le hile extérieur *f*, elle est alors *adverse*. Dans l'origine cette radicule était dirigée vers le hile intérieur *g* (fig. 2); elle était alors *inverse* par rapport au hile extérieur. Lorsque l'embryon était placé de côté (fig. 3), sa radicule était *latéralement adverse*. Ces observations prouvent que ce n'est point par rapport au hile extérieur qu'il faut déterminer la position de l'embryon, mais bien par rapport à l'insertion intérieure du funicule.

Spallanzani (1), qui a observé le développement de l'embryon chez le *vicia faba*, le *cicer arietinum*, et chez d'autres légumineuses, prétend que chez ces végétaux l'embryon est uni organiquement avec la graine, et il en conclut qu'il préexiste à la fécondation. Il est évident que Spallanzani s'est laissé induire en erreur sur cet objet. C'est par le moyen de son sac embryonaire, que l'embryon est attaché aux parois de l'ovule; or comme ce sac embryonaire, d'une extrême ténuité, est collé sur l'embryon, il a cru que c'était l'embryon lui-même qui était uni organiquement avec la graine.

§ IV. — *Observations sur la graine du* fagus castanea *(famille des amentacées).*

Ce n'est que plus d'un mois après la floraison du *fagus castanea* que l'on commence à apercevoir les ovules. Ils sont situés près de la base des styles et au sommet d'un placentaire central; ils sont enveloppés par de nombreuses productions semblables à des poils qui remplissent la cavité de la carcérule membraneuse et coriace qui forme la tunique extérieure du gland, tunique qui n'est point une enveloppe séminale proprement dite, mais bien un véritable péricarpe, puisqu'elle porte les styles.

Les ovules nombreux que contient chaque gland du *fagus castanea* avortent pour la plupart; il n'y en a ordinairement qu'un, et quelquefois deux seulement, qui se développent. Si l'on observe ces ovules environ deux mois

(1) Mémoire sur la génération de diverses plantes.

après la floraison, on les trouve composés d'une enveloppe
extérieure *a* (fig. 5 pl. 20) qui reçoit l'insertion du funicule
b. Dans l'intérieur de cette enveloppe se trouve un périsperme extrêmement délicat *c*, lequel offre une cavité *i* dans
son intérieur. L'embryon *d* est complètement extérieur à
ce périsperme, dont la pointe conique est embrassée de chaque côté par les deux cotylédons courbés en gouttière l'un
vers l'autre. En enlevant l'embryon, on met à découvert
cette pointe conique du périsperme que l'on trouve recouverte par une cuticule. En continuant de se développer, les
cotylédons se glissent entre l'enveloppe extérieure *a* et le
périsperme creux *c* ; de membraneux qu'ils étaient dans le
principe, ils deviennent épais et farineux. Bientôt le périsperme étant complètement absorbé, l'embryon remplit à
lui seul la cavité de l'ovule ; il n'est recouvert que par la
seule enveloppe extérieure *a*. Plus tard l'ovule, par son développement, remplit la cavité de la carcérule.

Cette observation offre manifestement un embryon extérieur au périsperme. Celui-ci n'est point une simple couche muqueuse inorganique, comme on pourrait le croire au
premier coup-d'œil ; c'est une partie organisée, composée d'un tissu cellulaire extrêmement délicat, compris entre deux cuticules, l'une extérieure et l'autre intérieure :
celle-ci tapisse la cavité que forme le périsperme. Quel est
donc cet organe qui constitue ici le périsperme et auquel
l'embryon est extérieur ? Des observations plus rapprochées
de l'époque de la floraison que celle que je viens de rapporter m'ont dévoilé ce mystère.

L'embryon du *sagus castanea*, (comme celui de l'*amygdalus communis*, montre ses premiers rudimens sous l'apparence d'un point blanchâtre dans la petite cavité conique
que forme à son sommet l'enveloppe extérieure de l'ovule ;
cavité qui, dans la suite, logera la radicule. Sa première apparition a lieu lorsque l'ovule offre à peine deux millimè-

tres de longueur. Pour l'apercevoir, il faut disséquer l'ovule à la loupe et dans l'eau; car cette observation est des plus délicates. De cette manière, on voit que, dans l'origine, l'embryon *d* est renfermé dans une enveloppe particulière *g* (fig. 4 pl. 20); cette enveloppe se prolonge comme un boyau dans l'intérieur de la cavité conique *h*, dans laquelle elle est ordinairement ployée irrégulièrement. Cette enveloppe membraneuse primitive est le sac embryonaire; il est continu avec le périsperme creux *c* qui est situé pl. us bas. Ce périsperme creux est par conséquent une hypostate. Son entière analogie avec l'hypostate qui est située à la partie inférieure du sac embryonaire dans l'ovule de l'*amygdalus communis*, est évidente. Il suffit de jeter les yeux sur la figure 7 (pl. 19) pour se convaincre de l'analogie. On voit dans cette figure le sac embryonaire *a* contenant l'embryon; ce sac embryonaire présente à sa partie inférieure une hypostate *b* suivie de deux autres. Les seules différences qui se présentent ici sont : 1° que chez l'*amygdalus* il y a trois hypostates les unes à la suite des autres, tandis que, chez le *fagus castanea*, il n'y en a qu'une seule; 2° que chez le premier, le sac embryonaire est plus développé que l'hypostate qui est située à sa partie inférieure, tandis que chez le second le sac embryonaire est de beaucoup inférieur en développement à l'hypostate qui est parenchymateuse et succulente.

Le sac embryonaire de l'embryon du *fagus castanea* est rompu de très bonne heure par le développement des cotylédons, qui, comme je l'ai dit, se glissent entre l'enveloppe extérieure de l'ovule et le périsperme : ce sac embryonaire microscopique ne tarde point à disparaître après sa rupture; de sorte que l'enveloppe extérieure de l'ovule devient l'enveloppe immédiate de l'embryon.

D'après ces observations, on voit que l'embryon du *fagus castanea* possède seulement une primine et un sac *embryonaire;* ce dernier a pour annexe une hypostate qui constitue le périsperme extérieur à l'embryon entre les cotylédons duquel il finit par être situé.

L'on ignorait, avant mes observations, que l'embryon du *fagus castanea* eût un périsperme. Dans la famille des amentacées, à laquelle ce végétal appartient, la graine passe pour en être dépourvue.

L'ovule du *juglans regia* offre, comme celui du *fagus castanea*, un embryon extérieur à un périsperme creux dont le tissu est d'une extrême délicatesse. Je pense que cette disposition provient d'une organisation pareille à celle que l'on vient d'observer.

§ V. — *Observations sur la graine de galium aparine (famille des rubiacées).*

Le fruit du *galium aparine* est une diérésile (Mirbel) composée de deux coques indéhiscentes qui contiennent chacune un embryon. Ces coques hérissées de poils en dehors sont les péricarpes des graines; au dessous se trouve le périsperme d'apparence cornée, représentant un sac convexe d'un côté et concave de l'autre. L'embryon est situé dans la cavité de ce périsperme qui est une véritable enveloppe séminale dont le parenchyme a pris une certaine consistance. C'est un sac embryonaire épais, lequel est ployé autour d'un placentaire sphérique et de couleur verte. Le sac embryonaire n'adhère que par un seul point à ce placentaire; c'est son point d'insertion. La figure 7, pl. 20 représente cette graine complètement développée et coupée verticalement; *a* péricarpe hérissé de poils; *bb* sac embryonaire épais ou périsperme; *c* placentaire de couleur verte; *d* hile ou point d'insertion du sac embryonaire épais au placentaire; *f* embryon contenu dans la cavité du sac embryonaire et dont la radicule est inverse, puisqu'elle

est tournée vers le point diamétralement opposé au point
d'insertion du sac embryonaire. Si l'on observe cette graine
peu de temps après la floraison, on voit que le sac embryonaire épais n'enveloppe point encore complètement le placentaire. La figure 6, pl. 20, représente cette disposition.
Dans cette figure et dans la figure 7 les mêmes lettres indiquent les mêmes objets. Ainsi l'enveloppement du placentaire par le sac embryonaire n'est point originaire ; il s'o-
père sous les yeux de l'observateur. Dans les premiers temps,
il n'existe aucune adhérence entre le sac embryonaire épais
et le placentaire, si ce n'est au point *d* qui est le hile ; mais
lors de la maturité de la graine, il s'établit entre ces deux
parties une adhérence complète, il n'est plus possible de
les séparer. La même adhérence s'établit entre le sac embryonaire épais et le péricarpe *a*. Ces observations vont
servir à expliquer quelques points obscurs de l'organisation
de la graine des atriplicées et des nyctaginées.

§ VI. — *Observations sur la graine du* spinacia oleracea
(famille des atriplicées).

La graine du *spinacia oleracea* est renfermée dans une
induvie formée par le calice endurci. Au-dessous se trouve
le péricarpe membraneux auquel aboutissent les styles.
L'embryon filiforme est ployé en cercle autour d'un périsperme discoïde central et de nature farineuse. L'embryon
est manifestement extérieur au périsperme. Voilà tout ce
que l'on voit sur la graine parvenue à sa maturité. Si l'on
veut acquérir des notions plus étendues et plus certaines
sur son organisation, il faut l'étudier à une époque rapprochée de celle de la floraison.

L'embryon du *spinacia oleracea* n'entoure point originairement le périsperme ; on le voit paraître comme une
molécule blanchâtre dans l'endroit qu'occupe l'extrémité

de la radicule dans la graine parvenue à sa maturité. Cet embryon possède un sac embryonaire tubuleux qui préexiste à son développement et qui est ployé en cercle autour du périsperme. L'embryon, contraint de se développer dans ce sac embryonaire annulaire, prend lui-même cette forme qu'il ne possédait point dans le principe. La figure 8, pl. 20, représente la coupe de la graine en question, pratiquée dans le sens de sa largeur, et de manière à diviser dans toute sa longueur le sac embryonaire annulaire de l'embryon. La figure 9 représente la coupe de cette même graine pratiquée dans le sens de son épaisseur, et de manière à diviser transversalement le sac embryonaire et l'embryon qu'il contient. Dans cette dernière figure, on voit en *a* l'induvie ouverte à son sommet pour livrer passage aux styles ; on voit en *b* le péricarpe membraneux au sommet duquel les styles sont insérés ; *d* est le périsperme ; *c* est la cavité du sac embryonaire. Cette enveloppe séminale n'est pas très facile à apercevoir, parce qu'elle est intimement adhérente d'une part au périsperme, et de l'autre part au péricarpe. Ce n'est que dans l'endroit où le sac embryonaire se réfléchit du périsperme sur le péricarpe que l'on peut constater son existence indépendante. On voit de cette manière qu'il forme une cavité en forme de tube dont les parois sont parfaitement distinctes de la paroi externe du périsperme et de la paroi interne du péricarpe. Revenons actuellement à la figure 8, pl. 20, qui représente la coupe de la graine dans le sens de sa largeur. On y voit en *a* l'induvie ; en *b* le péricarpe membraneux et fort mince intimement confondu avec le sac embryonaire ; en *c* la paroi externe du périsperme intimement confondue avec le sac embryonaire ; en *g* l'embryon filiforme qui n'occupe encore qu'une partie de la cavité de son sac embryonaire annulaire ; en *d* : périsperme. Les vaisseaux qui arrivent du pédoncule pénètrent en partie dans le périsperme et en

partie dans le sac embryonaire au point f; de sorte que ce
point f est véritablement le point d'insertion du sac embryonaire, ou le hile, lequel se trouve ainsi situé à la base
du périsperme; ce dernier, par conséquent, est un placentaire parfaitement semblable par sa forme et par sa position
au placentaire du *galium aparine*. Il suffit, en effet, de
jeter les yeux sur la figure 7, pl. 20, qui représente la coupe
verticale de la graine du *galium aparine* et de comparer le
placentaire c de cette graine avec le périsperme d (fig. 8)
de la graine du *spinacia oleracea*, pour se convaincre de
l'identité de ces deux organes. Leur forme et leur disposition sont les mêmes : tous les deux reçoivent l'insertion du
sac embryonaire, et ce point d'insertion, qui est le hile,
est situé exactement de la même manière dans ces deux
graines, chez lesquelles le sac embryonaire est de même
ployé circulairement autour de l'organe dont il s'agit. On
ne peut donc se refuser à reconnaître l'analogie qui existe
entre le placentaire du *galium aparine* et le périsperme du
spinacia oleracea. C'est évidemment le même organe qui,
chez les deux végétaux en question, diffère en cela seul,
que chez le *galium aparine* il consiste dans un parenchyme
de couleur verte, tandis que chez le *spinacia oleracea* il est
composé d'un parenchyme farineux. Ainsi le périsperme
du *spinacia oleracea* est véritablement un placentaire farineux. Chez le *galium aparine* le placentaire est simplement
parenchymateux et le sac embryonaire épais forme le périsperme; chez le *spinacia oleracea* le placentaire forme le
périsperme et le sac embryonaire est simplement membraneux. A cela près, l'organisation de ces deux graines est
exactement la même. Au reste, j'ai observé que chez le
spinacia oleracea, comme chez le *galium aparine*, la radicule est inverse; sa pointe est dirigée vers le point du sac
embryonaire diamétralement opposé à celui de son insertion qui est le hile; ce fait est en contradiction avec l'as-

sertion émise par M. de Mirbel que chez les atriplicées la radicule est adverse.

§ VII. — *Observations sur la graine du* mirabilis jalappa *(famille des nyctaginées)*.

La graine du *mirabilis jalappa* offre un embryon périphérique, c'est-à-dire, qui enveloppe le périsperme auquel il est complètement extérieur. Cet embryon n'a point d'enveloppes séminales propres; il est immédiatement recouvert par les parois de l'ovaire, lequel est renfermé dans une induvie formée par la base endurcie de la corolle. Voilà ce qu'on observe dans la graine mûre ou voisine de sa maturité; mais si l'on remonte, par l'observation, aux premiers momens où l'embryon commence à se montrer, les choses ne sont plus les mêmes. On voit alors que l'embryon n'est point originairement périphérique, et qu'il possède dans le principe un sac embryonaire recouvert par un péricarpe très facile à observer. Pour être témoin de ces faits, il faut prendre un ovule qui ait à peine deux millimètres de longueur. Cette observation, qui est fort délicate, doit être faite au moyen de la dissection dans l'eau et avec une forte loupe. L'ovaire du *mirabilis jalappa* ne remplit point dans l'origine toute la cavité que forme l'induvie *a* (fig. 10, pl. 29). Cet ovaire, extrêmement petit, est composé d'un péricarpe carcérulaire *b* qui porte le style et que l'on enlève avec facilité de dessus le sac embryonaire *d*, auquel il n'est point adhérent. Cette carcérule (Mirbel) présente, sur deux de ses côtés diamétralement opposés, une ligne qui s'étend de sa base à son sommet et qui semble la partager en deux. Cette division cependant n'existe point dans l'intérieur de la graine, mais la ligne dont il s'agit est l'indice de la direction d'un canal courbé dans lequel l'embryon est con-

tenu dans le principe. Si donc on veut voir l'embryon,
lors de sa première apparition, il faut fendre l'ovaire avec
précaution selon la direction de la ligne que je viens d'indiquer ; de cette manière on met à découvert et l'embryon
et le canal circulaire à la partie inférieure duquel il est
logé. On voit que ce canal, tubuleux , dans une portion de
son étendue , offre une disposition à-peu-près semblable à celle que j'ai notée dans le sac embryonaire du
spinacia oleracea. Il entoure de même le périsperme qui occupe le centre de la graine ; mais ici l'existence isolée du
sac embryonaire est plus facile à constater, parce que cette
enveloppe n'est point, dans l'origine, confondue par adhérence avec le péricarpe, comme cela a lieu chez le *spinacia
oleracea*, bien qu'elle soit, comme chez ce dernier, confondue par adhérence avec le périsperme. Chez le *mirabilis
jalappa*, le sac embryonaire n'est disposé en forme de tube
que dans sa partie qui s'étend depuis le point *g*, où naît
l'embryon, jusqu'au sommet de l'ovule ; dans le reste de son
étendue il s'évase, et ses parois correspondent à la surface
tout entière du périsperme. La figure 10 (planche 20) représente la coupe verticale de la graine du *mirabilis jalappa*, coupe pratiquée suivant la direction de la ligne
qu'offre extérieurement la carcérule. On voit en *a*, l'induvie ; en *b* la carcérule que surmonte le style ; en *c* le périsperme central ; en *d* la cavité du sac embryonaire, lequel
est confondu par adhérence intime avec le périsperme,
mais qui est isolé de la carcérule qui le recouvre ; l'embryon *g* naît dans la portion tubuleuse du sac embryonaire
qui se prolonge un peu au-dessous de l'origine du périsperme. Il suffit de comparer cette figure à la figure 8 (pl.
20) pour se convaincre de l'analogie qui existe entre l'organisation de la graine du *mirabilis jalappa* et celle de la
graine du *spinacia oleracea* ; par conséquent, chez l'une
comme chez l'autre, on doit reconnaître que le péri-

sperme central n'est autre chose qu'un placentaire farineux. Dans la graine du *spinacia oleracea* l'embryon filiforme se développe dans l'intérieur de son sac embryonaire
tubuleux et circulaire; dans la graine du *mirabilis jalappa*,
l'embryon de forme allongée tant qu'il est contenu dans la
portion tubuleuse de son sac embryonaire, développe de
larges cotylédons lorsqu'il atteint la portion élargie de ce
même sac embryonaire. Ces cotylédons envahissent toute
la périphérie du périsperme, ou plutôt du placentaire farineux, restant toujours sous-jacens à la paroi supérieure du
sac embryonaire, et séparés indubitablement du placentaire farineux par la paroi inférieure de ce même sac embryonaire. Cette paroi inférieure ne jouit point, il est vrai,
d'une existence isolée; elle est intimement adhérente au
placentaire farineux dont on pourrait croire qu'elle est l'enveloppe propre. Ce n'est que dans sa portion tubuleuse
que le sac embryonaire laisse voir avec facilité la continuité
de sa paroi supérieure avec sa paroi inférieure; il suffit de
l'apercevoir dans cet endroit pour conclure qu'elle existe
dans le reste de son étendue et pour pouvoir affirmer, sans
crainte d'erreur, que la membrane extrêmement délicate
qui revêt extérieurement le placentaire farineux est la paroi ou la portion inférieure du sac embryonaire. Lorsque
l'embryon est complètement développé dans l'intérieur de
la graine, la portion tubuleuse du sac embryonaire qui,
dans le principe, contenait l'embryon tout entier, se trouve
entièrement occupée par la radicule.

Ainsi il est prouvé par l'observation que le périsperme
central de la graine des nyctaginées est un placentaire farineux semblable à celui de la graine des atriplicées et
analogue au placentaire central mais non farineux de la
graine des rubiacées. Il est également prouvé que l'embryon du *mirabilis jalappa* possède une enveloppe séminale
propre, et qu'il n'est point immédiatement recouvert par

les parois de l'ovaire, ainsi que l'a dit M. de Mirbel. Ce savant botaniste a prétendu de même que l'embryon de l'*avicennia* était dépourvu d'enveloppe séminale propre. M. Aug. de St.-Hilaire, qui a été à même d'étudier le développement de l'embryon de l'*avicennia* dans l'ovaire, a vu que cet embryon possède, dans l'origine, un tégument propre qui est rompu de bonne heure par le développement des cotylédons (1). Ces faits prouvent combien sont incomplètes les observations des carpologistes qui, comme Gærtner, se sont bornés à étudier les graines vers l'époque de leur maturité.

§ VIII. — *Observations sur la graine du* nymphea lutea *(famille des nymphéacées).*

Les ovules du *nymphea lutea* sont apercevables dans l'ovaire avant la floraison. Ce n'est que lorsqu'ils ont acquis un certain développement qu'il est possible de voir les parties dont ils sont composés.

L'ovule du *nymphea* (fig. 11, pl. 20) offre à l'extérieur une enveloppe lisse et fort dure *f*, dans les parois de laquelle il existe une raphe, ou prolongement de funicule *g*, qui aboutit au sommet *d* de l'ovule. Au dessous de cette enveloppe extérieure se trouve une seconde enveloppe membraniforme *e*, laquelle renferme à-la-fois l'embryon *a* et le périsperme *b*. L'embryon paraît extérieur au périsperme. Ce dernier a la forme d'un sac aplati dont les parois intérieures *h* sont en contact. Sa cavité est ouverte du côté qui correspond à l'embryon. Cette disposition qui est entièrement semblable à celle qu'affecte dans le principe le sac embryonaire parenchymateux de l'*amygdalus*, ne permet pas de douter que le périsperme du *nymphea* ne soit de même un sac embryonaire faisant fonction de périsperme dont la partie supérieure a disparu, et dont la cavité entière n'a point

(1) Mémoires du Muséum d'Hist, nat, tome 4.

été envahie par l'embryon. Ce dernier n'a point non plus
absorbé, pour sa nutrition, toute la substance nutritive de
ce sac embryonaire. Parvenu à la maturité, l'embryon du
nymphea en est resté, à cet égard, au même degré où se
trouve l'embryon de l'*amygdalus* dans le commencement
de son développement. C'est ici l'un de ces cas où l'embryon
paraît extérieur au périsperme, parce que ce dernier est la
portion nutritive d'un sac embryonaire dont la portion
membraniforme a disparu.

    L'embryon du *nymphea lutea* possède une organisation
ambiguë de laquelle il résulte qu'il a été considéré tantôt
comme monocotylédon, tantôt comme dicotylédon. Il présente en dehors une sorte d'enveloppe d'une seule pièce *a*
(fig. 11, pl. 20) qui renferme deux feuilles rudimentaires
d'inégale grandeur *i*. M. de Candolle considère ces deux
feuilles rudimentaires comme deux cotylédons. Selon lui
l'organe *a* qui les recouvre est une *enveloppe propre*. Gærtner, au contraire, regarde cet organe comme un cotylédon
unique. M. de Mirbel, dans l'exposition qu'il fait de l'organisation de la graine du *nymphea* (1), donne le nom d'*appendice radiculaire sacelliforme* à l'organe que Gærtner
considère comme un cotylédon et M. de Candolle comme
une *enveloppe propre*. Ce conflit d'opinions prouve que le
fait en question a besoin de nouvelles observations pour
être complètement éclairci. Cela m'a engagé à étudier,
avec beaucoup de soin, l'embryon du *nymphea*. J'ai vu que
l'organe *a* (fig. 11) est lié organiquement avec le collet de
la plantule qu'il recouvre. Cet organe n'est donc point une
enveloppe séminale, comme le pense M. de Candolle. C'est
un véritable *cotylédon piléolaire*. Le nom d'*appendice radiculaire sacelliforme* que lui donne M. de Mirbel, d'après
la théorie de MM. Correa de Serra et Richard, ne peut lui

(1) Élémens de physiologie végétale et botanique.

convenir; car cet organe n'a rien de commun avec la radicule. Ce cotylédon *piléolaire* est déchiré, lors de la germination, par le développement de la plumule. Ces observations semblent devoir fixer dans la classe des monocotylédons le *nymphea* que l'organisation de sa tige rapproche d'ailleurs de cette classe. Cependant je ferai observer que chez certains végétaux dicotylédons, l'embryon a la même organisation que celui du *nymphea.* Ainsi M. Dupetit-Thouars (1) a vu que l'embryon du *rhyzophora mangle* possède un corps cotylédonaire semblable à un bonnet phrygien dans lequel la plumule est complètement renfermée. On pourrait croire que cette disposition provient de ce que les cotylédons isolés dans le principe se seraient entregreffés, comme cela a lieu par exemple chez l'embryon du *tropæolum majus;* mais il est à observer que, chez ce dernier, les cotylédons, en se soudant par leurs faces contiguës, ne forment point par leur réunion une piléole dans laquelle la plumule soit renfermée, comme elle l'est dans le corps cotylédonaire du *rhyzophora mangle.* Il me paraît donc indubitable que l'embryon de ce végétal possède un cotylédon piléolaire, comme l'embryon du *nymphea lutea* et même comme celui du *pisum sativum.* En effet, on a vu plus haut que les deux cotylédons de l'embryon du *pisum savitum* naissent de la scissure eu deux parties d'une calotte ou piléole dans laquelle la plumule se trouve contenue. Ces faits prouvent que les cotylédons sont, dans le principe, des piléoles qui sont divisées par une seule scissure latérale chez les monocotylédons, d'où résulte une feuille cotylédonaire unique, et qui, chez les dicotylédons, sont partagées en deux feuilles cotylédonaires.

(1) Journal de Botanique, tome II, page 17.

§ X. — *Observations sur la graine du seigle,* secale cereale
(famille des graminées).

L. C. Richard et M. de Candolle donnent au fruit des graminées le nom de *cariopse*; M. de Mirbel lui donne celui de
cérion. Tous regardent comme un des caractères de ce fruit
de posséder un péricarpe fortement adhérent aux tégumens
propres de la graine. Les observations qui vont être exposées infirment cette assertion; elles feront voir que la
graine des graminées est renfermée dans un péricarpe
qui disparaît de bonne heure, et que l'enveloppe indéhis-
cente qui recouvre immédiatement cette graine lors de sa
maturité, et qui est ordinairement colorée, n'est point un
péricarpe, comme on le pense généralement; mais bien
une enveloppe séminale propre.

L'ovaire du seigle, cinq jours après la floraison, offre à
l'observation un péricarpe composé d'un parenchyme blanc
et surmonté par les deux styles. Dans son intérieur on
aperçoit déjà l'ovule. La fig. 1, pl. 21, représente la coupe
verticale de cet ovaire, pratiquée dans le sens du sillon
longitudinal qu'il possède; *a* péricarpe parenchymateux
portant les styles dont on ne voit ici qu'un seul; *b* ovule
dont l'enveloppe est de couleur verte; *c* repli longitudinal
de cette enveloppe verte; *d* cavité située au centre de l'ovule.

Dix jours après la floraison, on commence à apercevoir
le périsperme; qui offre une cavité dans son centre. La figure 2 représente la coupe longitudinale de l'ovaire à cette
époque, *a* péricarpe parenchymateux; *b* enveloppe extérieure de l'ovule ou primine, laquelle est de couleur verte
et qui deviendra plus tard jaunâtre; *c* repli longitudinal
de cette enveloppe, repli qui forme le sillon de la graine;
au dessous de cette enveloppe verte qui occupe l'extérieur
de l'ovule se trouve une seconde enveloppe mince et diaphane, c'est la secondine dont le développement en épais-

seur ou l'accroissement centripète formera le périsperme
f; l'accroissement de ce périsperme farineux a été étudiée
d'une manière spéciale par M. Raspail. Cette *seconde*
périsperme est composée de cellules dans l'intérieur desquelles sont logés les grains de fécule; dans son centre
existe, dans le principe, une cavité *d* remplie de liquide.
Vers le 20ᵉ jour après la floraison, le péricarpe parenchymateux se trouve réduit à ne plus être qu'une enveloppe
membraniforme transparente et d'une extrême ténuité;
alors la cavité intérieure de la seconde développée en
périsperme a complètement disparu, elle s'est comblée
par le développement du tissu cellulaire féculent qui constitue le périsperme à-peu-près de la même manière que cela
a lieu dans l'ovule du fusain; ainsi que cela a été exposé
plus haut. On voit, comme chez le fusain l'embryon *g* apparaître à la partie la plus inférieure de la cavité du périsperme, mais dans l'ovule du seigle il ne s'accroît point de
manière à envahir toute cette cavité du périsperme, comme cela a lieu chez le fusain; il demeure constamment
dans la position où se trouve l'embryon *a* (fig. 11, pl. 19)
du fusain lors de son apparition c'est-à-dire à la base de la
cavité de la *seconde périsperme.*

Ainsi l'embryon du seigle *g* (fig. 2, pl. 21) apparaît et
demeure à la partie inférieure du périsperme *f.* J'avais
considéré, dans mes premières recherches, la petite cavité qui loge l'embryon dans l'intérieur du périsperme
comme un petit sac embryonaire distinct du périsperme
lui-même que je considérais comme une hypostate; mais
aujourd'hui, éclairé par de nouvelles observations, je dois
reconnaître que la cavité dans laquelle est logé l'embryon
n'est qu'une petite portion de la cavité centrale, que la *se-*
conde périsperme possède dans le principe. Cette cavité est
remplie par le développement du tissu cellulaire féculent
qui l'oblitère rapidement. Ainsi l'ovule du seigle ne possède

d'une manière visible que deux enveloppes séminales, savoir:
une enveloppe extérieure colorée qui est la primine et une
enveloppe intérieure incolore qui est la secondine ; le périsperme est un développement ou un accroissement intérieur de cette dernière ; ce n'est point une matière sécrétée.
La primine et la secondine se soudent de bonne heure
et ne forment plus qu'une seule enveloppe laquelle forme
ce qu'on nomme vulgairement *le son*. Le péricarpe parenchymateux qui recouvre l'ovule du seigle dans le principe
étant devenu membraniforme s'exfolie et disparaît lors
de la maturité ; il reste actuellement à suivre l'embryon
dans les diverses phases de son développement.

L'embryon du seigle commence à paraître vers le trei-
zième jour après la floraison. A cette époque il est pyriforme, comme on le voit dans la figure 3, pl. 21 ; vers
le quinzième jour l'embryon se présente sous la forme représenté par la figure 4 ; il n'est plus exactement pyriforme.
Un de ses côtés *b* est plus bombé que le côté opposé sur
lequel on remarque une fente longitudinale *a* ; il est adhérent à la secondine par sa pointe *d* qui n'est point la
radicule, comme on pourrait le penser au premier abord.
Les jours suivans l'ouverture *a* donne issue à la plumule
qui se trouvait renfermée complétement dans l'intérieur
du corps *b*, lequel est une véritable piléole qui, par sa scissure latérale et son développement, devient une véritable
feuille cotylédonaire engaînante, comme on le voit dans
la figure 5 ; *a* plumule ; *b* feuille cotylédonaire vue obliquement par derrière ; elle se termine inférieurement par
une protubérance arrondie *o*. On voit alors que la pointe
d par laquelle l'embryon est adhérent à la secondine n'est
point celle de la radicule. Comme le corps conique qu'elle
termine est transparent on voit dans son intérieur une
cloison transversale *g*. Ce corps conique transparent fait
suite à la radicule qui est opaque et dont la pointe fort

obtuse se voit en c. Ainsi l'embryon se trouve organiquement uni avec la secondine au moyen d'un corps qui paraît
continu avec la radicule. Cet état de l'embryon peut s'observer du vingtième au trentième jour après la floraison.
Vers le quarantième jour la forme de l'embryon est telle
qu'elle est représentée par la figure 6. La feuille cotylédonaire est devenue scutelliforme par le développement
particulier de la protubérance arrondie o (fig. 5) qu'elle
possédait à sa base. a plumule; b cotylédon pourvu sur sa
face intérieure d'un repli saillant f; c radicule; d corps
conique paraissant continu avec la radicule. La figure 7 représente ce même embryon vu latéralement.

Vers le quarante-cinquième jour après la floraison, le
scutelle a pris un développement plus considérable par sa
base qui se termine en pointe o (fig. 8). On commence
dans le même temps à apercevoir à la base et à la partie
antérieure de la plumule a, un petit corps oblong et arrondi b. Ce corps est considéré par MM. Poiteau et Turpin (1) comme un second cotylédon. Je penche assez vers
cette opinion. On peut considérer ce second cotylédon
comme la seconde feuille de l'embryon qui serait avortée
et à l'état rudimentaire. La feuille piléolaire qui recouvre
la gemmule serait la troisième feuille, ce qui expliquerait
pourquoi elle est tournée du même côté que le cotylédon
scutelliforme. A l'époque dont il s'agit le corps conique d
qui fait suite à la radicule c est devenu extrêmement petit;
on ne voit plus l'adhérence de sa pointe à la secondine.

Vers le cinquante-cinquième jour après la floraison, la
graine du seigle se trouve voisine de sa maturité. Alors le
corps conique qui faisait suite à la radicule a disparu et
l'embryon a la forme représentée par la figure 9. a plumule; d cotylédon scutelliforme; b second cotylédon;

(1) Mémoire sur l'inflorescence des graminées.

c radicule masquée par sa coléorhize qu'elle ne percera
qu'à l'époque de la germination.

Le corps conique *d* (fig. 6) qui fait suite à la radicule et
dont la pointe est liée organiquement avec la secondine, est
composé de deux articles lesquels me paraissent devoir
être considérés comme deux hypostates analogues à celles
qui sont placées à la suite de l'embryon du *pisum sativum*
(fig. 3, pl. 20). Chez ce dernier les hypostates sont organiquement liées avec le sac embryonaire rudimentaire, à
l'aide duquel l'embryon est suspendu au cordon funiculaire dont les hypostates sont la terminaison. Il doit en
être de même de l'embryon du seigle; puisque cet embryon
est attaché à l'ovule par l'intermédiaire de deux hypostates, comme cela a lieu pour l'embryon séminal du *pisum
sativum* il doit posséder, comme lui, un sac embryonaire
qui seul sera continu avec les hypostates et, par conséquent,
avec l'ovule. Cette disposition organique est très facile à
voir dans l'ovule de l'*amygdalus communis* (fig. 7, 8, 9,
pl. 19). Elle est difficile à apercevoir dans l'ovule du *pisum
sativum* (fig. 2, 3, pl. 20). On ne la voit point dans l'ovule
du seigle, mais chez le dernier la similitude de la position
des hypostates *dg* (fig. 5, 6, 7, pl. 21), par rapport à l'embryon, ne permet pas de douter que ce dernier ne possède,
comme les deux premiers, un sac embryonaire qui seul
est lié organiquement avec l'ovule par l'intermédiaire des
hypostates. Ainsi je reviens à l'opinion que j'ai émise en
1817 (1) que l'embryon végétal est originairement isolé et
libre de toute adhérence avec l'ovule. L'observation que
je viens d'exposer touchant les rapports de l'embryon du
seigle avec l'ovule m'avait fait changer d'opinion en
1820 (2); des réflexions plus approfondies me ramènent

(1) Journal de physique, tome 90, page 207.
(2) Annales du Muséum d'histoire naturelle, tome VIII, page 283.

aujourd'hui à ma première manière de voir, en m'apprenant que l'observation dont l'embryon du seigle vient d'être l'objet ne prouve véritablement point la continuité organique de l'embryon séminal avec l'ovule. D'ailleurs l'observation m'a prouvé que les *embryons gemmaires* sont, dans l'origine, libres d'adhérence avec le végétal générateur. (Voyez dans le ve Mémoire t. I, p. 58). Il doit donc en être de même des *embryons séminaux*. Ces derniers, au reste ne sont, à ce qu'il paraît, que des *embryons gemmaires* nés à l'extrémité du dernier article ou du dernier *mérithalle* du funicule, qui est véritablement l'extrémité de la tige reployée sur elle-même dans l'ovule. Les hypostates ne sont que les derniers mérithalles de cette tige funiculaire ; le *sac embryonaire* de l'embryon séminal est l'analogue de la *famille embryonaire* de l'embryon gemmaire (voyez dans le IIIe Mémoire, t. I, p. 196). Les embryons gemmaires primitivement libres d'adhérence avec le végétal générateur se soudent de bonne heure avec lui, et forment ainsi les mérithalles successifs ; les embryons séminaux doivent à leur position dans un ovule et à l'avortement de la tige qu'ils terminent de conserver leur isolement originel. Quant à la production des embryons ou *gemmaires* ou *séminaux*, elle se cache dans l'infiniment petit, ce qui fait que son mécanisme ne sera probablement jamais dévoilé. Il en est à cet égard de même par rapport à l'origine mystérieuse des cellules et des autres organes élémentaires des végétaux.

Il résulte des observations qui viennent d'être exposées : 1° que la graine des graminées est l'ovule lui-même développé et dépouillé de son péricarpe ; et que par conséquent cette graine n'est point un fruit auquel on puisse donner les noms de *cariospe* ou de *cérion* d'après le sens attaché à ces dénominations par leurs auteurs.

2° Que le scutelle de l'embryon des graminées est,

comme l'a dit M. de Jussieu, un véritable cotylédon et qu'il n'est point par conséquent un *corps radiculaire*, comme l'a pensé L.-C. Richard, ni un organe particulier aux graminées; ainsi que l'a prétendu H. Cassini (1) qui regarde le scutelle comme un gonflement de la tige, et qui a cru devoir en conséquence lui donner le nom de *carnode*.

3° Que le périsperme de la graine des graminées est une secondine accrue en épaisseur et devenue féculente. L'embryon ne paraît extérieur à cette secondine périsperme, que parce que les parois de cette secondine ne se sont point développées et ont disparu à l'un des côtés de l'embryon, lequel ne s'est point accru de manière à se placer au centre de cette *secondine périsperme*, ainsi que cela a lieu, par exemple, dans la graine du fusain (figure 11, planche 19). Dans l'ovule naissant de ce dernier végétal, l'embryon est placé comme celui des graminées; il paraît extérieur au périsperme.

En me livrant à l'étude de la graine du seigle, j'ai dû jeter un coup-d'œil sur une production de la même plante, production qui porte le nom d'*ergot* et qui est connue par les effets délétères qu'elle produit sur l'homme. Les naturalistes sont divisés d'opinion sur la nature de cette production qui, suivant l'opinion la plus générale, serait due à un développement morbifique de la graine : cependant M. de Candolle a prétendu que cette production est un champignon du genre *sclerotium*, et il lui a donné le nom de *sclerotium clavus*. L'observation m'a prouvé que l'opinion de M. de Candolle ne peut être admise.

L'ergot représenté de grandeur naturelle dans la fig. 10 (pl. 21) est composé de deux parties différentes par leur nature. Le corps de l'ergot *b* est dur, de couleur violacée à l'extérieur; il offre à l'intérieur une substance blanchâtre

(1) Journal de physique, novembre 1820.

d'apparence farineuse ; il adhère à la plante par la partie inférieure *c ;* son sommet est surmonté par une production molle et jaunâtre *a* dont l'odeur est fétide, et qui en se desséchant se détache spontanément du corps de l'ergot. Si je me fusse borné à l'étude de l'ergot parvenu à sa maturité, j'aurais été porté, je l'avoue, à prendre cette partie *a* pour une sorte de champignon. Je ne suis parvenu à des notions certaines sur sa nature, ainsi que sur celle du corps *b* de l'ergot, qu'en observant cette production avant que son développement l'ait fait sortir de l'intérieur des bales florales. C'est de cette manière que j'ai vu que le corps *b* de l'ergot est véritablement la graine elle-même soumise à un développement morbifique, et que la partie *a* qui recouvre le sommet du corps de l'ergot, est engendrée par le développement morbifique de la partie *a* (fig. 1 et 2, pl. 21) du péricarpe parenchymateux qui enveloppe l'ovule dans le principe. Aussi trouve-t-on ordinairement les deux styles implantés au sommet de la partie *a* de l'ergot, lorsqu'il est encore renfermé dans l'intérieur des bales florales. A cette époque, l'ergot possède encore la forme propre à la graine du seigle, il la perd plus tard et ne conserve même le plus souvent aucune trace du sillon longitudinal propre à la graine, et qu'il offrait dans le principe. Au reste il serait possible que le *développement morbifique* qui constitue l'ergot fût le résultat de l'existence et de la multiplication dans la graine du seigle d'un champignon microscopique et globuleux analogue à un *uredo ;* cela me paraît même assez probable ; je me borne donc à tirer de mes observations cette conclusion que l'ergot considéré dans son entier n'est point *un individu* d'une espèce de champignon ; mais je conviens qu'il est probable que ce même ergot est le résultat de la réunion d'une multitude de champignons globuleux et microscopiques, ainsi que cela a lieu pour l'*uredo caries* qui remplit souvent tout l'intérieur de la graine du froment. A

propos de l'*uredo caries* du froment, je placerai ici l'observation que j'ai faite sur le siège de son développement
dans la graine. Cette uredo, qui paraît remplacer le périsperme ne se développe point cependant dans la substance
de ce dernier. Elle naît entre les deux enveloppes de l'ovule,
c'est-à-dire, entre la *primine* et la *secondine périsperme*.
Par la multiplication de ses globules l'urédo refoule cette
secondine périsperme vers le centre de l'ovule et l'atrophie
en s'appropriant toute la substance nutritive qu'elle contient, en sorte que bientôt elle a complètement disparu.
L'urédo se trouve alors occuper à elle seule toute la cavité
de l'ovule qui ne possède plus en dehors que la seule primine.

XV.

OBSERVATIONS

sur

LES TRANSFORMATIONS VÉGÉTALES.

La constance que nous observons dans la forme de chaque espèce d'être organisé tient à la permanence d'une cause inconnue. Cette cause à laquelle est due la forme organique, offre des aberrations accidentelles qui se manifestent par le phénomène de la *transformation*, ou du changement de forme. Ce phénomène est très commun dans le règne végétal, et il mérite toute l'attention de l'observateur philosophe ; son étude peut conduire à la connaissance de quelques lois fondamentales de l'organisation, car les lois qui président à la *forme* président par cela même à la *formation*.

Des observations sur les transformations végétales ont

11.

été recueillies par un grand nombre d'observateurs. Je présente ici quelques faits nouveaux sur cet objet. Ce sont des matériaux que je réunis à ceux qui ont été rassemblés par les observateurs qui m'ont précédé, et qui pourront servir à ceux qui tenteront d'approfondir cette partie importante de la science physiologique des végétaux.

La transformation végétale la plus généralement et la plus anciennement observée est celle des étamines en pétales dans les *fleurs doubles*. Les hommes se sont attachés à faire naître ces transformations pour le plaisir des yeux et non dans l'intérêt de la science, mais cette dernière s'est emparée de ce phénomène et elle a cherché à le suivre dans toutes ses modifications. Ainsi A. Dupetit-Thouars a observé la transformation très curieuse des étamines en pistil dans le pavot oriental; le filament de l'étamine, par sa dilatation, était devenu l'ovaire, et le stigmate était probablement engendré par une transformation de l'anthère.

On doit à M. Henri Cassini de nombreuses observations sur les transformations des parties de la fleur, spécialement chez les synanthérées. Ces transformations sont généralement les mêmes que quelques-unes de celles qui viennent d'être notées, mais il a observé de plus que l'ovaire et le style étaient transformés en tiges dans des fleurs monstrueuses du *cirsium tricephalodes* et du *cirsium pyrenaicum*, et il en a conclu que chez les synanthérées l'ovaire et le style sont des organes analogues à la tige, ou que ces organes sont des tronçons de tige dans l'intérieur desquels un germe se forme et se développe (1). J'ai eu occasion d'observer une rose monstrueuse, dans laquelle l'ovaire était de même transformé en tige. Mais telle n'est point toujours la nature de l'ovaire, car il arrive souvent que, chez d'autres plantes, on le trouve métamorphosé en feuil-

(1) Bulletin des Sciences, Soc. Phil., 1819-1822.

les, en sorte qu'on en peut conclure qu'alors il est formé de
feuilles entregreffées. C'est ce que Dupetit-Thouars a
observé dans les fleurs monstrueuses du *verbascum py-
ramidatum* et du *brassica napus* (1). Avant Dupetit-
Thouars j'avais fait la même remarque sur une fleur monstrueuse du *tropœlum majus*, et je consignai ce fait dans
une note communiquée à la Société philomatique en 1817,
et publiée en 1820 dans le Bulletin des sciences de cette
Société. Dans la fleur monstrueuse qui fait le sujet de cette
observation, les folioles du calice, ordinairement colorées
comme la fleur, étaient vertes sans changement de forme ;
l'éperon du calice était très court et vert. Les deux pétales
supérieurs de la corolle étaient de couleur verte, mais sans
changement de forme ; les trois pétales inférieurs étaient
tout-à-fait changés en feuilles. Les étamines et le style
étaient dans l'état naturel. L'ovaire qui, comme on sait,
offre trois loges correspondantes aux trois semences
était changé en trois feuilles dont les pétioles étaient
juxtaposés et collés ensemble. Ces feuilles, soudées les
unes aux autres par leurs bords, formaient par leur réunion une poche trilobée. Le style traversait le centre de
cette poche et aboutissait inférieurement à une autre poche
plus petite contenue dans la précédente, également formée
par la réunion de trois feuilles fort petites et remplie d'une
matière muqueuse verdâtre. Il me fut aisé de reconnaître
dans la première de ces poches foliacées une transformation du péricarpe trilobé, et dans la seconde une transformation des trois ovules contenus dans les trois loges du
péricarpe.

Cette observation montre le péricarpe formé par une
réunion de feuilles entregreffées, et elle apprend de plus
ce fait que les enveloppes de l'embryon végétal ne lui ap-

(1) Bulletin des Sciences, Soc. Phil., 1819.

partiennent point en propre, mais qu'elles sont des dépendances de l'ovaire, ou pour mieux dire des dépendances du végétal générateur.

Ainsi, les ovaires des végétaux sont formées tantôt par des tiges développées d'une manière particulière, tantôt par des feuilles transformées et entregreffées. Les écailles des cônes des conifères sont des feuilles transformées. Cette opinion émise par M. de Mirbel a été combattue par M. Poiteau (1) qui prétend que ce sont les bractées situées sous les écailles qui sont des feuilles plus ou moins altérées. L'observation m'a prouvé que l'assertion de M. de Mirbel est très fondée, car j'ai trouvé des cônes de *pinus maritima*, dont toutes les écailles étaient transformées en feuilles dont la base était très élargie. C'était cette base élargie et épaisse de la feuille qui formait seule la véritable écaille ; la feuille linéaire sortait de sa pointe. Cette observation infirme une partie de l'assertion de M. Poiteau, ce qui n'empêche pas que son assertion, relativement aux bractées, ne puisse être et ne soit effectivement très fondée.

On pourrait conclure de ces observations que le bourgeon à fruit n'est autre chose qu'un bourgeon à feuilles qui, au lieu de se développer au dehors et de fournir une branche chargée de feuilles, s'est développé à l'intérieur et a changé ses feuilles en calice, en corolle, en étamines, en style, en ovaire et en ovule. Cette conclusion qui paraît très fondée au premier coup-d'œil, et que j'avais d'abord adoptée, me paraît cependant devoir être modifiée. En effet, il n'y a pas plus de raison pour dire qu'un pétale ou une étamine est une feuille transformée qu'il n'y en aurait pour dire qu'une feuille est un pétale ou une étamine changée de forme. On ne peut déduire de ces observations

(1) Bulletin des Sciences, Soc. Phil., 1810.

qu'un seul fait incontestable, c'est celui de la similitude
originelle d'un élément organique dont le développement
particulier forme, selon les circonstances, une feuille, un
pétale, une étamine, etc. Cet élément organique est le
segment de tige auquel les feuilles doivent leur origine,
ainsi que je l'ai démontré (tome 1, page 200). C'est ce
segment de tige qui, par les diverses modifications qu'il
est susceptible de subir, forme les feuilles, les pétales, les
étamines, les styles, certains ovaires ou péricarpes, et les
enveloppes de l'embryon. L'existence des feuilles précédant
toujours celle des autres parties que je viens d'énumérer,
on a dû regarder la forme de ces organes comme la forme
originelle dont les autres organes offraient des transformations. Mais en remontant à la connaissance de l'élément
organique qui donne naissance à la feuille elle-même, on
apprend que c'est cet élément organique seul qui, par ses
transformations, produit à-la-fois les feuilles et les autres
organes qui paraissaient en dériver.

Les feuilles se distinguent des pétales plus spécialement
par leur disposition que par leur couleur; car il y a des
fleurs dont les pétales ont une couleur verte ou verdâtre
comme des feuilles; et d'un autre côté, il y a des végétaux
dont les feuilles ne sont point vertes, tel est, par exemple, le
chenopodium rubrum. Cependant le plus généralement, les
feuilles sont vertes et les pétales ont une autre coloration, en
sorte que la couleur devient un moyen de les distinguer. Or,
il peut arriver que des organes ayant la forme et la couleur
des pétales, affectent le mode de disposition des feuilles.
C'est ce qu'on observe effectivement dans une variété monstrueuse du lis blanc (*lilium candidum*). Les tiges du lis,
dans l'état normal, se terminent par plusieurs fleurs; c'est
là le terme de leur développement. Or, chez la variété
monstrueuse du lis dont je viens de parler, les tiges, au
lieu de se terminer par les fleurs, continuent à s'accroître

en longueur en produisant des pétales au lieu de feuilles, et cela d'une manière indéfinie. Ces pétales d'un blanc éclatant sont disposés sur la tige d'une manière *éparse*, exactement comme le sont les feuilles normales de cette plante; le bourgeon qui termine ces tiges ne contient que des rudimens de ces feuilles pétaliformes, il ne contient point de rudimens de fleurs véritables. En considérant spécialement la couleur de ces feuilles pétaliformes, on serait porté à dire que ce sont des pétales changées en feuilles; en considérant spécialement leur disposition sur la tige et leur nombre considérable, on serait porté à décider que ce sont des feuilles changées en pétales. Le fait est que ces deux manières de voir seraient également inexactes. La philosophie de la science veut que l'on voie ici des *segmens de tige* qui se sont développés avec la forme et la couleur des pétales et avec la disposition des feuilles.

Les formes organiques des végétaux, comme celles des animaux, se rattachent à deux types principaux, savoir : la forme *symétrique binaire* et la forme *symétrique circulaire*. Dans la première, des parties similaires sont semblablement placées de chaque côté d'un axe commun; dans la seconde, des parties similaires sont semblablement placées autour d'un centre commun. La transition de l'une de ces formes à l'autre s'observe assez souvent dans le règne végétal. En voici quelques exemples : Toutes les feuilles offrent dans leur limbe la *symétrie binaire;* cependant, quelques-unes d'entre elles ont une forme qui s'approche beaucoup de la symétrie circulaire; ce sont les feuilles que l'on nomme *peltées;* telles sont les feuilles de la capucine (*tropæolum majus*), celles de l'*hydrocotile vulgaris*, etc. Le limbe de ces feuilles offrirait une symétrie circulaire parfaite, si les nervures concentriques de ce limbe étaient toutes égales en longueur, mais ces nervures sont plus développées d'un côté que de l'autre du limbe, et cela fait

que ce limbe est imparfaitement circulaire et que celle de
ses nervures qui est la plus développée fait, mais imparfaitement, l'office d'axe pour la forme binaire. J'ai fait voir
dans le iiiᵉ Mémoire que, chez l'*hydrocotile vulgaris* (pl. 4,
fig. 8, 9 et 10), la feuille est véritablement symétrique binaire dans l'origine, et que c'est par le mode de développement de son limbe que celui-ci tend postérieurement à
prendre la forme circulaire. Il paraîtrait par là que la
forme *binaire* serait la forme originelle ou la plus simple, et
que la forme circulaire n'existerait que secondairement, et
serait par conséquent moins simple, comme l'indique le
nombre le plus grand des élémens qui la composent.

   Toutes les fleurs sont symétriques; les unes ont la symétrie circulaire, les autres offrent la symétrie binaire. Ces
dernières sont, fort mal-à-propos, appelées *fleurs irrégulières* par les botanistes; il y a beaucoup de fleurs chez lesquelles la symétrie binaire et la symétrie circulaire exis-
tent-à-la fois et dans une sorte de fusion. Ainsi, chez les
crucifères, la symétrie circulaire existe dans la disposition
des pétales, et la symétrie binaire se trouve dans la disposition des étamines et de l'ovaire.

   Les fleurs dont la forme normale est la symétrie binaire
offrent quelquefois le changement de cette forme, en symétrie circulaire; on a donné à cette transformation le
nom de *pélorie*, qui signifie *régularisation*, ce qui suppose improprement que la fleur n'était point *régulière* avant
cette transformation. Ce phénomène s'observe, par exemple chez le *teucrium campanulatum*. Toutes les fleurs axillaires de cette plante ont la symétrie binaire que possèdent
les fleurs des labiées, mais la fleur qui termine la tige est
campanulée; elle possède la symétrie circulaire. Henri
Cassini (1) attribue ce phénomène à ce que la fleur

(1) Bulletin des Sciences, Soc. Phil., 1817.

terminale n'éprouve aucun obstacle à son développement, tandis que les fleurs axillaires éprouvent de la
gêne dans le premier âge de la préfloraison, à cause
de leur position latérale. Cette position gênée de la fleur
encore à l'état de germe occasionne, selon H. Cassini,
l'avortement d'une ou de plusieurs étamines et par suite
l'*irrégularité* du périanthe. Ainsi, la forme symétrique binaire serait chez les fleurs une *monstruosité constante*, et la
pélorie, loin d'être une monstruosité, serait un retour accidentel à l'état naturel et primitif. H. Cassini appuie
cette assertion sur des observations de déformations du périanthe chez les synanthérées par suite de l'avortement des
étamines. Les vues de H. Cassini à cet égard sont aussi
ingénieuses qu'elles sont philosophiques. Il est impossible
de ne pas reconnaître dans la pélorie l'état primitif et véritablement naturel des fleurs ordinairement appelées *irrégulières*, fleurs dont la forme n'est *binaire* que par l'avortement constant de quelques-unes de leurs parties. Ce sont
des déformations régulières d'un plan primitif qui était régulier d'une autre façon. Ainsi la corolle labiée est la déformation d'une corolle monopétale campanulée. Il serait
curieux de déterminer quels sont les plans primitifs de toutes les autres fleurs *irrégulières* ou *binaires*. On y parviendra par l'observation des pélories accidentelles de ces fleurs ;
j'ai eu occasion d'observer celle de la fleur papilionacée (1).
Les fleurs du cytise des Alpes (*cytisus laburnum*) sont disposées en grappe et ces fleurs sont toutes *latérales* sur l'axe
de la grappe dont la fleur véritablement *terminale* avorte
constamment, et n'apparaît jamais dans l'état normal. Or,
j'ai observé le développement tardif et accidentel de cette
fleur terminale sur une grappe défleurie depuis plus de

---

(1) Cette observation , a été communiquée à l'Académie des Sciences au
mois de juin 1831; elle était demeurée inédite.

trois semaines; et cette fleur terminale était pélorïée (fig. 3,
pl. 19); son calice, au lieu d'être irrégulier, comme il
l'est ordinairement, était régulier et à quatre divisions; la
corolle offrait six pétales, savoir: quatre disposés cructa-
lement *a, c, d, e,* et deux autres *b, b* qui, placés au-dessus,
correspondaient aux deux intervalles que laissaient entre
eux trois des quatre pétales ci-dessus avec lesquels ils al-
ternaient. La manière dont ces deux pétales étaient placés
attestait l'avortement de deux autres pétales semblables
dont on voyait les places vides en *o o.* Ainsi la corolle, si
elle eût été complète, aurait possédé huit pétales disposés
sur deux rangées circulaires alternes. Ces pétales étaient
portés sur des onglets assez longs. Des quatre pétales de la
rangée cruciale inférieure l'un *a* aurait été *le pavillon,* si la
corolle avait été papilionacée; ses deux voisins *c, e* auraient
été *les ailes* de cette même corolle. Le pétale *d* diamétralement opposé à celui qui aurait été *le pavillon,* était tout-
à-fait étranger à une corolle papilionacée; c'était un pétale
nouveau. Les deux pétales *b b,* situés au-dessus de ceux
que je viens de mentionner, correspondaient aux deux
pièces de la *carène* de la fleur papilionacée. Cela était indiqué
de la manière la plus claire par la disposition du style et
des étamines qui étaient dans leur état naturel. Il résulte
de là que la fleur papilionacée est la déformation d'une fleur
qui possède originairement huit pétales, disposés sur deux
rangées circulaires alternes. Trois de ces pétales avortent
constamment et les cinq restans forment le pavillon, les
deux ailes et les deux pièces de la carène de la fleur papilionacée.

Les phénomènes qu'offrent les transformations végétales
prouvent, que la constance de la forme que l'on observe
chez les êtres organisés tient à des causes qui ne sont point
immuables, bien que leur action ne varie point dans le plus
grand nombre des circonstances. Lorsque ces causes con-

servatrices de la forme viennent à éprouver des modifications, la forme des êtres organisés subit des changemens.
Ainsi la forme actuelle d'un végétal peut devenir tout autre par la simple permanence de la cause accidentelle qui
opère la variation de cette forme. C'est ainsi que M. Gaudichaud a vu, dans les îles de Sandwich le *metrosideros po-
lymorpha*, offrir au bord de la mer des feuilles cordiformes ;
en s'élevant plus haut sur le penchant des montagnes, il a
vu la même plante offrir successivement des feuilles elliptiques, puis ovales, ensuite lancéolées, et enfin des feuilles
linéaires : ainsi suivant la température, ou la pression atmosphérique à laquelle elle était soumise, la même plante
offrait une telle transformation de ses feuilles que l'observateur eût pu les prendre pour des espèces différentes s'il
n'eût suivi la transition insensible qui liait les unes aux
autres ces différentes variétés, et les rassemblait ainsi en
une seule espèce végétale. Toutes ces observations prouvent que, par l'effet de certaines causes physiques, le monde
organique végétal a pu éprouver de grands changemens,
et peut par conséquent en éprouver encore. Nous voyons
en effet tous les jours des modifications de forme accidentellement obtenues se perpétuer par la génération ; c'est ce
que l'on voit dans la reproduction par graines de plusieurs
variétés de végétaux dans nos jardins. Cette permanence
d'une forme accidentellement obtenue, prouve que la
cause organique à laquelle elle est due est devenue permanente.

XVI.

OBSERVATIONS
SUR LES CHAMPIGNONS.[1]

PREMIÈRE PARTIE.

L'histoire physiologique des champignons est un des points les plus obscurs de la physiologie végétale. Presque tout est problématique chez ces plantes, si différentes des végétaux verts par leurs formes, et qui n'ont point besoin comme eux de l'influence de la lumière pour vivre et pour se développer. La plupart des champignons se distinguent encore des végétaux verts par l'extrême rapidité de leur développement et par leur peu de durée. Ce phénomène cesse de surprendre lorsqu'on découvre que les champi-

(1) Ce mémoire, lu à l'Académie des Sciences le 3 mars 1834, a été publié dans les Nouvelles Annales du Muséum d'histoire naturelle, tome III.

gnons qui présentent ce développement rapide et cette
durée éphémère, ne sont que les organes de la fructification
d'une plante filamenteuse et ramifiée, le plus souvent cachée sous la terre ou dans les interstices des corps végétaux
pourris.

Vaillant (1) a le premier donné la description et la figure
de ce champignon filamenteux, qu'il a nommé *corallo-*
fungus argenteus omentiformis. Cette production fongueuse
croît souvent sur les planches ou sur les pièces de bois humides qui sont placées dans les caves ; quelquefois on la voit
se développer sur les murailles humides, et même sur le
sol des caves lorsqu'il est uni. Cette plante offre des rameaux blancs, qui partent d'un centre commun, et qui,
divergeant dans tous les sens, se rencontrent fréquemment,
et s'anastomosent en se greffant par approche, en sorte
qu'il résulte de leur ensemble un corps réticulé fort semblable à la charpente fibreuse d'une feuille. Vaillant prétend que cette végétation commence par apparaître sous la
forme d'un peloton d'une moisissure arrondie, gros comme
un châtaigne. *Il semble,* dit-il, *que ce peloton renferme*
toute la matière qui doit former tout le reste de la plante,
car on voit tout autour une couche de ses fibres rangées en
rayons s'allonger insensiblement comme une laine que l'on
file. Il n'est pas besoin, je pense, de s'arrêter à faire sentir
ce qu'il y a d'inexact dans cette manière de considérer la production de cette plante filamenteuse qui serait *filée* avec
une matière d'abord produite. Poursuivons la description
que Vaillant donne de cette plante. Elle s'étend de tous
côtés, quelquefois jusqu'à un pied ou deux, collée sur le
bois qui la porte, offrant de nombreuses ramifications de
grosseurs différentes, qui représentent assez bien celles des
vaisseaux du mésentère. Les plus grandes finissent par des

(1) *Botanicon Parisiense.*

pelotons de filamens semblables à ceux de la moisissure, gros d'un pouce à trois pouces, et représentant des flocons de neige. De ces gros pelotons sortent certains corps d'une structure très différente; ils ressemblent à *des rayons de miel*, offrant comme eux des cellules tubuleuses contiguës et séparées les unes des autres par des cloisons très minces. Vaillant considère ce corps comme l'ovaire de la plante; cependant il n'a pu y découvrir aucune poussière qu'on pût prendre pour la graine.

Près d'un siècle après cette observation de Vaillant, Palissot de Beauvois en a publié une exactement semblable (1); en sorte qu'il n'est pas douteux qu'il n'ait observé la même plante. Elle commence de même par un peloton de filamens semblables à de la moisissure; c'est le premier âge de la plante. De ce peloton sortent des filamens qui se ramifient à l'infini en se collant sur les corps humides qui les supportent; c'est le second âge de la plante. Dans ces deux âges, la plante a reçu des noms génériques différens. Sous sa première forme c'est le *byssus floccosa* de Dillenius, et le *dematium bombycinum* de Persoon; sous sa seconde forme, c'est *corallofungus argenteus omentiformis* de Vaillant, et le *byssus parietina* de la Flore française. Sur les ramifications de cette plante, Palissot de Beauvois a vu se développer des pelotons de byssus semblables à des filamens de moisissure, au milieu desquels apparurent des faisceaux de tubes, dont il donne la figure, et qui paraissent être en tout semblables à ces corps comparés à des *rayons de miel* par Vaillant. Palissot de Beauvois les regarde de même comme la fleur ou comme le réceptacle des organes reproducteurs de la plante. A l'inspection de la figure de ces faisceaux de tubes, il est impossible de ne pas reconnaître les organes tubuleux qui doublent inférieurement le

(1) Annales du Muséum d'histoire naturelle, tome VIII.

chapeau des bolets. Cependant, c'est à cela seul que se borne l'observation de Palissot de Beauvois. Il n'a point vu le bolet lui-même, dont les faisceaux de tubes semblaient indiquer la présence. Cette observation est, comme on voit, la reproduction exacte de celle de Vaillant ; elle laisse entrevoir que le *byssus parietina* a pour fruit un bolet, mais elle ne le prouve pas évidemment. Toutefois, Palissot de Beauvois part de cette observation pour émettre l'idée que le *blanc de champignon*, au moyen duquel les jardiniers reproduisent sur les couches l'agaric comestible, est le byssus souterrain ou la plante rameuse dont cet agaric est le fruit. La justesse de cette idée sera complètement démontrée par les observations qui vont suivre ; mais on doit convenir que cette vérité était ici plutôt entrevue que démontrée. Aussi la botanique a-t-elle continué à séparer et à considérer comme des genres distincts les byssus et les agarics. Cependant il est vrai de dire qu'il est généralement admis parmi les cryptogamistes, que ce que l'on appelle vulgairement *un champignon* est l'organe de la fructification d'une plante ordinairement souterraine. H. Cassini a prouvé ce fait pour le genre morille (1) ; il a vu que le *phallus impudicus* tire son origine de filets blancs, de la grosseur d'une ficelle, anastomosés en forme de réseau, et rampant horizontalement à une certaine profondeur au-dessous de la surface du sol, Ces filets donnent naissance à des excroissances globuleuses qui, grossissant peu-à-peu, soulèvent le terrain, et se produisent au-dehors ; c'est le champignon contenu dans son *volva* qu'il déchire subséquemment en continuant de s'accroître. L'auteur de cette observation pense que ces filets souterrains doivent être considérés comme un *thallus* analogue à celui des *lichens*, ou plutôt à celui des *erysiphe*. Il pense que tous les autres champignons, proprement dits,

(1) Bulletin des Sciences de la Société Philomatique, 1817, page 100.

ont également un *thallus* duquel ils tirent leur origine, et
qui est situé tantôt dans l'intérieur de la terre, tantôt à la
surface des corps, sur lesquels croissent les champignons.

Cette idée se trouve confirmée par les observations ré-
centes de M. Turpin sur cette plante filamenteuse microscopique qui, semblable à de la moisissure noire, croît sur
les feuilles de plusieurs végétaux, et notamment sur celles
du pêcher et de l'oranger, plante microscopique que Risso
a décrite sous le nom de *dematium monophyllum*, et que
Persoon a placée dans son genre *fumago*. M. Turpin a vu
que cette plante filamenteuse ou confervoïde est un thallus,
sur lequel se développent des organes de fructification,
semblables pour la forme à une corne d'abondance, et qui
sont de véritables champignons, dans le sens vulgaire de
ce mot. Risso avait déjà fait la même observation, mais
avec moins de détail et d'exactitude.

Il est généralement connu que l'agaric comestible est
l'organe de la fructification d'une plante filamenteuse souterraine que les jardiniers nomment blanc de champignon.
Cette plante filamenteuse ou ce thallus ne se présente point
à nous dans son état d'intégrité ; elle est divisée en petits
fragmens dans le terreau dont se servent les jardiniers pour
reproduire sur couches l'agaric comestible. J'ai eu occasion d'observer dans son état parfait d'intégrité la plante
filamenteuse qui était le thallus d'une autre espèce d'agaric.
Je trouvai, sur une muraille humide, un *byssus parietina
flavescens* (Flore française) qui s'était développé en rameaux
concentriques, dont les ramuscules anastomosés dans tous
les sens les uns avec les autres, formaient un réseau à mailles innombrables. Sur ce byssus s'étaient développés trois
agarics à chapeau conique, dont je ne pus déterminer
l'espèce, parce qu'ils commençaient à noircir en se flétris-
sant. Je vis très nettement la continuité organique qui existait entre les filamens rameux du *byssus parietina* et les pé-

dicules des agarics ; ainsi il me fut démontré que les agarics dont il s'agit étaient les organes de la fructification du *byssus parietina* dont je voyais les ramifications nombreuses étendues sur la muraille ; ici la plante était dans son état d'intégrité parfaite.

Les faits qui prouvent que les agarics sont les fruits d'un byssus, prouvent implicitement la même chose par rapport à d'autres champignons, tels que les bolets, les morilles, les hydnes, les helvelles, etc., auxquels les observateurs ont reconnu des sortes de racines qui ne sont évidemment que des thallus souterrains. Cela a été prouvé directement pour les morilles, par H. Cassini, et pour les bolets par Vaillant et par Palissot de Beauvois ; dont les observations ont été relatées plus haut. Bulliard a vu et figuré ces prétendues racines que possèdent beaucoup de champignons, et il est facile de voir, par exemple, dans la figure qu'il donne du bolet, du saule (1), que ces racines prétendues, situées entre le bois et l'écorce de l'arbre pourri, sont véritablement les filamens d'un byssus réticulé. Le bolet est le fruit de ce byssus comme l'agaric est le fruit du byssus réticulé et rameux qui le produit. Dès qu'il est démontré que les champignons, dans le sens vulgaire de ce mot, sont les fruits d'un byssus, il devient évident que les byssus ne doivent plus former dans nos catalogues un genre distinct; ils doivent se réunir aux *champignons fruits*, qui seuls offrent aux botanistes des caractères distinctifs faciles à saisir. On ne peut en effet tirer aucun caractère distinctif et spécifique de la couleur noirâtre, blanche, jaunâtre, ou rougeâtre des byssus, pour les classer, les mêmes couleurs, et les mêmes formes générales pouvant appartenir à des byssus différens. Ces byssus sont aussi nombreux dans leurs genres et dans leurs espèces que

(1) Champignons de la France, planche 433.

le sont les genres et les espèces des champignons qui sont
leurs organes de fructification. Ces derniers, au reste,
diffèrent essentiellement des fruits des végétaux verts, en
cela qu'ils paraissent avoir une vie indépendante de celle
de la plante rameuse qui les produit. Il est difficile de
croire, en effet, que la grande quantité de sucs nutritifs qui
sont nécessaires pour leur rapide et quelquefois prodigieux
accroissement, leur soit fournie exclusivement par les filamens du byssus qui leur a donné naissance. Il est bien
probable que le champignon puise lui-même dans le sol
où il est implanté la majeure partie de ces sucs nutritifs,
se comportant ainsi comme une plante à part qui a son individualité. Ce *fruit-plante* n'a qu'une durée de vie extrêmement courte, lorsque son tissu est mou ; mais il peut vivre
un assez grand nombre d'années lorsque son tissu est ligneux. C'est ainsi que l'on voit certains bolets porter jusqu'à dix années au moins l'existence de leur vie ; s'accroissant graduellement par couches qui se recouvrent pour
l'accroissement en épaisseur, et s'accroissant par zones
concentriques pour l'accroissement en diamètre. Ces
champignons sont donc véritablement des *fruits-plantes*
qui, chaque année, émettent de nouvelles semences en
renouvelant les organes tubuleux qui les produisent. Les
bolets dont l'existence est éphémère sont par conséquent
aussi des *fruits-plantes* ; mais ils sont privés des conditions
de la longévité. On en devra dire autant des agarics, car
la nature n'a point établi de distinction tranchée entre
eux et les bolets. On sait, par exemple, que l'agaric la-
byrinthiforme a son chapeau doublé en partie de lames, et en partie de tubes (1) ; il est à-la-fois agaric et
bolet.

C'est à la disposition qu'ont les thallus souterrains des

(1) Bulliard, Champignons de la France, planche 352.

agarics à se développer circulairement qu'est due la formation de ces cercles marqués par un développement extraordinaire de la végétation des graminées dans certaines
prairies ; cercles qui, dans des temps d'ignorance et de
superstition, ont été nommés *cercles des sorciers*, *cercles
des fées*. Au milieu d'une prairie peu fertile, dont l'herbe
courte est jaunâtre, on voit souvent un cercle très régulier
formé par des graminées qui végètent avec vigueur, et dont
la couleur est d'un vert foncé. Ce n'est qu'à la circonférence
de cet espace circulaire qu'existe cette végétation active ;
son intérieur est aussi stérile que l'est la terre qui l'environne. Ce phénomène frappe de surprise ceux qui en igno-
rent la cause. A une certaine époque de l'année, on voit
naître des champignons en dehors de ce cercle de gazon,
lequel l'année suivante se trouve occuper la place où se
trouvaient ces champignons. Ainsi chaque année il y a
une nouvelle production de champignons toujours plus
éloignés du centre, et chaque année le cercle de gazon
s'accroît en diamètre. La cause de ces phénomènes se laisse
pénétrer facilement. Un *thallus* d'agaric développe ses filamens souterrains en les projetant concentriquement
dans une direction horizontale. Les agarics naissent tous
sur ce thallus souterrain à une distance à-peu-près pareille
de son centre. Ces agarics, par leur décomposition, fer-
tilisent le terrain sur lequel ils sont nés : il paraît, en outre, que le thallus circulaire qui s'accroît sans cesse par
sa circonférence, meurt par sa partie qui regarde le
centre, lorsqu'elle a produit les champignons ; en sorte
que sa décomposition forme un engrais de plus pour le
gazon ; qui acquiert ainsi dans cet endroit une vigueur de
végétation extraordinaire. Les agarics présentent assez rarement cette disposition concentrique ; le plus souvent
ils naissent sans aucun ordre. Cela provient de ce que leur
thallus souterrain a trouvé des obstacles à son développe-

ment concentrique régulier , et qu'il n'y a que quelques-
uns de ces rayons , et souvent même qu'il n'y a que des
rayons isolés de ce thallus qui se sont développés. Il y a ,
dans la terre végétale , des conditions particulières qui favorisent le développement des thallus des champignons :
en sorte que ces thallus ne se développent que partiellement
et d'une manière irrégulière , là où la terre végétale n'est
pas homogène , et douée partout des qualités nécessaires
pour cette végétation particulière. Aussi les cercles de gazon , mentionnés plus haut , se trouvent-ils souvent incomplets et interrompus dans certaines parties de leur
circonférence.

DEUXIÈME PARTIE.

Mon observation , rapportée plus haut , ne laissait point
de doute sur ce fait , que le champignon agaric est le fruit
d'un *byssus parietina*. Mais il manquait à cette observation
d'avoir vu naître ce fruit. Un hasard heureux m'a mis à
même de compléter mes recherches sur cet objet. Au mois
de décembre (1833), je trouvai dans ma cave , qui est très
humide , un *byssus parietina argentea* (Flor. fr.) qui se
développait dans plusieurs endroits sur ces planches munies de trous nombreux qui servent à placer les bouteilles
vides. Cette plante , dont je vis les premiers développemens, apparut d'abord sous forme de courts rayons qui
partent d'un centre commun, ainsi que cela est représenté, fig. 1. Dans des plantes plus développées on voit ces
rayons ramifiés (fig. 2), plus tard leurs ramifications deviennent de plus en plus nombreuses ; elles s'entre-croi-
sent, se greffent les unes aux autres, et forment ainsi un
réseau ramifié qui s'étend assez loin (fig. 3). Cette plante,
comme on voit diffère de celle qui a été observée par Vaillant
et par Palissot de Béauvois, en ce qu'elle affecte , dès le
principe, la forme qui, pour les précédens observateurs, est

celle du second âge de la plante; elle n'en diffère pas moins par *les fruits* auxquels elle donne naissance. Ces fruits, chez la plante de Vaillant et de Palissot, paraissent être des bolets qui se sont incomplètement développés ou qui sont avortés; chez la plante qui fait le sujet de la présente observation, *ces fruits* sont des *cantharellus*, leur mode d'origine fut très curieux à observer.

Tant que le *byssus parietina* s'accrut collé à la plante qui le supportait, il conserva sa disposition rameuse. Parvenu aux bords de la planche, ou des trous dont elle était percée, ses ramifications devinrent descendantes, et, dans ces endroits privées d'appuis, elles devinrent pendantes dans l'air sous forme de faisceaux composés de filamens de byssus très fins et très allongés, comme on le voit dans les figures 4 et 5; ces filamens rapprochés les uns des autres devinrent bientôt adhérens à l'extrémité inférieure du faisceau (fig. 5), où l'on remarquait une assez grande quantité d'eau interposée; cette agglomération fasciculaire de filamens de byssus, dans l'extrémité inférieure de laquelle les fluides de la plante étaient précipités et accumulés par l'action de la pesanteur, devint renflée à cette extrémité inférieure, comme on le voit dans la figure 6. Ce renflement pyriforme augmenta rapidement, comme on le voit dans la figure 7. Bientôt après, dans la partie terminale et inférieure du renflement, il se manifesta une crevasse qui laissa apercevoir un corps jaune dans l'intérieur, ainsi que cela est représenté dans la figure 8. Ce corps jaune était un *cantharellus* rudimentaire, lequel, contenu dans une enveloppe composée de filamens de byssus agglomérés, enveloppe qui était son *voile* (*velum*), acheva bientôt de rompre cette enveloppe, et se produisit au dehors sous la forme qui est représentée par les figures 9 et 10. La figure 12 représente le cantharellus, vu par sa face inférieure, qui est pourvue de lames jaunes. La figure 9 fait

voir le champignon par sa face supérieure, laquelle est blanche, et ne présente à l'œil, armé de la loupe, que des filamens entrecroisés de byssus. C'est le *voile* non recouvert
d'épiderme, qui est demeuré adhérent à la face supérieure
du champignon, et que l'on en détache avec assez de
facilité. Alors on voit que la véritable face supérieure
de ce champignon est jaune et extrêmement mince. Très
rarement cette séparation du *voile* de la face supérieure
du champignon s'opère spontanément, et lorsque cela
arrive ce n'est que lorsque ce cantharellus commence à
vieillir. Tant qu'il jouit de la plénitude de sa vie, il
conserve son *voile* d'un blanc éclatant, et recouvrant complètement la face supérieure de son chapeau. Ce *voile*,
dont on vient de voir la formation s'opérer par l'agglomération des filamens de byssus, est devenu un véritable tissu organique, dans lequel les filamens de byssus
entrent comme parties composantes du tissu, en conservant leurs formes primitives. On assiste ainsi, dans cette
circonstance, à la confection ou à la construction d'un tissu
organique, et l'on va voir tout-à-l'heure ce phénomène curieux se continuer.

Le cantharellus dont il est ici question est irrégulier ;
son chapeau n'offre qu'une portion de cercle ; très souvent
il n'a point de pédicule, et quelquefois il en possède un,
comme on va le voir tout-à-l'heure.

Le cantharellus sans pédicule est représenté complétement développé et de grandeur naturelle par les figures 12 et 13. Il est inutile de dire que ce cantharellus,
vu ici par ses deux faces, n'est point représenté dans sa
position naturelle. La face inférieure (fig. 13) était tournée
vers la terre ; la face supérieure (fig. 12) était collée au
dessous de la planche ; elle y adhérait par le *voile* qui la
recouvrait, et pouvait puiser, par cette voie, des sucs nutritifs dans la planche très humide à laquelle elle adhé-

rait. Il n'en est pas de même pour les cantharellus qui, semblables par leur position originelle à celui qui est représenté par les figures 9, 10 et 11, ne peuvent recevoir leurs sucs nutritifs que par les filamens du faisceau du byssus auxquels ils sont suspendus. L'afflux des liquides nutritifs par cette voie exclusive fait que le faisceau de filamens de byssus, auquel le cantharellus est suspendu, devient le siège d'une nutrition active; ces filamens de byssus se multiplient dans leurs interstices où se trouve épanché un liquide abondant qui paraît servir à leur nutrition; ils forment ainsi un tissu fibreux, lequel est construit avec des fibres primitivement isolées ; c'est un véritable tissu organique ; il constitue le pédicule b. (fig. 11), pédicule qui paraît ici être implanté sur la face supérieure de ce champignon. J'ai pu facilement apercevoir la cause de cette disposition anormale du pédicule, en suivant par l'observation le développement de plusieurs cantharellus semblablement disposés. Je dois dire d'abord que je n'ai vu aucun de ces cantharellus naître du byssus à la face supérieure de la planche qui portait ce dernier ; tous sont nés dans les touffes de filamens qui pendaient sous cette planche ; et plus ou moins rapprochés de cette dernière, au dessous de laquelle plusieurs d'entre eux adhéraient immédiatement par la face supérieure de leur voile. La face lamelleuse de ce cantharellus regardait toujours la terre; en sorte que, contradictoirement à ce qui a lieu ordinairement chez les champignons, elle ne regardait point le pédicule auquel le chapeau était suspendu, au lieu d'être porté sur lui comme cela a lieu ordinairement. Le pédicule descendant de ce cantharellus, lorsque ce pédicule existe, est toujours inséré sur le côté de ce champignon irrégulier à l'endroit où convergent ses lames. Si, dans la figure 11, l'insertion de ce pédicule paraît située sur la face supérieure, cela provient de ce que cette insertion, sans cesser d'être véritablement latérale, a été dépassée subséquemment par le développement en arrière du chapeau.

Comme on vient de le voir, le pédicule *b* (fig. 11), n'existait pas dans les premiers temps, ou ne consistait que dans des filamens de byssus qui étaient isolés. Ces filamens se sont réunis, se sont multipliés, se sont soudés les uns aux autres en formant un réseau qui a retenu des liquides dans ses mailles; il s'est formé ainsi un tissu organique fibreux, dont la *construction* ou la *confection* s'est opérée sous les yeux de l'observateur. C'est le même phénomène que celui qui a été noté plus haut, par rapport au tissu organique du *voile*. Dans la confection de ces tissus organiques, la nature fait, pour ainsi dire, ce que fait l'homme lorsqu'il fabrique des tissus; il forme d'abord des fils, et il les réunit ensuite d'une manière déterminée. Ainsi le *voile* et le pédicule de l'agaric sont *construits* sous les yeux de l'observateur avec des matériaux filamenteux organiques préexistans; et dans le tissu qu'ils composent, ces filamens organiques devenus *fibres composantes*, conservent complètement leurs formes primitives. En effet, l'observation microscopique des filamens libres du byssus (figure 18), fait voir qu'ils sont parfaitement homogènes; on n'y distingue aucune composition élémentaire, on n'y aperçoit aucune articulation; ce sont des fils tout d'une venue : ils portent sur leurs parois des globules qui sont les séminules de cette plante. Cela est prouvé par leur disposition, comme par leur couleur, qui, comme on va le voir, sont les mêmes que la disposition et la couleur des séminules du cantharellus. Lorsque ces séminules sont peu nombreuses sur les filamens du byssus, qui sont blancs, on n'aperçoit aucune teinte jaune dans ce byssus; mais, lorsque ces séminules y deviennent abondantes, cette couleur jaune y devient très marquée. Aussi les petites touffes de ce byssus, qui, semblables à de la moisissure, offrent des filamens très pressés, sont-elles à leur base d'une couleur jaune très intense, et le microscope fait voir que cette couleur est due à l'abondance extrême des séminules qui se sont accumulées dans cet endroit. Si l'on porte actuellement l'œil, armé du microscope, sur le tissu organique qui constitue le *voile* (figure 17), on voit que ce tissu est composé de filamens de byssus extrêmement fins, formant un tissu feutré, et portant sur leurs parois les mêmes séminules que l'on observe sur les filamens libres du byssus. Comme leur nombre n'est pas très considérable, ils ne communiquent point de teinte jaune au tissu filamenteux qu'ils forment par leur assemblage; ce tissu demeure blanc. Le pédicule offre un tissu légèrement jaunâtre; il est composé de filamens de byssus généralement longitudinaux, et portant une assez grande quantité de séminules qui communiquent leur couleur à ce tissu jaunâtre.

Le tissu du chapeau et des lames du cantharellus est d'une belle couleur jaune; cette coloration est due à la prodigieuse quantité de séminules que contiennent ces parties. La figure 14 représente la coupe longitudinale de ce cantharellus; *a* est le *voile* demeuré adhérent à la face supérieure du chapeau; *b b* sont les lames de couleur jaune qui doublent inférieurement le chapeau. La substance charnue de ce dernier, substance qui supporte les lames, est tout-à-fait rudimentaire; elle se réduit à une couche membraneuse extrêmement mince. Le nombre des séminules qui existent dans les lames de ce cantharellus est tellement considérable, que j'avais d'abord été porté à penser que ces lames en étaient entièrement composées. Je n'y apercevais point de fibres ou de filamens organiques; mais M. Turpin ayant examiné le tissu de ces lames avec un microscope meilleur que celui que j'avais alors à ma disposition, m'a fait voir dans ces lames les filamens organiques que je n'y avais point d'abord aperçus. La figure 15 représente, très grossie, la coupe du cantharellus dans le sens longitudinal de ses lames. On voit en *a* la coupe transversale du *voile* appliqué sur la face supérieure du chapeau du cantharellus. La lame *b* offre des fibres d'une finesse extrême qui sont dirigées parallèlement en bas, offrant dans leurs interstices une foule prodigieuse de séminules jaunes. Ces fibres filamenteuses paraissent tout-à-fait semblables aux filamens de byssus de la plante-mère et à ceux dont l'assemblage forme le tissu du *voile*. M. Turpin pense que les nombreuses séminules sont adhérentes aux parois de ces filamens, comme cela est représenté dans la figure 16. Je dois à son obligeance les dessins d'après nature qui représentent les diverses phases du développement et de la fructification de ce *byssus cantharellus*. Je fusse difficilement parvenu, par le moyen du seul discours, à faire comprendre, aussi bien que par le moyen de figures faites avec autant de perfection, les phénomènes que j'avais observés. M. Turpin en répétant ces observations avec moi, les a fortifiées de son témoignage, et y a ajouté les faits de détail que j'ai eu soin d'indiquer.

Il résulte de ces observations, que le cantharellus est composé des mêmes élémens organiques qui constituent son *voile*, c'est-à-dire de filamens de byssus et de séminules; seulement les proportions respectives de ces deux élémens organiques sont différentes. Favorisé par d'heureuses circonstances, j'ai pu assister à la confection du tissu organique du *voile* et du pédicule du cantharellus; mais le chapeau lamelleux, né dans l'intérieur de ce *voile*, a dû me dérober le mode de son origine. On remarquera, non sans surprise, que les filamens de byssus qui par leur réunion et leur agglomération forment le pédicule et le *voile*, appartiennent à des rameaux différens du *byssus parietina*; en sorte que les filamens fibreux qui entrent dans la composition du *bourgeon* producteur du cantharellus, n'ont point la même origine sur la plante-mère. J'ai constaté ce fait important avec le plus grand soin.

Cette observation confirme celle que j'avais faite précédemment, que le champignon *agaric* est le fruit d'un *byssus parietina*; mais ce qu'elle offre de plus remarquable, c'est la découverte du mode d'origine et de la formation du *bourgeon*, dans lequel naît le cantharellus. J'ai fait voir que le tissu organique de ce *bourgeon* ou de ce *voile* était *construit*, ainsi que le tissu organique du pédicule du cantharellus, avec des filamens de byssus primitivement isolés, en sorte qu'il est prouvé que ce tissu organique vivant est composé par l'association d'un grand nombre de filamens vivans, qui ont chacun leur individualité ou leur vie particulière. Ce fait, d'une importance majeure en physiologie, confirme pleinement, pour le cas dont il s'agit ici, les assertions émises depuis long-temps par M. Turpin, qui, comme on sait, considère les végétaux comme des êtres complexes, formés par la réunion en tissu organique d'une immense quantité d'êtres vivans filiformes ou globuleux.

Les séries linéaires de cellules allongées et articulées, si abondamment répandues dans le tissu des végétaux, et qui sont considérées par tous les physiologistes comme des vaisseaux, sont regardées par M. Turpin comme des *tigellules* articulées, ayant chacune leur vie particulière. Je dois convenir que cette opinion, qui m'avait paru peu admissible, se trouve rendue plausible par mes observations présentes, et je pense qu'il est très possible de la rendre concordante avec l'opinion générale des physiologistes, qui regardent ces *tigellules* comme des vaisseaux. Ces tigellules, en effet, sont tubuleuses ou le deviennent. Leur canal intérieur peut donc servir au transport des fluides dans le végétal complexe qu'elles forment par leur assemblage, et dont elles deviennent les *organes*.

Lors de la première publication de ce Mémoire, j'avais considéré comme un *agaric* le *cantharellus* dont est ici question. J'étais enduit en erreur à cet égard par son chapeau doublé de lames, à-peu-près comme l'est le chapeau des agarics. N'ayant point fait une étude spéciale de la cryptogamie, je m'abstins de déterminer l'espèce à laquelle appartenait cet agaric prétendu. M. Turpin, entraîné par la même analogie qui m'avait séduit, admit aussi que ce champignon était un agaric, et le considérant comme une espèce nouvelle, il le désigna sous le nom d'*agaricus crispus*, dans son Mémoire intitulé : *Observations générales sur l'organogénie et la physiologie des végétaux*, etc. (1); mais, dans une addition faite plus tard à son Mémoire, il reconnut que le champignon qu'il avait pris avec moi pour un agaric était, dans le fait, un *cantharellus*, et il eut la bonté de me le dédier sous le nom de *cantharellus Dutrochetii*. Un habile cryptogamiste, M. Montagne, a confirmé cette détermination dans son Mémoire intitulé : *Notice sur les plantes cryptogames récemment découvertes en France*, etc. (2)

(1) Mémoires de l'Académie des Sciences de l'Institut, tome xiv.
(2) Annales des Sciences naturelles, juin et juillet 1836.

XVII.

OBSERVATIONS

SUR

L'ORIGINE DES MOISISSURES.

L'eau qui tient en solution des substances organiques développe très souvent des êtres vivans *infusoires*, appartenant soit au règne animal, soit au règne végétal. Ces êtres qui ont été regardés par certains naturalistes comme les résultats de générations spontanées, doivent, avec plus de raison, être considérés comme devant leur apparition au développement de germes invisibles qui sont répandus avec profusion dans la nature, et qui n'attendent que des conditions favorables pour naître et pour se développer. On

(1) Ce mémoire a été publié en 1831 dans les Annales des Sciences naturelles, 2ᵉ série, tome 1.

peut placer parmi les végétaux infusoires cette sorte de byssus blanc composé de fils rameux, tantôt articulés, tantôt
sans articulations, qui se développe parfois dans l'eau qui
tient en solution des substances organiques. C'est à cette
production végétale que se rapportent les observations faites par M. Amici, et exposées dans son mémoire intitulé :
Observations sur l'accroissement des végétaux (1). M. Amici
ayant observé sur les plaies par lesquelles la vigne verse,
au printemps, une sève abondante, une sorte de byssus
jaunâtre, examina au microscope cette production qu'il
trouva composée de fils rameux et composés d'articulations ;
il la considéra comme une sorte de conferve : cherchant
quelle pouvait être l'origine de cette production végétale,
il observa qu'elle apparaissait dans la sève de la vigne recueillie dans des vases, et qu'elle s'y développait avec rapidité. Il fut ainsi conduit à considérer cette production
végétale comme devant son origine à une tendance que la
sève de la vigne aurait à s'organiser, par conséquent comme
étant le résultat d'une génération spontanée. Partant de
cette pensée, M. Amici fut porté à admettre que c'est au
moyen de cette tendance à s'organiser, que la sève donne
naissance au bois dont elle opère l'accroissement. Laissant
de côté cette hypothèse, je vais rechercher à quelle classe
appartient et quelles sont les conditions dans lesquelles se
manifeste ce genre de végétaux filamenteux dont M. Amici
n'a observé qu'une seule espèce. Cette recherche fera voir
que ces végétaux, quoique composés souvent de fils articulés, ne sont cependant point des conferves, ainsi que le
pense M. Amici. La plupart du temps ils se présentent
sous l'aspect d'une sorte de feutre composé d'une multitude
de filamens rameux d'une grande ténuité et blancs ou plutôt transparens ; jamais ils n'offrent la couleur verte propre

(1) Annales des Sciences naturelles, tome XXI, page 91.

aux conserves et aux vauchéries. Aussi les végétaux filamenteux, dont il est ici question, n'ont-ils point besoin
de l'influence de la lumière pour vivre et pour se développer ; ils croissent aussi bien dans l'obscurité qu'à la lumière.
On les voit naître dans l'eau chargée de certaines matières
organiques ; j'ai vu, comme M. Amici, leur développement
dans la sève de la vigne ; je les ai vus naître dans l'eau
gommée ; ils naissent surtout en abondance dans l'eau qui
tient en solution un peu de colle de poisson ; l'eau qui
tient en solution une petite quantité de gélatine de colle
forte n'en produit que plus rarement ; l'eau qui tient en
solution un peu d'albumine d'œuf n'en produit jamais. Je
me suis assuré de ce dernier fait par des expériences multipliées. Cela me servira plus bas à rechercher quelles sont
les conditions sous l'empire desquelles naissent ces végétaux
infusoires, dont il faut d'abord déterminer la nature.

Les végétaux filamenteux dont il est ici question se présentent, comme je viens de le dire, sous l'apparence d'une
espèce de feutre composé de fils rameux ; c'est spécialement au fond du vase qui contient le liquide dans lequel
ils apparaissent que s'opère leur accumulation ; cependant
on les voit aussi très fréquemment se développer collés aux
parois des vases de verre remplis du liquide dans lequel ils
prennent naissance. Lors de leur première apparition, on
voit leurs filamens partir en rayonnant d'un centre commun ; plus tard, leurs ramifications s'entrecroisant dans
tous les sens forment une sorte de feutre. Lorsque le liquide
dans lequel se développent ces végétaux infusoires a peu
de profondeur et que ces derniers, dans leur développement, atteignent la surface du liquide, on les voit se couvrir, dans l'air, d'une sorte d'efflorescence blanche qui,
vue au microscope, se trouve être entièrement composée
de moisissures extrêmement petites et de diverses espèces.
Il était important de savoir si ces moisissures étaient des

végétaux parasites, accidentellement implantés sur les végétaux filamenteux infusoires qui remplissaient l'eau et en
occupaient la surface, ou bien si ces mêmes moisissures
étaient la production aérienne de ces végétaux aquatiques.
Pour m'en assurer, je mis de petites portions de ces derniers dans de petits ménisques (petites capsules de verre
semblables à des verres de montre), de 4 à 6 lignes seulement de diamètre et fort aplatis. Un de ces petits ménisques étant saisi au moyen d'une pince, je le plongeais dans
l'eau qui contenait en suspension de petites portions des
végétaux filamenteux ci-dessus, et je saisissais par ce moyen
ces végétaux délicats sans les endommager; ils demeuraient
dans le ménisque avec la très petite quantité de liquide
qu'il pouvait contenir. Je plaçais ensuite ce ménisque sous
une petite cloche de verre fermée par de l'eau, au-dessus
de laquelle il s'élevait, placé sur un petit support. Le végétal filamenteux ainsi placé à fleur d'eau et dans une atmosphère très humide, se couvrait constamment de moisissures au bout de trois ou quatre jours, et il me devenait
ainsi facile de le transporter sous le microscope sans
l'endommager. De cette manière je me suis assuré très positivement que les moisissures sont les productions aériennes des végétaux filamenteux aquatiques, dont il est ici
question. J'ai vu de la manière la plus distincte les filamens
aériens des moisissures naître des filamens du végétal filamenteux aquatique, tantôt par une production latérale,
tantôt par l'émersion de l'extrémité de l'un de ces filamens
aquatiques qui, en devenant aérien, devenait par cela
même un filament de moisissure et prenait alors une opacité qu'il n'avait pas lorsqu'il était encore filament aquatique. Ainsi il est démontré que les végétaux filamenteux
aquatiques, dont il est ici question, sont des *thallus* de
moisissures. Ces *thallus*, lorsqu'ils sont entièrement sub-
mergés, se développent indéfiniment sous cet état; leur

développement est ordinairement rayonnant dans le principe; mais dans la suite il s'opère d'une manière tout-à-fait irrégulière, en sorte qu'il résulte une sorte de feutre de l'entrecroisement des filamens. Ces derniers sont quelquefois pourvus d'articulations, mais le plus souvent ils en sont entièrement dépourvus. Les moisissures que j'ai vues naître des *thallus* aquatiques, dont il est ici question, m'ont paru appartenir toutes aux genres désignés par Persoon sous les noms de *Monilia* et de *Botrytis*. J'ai observé que tous les thallus, dont les filamens offraient des articulations comme des conferves, donnaient naissance à des *monilies* dont les filamens aériens possédaient aussi des articulations. C'est incontestablement à un thallus de ce genre que se rapporte l'observation de M. Amici sur la prétendue conferve qu'il a vue se développer dans la sève de la vigne. Toutes les monilies cependant n'ont pas des thallus à filamens articulés; lorsque les filamens de ces thallus de monilies sont dépourvus d'articulations, les filamens aériens de ces végétaux microscopiques en sont également dépourvus; quant aux filamens des thallus de *botrytis*, ils ne sont jamais articulés.

Une question importante reste actuellement à résoudre : c'est celle de savoir quelles sont les qualités que doit posséder un liquide pour qu'il s'y développe des thallus de moisissure (1). J'ai dit plus haut que l'eau qui tient en solution une petite quantité d'albumine d'œuf ne produit jamais de ces thallus. Je suis parti de ce fait pour rechercher quelles sont les qualités chimiques qu'il faut donner à ce même liquide pour y faire

_____

(1) J'emploie ici le nom de *moisissure* dans le sens que lui donne Bulliard, c'est-à-dire dans un sens général. Persoon a divisé le genre Moisissure (*Mucor*) de Bulliard en plusieurs genres, ne réservant le nom de *Mucor* qu'à un seul d'entre eux.

naître des thallus de moisissure. Dans ces expériences je ne
me suis servi que d'eau distillée, afin d'être plus certain de
leurs résultats. Je fais dissoudre une goutte de la partie la
plus liquide de l'albumine d'un œuf nouvellement pondu
dans une once d'eau distillée que je mets dans un flacon.
Ce liquide conservé pendant une année entière exposé à la
lumière ou mis dans l'obscurité, ne m'a pas montré la
moindre trace de thallus de moisissure; il ne s'y est même
pas développé un seule atome de *matière verte*. Ainsi il
m'a été bien démontré que ce liquide albumineux est tout-
à-fait impropre à la production ou à la nutrition des végétaux infusoires. J'ai mis en expérience six flacons contenant
chacun une once d'eau albumineuse comme ci-dessus, et à
chacun d'eux j'ai ajouté une goutte d'acide. Les acides employés furent les acides sulfurique, nitrique, hydrochlorique, phosphorique, acétique et oxalique. Dans l'espace
de moins de huit jours, il se manifesta des thallus de moisissure dans ces six flacons; ces thallus naquirent simultanément au fond du vase et sur ses parois, où on les voyait
se développer en rayons concentriques. Je mis tous ces thallus en expérience, par le procédé que j'ai indiqué ci-dessus,
pour leur faire produire leurs moisissures aériennes: tous,
sans exception, produisirent des *monilies* de diverses espèces.

Deux flacons d'eau albumineuse reçurent l'un de la potasse
caustique, l'autre de la soude caustique dans une quantité
égale à 0,005 du poids de l'eau. Dans ces deux flacons, il
se manifesta des thallus de moisissure; mais ce ne fut qu'au
bout de trois semaines environ que ces thallus apparurent.
Les végétations aériennes de ces thallus ne me firent voir
que des *botrytis* de diverses espèces.

Il paraîtrait résulter de ces expériences que les acides
favoriseraient exclusivement la production des monilies, tandis que les alcalis ne favoriseraient que la production des
botrytis; mais ces résultats ne sont pas constans, ils chan-

gent en employant d'autres substances organiques que l'albumine. Ainsi j'ai expérimenté que de la fibrine du sang dissoute dans l'eau de potasse étant ajoutée en petite quantité à de l'eau distillée, il naît dans ce liquide des thallus qui produisent des *monilies*; j'ai vu de même que de l'acide phosphorique étant ajouté à de l'eau distillée de laitue, il naît dans ce liquide des thallus de *botrytis*. Dans cette dernière observation, il n'y a dans l'eau d'autre substance organique que celle qui a passé avec elle à la distillation. J'ai observé que cette eau distillée de laitue, pure et abandonnée à elle-même, dépose au fond des vases qui la contiennent une substance blanche qui est entièrement composée de globules microscopiques et qui me paraît être un végétal infusoire; mais jamais cette eau ne produit de thallus de moisissure, et cela parce qu'elle ne contient ni acide ni alcali, conditions indispensables, à ce qu'il paraît, de la naissance de ces thallus; aussi cette eau distillée de laitue produit-elle ces thallus lorsqu'on lui ajoute une petite quantité d'acide. Lorsque les eaux distillées des plantes contiennent un acide qui a passé avec elles à la distillation, elles ne manquent jamais de produire et de déposer dans le fond des vases qui les contiennent des thallus de moisissure. C'est ainsi que j'en ai observé dans l'eau distillée du laurier-cerise (*prunus laurocerasus*); laquelle contient, comme on sait, de l'acide hydrocyanique.

Les solutions de substances organiques qui produisent des thallus de moisissure sans aucune addition d'acide ou d'alcali, doivent sans doute cette propriété à ce qu'elles contiennent naturellement un acide ou un alcali libres, ou bien à ce qu'elles deviennent accescentes. Ce dernier cas est probablement celui de la solution aqueuse de colle de poisson qui produit en grande abondance des thallus de monilies. J'ai expérimenté cependant que cette solution, dans laquelle ces thallus s'étaient développés, ne rougissait point du tout les couleurs bleues végétales; mais cela ne prouve point qu'elle ne contînt point une petite quantité d'acide libre, suffisante pour déterminer l'apparition et le développement des thallus de moisissure. J'ai vu en effet ces thallus naître dans de l'eau albumineuse à laquelle j'a- vais ajouté une quantité d'acide nitrique assez petite pour ne point changer en rouge les couleurs bleues végétales.

Le sous-carbonate de potasse qui existe dans presque tous les produits végétaux, est alcalin; il contribue probablement à déterminer le développement des thallus de moisissure dans certaines solutions de substances végétales. Ce sel al- calin étant ajouté à l'eau albumineuse y détermine en effet le développement de ces thallus. J'ai expérimenté que le bi-carbonate de potasse produit le même effet, mais il est à remarquer que ce sel n'est jamais complètement neutre; toujours l'alcali y domine légèrement. On se demandera comment il se fait que l'albumine d'œuf, qui contient de la soude en très petite quantité, ne provoque point en rai- son de cela la naissance des thallus de moisissure dans l'eau à laquelle on l'ajoute. On peut répondre à cela que la soude dans l'albumine, n'est point à l'état de liberté; mais que, suivant l'opinion de M. Dumas, elle forme avec l'albumine une sorte de composé neutre, un *albuminate de soude*. Je le répète, il faut absolument l'état de liberté d'un acide ou d'un alcali dans l'eau chargée d'une substance organique en solution, pour y déterminer la naissance des thallus de moisissure. La quantité de ces agens chimiques, nécessaire pour produire cet effet, ne peut être déterminée dans son minimum qui paraît tout-à-fait inappréciable, mais on peut la déterminer dans son maximum. On sait qu'aucun être vivant ne peut exister dans un liquide trop acide ou trop alcalin. J'ai expérimenté que les thallus de moisissure nais- sent dans l'eau albumineuse à laquelle on ajoute par demi- once une goutte des acides sulfurique, nitrique et hydro-

chlorique concentrés. C'est là à-peu-près le maximum de
l'acidité qui puisse permettre la naissance et le développement des thallus de moisissure; quant au maximum de
l'alcalinité que puissent supporter ces mêmes thallus, il m'a
paru se trouver dans l'eau qui contient un centième de son
poids de soude ou de potasse caustiques.

Aucun sel neutre ajouté à l'eau albumineuse n'y détermine l'apparition des thallus de moisissure. C'est ce dont je
me suis assuré par beaucoup d'expériences.

Lorsque je fis mes premières observations sur les thallus
des moisissures, j'ignorais leur nature, et, voyant ces végétaux infusoires filamenteux apparaître constamment dans
l'eau albumineuse rendue légèrement acide ou alcaline et
ne jamais apparaître dans l'eau albumineuse pure, je fus
tenté de penser que ces êtres vivans végétaux étaient le produit d'une génération spontanée, ainsi que M. Amici l'avait
conclu de même dans son observation rapportée plus haut.
Il me paraissait probable que les *germes* invisibles du végétal filamenteux étaient créés par une action chimique de
l'acide ou de l'alcali sur la matière organique dissoute dans
l'eau, et qu'ils se développaient ensuite, en vertu de l'*action vitale* qui aurait été l'attribut nécessaire de ce composé
chimico-organique moléculaire, ou de ce *germe*. Telles
étaient les idées qui me séduisaient avant d'avoir découvert
que ces végétaux filamenteux infusoires étaient des *thallus*
de moisissures. Cette découverte fit disparaître tout ce que
paraissait avoir de merveilleux l'apparition, dans certains
liquides, de ces végétaux infusoires que je produisais en apparence à volonté. Les moisissures ont des semences dont
la ténuité est excessive et qui, répandues partout dans l'air
atmosphérique, contenues même peut-être dans les liquides
animaux et végétaux, se développent, sous forme de thallus
filamenteux, lorsqu'elles se trouvent environnées des conditions nécessaires à leur développement. La présence d'un

acide ou d'un alcali dans un liquide aqueux chargé de matière organique, n'est ainsi que la condition du développement des thallus de moisissure. L'expérience m'a prouvé
l'exactitude de cette dernière théorie. J'ai pris une petite
portion de thallus de moisissure, né dans une solution
aqueuse de colle de poisson, et je l'ai transporté dans de
l'eau albumineuse; il ne s'y est point accru. J'ai mis de
même dans de l'eau albumineuse de petites portions de
thallus de moisissure, prises dans de l'eau albumineuse
acide ou dans de l'eau albumineuse alcaline, ils y sont restés
sans prendre aucun accroissement. Ces expériences m'ont
prouvé que l'eau albumineuse pure est tout-à-fait impropre
au développement des thallus de moisissure, et que c'est
pour cela qu'il n'en apparaît jamais dans ce liquide abandonné à lui-même. Il en est de même de l'eau albumineuse
associée à des sels neutres.

XVIII.

RECHERCHES

sur

LES ENVELOPPES DU FOETUS.

———◆———

L'autorité des grands noms peut quelquefois être un obstacle aux progrès des sciences ; lorsque en effet des savans justement célèbres ont fait d'une partie quelconque de la science l'objet de leurs recherches les plus assidues, lorsqu'ils semblent avoir épuisé sur ce sujet tout ce que la nature leur avait accordé de sagacité et de talent pour l'observa-

(1) Ce mémoire, présenté à l'Institut en 1814, a été imprimé dans le tome vii des Mémoires de la Société médicale d'Émulation de Paris. J'y ai fait postérieurement des additions qui ont été publiées dans ces mêmes Mémoires, tomes viii et ix. J'offre ici la réunion de ces divers travaux revus et placés dans l'ordre convenable ; j'y ai ajouté des Recherches sur les œufs de la Salamandre aquatique.

tion : quel serait l'homme assez présomptueux pour entreprendre de rectifier ou d'augmenter de semblables travaux? Aussi la plupart de ceux qui se livrent à l'étude de la nature cherchent-ils plutôt à se frayer des routes nouvelles qu'à suivre celles qui, déjà parcourues par de grands maîtres, semblent ne plus offrir d'espoir à l'investigateur, ou ne lui présentent plus que d'effrayantes difficultés. Ces réflexions sont applicables au sujet que j'aborde; il n'en est peut-être pas qui ait été étudié par un plus grand nombre d'excellens observateurs, puisqu'à leur tête on trouve *Haller*, *Spallanzani*, *Malpighi*, *Swammerdam*, etc. A coup sûr cet ensemble imposant de grands noms m'eût détourné de m'engager dans les recherches auxquelles je me suis livré, si je n'y avais été poussé par le desir de m'instruire. J'ai voulu voir par moi-même les faits aperçus par ces grands observateurs. Je fus étonné dans le cours de ces travaux de rencontrer des faits inconnus. Ces premières découvertes m'engagèrent dans des recherches plus étendues, qui m'offrirent encore des résultats nouveaux. Je n'aurai point la vaine présomption de me croire, pour cela, meilleur observateur que les hommes célèbres dont je puis avoir complété les travaux; mais je crois devoir cet avantage à la méthode de dissection que j'ai employée. Les œufs que j'ai étudiés ont tous été ouverts et disséqués comparativement dans l'air et dans l'eau. Cette dernière méthode a un avantage immense sur la première, pour les objets d'une grande délicatesse. Telle membrane, qui dans l'air est inapercevable, se découvre avec toute la facilité possible dans l'eau; l'immersion dans ce fluide, en rendant nulle la cohésion qui naît de l'humectation des surfaces, permet de développer et de suivre dans tous leurs détails des parties qui, dans l'air, ne paraissent souvent être qu'une masse informe. Il est facile de concevoir, en effet, qu'il est impossible d'isoler dans l'air des parties délicates, dont la cohésion entre elles

est plus forte que ne l'est la résistance de leur tissu. Avec
cette méthode de dissection il m'a été possible d'apercevoir
des particularités qui m'eussent échappé en suivant la méthode ordinaire, comme elles ont échappé aux observateurs
qui m'ont précédé dans cette carrière. Je ne suivrai point
dans l'exposition des faits l'ordre dans lequel ils se sont présentés à mon observation; cette méthode qui est assez généralement suivie, a sans doute l'avantage de mieux entraîner la conviction en faisant suivre au lecteur l'enchaînement des incidens dans lesquels s'est trouvé l'observateur;
mais elle offre nécessairement des longueurs, et j'ai mieux
aimé présenter les nouveaux faits que j'annonce dans l'ordre
qu'indique leur enchaînement naturel.

Ce Mémoire sera divisé en quatre sections:

La première sera consacrée à l'étude des enveloppes du
fœtus dans l'œuf des oiseaux;

La seconde aura pour objet l'étude de l'œuf des reptiles
ophidiens et sauriens;

La troisième contiendra l'examen de l'œuf des batraciens
et de leurs larves, que je considère comme de véritables
fœtus;

La quatrième enfin, offrira des recherches sur l'œuf des
mammifères.

SECTION PREMIÈRE.

Recherches sur l'œuf des oiseaux.

Il n'est peut-être pas en physiologie de phénomènes qui
aient été plus étudiés que ceux que présente le développemens du poulet dans l'œuf. Le vif sentiment de curiosité
qu'inspire naturellement le problème de la formation des
animaux; la facilité avec laquelle les premiers phénomènes
de cette formation, ou plutôt de ce développement; peu-

vent être observés dans l'œuf soumis à l'incubation; la fréquence enfin des occasions d'observation, puisque l'observateur peut les faire naître à son gré, sont autant de motifs qui ont dirigé vers ce point l'attention des physiologistes. Les observations sur les phénomènes de l'incubation de l'œuf remontent à Aristote (1). Parmi les modernes qui se sont occupés de l'étude de ces mêmes phénomènes, on distingue Harvey (2), Stenon (3), Malpighy (4), Antoine Maître-Jean (5), Haller (6), Blumenbach (7), et Tredern (8). Certes, après de telles recherches, après celles surtout auxquelles *Haller* a consacré plusieurs années consécutives, il semble naturel de croire qu'il n'y a plus rien à faire sur cet objet. Mais le champ de la nature est inépuisable, et il est toujours possible d'y trouver à glaner sur les pas de ceux qui y ont fait d'abondantes moissons. S'il est incontestable en effet que la plupart des phénomènes que présente l'œuf soumis à l'incubation, ont été bien vus et parfaitement décrits par les auteurs que je viens de nommer, et notamment par *Haller*, il n'est pas moins certain que tout ce qui est relatif à cet objet, n'est pas encore parfaitement éclairci; c'est ce qui m'a déterminé à m'engager dans les recherches que je vais exposer.

(1) Histoire des animaux, vi. 3.
(2) Exercitationes de generatione animalium.
(3) Actes de Copenhague, 1673.
(4) De formatione pulli in ovo.
(5) Observations sur la formation du poulet.
(6) Mémoire sur la formation du cœur dans le poulet. Opera minora, tome ii.
(7) Anatomie comparée.
(8) Thèse sur l'histoire de l'œuf et de l'incubation, soutenue à Iena en 1808.
Les recherches qui me sont propres datent de 1811; je n'ai dû citer ici aucun des travaux qui ont paru postérieurement.

On a beaucoup étudié l'œuf des oiseaux pendant qu'il est soumis à l'incubation ; mais aucun observateur n'a dirigé ses recherches sur les changemens que subit cet œuf, depuis son apparition dans l'ovaire jusqu'au moment où il est pondu. J'ai dû chercher à remplir cette lacune de la science.

L'œuf des oiseaux se présente dans l'ovaire sous la forme d'un petite globe jaunâtre, qui grossit peu-à-peu jusqu'à ce qu'il ait acquis le volume qu'il doit avoir : alors il se détache de l'ovaire, tombe dans l'oviducte, où il s'enveloppe d'albumen, et où il prend une coquille calcaire, après quoi il est expulsé. Voilà tout ce que l'on sait sur le phénomène que présente l'œuf des oiseaux avant la ponte ; on ignore de quelle manière l'œuf se détache de l'ovaire ; on croit généralement que c'est par la rupture du pédicule grêle qui l'attache à cet organe, comme un fruit se détache de l'arbre à l'époque de sa maturité. Cette opinion si probable, si bien fondée sur l'analogie, est cependant démentie par l'observation, ainsi qu'on va le voir.

Si l'on examine l'œuf de la poule dans l'ovaire, on voit des vaisseaux sanguins très-nombreux, qui se ramifient sur toute sa surface. Ces vaisseaux appartiennent à une membrane au-dessous de laquelle il en existe une autre également vasculaire. Ces deux membranes qui enveloppent l'œuf en entier, ont les mêmes vaisseaux ; ce sont elles qui sécrètent la matière émulsive du jaune. En ouvrant avec précaution la seconde de ces membranes, on trouve au-dessous une troisième membrane blanche, diaphane, d'une extrême finesse, et nullement adhérente à la membrane vasculaire, qui la recouvre immédiatement. Cette troisième membrane n'a point de vaisseaux ; elle ressemble à un épiderme, et elle enveloppe immédiatement la substance émulsive qui constitue le jaune de l'œuf, substance qui, à cette époque, a une demi-consistance, ce qui permet d'enlever de dessus elle la membrane qui lui sert de sac. J'ignore quelle est l'origine de cette membrane , que l'on n'aperçoit point dans les premiers temps du développement de l'œuf dans l'ovaire. La cicatricule est située vers l'endroit où se trouve le pédicule qui attache l'œuf à l'ovaire. La membrane propre du jaune s'enlève de dessus la cicatricule avec autant de facilité que de dessus le reste de la surface de ce corps, car à cette époque la matière émulsive du jaune possède assez de consistance; elle n'est point fluide. Alors la cicatricule reste à nu, et on voit qu'elle est formée par une substance émulsive, blanche, pâteuse qui n'est séparée par aucune membrane de la matière jaune; elle lui est seulement superposée; c'est dans cette matière blanche que se développent les premiers rudimens de l'embryon lors de l'incubation. C'est donc dans cette matière blanche qu'existe le germe, lequel n'a aucune adhérence avec la membrane propre du jaune. J'ai mis tous mes soins à éclaircir ce fait. La membrane propre du jaune étant enlevée de dessus la cicatricule, sans avoir manifesté le moindre signe d'adhérence; celle-ci reste parfaitement intacte. En examinant au microscope cette membrane dans l'endroit où elle recouvrait la cicatricule, on ne voit rien qui puisse indiquer une solution de continuité, ni une organisation différente de celle des autres parties de cette même membrane qui recouvrent la matière jaune du vitellus. A la partie opposée au pédicule, on observe, lorsque l'œuf approche de sa maturité, une raie blanchâtre, qui occupe à-peu-près le tiers de l'un des grands cercles de cette petite sphère. Cette raie est l'indice de la prochaine rupture au moyen de laquelle l'œuf s'échappera de la poche qui le contient. En effet, lorsque l'œuf est mûr, la poche formée par les deux membranes vasculaires qui l'enveloppent s'ouvre suivant la direction de la ligne que je viens d'indiquer, et l'œuf revêtu de sa membrane propre, laquelle n'a aucune adhérence avec cette poche, quitte l'ovaire et est saisi par le pavillon de l'oviducte. La poche, après la sortie de l'œuf, ressemble assez à la capsule bivalve d'un végétal. Désormais inutile, cette poche s'atrophie, elle diminue rapidement de volume, et finit par disparaître. Je reviens actuellement à l'œuf que j'ai laissé à l'entrée de l'oviducte.

L'œuf arrive dans l'oviducte pourvu d'une seule membrane fine. Transporté dans l'intérieur de ce conduit, il ne tarde point à prendre une seconde enveloppe un peu plus épaisse que la première; cette seconde enveloppe est la *membrane chalazifère* du vitellus. Cette membrane formée par sécrétion à la surface interne de l'oviducte, en vertu de l'excitation particulière que la présence de l'œuf y occasionne, s'applique et se colle sur l'œuf, qu'elle déborde en arrière et en avant, de manière à lui former les deux prolongemens qui portent le nom de *chalazes*. Pourvu de cette seconde enveloppe, l'œuf est porté plus loin dans l'intérieur de l'oviducte; là il reçoit l'épaisse couche d'albumen qui l'environne. L'œuf avance encore, et dans une nouvelle place, il est enveloppé par une nouvelle membrane formée par la concrétion des sucs versés par les parois de l'oviducte : c'est le premier feuillet de la membrane de la coque qui entoure l'albumen. Une seconde membrane se forme encore en dehors par le même mécanisme : c'est le second feuillet de la membrane de la coque. L'œuf est alors arrivé par-delà la moitié de l'oviducte; chassé plus loin, il reçoit l'enveloppe calcaire, qui se colle sur la membrane de la coque. Pourvu de toutes ces enveloppes, l'œuf ne tarde point à être expulsé.

Ainsi l'œuf des oiseaux possède six enveloppes, desquelles une seule lui appartient primitivement; et les cinq autres lui sont données dans l'oviducte. Ces six enveloppes, sont de l'intérieur à l'extérieur :

1° La membrane propre du vitellus;

2° La membrane chalazifère du vitellus;

3° L'albumen;

4° Le feuillet interne de la membrane de la coque;

5° Le feuillet externe de la membrane de la coque;

6° La coquille calcaire.

Les deux premières membranes, intimement collées l'une à l'autre, ne peuvent être séparées dans l'œuf après la ponte; mais je les ai retrouvées libres et parfaitement distinctes dans l'œuf soumis à l'incubation. Les chalazes ont, avec la cicatricule, des rapports de position qui sont toujours les mêmes, c'est-à-dire que la cicatricule se trouve toujours située sur l'équateur du globe, dont les chalazes occupent à-peu-près les pôles; je dis *à-peu-près*, car on sait que les chalazes ne sont point placées exactement suivant la direction de l'axe du vitellus; elles divisent cet organe en deux parties d'inégal volume. Celle de ces parties qui est opposée à la cicatricule étant la plus lourde, tend toujours à occuper la partie inférieure, de sorte que la cicatricule, toujours placée à la partie supérieure, se trouve disposée de la manière le plus convenable pour recevoir l'influence de la chaleur de l'oiseau pendant l'incubation. Ce mécanisme aussi simple qu'admirable, est un résultat de la nature des rapports préétablis, qui existent entre la situation de l'œuf dans l'ovaire, la position du pavillon de l'oviducte et la forme de ce dernier. L'œuf se présente au pavillon de l'oviducte par sa partie opposée à la cicatricule. Le pavillon situé latéralement sur l'oviducte, transmet l'œuf dans la cavité de ce dernier, dans la même position où il l'a reçu; c'est-à-dire que la cicatricule se trouve placée sur l'équateur du globe vitellin, dont l'axe se trouve dirigé à-peu-près selon la direction de l'oviducte, lequel est conformé de sorte que l'axe de sa cavité n'est point le même que l'axe du vitellus. Ce dernier se trouve ainsi divisé par ses chalazes en deux parties de volume inégal,

dont la plus légère est celle du côté de laquelle est la cicatricule.

La formation de la coquille calcaire de l'œuf des oiseaux
a été indiquée par certains auteurs d'une manière différente de celle que je viens d'exposer. Fondés sur ce fait
que l'urine des oiseaux contient du carbonate calcaire, ils
ont prétendu que c'était par le dépôt de cette substance
contenue dans l'urine que se formait la coquille de l'œuf,
lorsque ce dernier était parvenu dans le cloaque. Ceci est
une erreur matérielle, puisqu'on trouve l'œuf muni de sa
coquille, lorsqu'il est encore contenu dans l'oviducte.
D'ailleurs, l'ordre établi dans l'organisme veut que chaque
fonction possède dans les organes qui lui sont départis tous
les moyens d'accomplir chacun des actes qui lui sont propres. Il serait étrange que la fonction de la génération eût
besoin d'emprunter à la fonction de dépuration urinaire
les matériaux nécessaires pour compléter l'œuf. Au reste,
le mécanisme de la formation des enveloppes de l'œuf avant
la ponte, tel que je viens de l'exposer, peut expliquer d'une
manière très satisfaisante un phénomène qui a été noté
par plusieurs observateurs. Souvent il est arrivé que l'on a
trouvé deux œufs munis chacun de leur coquille contenus
l'un dans l'autre. L'œuf intérieur, servant en quelque sorte
de vitellus, était enveloppé d'albumen, et celui-ci environné par une membrane de la coque que recouvrait la seconde couche calcaire. Il suffit pour que ce phénomène ait
lieu que l'œuf déjà muni de sa coquille, et ordinairement
assez petit, rétrograde par une cause quelconque dans l'o-
viducte; parvenu, dans ce mouvement rétrograde, à l'endroit où l'œuf s'enveloppe d'albumen, cette substance se
sécrète et l'environne; marchant alors de nouveau vers la
terminaison de l'oviducte, cet œuf, ainsi doublé, prend
successivement une nouvelle membrane de la coque et une
nouvelle coquille.

L'isolement complet où se trouve l'œuf des oiseaux dans
l'intérieur de sa capsule fournit matière à un rapprochement entre cet œuf et celui des batraciens et des poissons.
L'œuf de ces derniers animaux est fécondé après la ponte
par le fluide spermatique dont le mâle les arrose, de sorte
que la fécondation s'opère par le simple contact du fluide
spermatique sur la surface externe de l'œuf qui très probablement absorbe ce fluide. La chose se passe de la même
manière chez les oiseaux dont l'œuf est fécondé dans l'o-
vaire, au lieu de l'être après la ponte. Le fluide séminal
du coq est déposé dans le cloaque de la poule ; comment
parvient-il dans l'ovaire, on l'ignore ; mais le fait est qu'il
y parvient, et que c'est dans cet organe que s'opère la fécondation, puisqu'une poule séparée du coq continue à
pondre des œufs féconds pendant quinze jours. Or, de
quelque manière que le fluide spermatique arrive aux œufs,
il ne peut les féconder qu'en touchant leur surface, puisqu'ils n'ont aucune communication organique avec l'ovaire.
Ce n'est point sans admiration qu'on voit la constance de
la marche de la nature même au travers des anomalies
auxquelles elle semble souvent s'abandonner.

Prenons actuellement l'œuf de la poule, et suivons-le
dans toutes les phases de l'incubation. Un des premiers
effets de l'incubation, est de faire évaporer la partie la
plus fluide de l'albumen, et d'occasioner ainsi un vide
dans l'intérieur de l'œuf. Ce vide, placé au gros bout, est
rempli par de l'air qui s'interpose aux deux feuillets de la
membrane de la coque ; le feuillet externe reste collé à
celle-ci, et le feuillet interne suit l'albumen qui se retire.
Le vitellus ne tarde point à abandonner le centre de l'albumen qu'il occupait, la *chalaze* du gros bout se détache
de la membrane de la coque ; alors le vitellus s'élève vers
la partie supérieure de l'œuf et s'applique sur la membrane
de la coque ; plaçant ainsi la cicatricule de manière à ce que

l'embryon qu'elle renferme puisse recevoir l'influence de
l'air nécessaire à sa respiration et par conséquent à sa vie et à
son développement. Le poulet cependant s'entoure d'une
aréole de vaisseaux sanguins qui s'étend graduellement; ces
vaisseaux sont les vaisseaux propres du vitellus; ils servent à
cette époque au triple usage de la respiration, de l'absorption du vitellus et de celle de l'albumen, car la membrane
vasculaire qui enveloppe l'albumen à une époque plus avancée, n'existe pas encore. Si en effet on examine l'œuf à la fin
du troisième jour de l'incubation, on trouve le vitellus enveloppé en entier par une membrane fine, diaphane et sans
vaisseaux; cette membrane est la membrane chalazifère
qu'on aperçoit de même les jours précédens, mais qui ne
peut qu'à cette époque être enlevée de dessus la totalité du
vitellus. En l'enlevant on entraîne les deux *chalazes*, ce qui
prouve qu'elles sont une continuation de cette membrane.
L'aréole des vaisseaux sanguins étant, comme le poulet lui-
même, située sous cette membrane chalazifère, il est
clair qu'aucune dépendance de l'embryon ne s'étend encore sur l'albumen. Cependant le fluide albumineux, absorbé par les vaisseaux du poulet, n'a pas servi seulement
à la nutrition de celui-ci, il a servi à opérer la liquéfaction
de la matière du vitellus. Cette matière, épaisse et visqueuse avant l'incubation, est devenue dès le troisième
jour d'une fluidité remarquable, et le vitellus a grossi considérablement par l'effet du fluide aqueux qui a été versé
dans son intérieur. Dans le courant du quatrième jour de
l'incubation, le vitellus de plus en plus distendu rompt
sa membrane chalazifère, laquelle reste en partie appliquée
sur lui et en partie collée sur la membrane de la coque, à
laquelle elle est contiguë. La membrane propre du vitellus
se présente alors à nu; on trouve le poulet placé immédiatement sous cette membrane propre, qui adhère à l'amnios
dans l'endroit qui correspond au dos du poulet. L'amnios

lui-même est exactement appliqué sur ce dernier; aucun fluide n'existe encore dans son intérieur. C'est dans
le courant de ce même quatrième jour que paraît une petite
poche vasculaire, à laquelle tous les anatomistes ont donné
le nom d'*allantoïde*. Comme ce nom a été appliqué, chez
les mammifères, à une membrane ou à une poche qui n'est
pas en tout identique avec celle que j'indique ici, je désignerai celle-ci sous le nom de *vessie ovo-urinaire*; car
c'est dans son intérieur que s'épanche l'urine du poulet.
Cette vessie ovo-urinaire naît du cloaque du poulet, cloaque que l'on ne voit bien qu'un peu plus tard, et qui
représente alors un canal semblable à l'intestin auquel il
fait suite; elle sort de l'abdomen par l'ouverture ombilicale; cette ouverture ressemble alors à une fente longitudinale, mais elle diminue les jours suivans de manière à
devenir circulaire, et de cette façon elle rapproche la
vessie ovo-urinaire des vaisseaux du vitellus dont cette poche paraissait éloignée lors de son apparition. L'amnios se
réfléchit vers le corps du poulet sur les bords de l'ouverture
ombilicale, de sorte que la vessie ovo-urinaire se trouve
située hors de cette membrane de même que le vitellus.
Celui-ci est muni, comme on le verra, d'un *sac péritonéal herniaire*. La vessie ovo-urinaire n'entraîne avec
elle aucune enveloppe. La figure 1, pl. 23, représente
l'œuf au quatrième jour de l'incubation, et vu par sa partie supérieure; *a* est le poulet recouvert immédiatement
par l'amnios qui lui est contigu; *b* est la vessie ovo-urinaire
dans laquelle on observe déjà de petits vaisseaux sanguins;
cc les vaisseaux du vitellus, formant l'aréole. La figure 2
représente la coupe verticale de l'œuf à cette même époque;
a est le poulet vu du côté de la queue; *b* la vessie ovo-
urinaire, *c* le vitellus, dans lequel le poulet a formé une
dépression; *dd* la membrane chalazifère prête à se rompre
et contiguë à l'albumen; au dessous est la membrane propre

14.

du vitellus ; *f* vide rempli d'air et formé par la séparation
des deux feuillets de la membrane de la coque. Le cinquième jour la vessie ovo-urinaire a beaucoup grossi et elle
est devenue adhérente par son fond à la membrane propre
du vitellus qui la recouvre. Les vaisseaux de la vessie ovo-
urinaire ont pris de l'accroissement ; ce développement de
la vessie ovo-urinaire est encore plus grand le sixième jour :
alors elle représente une poche aplatie, d'un pouce environ
de diamètre, recouverte encore par la membrane propre
du vitellus, et remplie d'un fluide légèrement jaunâtre et
d'une saveur salée. La figure 3, pl. 23, représente l'œuf à cette
époque ; *a* est l'amnios, *b* la vessie ovo-urinaire, *c* le vitellus dont l'aréole occupe la moitié de la périphérie, *dd* la
membrane propre du vitellus, qui bientôt n'emprisonnera
plus la vessie ovo-urinaire. On remarque au centre de celle-
ci un gros vaisseau qui semble être contenu dans son intérieur et qui se distribue à sa surface supérieure ; ce fait
paraît en contradiction avec l'observation ; faite les jours
précédens, que les vaisseaux de la vessie ovo-urinaire sont
contenus dans ses parois ; mais un peu d'attention suffit
pour voir que cela continue d'avoir lieu. La vessie ovo-urinaire, peu après son apparition et encore fort étroite, est
devenue adhérente par son fond à la membrane propre
du vitellus qui l'emprisonne, ainsi qu'on vient de le voir :
ses vaisseaux se trouvent par conséquent fixés par leur extrémité et tendus comme des cordes du col de cette vésicule à l'endroit de l'adhérence ; or la vessie ovo-urinaire
en se développant rapidement par l'effet de la distension
qu'opère en elle le fluide abondamment versé dans son
intérieur, rencontre un obstacle à son extension dans ce
vaisseau principal, sur lequel elle se ploie de manière à
lui former une espèce de *mésentère*. La figure 8 donne
une idée du mécanisme de cette plicature ; elle représente la vessie ovo-urinaire coupée transversalement ;

a est la coupe transversale du vaisseau qui se trouve placé
au milieu de la vessie ovo-urinaire, au moyen de ce que
celle-ci s'est ployée de manière à appliquer l'une contre
l'autre les deux portions *a b*, *a c* de sa surface extérieure.
Ces deux portions se collent et se confondent en une seule
membrane qui reste extrêmement fine, tandis que l'enveloppe dont elle a cessé de faire partie, grossit progressivement. Je reviendrai sur cette disposition des vaisseaux qu'il importe d'étudier avec soin. Le septième jour
de l'incubation, le développement toujours croissant de
la vessie ovo-urinaire a rompu la membrane propre du vitellus, et cette poche, placée entre le vitellus et la membrane
de la coque, continue à s'étendre en augmentant continuellement sa circonférence ; la membrane propre du vitellus,
rompue par le développement de la vessie ovo-urinaire, n'est
point comme la membrane chalazifère rejetée de dessus le
vitellus ; elle continue à rester appliqué sur ce dernier et
se confond par adhérence avec les membranes vasculaires
qui lui deviennent contiguës. A la fin du huitième jour de
l'incubation, la vessie ovo-urinaire est disposée comme on
le voit dans la figure 4 ; *a* est le poulet renfermé dans
l'amnios ; *bb* la vessie ovo-urinaire ; *c* le vitellus dont l'a-
réole est entièrement couverte par la vessie ovo-urinaire
développée ; les vaisseaux du vitellus qui forment cette
aréole et qui antérieurement avaient servi à la respiration
du poulet, ont donc cessé d'avoir cet usage dans lequel
ils sont remplacés par le fond de la vessie ovo-urinaire qui
est appliqué sur la membrane de la coque ; aussi ces vaisseaux du vitellus qui, jusque-là, avaient éprouvé un développement dont la rapidité répondait à l'importance de
leurs fonctions, restent-ils pour ainsi dire stationnaires ;
ils n'ont plus qu'un développement fort lent. A la fin du
neuvième jour de l'incubation, la vessie ovo-urinaire, continuant toujours à se glisser entre la membrane de la coque

et les substances que cette coque renferme, a recouvert l'albumen dans la partie supérieure de l'œuf et est arrivée à la
chalaze du petit bout, dans l'endroit où celle-ci adhère à la
membrane de la coque. Enfin le dixième jour on trouve tout le
contenu de l'œuf, c'est-à-dire l'amnios renfermant le poulet,
le vitellus et ce qui reste d'albumen, entièrement enveloppé
par la vessie ovo-urinaire dont les extrémités, s'étant jointes par ce développement progressif et périphérique, s'unissent et se soudent pour toujours dans leur point de réunion :
de sorte que l'œuf se trouve environné de deux membranes
vasculaires qu'il ne possédait point au commencement de
l'incubation. La jonction des extrémités de la vessie ovo-
urinaire s'opère à l'endroit où est fixée la chalaze du petit
bout, parce que cette chalaze fortement adhérente à la
membrane de la coque, arrête dans cet endroit le développement progressif de la vessie ovo-urinaire; la chalaze
du gros bout s'étant au contraire détachée de la membrane
de la coque dès les premiers jours de l'incubation, n'a pu
opposer aucun obstacle au développement périphérique
de cette poche urinaire. La figure 5 représente cet état
de l'œuf à la fin du dixième jour, *a* est le poulet renfermé dans l'amnios; *bb* la vessie ovo-urinaire dont les
bords opposés se sont réunis au point *g*, que j'appellerai
le *point de conjonction*; *o* l'ouverture de l'ouraque, *c* c'est le
vitellus déprimé par le fœtus, *h* ce qui reste d'albumen,
f cavité remplie d'air.

Ainsi on voit que par l'effet de l'incubation, l'œuf a
acquis deux enveloppes vasculaires, formées par la plicature de la vessie ovo-urinaire, qui s'est glissée entre l'albumen et la membrane de la coque, de manière à tapis-
ser entièrement cette dernière intérieurement au moyen
de son feuillet extérieur, tandis que son feuillet intérieur,
reste appliqué sur l'albumen. Dans la première publication
que j'ai faite de ce travail, j'ai désigné le feuillet extérieur de

la vessie ovo-urinaire sous le nom de *chorion*, et son feuillet intérieur sous le nom de *membrane moyenne*. Mais comme la plupart des auteurs qui ont traité de l'embryologie ont donné le nom de *chorion* à des membranes fœtales différentes (1), il est devenu difficile d'employer ce nom de manière à être compris de tout le monde, parce que chacun y attacherait une idée différente. J'ai donc senti la nécessité de changer la nomenclature que j'avais d'abord adoptée. Je désignerai le feuillet intérieur de la vessie ovo-urinaire, celui qui revêt intérieurement la membrane de la coque, sous le nom d'*exo-chorion*, qui signifie chorion externe. Je désignerai le feuillet intérieur de la vessie ovo-urinaire, celui qui est appliqué sur l'albumen, sous le nom d'*endo-chorion*, qui signifie chorion interne. Ces deux enveloppes vasculaires que l'œuf a acquises par l'effet du développement périphérique de la vessie ovo-urinaire ayant la même organisation et la même origine, doivent

(1) Galien, premier auteur de la nomenclature des enveloppes du fœtus, donne le nom de *chorion* à l'enveloppe fœtale vasculaire la plus extérieure. Il a été suivi, à cet égard, par beaucoup d'anatomistes, entre autres par Stenon, Malpighi, Blumenbach et Tredern. MM. Emmert et Hochstetter désignent également par le nom de *chorion* la membrane vasculaire la plus extérieure dans les œufs des lézards. Quelques anatomistes modernes ont cru devoir donner le nom de *chorion* à une membrane sans vaisseaux. Ainsi G. Cuvier donne ce nom à la membrane de la coque de l'œuf des oiseaux. Lorsqu'il traite de l'œuf des mammifères, il donne le nom de *chorion* à une autre membrane sans vaisseaux, qui, d'après les recherches de Baër, se trouve être celle que l'ovule possédait dans l'ovaire, et qui est ainsi l'analogue de celle que je nomme chez l'oiseau *membrane propre du vitellus*. Baër veut qu'on ne donne à cette membrane le nom de *chorion* que lorsqu'elle est devenue pourvue des vaisseaux que lui fournit l'allantoïde, ignorant ainsi que cette membrane n'acquiert jamais de vaisseaux, mais qu'elle se confond par adhérence avec la membrane vasculaire qui est située au-dessous dans l'œuf des mammifères, et que je nomme *exo-chorion*. Au milieu de ce conflit des opinions des anatomistes, j'ai cru devoir demeurer attaché à la nomenclature établie par Galien, mais en lui faisant éprouver la légère modification que j'indique ici.

porter des noms qui indiquent leur analogie. C'est l'exo-
chorion qui seul est chargé de la fonction importante de
la respiration, et cela non en vertu de sa nature particulière qui est la même que celle de l'endo-chorion, mais en
vertu de sa position puisqu'il est collé à la membrane de
la coque. Aussi l'exo-chorion devient-il plus épais que
l'endo-chorion, aussi est-il bien plus abondamment fourni
de vaisseaux qui, dans l'un comme dans l'autre, appartiennent aux seuls vaisseaux ombilicaux. Ces deux enveloppes fœtales sont formées chacune de trois parties,
c'est-à-dire d'un réseau vasculaire compris entre deux
épidermes. Cette organisation n'est bien visible que dans
l'exo-chorion, car l'extrême ténuité de l'endo-chorion ne
permet point de le diviser.

. C'est aussi vers le dixième jour que l'on commence à
apercevoir le *sac herniaire* du vitellus. Ce sac herniaire est
contigu dans une portion de sa surface à la partie ventrale
de l'amnios auquel il adhère intimement ; il correspond
ensuite à l'endo-chorion auquel il devient également adhérent ; il est en rapport dans le reste de son étendue avec
l'albumen. Cependant il est plus exact de dire qu'il est séparé de l'endo-chorion et de l'albumen par la membrane
propre du vitellus, à laquelle il est sous-jacent et avec laquelle il se confond par adhérence.

Ainsi qu'on vient de le voir, l'exo-chorion et l'endo-
chorion enveloppent au dixième jour la totalité de l'œuf,
c'est-à-dire l'amnios contenant le poulet, le vitellus avec
son sac herniaire ; enfin ce qui reste d'albumen dans le
petit bout de l'œuf. Cette dernière substance ne tarde pas
à diminuer de volume, par l'absorption continuelle qui
s'en opère ; alors l'endo-chorion, qui est appliqué dessus,
s'éloigne de l'exo-chorion qui reste collé sur la membrane de
la coque ; il en résulte que ces deux enveloppes fœtales
cessent d'être continues ; elles forment deux enveloppes

très distinctes, qui n'ont plus entre elles que des rapports vasculaires au *point de conjonction*, mais plus aucun rapports apparens de continuité.

Enfin l'albumen étant complètement absorbé à la fin du quinzième jour, l'endo-chorion se trouve appliqué et intimement collé sur le sac herniaire du vitellus, ayant au dessous de lui, à l'endroit qui correspondait à l'insertion de la chalaze du petit bout, les débris chiffonnés de la membrane chalazifère qui revêtait primitivement le vitellus; tandis que l'exo-chorion est resté collé à la membrane de la coque. La figure 6, pl. 23, représente ce nouvel état des membranes. *a* est le poulet contenu dans l'amnios : cette dernière membrane est intimement adhérente à l'endo-chorion partout où elle en est recouverte; *bb* la cavité de la vessie ovo-urinaire ou l'intervalle de l'exo-chorion et de l'endo-chorion; *o* l'ouverture de l'ouraque; *c* le vitellus se continuant par l'ombilic avec l'intestin grêle du poulet, ayant la même tunique péritonéale que lui; et contenu dans un sac herniaire qui se continue avec le péritoine de l'enveloppe abdominale. Ce sac, ainsi que je l'ai déjà dit, recouvre une portion de l'amnios et lui est intimement adhérent; dans le reste de son étendue il correspond à l'endo-chorion avec lequel il est pour ainsi dire confondu. Il n'y a d'intervalle entre ces deux dernières membranes qu'au point *d* où se trouve une petite cavité qui contient un corps très blanc qui n'est autre chose que les débris chiffonnés de la membrane chalazifère dont s'est dépouillé le vitellus; il est facile de le déployer et de l'étendre dans l'eau. L'intervalle de l'exo-chorion et de l'endo-chorion se trouve, à cette époque, rempli d'une quantité considérable d'urine reconnaissable pour telle à sa couleur blanchâtre, couleur qu'elle doit au carbonate calcaire qui la trouble et qui forme des sédimens assez épais. On sait que tel est le caractère de l'urine des oiseaux.

Avant cette époque l'intervalle de ces deux enveloppes ne
contenait qu'une quantité peu considérable d'un fluide semblable à celui observé les premiers jours ; c'est alors que
l'on découvre facilement l'ouraque, canal par lequel ce
fluide urinaire a été transmis. On en trouve l'ouverture
sur la surface externe de l'endo-chorion, après avoir enlevé
l'exo-chorion ; un petit stylet peut y être introduit, et
pénètre sans difficulté jusque dans le cloaque du poulet,
montrant ainsi l'ouverture opposée de l'ouraque qui est
située derrière celle du rectum. Les jours suivans la quantité de l'urine contenue entre ces membranes diminue,
par l'absorption de la partie la plus fluide, et bientôt on n'y
trouve plus qu'une matière glaireuse remplie de craie et
étendue quelquefois comme une membrane, sur la surface de l'endo-chorion ; on pourrait prendre cette couche
glaireuse pour une membrane organique, s'il n'était évident qu'elle doit son origine à la condensation des fluides
muqueux sécrétés par la membrane muqueuse qui double
intérieurement la vessie ovo-urinaire.

Les vaisseaux de la vessie ovo-urinaire sont ceux qui
portent spécialement le nom d'*ombilicaux* ; ceux qui se
distribuent au vitellus ont, comme on sait, une origine
très différente.

Les vaisseaux de l'exo-chorion et de l'endo-chorion sont les
mêmes, comme il est naturel de le penser, puisque ces deux
membranes dérivent d'un seul et même organe, c'est-à-dire
de la vessie ovo-urinaire. En faisant abstraction de leurs ramifications, pour ne considérer que les troncs, on trouve qu'ils
se réduisent à une veine ombilicale et à deux artères ombilicales. La veine ombilicale, considérée comme partant de
la veine-cave, s'engage dans la scissure du foie, sans communiquer aucunement avec cet organe ni avec la veine-porte,
elle traverse l'abdomen et s'engage dans l'ouverture ombilicale ; car, à proprement parler, il n'y a point de cordon om-

bilical. Immédiatement après sa sortie de l'ombilic elle se
partage en deux branches : l'une gauche et l'autre droite,
qui presque aussitôt se divisent en deux ramifications secon-
daires. Les deux ramifications de la branche gauche se portent directement à l'exo-chorion après avoir donné quelques
petits rameaux à l'endo-chorion ; les deux ramifications de
la branche droite se recourbent au dessus de l'amnios qu'elles
embrassent, donnant beaucoup de rameaux à l'endo-chorion
et elles se terminent à l'exo-chorion. C'est dans l'angle que
forment les deux branches primitives de la veine ombilicale,
que se trouve l'ouverture de l'ouraque. Les deux artères
ombilicales naissent des deux artères *iliaques primitives* que
forme l'aorte abdominale par sa bifurcation ; l'artère ombilicale gauche est si grosse, qu'elle paraît une continuation
immédiate du tronc de l'aorte ; elle traverse l'ombilic collée
à l'ouraque ; et accompagnant la branche gauche que forme
la veine ombilicale par sa première bifurcation, elle se distribue comme elle presque entièrement à l'exo-chorion, ne
donnant que de très petits rameaux à l'endo-chorion. L'artère ombilicale droite est plus difficile à trouver ; on l'aperçoit à peine, il faut des recherches pour la découvrir ;
on la voit naître de l'iliaque primitive droite, s'engager
dans l'ombilic, collée de même à l'ouraque ; au sortir de
cette ouverture, suivre d'abord la branche droite de la
veine ombilicale qu'elle abandonne à l'endroit de la seconde
bifurcation, pour se distribuer entièrement à l'endo-chorion. La petitesse de cette artère est en rapport avec le peu
de développement de la membrane à laquelle elle appartient tout entière.

C'est ici le lieu d'expliquer, d'une manière plus claire
que je ne l'ai fait plus haut, la manière dont ces vaisseaux se distribuent à l'exo-chorion et à l'endo-chorion. Ces
deux membranes n'étant véritablement que le résultat de la
plicature sphérique de la vessie ovo-urinaire, et les vaisseaux

de cette vessie étant contenus dans ses parois, il semblerait que leurs troncs devraient suivre d'abord l'endo-chorion de *o* en *r* (figure 3), et là se réfléchir sur l'exo-chorion en remontant vers le point *g*, sommet de la vessie ovo-urinaire; mais il n'en est point ainsi. J'ai fait remarquer plus haut que le second jour de l'apparition de la vessie ovo-urinaire, son sommet adhère à la membrane propre du vitellus, membrane qui la recouvre ainsi que l'amnios à cette épo- que. Les vaisseaux qui s'étendent alors jusqu'au sommet de cette vessie, sont donc fixés par cette adhérence de manière à ne pouvoir la suivre dans son développement, car il faudrait pour cela que la portion de son étendue située entre l'origine des vaisseaux et le lieu de leur adhérence prît un excessif allongement que ne permet pas la texture des vaisseaux sanguins qui, comme on sait, se rompent plu- tôt que d'obéir aux tractions qui tendraient à les allonger. Il résulte de là que la vessie ovo-urinaire se développant sous l'impulsion du fluide qui provoque sa distension, se ploie sur ses vaisseaux fixés comme cela est représenté dans la figure 8, pl. 23, laquelle offre la coupe transversale de la vessie ovo-urinaire. Ainsi que je l'ai déjà expliqué plus haut, cette première plicature est faite sur l'assemblage de l'artère ombilicale gauche et de la bifurcation gauche de la veine ombilicale. Le lendemain, c'est-à-dire le septième jour de l'incubation, on observe une plicature semblable sur la bifurcation droite de cette veine accompagnée de l'artère ombilicale droite; la vessie ovo-urinaire est alors ployée comme on le voit dans la figure 9, qui représente la coupe transversale de cette vessie; *a b* sont les vaisseaux ombili- caux droits et gauches, les deux lames de la plicature *a d* sont confondues en une seule membrane; il en est de même des deux lames de la plicature *b c*; cela forme ainsi deux cloisons, ou plutôt une seule cloison interrompue dans l'in- térieur de la vessie ovo-urinaire, comme on le voit dans la figure 7, qui représente la coupe verticale de la vessie ovo-urinaire selon le diamètre *d c* de la figure 9. *aa, bb* sont les vaisseaux ombilicaux droits et gauches ; *oo* les deux cloisons placées dans un même plan, et divisant l'espace compris entre l'exo-chorion et l'endo-chorion en deux cavités qui communiquent par l'intervalle ouvert *p*. Il résulte de cette disposition que les vaisseaux *aa, bb*, sans cesser d'être contenus dans les parois de la vessie ovo-urinaire, sont cependant renfermés dans l'espace qui sépare l'endo-chorion de l'exo-chorion ; et que ce dernier reçoit ainsi des vaisseaux immédiatement, ce qui n'aurait pas lieu sans ce mécanisme particulier.

Je reviens actuellement au vitellus et aux vaisseaux que l'on a vus dès le commencement de l'incubation se répandre dans sa surface.

L'opinion de *Haller*, opinion généralement reçue, tend à faire considérer le vitellus comme n'étant originairement autre chose qu'un appendice de l'intestin du poulet, appendice dans lequel les vaisseaux existent originairement à l'état d'invisibilité et sont rendus visibles par le développement ; ainsi, d'après cette opinion, le vitellus dans l'ovaire de la poule serait déjà, même avant la fécondation, un appendice de l'intestin du poulet. Les observations suivantes prouvent suffisamment que cette opinion n'est point admissible.

Si les vaisseaux du vitellus étaient originairement répandus dans la périphérie de cet organe, le développement qui les rend visibles se ferait d'une manière qui ne serait point exactement la même pour tous. On verrait au pourtour de l'aréole des hachures provenant de ce que quelques-uns de ces vaisseaux seraient débouchés et développés plus avant les uns que les autres ; au contraire l'aréole est parfaitement circonscrite. Je me suis aidé dans cette recherche du secours du microscope, et je lui ai soumis la membrane du jaune dont les vaisseaux sanguins occupaient déjà la moitié de l'étendue. Les plus fortes lentilles ne m'ont fait voir aucune trace de vaisseaux au-delà de l'aréole ; or on ne manquerait pas de les y apercevoir, surtout aux bords de l'aréole, si leurs linéamens y préexistaient : on les verrait acquérir par degrés la grosseur nécessaire pour pouvoir admettre les globules sanguins. Tout tend donc à prouver qu'au-delà de l'aréole, le vitellus n'est recouvert que par sa membrane propre ; aussi cette dernière s'enlève-t-elle facilement de dessus l'aréole ; tandis qu'on ne peut l'enlever au-delà sans mettre à découvert la matière du vitellus.

Deux veines occupent tout le pourtour de l'aréole, dans les premiers jours de l'incubation ; ces deux veines viennent se rendre dans deux troncs communs ; et il résulte de leur réunion deux échancrures à l'aréole, comme on le voit dans la fig. 1, pl. 23 en oo. Ces deux troncs communs, qui sont situés du côté de la tête et de la queue du poulet ne tardent pas à s'oblitérer : alors les deux échancrures de l'aréole disparaissent, et les deux veines de la circonférence n'en forment plus qu'une seule. A mesure que l'aréole s'augmente, on voit ce vaisseau concentrique s'avancer pour occuper toujours la circonférence de l'aréole ; ainsi ce vaisseau se déplace ; le cercle qu'il représente se dilate d'abord, et lorsqu'il a dépassé le milieu du globe du vitellus il va en se rétrécissant jusqu'à ce qu'étant arrivé dans ce rétrécissement progressif à la chalaze du petit bout de l'œuf, il s'y ferme comme l'ouverture d'une bourse ; aussi existe-t-il presque toujours dans cet endroit un trou qui pénètre dans l'intérieur du vitellus, trou par lequel la matière du jaune se répand souvent en petite quantité dans l'albumen qui lui est contigu. Dans cet endroit on voit facilement la réflexion du sac herniaire du vitellus sur ce dernier, et l'on conçoit que dans ce mouvement d'enveloppement par lequel l'intestin a envahi le jaune, le sac herniaire a marché avec la membrane intestinale à laquelle il est lié organiquement. L'existence du trou que je viens d'indiquer est si certaine, que j'ai vu une fois une petite portion de l'albumen renfermée dans l'intérieur du vitellus; elle s'y était introduite par le trou que je viens de citer, et était renfermée dans une poche formée par la membrane propre du vitellus. Cette poche était pincée fortement à son col par la membrane vasculaire du jaune qui s'était fermée sur elle de la même manière que se ferme une bourse. Ces faits prouvent que le jaune de l'œuf n'est originairement enveloppé que par sa membrane propre et que ce n'est que par le fait du développement et de la progression de la membrane vasculaire intestinale du poulet qu'il est enveloppé secondairement par cette membrane.

Ainsi l'embryon n'existe originairement que dans la cicatricule, et c'est de là qu'il envoie ses membranes vasculaires envelopper le vitellus et l'albumen, substances dans lesquelles il doit puiser les matériaux de sa nutrition.

Les vaisseaux du vitellus naissent, comme on le sait, des vaisseaux mésentériques; mais il est des vaisseaux qui ont échappé à tous les observateurs et qui ont la même origine ; ce sont ceux du *sac herniaire du vitellus*. Ces vaisseaux sont d'une extrême petitesse; on ne les voit pas toujours, parce qu'ils ne sont pas toujours suffisamment remplis de sang; mais il est toujours permis d'apercevoir le ligament ou plutôt le repli péritonéal qui les contient. Il faut pour cela examiner l'œuf au quinzième ou seizième jour de l'incubation. A cette époque, le sac *herniaire* du vitellus tapisse extérieurement l'amnios dans une certaine étendue autour de l'ombilic, et, comme il est, pour ainsi dire, confondu avec cette membrane, on pouvait croire que leur assemblage est l'amnios tout seul, dont la face externe se continuerait ainsi avec le péritoine abdominal par l'ombilic; mais un observateur attentif évite facilement cette erreur. A l'époque que je viens d'indi-

quer, on aperçoit un repli péritonéal qui part du vitellus,
près de l'insertion du pédicule qui l'unit à l'intestin et qui,
tendu comme une corde, se porte à la partie du sac herniaire qui est adhérente à l'amnios. Avant d'avoir reconnu
la disposition de ce sac, j'avais cru que ces vaisseaux, dont
l'origine est mésentérique, appartenaient à l'*amnios*, ce
qui me paraissait étrange; peut-être, cependant, n'est-i
pas moins extraordinaire de voir le sac herniaire recevoir
ces vaisseaux. A cette occasion je me permettrai quelques
réflexions sur la nature de ce sac. Le péritoine concourt
évidemment seul à sa formation; en effet, la peau du poulet se termine, ainsi que l'amnios, à l'ombilic; aucune extension de ces membranes n'enveloppe le vitellus, dont le
sac herniaire se continue par l'ouverture ombilicale avec le
péritoine de l'enveloppe abdominale. Au sommet du vitellus ce sac herniaire se continue avec le péritoine intestinal
qui revêt cet appendice de l'intestin, ainsi que je l'ai dit
plus haut.

Ces observations prouvent que le péritoine entier, même
celui qui revêt intérieurement l'enveloppe abdominale,
appartient originairement au *système intestinal*, et non à
cette enveloppe abdominale, qui paraît ne le recouvrir et
ne lui adhérer qu'après coup.

Dans les derniers jours de l'incubation, le vitellus est retiré dans l'intérieur de l'abdomen; alors on voit l'ouverture ombilicale s'élargir considérablement pour admettre
cet appendice volumineux de l'intestin. Le sac herniaire,
adhérent depuis long-temps à l'endo-chorion d'une manière
indissoluble, reste au dehors et n'accompage point le vitellus dans l'abdomen, dont l'ouverture se ferme lorsque la
rentrée du vitellus est effectuée.

C'est, comme on le sait, vers le vingt-et-unième jour que le
poulet brise sa coque et voit le jour; mais après cette époque il présente encore des phénomènes dignes d'être ob-

servés; pour cela, je remonte aux temps qui précèdent un
peu cette époque. Si l'on ouvre le vitellus vers le dix-hui-
tième ou dix-neuvième jour de l'incubation, on le trouve
rempli d'une matière verdâtre et un peu glaireuse bien
différente de l'émulsion qu'il contenait primitivement;
cette matière, qui paraît excrémentitielle, remplit également une partie de l'intestin, dans la partie qui est inférieure au vitellus. On sait que ce dernier tient à l'intestin
par un pédicule assez court; mais la petitesse des parties
ne permet point alors de voir si ce pédicule est creux,
et s'il communique dans l'intestin comme on serait tenté
de l'admettre; cette communication est très visible deux
jours après la naissance du poulet. Alors le vitellus est
presque entièrement vidé et fort contracté sur lui-même;
alors on voit de la manière la plus distincte, que le pédicule qui l'unit à l'intestin grêle est creux, et qu'il se vide
par ce canal de la matière excrémentitielle qu'il contient.

Enfin, un fait important, sur lequel j'appellerai l'attention des anatomistes, est l'existence de la *vessie urinaire*
chez le poulet. Si vers le dix-neuvième jour de l'incubation
on injecte du mercure par l'ouverture extérieure de l'ouraque, et qu'après avoir fait une ligature à cette ouverture
on ouvre l'abdomen du poulet, on aperçoit la vessie distendue par le mercure et située à gauche du rectum; cette
position lui est donnée par la prédomination de l'artère
ombilicale gauche qui lui est collée et qui l'entraîne de ce
côté. Cette poche est encore plus visible après la naissance
du poulet; alors il n'y a plus besoin d'injection pour l'apercevoir. Le second jour après la naissance, je l'ai trouvée située derrière le rectum; sa forme était ovoïde; de son
sommet partait le canal oblitéré de l'ouraque; elle s'ou-
vrait par un col assez étroit dans le cloaque derrière l'ouverture du rectum; et recevait près de son col l'insertion
des deux uretères. Son intérieur présentait des *colonnes*

charnues, ou plutôt des replis de la membrane muqueuse, qui s'étendaient parallèlement du col au sommet de la vessie, où ils convergeaient. La vessie du poulet ressemble donc tout-à-fait à la vessie des mammifères; elle n'en diffère que par ce seul point que, au lieu d'être placée devant le rectum, elle se trouve placée derrière lui; mais, cette position de la vessie chez le poulet n'est point congéniale; elle est due à la torsion que subit le cloaque auquel s'insère le col de la vessie. Cette torsion, qui provient de la prédomination de l'artère ombilicale gauche et de l'excès de développement qu'elle produit de ce côté, place entre le rectum et le sacrum, la vessie qui avait dans le principe une position opposée par rapport au rectum, ainsi que cela a lieu chez les mammifères.

Ces observations offrent un commencement de preuves de cette vérité, peut-être trop méconnue, que chez les êtres vivans il ne faut point conclure de ce qui existe à ce qui a précédemment existé. Il paraissait naturel, en admettant la préexistence de l'embryon à l'incubation, d'admettre également la préexistence de ses enveloppes : *Haller* fondait même sur la préexistence du jaune à la fécondation, l'opinion de la préexistence du poulet dont l'intestin aurait enveloppé le vitellus dès l'apparition de celui-ci dans l'ovaire de la poule. Or, mes observations prouvent le contraire, puisque on a vu les enveloppes vasculaires de l'œuf se *former* par le développement périphérique de la vessie ovo-urinaire, et l'enveloppe vasculaire du vitellus se former par un semblable développement de l'intestin. L'amnios seul enveloppe originairement l'embryon; il est pour ainsi dire sa première peau. On a vu les deux artères ombilicales naître des artères iliaques primitives; ce fait atteste leur identité avec les artères ombilicales des fœtus de mammifères, artères qui, comme on sait, ont la même origine. Par conséquent, les enveloppes fœtales vasculaires auxquelles se distribuent les artères ombilicales chez les fœtus des mammifères, sont les analogues de l'exo-chorion et de l'endo-chorion du fœtus des oiseaux. Or, ces enveloppes fœtales étant engendrées chez les oiseaux par une extension et par une plicature de la vessie ovo-urinaire qui est elle-même une extension de la vessie, il en résulte, par une analogie incontestable, que les enveloppes fœtales vasculaires qui reçoivent les artères ombilicales chez les fœtus des mammifères, sont également des appendices de la vessie du fœtus, et que les artères ombilicales sont des artères vésicales. Je reviendrai plus bas sur les preuves de cette vérité.

Les deux modes successifs de respiration que présente le fœtus des oiseaux est un phénomène qui mérite une attention spéciale. La respiration du poulet s'opère dans les premiers temps par les vaisseaux mésentériques du vitellus; ensuite elle s'opère par les vaisseaux vésicaux de la vessie ovo-urinaire. Ainsi ce ne sont point des organes spécialement destinés à cette fonction importante qui en sont chargés. Les organes qui l'exercent ne remplissent ce rôle que d'une manière provisoire et pour ainsi dire *accidentelle*, en attendant que les organes respiratoires proprement dits puissent exercer leurs fonctions.

La vessie, en s'élançant hors de l'abdomen pour enveloper extérieurement l'amnios, se trouve entièrement à nu; elle est dépourvue de toute enveloppe extérieure, de tout *sac herniaire*; il n'en est pas de même du vitellus qui possède, comme on l'a vu, un sac herniaire fait aux dépens du péritoine costal et qui en est la continuation; ce sac herniaire reçoit des vaisseaux mésentériques, ce qui prouve qu'il appartient au système intestinal; or, comme il n'est que la continuation du péritoine qui revêt intérieurement l'enveloppe abdominale, il en résulte que le péritoine tout entier appartient originairement au système intestinal.

D'un autre côté, l'observation fait voir dans le poulet une fente longitudinale située sur la ligne médiane ventrale; fente qui résulte de ce que la partie droite de l'enveloppe abdominale n'est point réunie à la partie gauche de cette enveloppe. On pourrait supposer que cette fente n'est qu'apparente et qu'elle provient de ce que l'enveloppe abdominale, quoique primitivement existante, s'épaissit en dernier lieu sur la ligne médiane, de sorte qu'avant cet épaississement qui la rend visible, elle paraît ne point exister; mais cette supposition tombe d'elle-même par l'observation du fait que la vessie ovo-urinaire qui n'est autre chose que la vessie proprement dite s'élance hors de l'abdomen par cette fente sans entraîner d'enveloppe extérieure. Ce fait prouve en effet que, lors du développement de cette vessie, l'enveloppe abdominale n'existe pas encore d'une manière complète. Il me paraît donc démontré, par cet ensemble des faits, que l'enveloppe abdominale naît de chaque côté de la colonne vertébrale et se développe par une sorte de végétation, de manière à ce que les deux parties opposées viennent se réunir et s'affronter sur la ligne médiane ventrale, accompagnées de l'amnios qui se termine sur leurs bords. Dans ce mouvement elles enveloppent le péritoine primitivement existant, et que je considère comme l'*amnios* du canal alimentaire, lequel n'avait point d'autre enveloppe primitive; l'enveloppe abdominale devient adhérente au péritoine qu'elle recouvre, de la même manière que l'endo-chorion devient adhérent à l'amnios qu'il enveloppe. Les deux parties opposées de l'enveloppe abdominale trouvant, lors de leur réunion, la vessie déjà considérablement développée, l'étranglent dans la partie à laquelle elles correspondent, c'est-à-dire à l'ombilic; elles étranglent de même le sac péritonéal du vitellus. Ces faits méritent toute l'attention des physiologistes, puisqu'ils indiquent une véritable *formation* dans les animaux; cependant je dois faire observer ici que, par le mot de *formation*, je n'entends pas une véritable *création*, mais seulement un *développement formateur* qui, de la forme la plus simple, peut amener les animaux à la forme définitive qu'ils possèdent.

Avant moi Haller avait vu que l'exo-chorion, qu'il nomme improprement *membrane ombilicale*, est une expansion de la vessie; mais il n'est point entré dans le détail du développement que subit cette poche urinaire pour envelopper l'œuf d'une double coiffe. Aussi cette assertion de Haller, dépourvue de preuves, n'avait-elle point attiré l'attention des anatomistes.

SECTION II.

Recherches sur l'œuf des reptiles ophidiens et sauriens.

Les œufs des serpens paraissent dans les ovaires un an environ avant qu'ils s'en détachent. Lorsque ces reptiles viennent de faire leur ponte, on voit dans leurs ovaires de petits œufs qui sont ceux de l'année suivante. La disposition des œufs dans les ovaires, méritant d'être remarquée, je donnerai ici la description sommaire de ces derniers organes, dont la structure est la même chez les vipères et chez les couleuvres.

Les ovaires des serpens sont étendus des deux côtés de la colonne vertébrale; ils ressemblent, au premier coup-d'œil, à deux ligamens étendus en ligne droite, et les œufs qui y sont fixés, à des distances assez rapprochées, leur donnent l'apparence de chapelets; mais en examinant ces ovaires avec attention, on s'aperçoit que ces deux ligamens sont véritablement deux tubes dans lesquels les œufs sont contenus et fixés de manière à ne pouvoir ni avancer ni reculer dans leur intérieur. Ces tubes, gonflés par l'insufflation, laissent apercevoir que les œufs renfermés dans leur inté-

rieur sont contenus dans l'épaisseur même des parois du
tube, parois qui forment ainsi une capsule à chacun
d'eux : ils sont placés dans la partie de ce tube opposée à
celle qui reçoit les vaisseaux sanguins. D'abord fort petits,
ces œufs font également saillie en dedans et en dehors du
tube gonflé par l'insufflation; mais à mesure qu'ils deviennent plus gros, leur saillie se prononce de plus en plus en dedans, de sorte qu'ils parviennent à remplir tout le diamètre
du tube auquel leurs capsules n'adhèrent que par un de
leurs côtés. Ces œufs, d'une extrême petitesse dans les premiers temps de leur apparition, grossissent insensiblement,
et le tube qui les contient s'élargit à mesure, mais seulement
sur les œufs, car dans leur intervalle il conserve un très
petit diamètre.

OEufs des couleuvres.

J'ai observé, dans la Touraine, trois espèces de couleuvres :

1° La couleuvre à collier (*coluber natrix*);
2° La couleuvre vipérine (*coluber viperinus*, Latreille);
3° La coulevre lisse (*coluber austriacus*).

Les œufs de ces couleuvres ne diffèrent que par l'épaisseur plus ou moins grande de la coque.

C'est vers la mi-juillet que la couleuvre à collier et la couleuvre vipérine pondent leurs œufs; et c'est dans le courant
des mois de mai et de juin que tous les serpens s'accouplent;
ainsi il s'écoule un certain temps entre la fécondation des
œufs et leur ponte. Je négligeai de chercher à me procurer des couleuvres, pendant la plus grande partie de cet
intervalle de temps, parce que j'ignorais de quelle importance il était d'observer alors les œufs renfermés dans leur
corps. J'eus cependant une couleuvre vipérine le 22 juin;
les oviductes contenaient quatre œufs assez maltraités, qui

ne me permirent de rien observer. La première dont je pus
facilement observer l'œuf, était de la même espèce, et me
fut apportée le 2 juillet ; ses oviductes contenaient dix œufs ;
il y en avait six dans le droit et quatre dans le gauche ; ces
œufs avaient plus d'un pouce de long et six à huit lignes
de large ; ils étaient mous et de couleur blanche ; les
ayant ouverts et disséqués avec soin, je leur trouvai les enveloppes suivantes :

1° Une membrane extérieure d'un blanc opaque et assez
dense ;

2 Une seconde membrane de même nature, mais moins
épaisse que la première, à laquelle elle était unie par de la
cellulosité. L'assemblage de ces deux membranes formait
la coque de l'œuf ;

3° Une membrane très vasculaire formant une aérole peu
étendue ;

4° Le vitellus contenant dans une dépression profonde
un petit serpent contenu dans son amnios et contourné en
spirale conique. Le sommet de cette spirale, tourné en bas,
était formé par la queue ; du voisinage de l'anus partait le
cordon ombilical qui, traversant l'axe de la spirale, venait
apporter les vaisseaux qu'il contenait, au vitellus et à la
membrane n° 3, qui offrait évidemment les rudimens de
l'exo-chorion. Cependant je ne pus apercevoir l'endo-chorion que je pensais devoir être situé au-dessous. Au-delà de
l'aréole, on détachait du vitellus une membrane très fine ; le
fœtus était long de six lignes et totalement transparent. On
voyait les yeux, et le cerveau paraissait comme une vésicule.
On distinguait le cœur et un vaisseau qui suivait toute la
longueur du corps ; il n'y avait point du tout d'albumen ; la
matière du vitellus n'était point miscible à l'eau ; elle s'y
suspendait en flocons blanchâtres et filamenteux. Ayant fait
durcir un de ces œufs dans l'eau bouillante, il se prit en
une seule masse blanchâtre, dont la coupe était grenue ;

comme l'est celle du jaune d'œuf de poule durci ; ayant exposé à la chaleur d'un four ce vitellus, préalablement durci
par l'eau bouillante, il en est sorti de l'huile que la compression a fait sortir encore plus abondamment. Ainsi, nul doute
que la matière qui remplit le vitellus de la couleuvre en
question, ne soit fort analogue à l'émulsion qui constitue le
jaune de l'œuf des oiseaux, quoiqu'elle en diffère par son
défaut de miscibilité à l'eau. Cette observation m'ayant appris que les fœtus de la couleuvre vipérine subissent leur premier développement dans l'oviducte, je pensai qu'il pouvait
bien en être de même des autres couleuvres. Je mis tous mes
soins à m'en procurer ; mais parmi celles qu'on m'apporta,
il ne se trouva de femelles qu'une seule que je reçus le 15
juillet, treize jours après ma première observation ; on me
l'apporta avec une couleuvre à collier, femelle, la première
que j'eusse observée de l'année, et qui avait également des
œufs dans ses oviductes.

La couleuvre vipérine avait six œufs dans l'oviductus
droit et un seul dans le gauche ; probablement elle avait
commencé sa ponte. Je trouvai à ces œufs les deux membranes de la coque observées ci-dessus ; au-dessous je trouvai l'exo-chorion ne couvrant pas la moitié du vitellus. Au
dessous de cette membrane était un fluide visqueux et filant ;
au-dessous de ce fluide était l'endo-chorion qui se continuait
évidemment avec l'exo-chorion à la circonférence de ce dernier, comme cela a lieu pour la vessie ovo-urinaire du poulet.
Le fluide filant, contenu dans cette poche, était par conséquent le fluide vésical ; et non de l'*albumen*, comme il eût été
possible de le croire.

Le petit serpent, long d'un pouce environ et contourné
en spirale conique, était contenu dans l'amnios, qui lui-
même était entièrement enfoncé dans une dépression du
vitellus ; sa tête était fort grosse relativement à son corps ; sa
mâchoire inférieure était beaucoup plus courte que la supé-

rieure ; ses yeux étaient développés ; le cerveau formait
une bosse sur la tête, comme cela a lieu chez le poulet dans
les premiers jours de l'incubation ; on voyait la double distribution des vaisseaux à la vessie ovo-urinaire et au vitellus,
mais on ne distinguait point l'origine de ces vaisseaux.

L'œuf de la couleuvre à collier m'offrit exactement la
même chose à observer, excepté que l'aréole n'était point
aussi étendue, ni le fœtus si développé. Même division de la
coque en deux membranes, même nature de la substance
du vitellus, même absence de l'albumen, même disposition
du fœtus. Ainsi je ne m'arrêterai point à le décrire : on
peut voir, figure 1, pl. 24, la coupe, selon le grand axe
de l'œuf de ces deux couleuvres, tel qu'il est à l'époque
que je viens d'indiquer. Cette figure est amplifiée. *a*, fœtus enveloppé dans l'amnios et logé dans une dépression
du vitellus *c* : *b*, cavité de la vessie ovo-urinaire : *d*, vaisseaux du vitellus.

Le dix-huit juillet, je reçus une ample provision d'œufs
de couleuvre qui avaient été trouvés dans du fumier. Plusieurs couleuvres à collier trouvées auprès, indiquèrent que
ces œufs leur appartenaient ; ils devaient être très récemment pondus, puisque trois jours auparavant j'avais trouvé
les œufs de cette espèce de couleuvre dans les oviductes. Je
les ouvris, et je trouvai le fœtus et ses enveloppes dans
le même état de développement que j'avais précédemment
observés ; seulement les feuillets de la coque, étaient devenus
adhérens et inséparables ; ils ne formaient plus qu'une seule
enveloppe. Je mis ces œufs dans un pot à fleurs que je remplis de fumier et que j'établis sur ma fenêtre ; je suivis chaque
jour le développement du fœtus dans ces œufs ; mais bientôt
je vis l'inutilité de ces recherches assidues ; plusieurs jours
d'intervalle ne me montraient aucune différence dans le
développement du fœtus ; développement que je vis ainsi
devoir être d'une extrême lenteur. Le trente juillet, le

fœtus s'était un peu accru, l'exo-chorion et l'endo-chorion enveloppaient les trois quarts de la périphérie du vitellus. Le huit août, cet enveloppement était complet et l'œuf se présentait comme on le voit dans la fig. 2, pl. 24. *a*, est le fœtus enveloppé dans l'amnios; *bb*, la cavité de la vessie oyo-urinaire; *c*, le vitellus; *d*, les vaisseaux du vitellus; *g*, le point de conjonction. L'exo-chorion tapissait entièrement l'intérieur de la coque de l'œuf, tandis que l'endo-chorion restait appliqué sur le vitellus. L'intervalle de ces deux membranes était rempli par un fluide incolore et filant qui était évidemment le fluide vésical. Le fœtus, qui ne formait plus une spirale aussi régulière que dans le principe, était long de deux pouces et demi, et son développement me permit de voir la distribution et l'origine des vaisseaux ombilicaux. La veine ombilicale se bifurquait à sa sortie du cordon; l'une des bifurcations allait à l'exo-chorion et l'autre à l'endo-chorion; quant à la terminaison de cette veine du côté du cœur, je vis que, sortie du cordon, elle suivait la ligne médiane ventrale du fœtus, et qu'arrivée au foie elle en suivait la longueur pour aller aboutir au cœur; je ne sais point si elle communiquait ou non avec le foie ou avec la veine-porte. Les artères ombilicales étaient au nombre de deux; je les vis se distribuer, l'une à l'exo-chorion et l'autre à l'endo-chorion, accompagnant les deux divisions primitives de la veine-cave. Je les suivis vers leur origine jusqu'aux environs de l'anus sans pouvoir arriver jusqu'à l'endroit où elles naissent de l'aorte. Les vaisseaux du vitellus formaient un petit cordon à part au milieu du cordon ombilical. Je les vis naître des mêmes vaisseaux qui se distribuent au canal intestinal, et cela un peu au-dessus du foie. En examinant ce petit cordon à la loupe, j'y distinguai deux vaisseaux qui sont indubitablement une artère et une veine; ils étaient enveloppés dans une gaîne péritonéale. J'aper-çus en outre dans le cordon ombilical un petit canal à parois demi transparentes, que je soupçonne être l'ouraque.

Je note ici pour la première fois l'existence de deux organes que j'avais observés déjà un mois auparavant chez les fœtus de la couleuvre lisse et chez ceux de la vipère, ainsi que je le dirai plus bas ; ce sont deux appendices bilobés qui sortent de l'anus. Ces appendices avaient une ligne et demie de longueur. Composés d'un pédicule mince et d'un renflement divisé en deux lobes cylindriques, ils étaient pénétrés de vaisseaux sanguins. Ayant observé qu'il y avait à-peu-près autant de fœtus qui étaient dépourvus de ces appendices qu'il y en avait qui les possédaient, quoique le développement de ces fœtus fût égal, je ne doutai plus que ces appendices ne fussent des organes sexuels, et je reconnus en eux les deux verges dont sont pourvus les serpens mâles. Les deux lobes cylindriques qu'offraient chacun de ces appendices n'étaient évidemment que les deux corps caverneux séparés par un sillon profond. Ainsi les deux sexes sont très faciles à reconnaître chez les fœtus des serpens, puisque les verges des mâles sont situées hors de leur corps, et que leur volume proportionnel est plus considérable qu'il ne le sera dans la suite. A partir de cette observation, il ne me fut plus permis de rien ajouter à l'histoire du développement du fœtus de la couleuvre. Mes œufs, apparemment exposés à une trop forte température (le pot qui les contenait était exposé à l'action du soleil pendant une grande partie de la journée); mes œufs, dis-je commencèrent à se rider et à diminuer de volume; et quoique j'eusse pris la précaution de les remettre à l'ombre, ils n'en continuèrent pas moins à se dessécher; alors je trouvai beaucoup de fœtus morts dans l'œuf. Les derniers œufs qui me restèrent, et que j'ouvris au commencement de septembre, étaient fort ridés et ne m'offrirent rien à observer que je n'eusse vu précédemment ; ainsi je ne pus conduire cette observation jusqu'à sa fin.

Œufs de la couleuvre lisse.

Cette couleuvre offre, selon son âge, des variétés qui pourraient en imposer, en faisant croire que ces individus d'âge différent appartiennent à des espèces différentes. Uniformément grise dans sa jeunesse, elle acquiert ensuite des écailles ventrales de couleur de feu; peu-à-peu cette couleur et la teinte grise du dos se changent en une couleur rousse uniforme. J'ai été à même d'observer ces diverses gradations sur les individus nombreux que j'ai eus à ma disposition.

L'accouplement de cette espèce de couleuvre a lieu probablement beaucoup plus tôt que celui des deux autres espèces de couleuvres que je viens d'étudier; car à la même époque on trouve leurs fœtus beaucoup plus avancés. La première femelle dont j'aie observé les œufs me fut apportée le dix juillet; ses oviductes contenaient six œufs, il y en avait quatre dans le droit et deux dans le gauche. Les parois de l'oviducte et celles de l'œuf étaient tellement transparentes qu'on voyait le fœtus au travers. Ces œufs tenaient les uns aux autres par un fil délié qui adhérait à chaque bout de leur coque mince et fort transparente; ils formaient ainsi une espèce de chapelet. Ayant enlevé la coque, je mis à découvert une membrane très vasculaire assez étendue et ayant au dessous d'elle une liqueur filante qui reposait sur une autre membrane vasculaire. Des vaisseaux se portaient de la dernière de ces membranes à la première; je les reconnus pour être l'exo-chorion et l'endo-chorion. Le vitellus avait ses vaisseaux très distincts de ceux de la vessie ovo-urinaire. Le fœtus enveloppé dans l'amnios était logé dans une dépression du vitellus; il était contourné en spirale conique, dont l'axe était traversé par des vaisseaux ombilicaux. Les fœtus étaient de différentes grandeurs; ceux qui étaient les plus voisins de l'orifice extérieur de l'oviducte étaient les plus développés, ils avaient un pouce neuf lignes de longueur.

Je n'eus occasion d'observer de nouveau l'œuf de cette couleuvre qu'au vingt-six juillet suivant; dans l'intervalle on m'apporta plusieurs couleuvres de cette espèce; mais, ou bien elles étaient mâles, ou bien elles étaient tellement maltraitées qu'on ne pouvait rien observer chez elles. A l'époque que je viens de citer, j'en reçus une dont l'abdomen était totalement intact et dont chaque oviducte contenait quatre œufs. Ces œufs n'étaient plus unis par des cordons, comme dans l'observation précédente, la coque avait pris un peu plus d'épaisseur; elle était cependant encore transparente. L'exo-chorion tapissait tout l'intérieur de la coque; l'endo-chorion était collé sur l'ensemble de l'amnios et du vitellus, l'intervalle de ces deux membranes rempli d'un fluide diaphane et filant. Les fœtus encore roulés en spirale avaient déjà deux pouces et demi de long; ainsi leur développement était beaucoup plus avancé que celui des autres couleuvres à la même époque. Il me fut possible de suivre les vaisseaux ombilicaux. Je vis la veine ombilicale distribuer ses deux branches primitives, l'une à l'exo-chorion et l'autre à l'endo-chorion, et, par son extrémité opposée, se porter directement vers le cœur; je vis les deux artères ombilicales venir de la région de l'anus et s'introduire dans le cordon; mais je ne suivis que celle qui se rend à l'exo-chorion, l'autre échappa à ma vue; je vis l'artère et la veine du vitellus descendre dans l'abdomen, en formant un seul faisceau qui s'introduisait dans le cordon ombilical; en un mot, à l'exception de la terminaison de la seconde artère ombilicale, je vis alors tout ce que j'ai vu depuis dans l'œuf et chez le fœtus de la couleuvre à collier, dont j'ai rapporté l'observation plus haut, quoiqu'elle fût postérieure à celle-ci. J'observai de même ici l'existence des deux appendices bilobés qui sortent de l'anus.

Œufs de vipère.

J'ai rencontré dans mes observations deux espèces de vipères, l'une de couleur grise est la vipère ordinaire (*coluber bérus*); l'autre de couleur rousse ne diffère de la première que par ce seul caractère; or comme cette différence de couleur peut provenir de l'âge, je penche fortement à considérer ses deux variétés comme appartenant à la même espèce, à celle de la vipère ordinaire; quoi qu'il en soit, j'aurai soin de noter dans mes observations les variétés qui les ont fournies.

Le 26 mai on m'apporta une vipère femelle de la variété rousse; son abdomen était très volumineux; l'ayant ouverte, je trouvai dans les ovaires une assez grande quantité d'œufs parmi lesquels il y en avait neuf qui étaient voisins de l'époque à laquelle ils se détachent de l'ovaire; trois de ces œufs avaient quinze lignes de long sur huit de large. Les six autres avaient des dimensions de près de moitié moindres; ils étaient contenus dans le tube qui constitue l'ovaire des serpens. Ce tube était très garni de vaisseaux sanguins, et les œufs ne lui adhéraient que très faiblement; ceux-ci étaient de véritables vitellus munis d'une cicatricule blanche située sur l'un des côtés de l'œuf à égale distance de ses deux bouts. Cette cicatricule avait au milieu un point transparent; je l'ai soumise au microscope et n'y ai point aperçu les rudimens du petit reptile. La matière du vitellus, un peu épaisse, m'a paru en tout semblable à celle du jaune de l'œuf des oiseaux; comme cette dernière, elle se mêlait facilement à l'eau et formait avec elle une véritable émulsion; les oviductes étaient vides.

Le 3 mai, j'eus une vipère femelle de la variété grise, dans les oviductes de laquelle je trouvai cinq œufs, trois dans l'oviducte gauche et deux dans l'oviducte droit; leur cicatricule était entourée d'une aréole de deux lignes et demie de diamètre et blanchâtre; il n'y avait encore aucune apparence de l'embryon.

Je ne reçus plus aucune vipère femelle jusqu'au vingt-six juillet, qu'on m'en apporta une de la variété rousse. Je trouvai dans chaque oviducte quatre œufs en plein développement; ces œufs tenaient les uns aux autres par un fil délié, et formaient un chapelet comme ceux de la couleuvre lisse, auxquels ils ressemblaient d'ailleurs tellement, que je ne puis que renvoyer sur ce point à la description que j'en ai donnée. Ils en différaient cependant en cela que la coque de l'œuf de la couleuvre lisse, quoique transparente, avait une certaine épaisseur, tandis que la coque de l'œuf de la vipère était d'une extrême ténuité; elle ressemblait à un épiderme très fin. Les fœtus avaient trois pouces de long, et me montrèrent, dans leurs vaisseaux ombilicaux, des dispositions exactement semblables à celles décrites plus haut pour les couleuvres. Ceux que j'observai avaient à l'anus les deux appendices bilobés qu'on a vu plus haut être les deux verges du mâle.

Ces observations sont les seules qu'il m'ait été permis de faire sur l'œuf de la vipère jusqu'au mois d'octobre. Dans le mois d'août on m'apporta bien quelques-unes de ces reptiles; mais ils étaient si maltraités qu'ils ne me permirent aucune observation. Le 9 octobre, on m'apporta une vipère femelle de la variété rousse qui avait trois fœtus dans ses oviductes; deux se trouvaient dans l'oviducte droit et un seul dans le gauche. Les deux premiers avaient leur vitellus; le second en paraissait dépourvu; ceci se voyait facilement au travers des parois de l'oviducte. Ayant ouvert ce der-

nier avec précaution, je mis à découvert les fœtus enveloppés chacun d'une poche vasculaire exactement semblable
à celle que possèdent les fœtus des oiseaux; la *membrane de la coque* avait disparu, rompue probablement
par le développement considérable du fœtus qui formait
une masse allongée de deux pouces et demi de long; je
trouvai un lambeau de cette *membrane de la coque*, chif-
fonné et en paquet, placé dans l'intervalle qui séparait les
deux fœtus contigus que contenait l'oviducte droit; ainsi
l'exo-chorion était à nu dans toute son étendue et en contact immédiat avec les parois de l'oviducte auquel il était
aggluliné, en divers points. Dans une observation semblable faite deux années auparavant j'avais cru voir que le fœtus de la vipère possédait un placenta adhérent aux parois
de l'oviducte, semblable en cela au fœtus des mammifères;
mais cette observation était inexacte jusqu'à un certain
point. Le fait se réduit à ceci que, par la disparition de la
membrane de la coque, l'exo-chorion se trouve en contact
immédiat avec l'oviducte auquel il s'agglutine. Mais dans
ces points d'agglutination l'exo-chorion n'est pas plus épais
que dans le reste de son étendue, en sorte qu'il n'y a aucune apparence de placenta. Cependant on ne peut douter
que l'exo-chorion dénudé ne puise, dans les parois de l'oviducte, une partie des fluides nécessaires à la nutrition du
fœtus. Au-dessous de l'exo-chorion je trouvai l'endo-chorion
qui en était séparée par une petite quantité de fluide glai-
reux; cette dernière membrane était tellement adhérente à
l'amnios qu'on ne pouvait l'en distinguer. Le cordon ombilical n'était point placé exactement de même chez ces fœtus; chez l'un d'eux il était placé après la dix-septième
plaque ventrale en les comptant depuis l'anus; un autre
me l'offrit après la vingt-deuxième; il me fut alors permis
de voir distinctement l'origine et la terminaison des vaisseaux ombilicaux dans le corps du fœtus. La veine ombili-

cale, sortie du cordon, remontait le long de la ligne médiane ventrale placée entre le péritoine et les parois abdominales; dans son trajet elle recevait quelques rameaux
venant de ces parois; parvenue à la hauteur du foie, elle
s'inclinait vers cet organe dont elle croisait la direction à
angle aigu, et remontant le long de son bord droit, elle
venait aboutir à la veine-cave dans laquelle elle se jetait
tout près du cœur; ainsi elle n'avait aucune communication
ni avec le foie, ni avec la veine-porte.

Les deux artères ombilicales naissent de l'aorte, près de
l'anus. Nées l'une à droite et l'autre à gauche de cette artère, et presque vis-à-vis l'une de l'autre, elles remontent
vers le cordon ombilical, où elles s'engagent. J'ai décrit
plus haut la terminaison de ces vaisseaux dans les membranes de l'œuf.

Les vaisseaux du vitellus étaient au nombre de deux,
une artère et une veine; ils appartenaient évidemment aux
vaisseaux mésentériques.

Le fœtus, qui était contenu dans l'oviducte gauche,
était le plus gros; il avait six pouces et demi de long, et
manquait de vitellus. Je l'ouvris, et ne fus pas médiocre-
ment surpris de trouver ce vitellus tout entier dans son
abdomen, et remonté bien plus haut que l'ombilic. Il tenait à l'intestin grèle par un cordon d'une certaine longueur, auquel étaient joints les vaisseaux qui se portaient
dans sa substance. Je reconnus dans ce cordon celui de
même longueur qui traversait le cordon ombilical des fœtus moins avancés, dont le vitellus était encore au-dehors, et je le reconnus pour être lui-même une branche de l'intestin grèle, dont le vitellus n'était lui-même
qu'un appendice; son insertion n'était pas très éloignée
de l'estomac; ce vitellus, comme celui des deux autres
fœtus, ne contenait plus de matière émulsive; mais il
était rempli par une grande quantité de lames parallè-

les et semblables à de la dentelle, qui adhéraient par
un de leurs bords à la face interne du vitellus, qui
étaient libres et flottantes par l'autre bord. Ces lames
de couleur blanchâtre étaient si nombreuses qu'elles donnaient au vitellus un volume qui n'était guère moindre que
la moitié de celui qu'il possédait primitivement. J'avoue
que j'ai peine à concevoir quelle est la force qui peut faire
entrer une masse pareille dans l'abdomen du petit serpent,
au travers d'un cordon ombilical qui n'a pas une ligne
de diamètre. Il faut que cette ouverture s'élargisse spontanément, comme cela a lieu dans la même circonstance
chez le poulet. Il résulte de ces observations que l'œuf de
la vipère est primitivement enveloppé par une *membrane
de la coque*, à l'abri de laquelle se forme le *plotement* ou
le *développement sphérique* de la vessie ovo-urinaire ; et que,
par suite du développement du fœtus et de la faiblesse de
cette *membrane de la coque*, cette dernière est rompue et
ses lambeaux rejetés de dessus l'exo-chorion qui se trouve
à nu dans l'oviducte ; on voit encore par ces observations
que la gestation de la vipère est d'environ quatre mois.
J'ai vu en effet des œufs dans les oviductes le 3 mai ; et
ils y étaient très récemment, puisque chez une vipère,
observée le 26 mai, ces œufs étaient encore dans les ovaires. Le 9 octobre, j'ai observé une vipère prête à mettre
bas, et qui probablement avait déjà donné le jour à quelques-uns de ses petits ; cela donne un peu plus de quatre
mois pour le temps de la gestation.

Œufs d'orvet (anguis fragilis).

Le 25 juillet, j'ai ouvert un orvet femelle, et j'ai trouvé
deux œufs dans chacun de ses oviductes. Ces œufs avaient
un coque blanche et molle, au dessous de laquelle j'ai
trouvé l'exo-chorion qui lui-même recouvrait l'endo-cho-

rion; leur ensemble enveloppait le vitellus et l'amnios. Le
fœtus contenu dans ce dernier, et contourné en spirale conique, était placé sur le vitellus aplati et non enfoncé dans
une dépression de ce dernier, comme cela a lieu chez
les serpens; la base de la spirale conique, c'est-à-dire
la tête était appliquée sur le vitellus; disposition inverse
de celle des serpens, qui ont le sommet de la spirale,
c'est-à-dire la queue, enfoncée la première dans la dépression du vitellus. Le cordon ombilical inséré fort près
de l'anus traversait l'axe de la spirale, et les vaisseaux abou-
tissaient, les uns à l'exo-chorion et à l'endo-chorion, les
autres au vitellus.

OEufs de lézard vert (lacerta viridis).

Le 1er août, je reçus sept œufs de lézard vert qu'on avait
trouvés en terre; le lézard était à côté du nid, ce qui me
ferait croire que la ponte était récente. La coque de ces œufs
était blanche et légèrement ponctuée de brun; elle ne consistait que dans une membrane molle, comme l'est la coque de
l'œuf des serpens. Ayant enlevé cette coque, je mis à découvert l'exo-chorion, qui ne lui était point intimement
adhérent, et au-dessous duquel existait un fluide diaphane
et filant. Au-dessous de ce fluide était l'endo-chorion qui
enveloppait le vitellus et l'amnios. Le fœtus contenu dans
ce dernier était entièrement formé et enfoncé dans une
dépression du vitellus. Je ne fis aucune observation sur les
vaisseaux ombilicaux, me proposant de suivre cet objet sur
des fœtus plus développés. Je mis les œufs qui me restaient
dans un pot rempli de la même terre dans laquelle ils
avaient été trouvés. Lorsque au bout de plusieurs jours je
voulus les examiner, je fus surpris de les trouver ridés et
leurs parois affaissées: leur examen ne m'apprit rien de
plus que ce que j'avais observé la première fois; et peu

16.

de jours après les œufs restans furent entièrement desséchés et les fœtus morts.

Le 18 septembre, on m'apporta encore deux œufs de la même espèce trouvés en bêchant la terre ; je les étudiai avec soin, et j'observai ce qui suit :

L'exo-chorion était fortement collé à la coque, dont il tapissait tout l'intérieur ; au-dessous se trouvait un fluide diaphane et filant ; l'endo-chorion, d'une grande ténuité, était situé sous ce fluide, et enveloppait étroitement l'ensemble du fœtus et du vitellus ; ces deux membranes étaient ainsi séparées partout par l'interposition du fluide, et n'avaient des rapports supérieurement qu'au moyen des troncs des vaisseaux ombilicaux, et inférieurement au moyen d'une continuité de tissu qui avait l'air d'une simple adhérence, mais qui n'était évidemment que le *point de conjonction* des parois de la vessie ovo-urinaire développée. Je donne ici avec confiance le nom de vessie ovo-urinaire à la poche formée par l'exo-chorion et l'endo-chorion, parce que j'ai des preuves directes que telle est en effet sa nature. La fig. 3, pl. 24, offre la coupe verticale de cet œuf avec des dimensions linéaires quatre fois plus grandes qu'elles ne le sont dans la nature ; *aa*, cavité de l'amnios contenant le fœtus ; *bb*, cavité de la vessie ovo-urinaire ; *g*, le point de conjonction ; *c*, le vitellus ; *d*, les vaisseaux du vitellus ; *o*, ouverture de l'ouraque.

Le fœtus, courbé sur lui-même et la queue tournée en spirale, était enveloppé d'un amnios peu écarté de son corps et enfoncé à moitié dans une dépression du vitellus, le dos tourné vers le fond de cette dépression. Le cordon ombilical avait à peine une demi-ligne de longueur ; on distinguait fort bien les vaisseaux de l'exo-chorion et de l'endo-chorion de ceux du vitellus ; à l'intérieur, la veine ombilicale se portait de l'ombilic vers la scissure du foie, où je n'ai point constaté sa terminaison ; à l'extérieur elle

se divisait en deux branches principales qui se portaient,
l'une à droite et l'autre à gauche du fœtus ; celle-ci allait
directement à l'exo-chorion, l'autre était appliquée sur l'endo-chorion. J'ai vu les vaisseaux du vitellus naître des vaisseaux mésentériques, et entrer dans le cordon munis d'une
graine péritonéale. Je n'ai aperçu qu'une seule artère ombilicale, celle qui se porte à l'exo-chorion : elle descendait
de l'ombilic dans le bassin, collée à une vésicule allongée,
remplie de fluide, que je n'ai pu méconnaître pour la vessie. Unie par son extrémité postérieure à l'anus, cette vessie
fournissait par son extrémité antérieure un conduit qui
s'introduisait dans le cordon et qui paraissait être l'ouraque : pour m'en assurer, je fis une ponction légère à la
vessie, j'y introduisis la pointe d'un tube de verre contenant du mercure, tube dont je me sers ordinairement pour
les injections fines. Sa pointe a été rendue capillaire en la
tirant à la lampe. Au moyen d'une légère insufflation dans
le tube, je précipitai quelques gouttes de mercure dans l'intérieur de cette véssie ; puis en aplatissant cette dernière
avec un corps que je promenais sur sa surface d'arrière en
avant, je contraignis le mercure à s'échapper par l'extrémité
du cordon ombilical, et je vis de cette manière que l'ouverture de l'ouraque était sur la surface de l'endo-chorion
dont j'avais laissé subsister un lambeau autour de l'ombilic,
l'exo-chorion étant totalement enlevé. Cette identité parfaite de structure, avec celle qu'on observe dans l'ouraque
du poulet, ne permet plus de douter que l'exo-chorion et
l'endo-chorion ne doivent également ici leur origine au développement de la vessie ovo-urinaire, et que le fluide filant, qui se trouve entre ces deux membranes, ne soit
l'urine du reptile mêlée avec un fluide muqueux. Les anatomistes n'ont point trouvé de vessie chez les lézards, cependant il est certain que dans l'état de fœtus le lézard vert
en possède une.

L'ombilic était proportionnellement beaucoup plus éloigné de l'anus qu'il ne l'est chez les serpens; il était situé comme il l'est chez les mammifères, un peu au-dessous du foie, de sorte que la veine ombilicale n'avait qu'un très court trajet à faire pour se rendre dans la scissure de cet organe.

L'un des deux fœtus, que j'ai observés ce jour-là, avait à l'anus les deux appendices bilobés que j'ai notés plus haut chez les serpens, et que j'ai reconnus pour les deux verges du mâle. L'autre en était dépourvu, quoique son développement fût le même; ainsi, le premier était un mâle et le second une femelle; on sait que les lézards, comme les serpens, ont deux verges.

Réflexions.

L'œuf des reptiles ophidiens, et probablement aussi celui des lézards, est, dans les premiers temps, soumis à une *incubation* intérieure. Il est dépourvu d'*albumen*; mais il paraît que ce défaut est suppléé par le séjour de l'œuf dans l'oviducte. Pourvu d'une coque molle et perméable, il n'y a pas de doute qu'il ne puise dans les sucs dont il est abreuvé, les fluides nécessaires à la liquéfaction de la matière du vitellus, et aux premiers développemens du fœtus.

Les œufs des reptiles que je viens d'étudier sont tous dépourvus de la croûte calcaire qui recouvre l'œuf des oiseaux: chez eux la membrane de la coque est, avant la ponte, composée de deux feuillets. J'ai une fois divisé le feuillet interne en douze feuillets extrêmement minces, et cela dans l'œuf de la couleuvre à collier. Après la ponte, la membrane de la coque n'offre plus qu'un seul feuillet assez épais.

Le vitellus de ces reptiles est recouvert originairement d'une membrane chalazifère, qui se détache lorsque le fœ-

tus se développe ; et il reçoit des vaisseaux mésentériques,
qui ne permettraient pas de douter qu'il ne soit un prolongement de l'intestin, quand bien même cela ne serait
pas prouvé pour le vitellus de la vipère. Chez cette dernière,
le vitellus est retiré dans l'abdomen aux approches de la
naissance, et il est infiniment probable qu'il en est de
même chez les fœtus de tous les serpens et même des sauriens. Ainsi, la parfaite conformité des phénomènes
observés dans l'œuf des oiseaux et dans celui des reptiles ophidiens et sauriens, prouve cette vérité désormais hors d'atteinte, que parmi les membranes qui enveloppent le fœtus de ces animaux, l'amnios seul préexiste avec eux et leur appartient en propre ; les membranes vasculaires, qui servent à leur respiration, ne les
enveloppent qu'après coup, et sont formées aux dépens et
par le développement de la vessie ovo-urinaire qui, chez
ces fœtus, a le triple usage de servir à la respiration et à la
nutrition et de contenir l'urine. La vessie, lorsqu'elle
existe, n'est autre chose qu'un renflement de l'ouraque ou
plutôt la vessie) l'ouraque et la vessie ovo-urinaire doivent
être considérées comme une seule et même poche étranglée
par l'ombilic, et dilatée en deçà et au-delà de cette ouverture : par conséquent il est vrai de dire que le fœtus des
oiseaux et de plusieurs reptiles *respire par la vessie.*

J'ai constaté que l'on trouve des fœtus entièrement formés dans les œufs que contiennent les oviductes de toutes
les couleuvres, de l'orvet, et probablement aussi du lézard
vert. Cette observation doit servir à restreindre considérablement les espèces des reptiles que les naturalistes ont
considérées comme *vivipares.* On a, jusqu'à ce jour, accordé cette qualité à tous les reptiles chez lesquels on a
trouvé, dans les oviductes, des fœtus vivans ; c'est une erreur. On ne doit considérer comme véritablement vivipares
que ceux qui, comme la vipère, mettent au monde des pe-

tits entièrement développés, et n'ayant plus besoin des organes de nutrition et de respiration propres au fœtus.

Recherches sur les œufs et les larves des batraciens.

Les belles recherches de *Spallanzani* et de *Swammerdam* sur les œufs des grenouilles, et celles de ce dernier sur leurs larves appelées têtards, semblent laisser peu d'espoir de découvertes à l'investigateur qui dirige ses recherches dans cette carrière déjà si habilement parcourue ; mais ici, comme dans quelques autres circonstances, j'ai pensé qu'il n'était point inutile de revoir ce qui s'était présenté aux regards des plus grands maîtres dans l'art d'observer ; j'ai trouvé plusieurs faits importans qui leur avaient échappé, et même j'ai pu rectifier quelquefois leurs erreurs.

Si l'on examine les ovaires de la grenouille vers le commencement du printemps, c'est-à-dire environ un mois après la ponte, on y trouve des œufs de trois dimensions différentes : les plus petits sont transparens ; ils ne doivent parvenir à leur maturité que trois ans après. Ceux qui sont de la seconde grandeur offrent déjà une teinte légèrement noirâtre sur l'un de leurs hémisphères ; ils sont du reste à demi transparens. Ils ne doivent être pondus que deux ans après. Enfin les œufs de la troisième grandeur sont remplis par une matière émulsive jaunâtre, et ils offrent un segment de leur sphère complètement noir ; ils doivent être pondus l'année suivante. La petite calotte noire dont ces œufs sont pourvus s'accroît graduellement et tend par cet accroissement à envahir toute la périphérie de l'œuf, dont la partie qui paraît jaune diminue ainsi de plus en plus. A l'époque de la ponte, il ne reste plus de blanc-jaunâtre sur l'œuf de la grenouille qu'une petite aire circulaire. Quelques jours après la ponte et la fécondation, cette petite aire jaunâtre ou blanchâtre disparaît tout-à-fait après avoir diminué graduellement. Cependant le corps proprement dit du têtard commence à paraître sous la forme de deux petites saillies linéaires, renflées et réunies en forme d'anse du côté où sera la tête du têtard; elles sont séparées par un sillon assez profond : ce sont les deux parties latérales de l'axe vertébral : on dirait que, dans le principe, elles sont isolées l'une de l'autre dans toute leur étendue, excepté à la partie antérieure. Ces deux petites saillies linéaires forment, à proprement parler comme je viens de le dire, le corps du têtard, dont le reste de l'œuf est le ventre. C'est un corps microscopique pourvu d'un ventre énorme. Peu-à-peu ce petit corps grossit et surtout s'allonge, en sorte qu'il devient moins disproportionné avec le ventre. Bientôt la circonférence de ce dernier est dépassée en avant par la tête et en arrière par la queue. Enfin le têtard prend la forme qu'on lui connaît et sous laquelle, se dégageant de ses enveloppes, il se met à nager dans l'eau. Je reviens actuellement à la petite aire blanchâtre qui existe sur l'œuf nouvellement pondu. Je desirais savoir à quelle partie du fœtus elle correspondait. Il me fut facile de voir qu'elle était située auprès et au-dessous de la partie qui devait devenir la queue du têtard. En suivant le décroissement de cette aire blanchâtre, je la vis se fermer et ne plus laisser enfin qu'une petite ouverture à bords juxtaposés qui devint l'anus du têtard. Cette observation faite sur les œufs dans l'état normal, me fut confirmée d'une manière bien évidente par un têtard monstrueux que le hasard me fit rencontrer. Ce têtard avait acquis un développement assez considérable dans l'œuf, sans que la petite aire blanchâtre eût éprouvé de diminution. Il me fut

alors bien facile de voir que cette aire blanchâtre était véritablement l'ouverture de l'anus, ouverture qui, chez ce
têtard monstrueux, était ainsi d'une largeur énorme. L'œil
armé d'une loupe on distinguait très facilement la réflexion
de l'enveloppe abdominale qui se reployait en dedans pour
se continuer avec l'intestin. L'ouverture énorme de l'anus
n'était bouchée que par une membrane d'une extrême
finesse qui s'opposait à la sortie de la matière émulsive que
contenait l'intestin globuleux. Cette membrane fine est la
membrane propre du vitellus, comme je le dirai plus bas.
Cette membrane, qui bouchait l'anus, ne tarda pas à se
déchirer : alors l'intestin se vida en partie de la matière
émulsive qu'il contenait, et le têtard monstrueux mourut
dans ses enveloppes. Reprenons actuellement et rappro-
chons les unes des autres, les observations rapportées plus
haut. Les parois abdominales se réfléchissent en dedans
pour se continuer avec l'intestin, et l'endroit de cette réflexion se trouve à la circonférence de la petite aire circulaire que présente l'œuf de la grenouille au moment de
la ponte. Cette aire circulaire elle-même est l'anus bouché
par une membrane fine et diaphane. C'est en se fermant
comme une bourse que le pourtour de cette aire circulaire
opère la diminution graduelle de cette dernière, jusqu'au
point de la réduire à une ouverture à peine visible. Or, cet
envahissement du pourtour de l'aire que l'on voit s'opérer après la fécondation, a eu lieu également avant cette
époque. En effet, en étudiant le développement de l'œuf
dans l'ovaire de la grenouille, j'ai vu la partie noire
qui constitue le corps et spécialement l'enveloppe abdominale du têtard commencer par une calotte noire
qui, en s'étendant successivement par ses bords, a envahi la périphérie de l'œuf. Par conséquent le ventre
du têtard, c'est-à-dire ses parois abdominales et son
intestin n'existaient pas dans le principe, enveloppant

le vitellus; mais cet enveloppement s'est opéré par l'extension d'une sorte de calotte à deux feuillets continus à
la circonférence de cette même calotte, laquelle, parvenue
dans son extension jusqu'au plus grand diamètre de l'œuf,
a continué son développement en diminuant ensuite graduellement l'ouverture de ses bords pour s'adapter à la
forme du globe de l'œuf dont elle envahit la périphérie.
Le feuillet externe de cette calotte primitive a formé l'enveloppe abdominale; le feuillet interne a formé l'intestin
globuleux du têtard, dans lequel la substance alimentaire
du vitellus se trouve ainsi renfermée. L'œuf de la grenouille n'était donc point le têtard dans le commencement
de son apparition dans l'ovaire; c'était un simple vitellus
pourvu d'une membrane propre, au-dessous de laquelle
s'est glissé le corps et spécialement l'enveloppe abdominale du têtard par le mécanisme de développement
que je viens d'indiquer. C'est cette membrane propre
du vitellus qui bouchait l'anus démesurément large du
têtard monstrueux dont j'ai rapporté plus haut l'observation.

Rien ne prouve, rien n'indique même l'existence du
corps symétrique binaire du têtard avant la fécondation; il
n'existe véritablement alors qu'un sac alimentaire globuleux, rempli par la matière du vitellus, et pourvu d'une
seule ouverture fort large qui sera l'anus de l'animal. On
va voir tout-à-l'heure que cette ouverture anale existe
véritablement seule dans le principe et qu'il n'y a point encore d'ouverture buccale; en sorte que la femelle des batraciens livre à la fécondation une sorte de polype qu'elle
a procréé et développé à elle seule, et dans lequel l'action
fécondante du mâle fera paraître et croître un corps symétrique binaire; phénomène mystérieux dont il ne sera peut-
être jamais possible de pénétrer l'essence.

Les différens phénomènes de développement par les-

quels le têtard parvient à la perfection de sa forme ne s'ac-
complissent point aux mêmes époques chez tous les batraciens. Il y a, chez certaines espèces, quelques-uns de ces
phénomènes dont l'accomplissement se trouve en retard,
ce qui permet de les soumettre à l'observation avec bien
plus de facilité. C'est ainsi que chez le têtard de la grenouille, la formation de l'anus ne se complète qu'après la
fécondation, tandis que ce même phénomène a lieu avant
la ponte et dans les ovaires de la femelle chez la plupart des
autres batraciens. En revanche le têtard du crapaud
de Roësel (1) dévoile le phénomène de la formation de
la bouche, phénomène que le têtard de la grenouille ne
montre point du tout. A peine les formes de ce dernier
sont-elles possibles à discerner, qu'on distingue déjà une
petite dépression à la partie antérieure de sa tête, et cette
dépression indique l'ouverture de la bouche. Il n'en est
pas de même chez le têtard du crapaud de Roësel; son
développement est déjà assez avancé que l'ouverture de la
bouche ne paraît point encore. La fig. 4, pl. 24, représente
très grossie la forme de ce têtard dans les premiers temps
de son développement dans l'œuf. On voit à la partie
inférieure de la face un organe semi-circulaire dont on
distingue mieux la forme un peu plus tard, comme on le
voit dans la figure 5, qui est aussi très amplifiée. Cet
organe est un repli de la peau dans lequel s'opère la sécrétion d'un liquide filant et glutineux. J'avais pris dans le
principe cet organe semi-circulaire pour l'organe de pré-

(1) Ce crapaud a été désigné par Roësel sous le nom de *bufo terrestris*,
dorso tuberculis exasperato, oculis rubris. Latreille, dans le *Petit-Buffon*, l'a
nommé *bufo Roeselii*. La ponte de ce crapaud a lieu, en Touraine, dans les
derniers jours de mars ou dans les premiers jours d'avril. Au bout de huit à
dix jours, les têtards sortent des enveloppes de l'œuf; ils subissent leur métamorphose vers le 15 juin suivant; ainsi ils ne restent guère plus de deux
mois sous la forme de têtards.

hension avec lequel le têtard se fixera et s'attachera aux corps après sa sortie des enveloppes de l'œuf. J'ai depuis reconnu mon erreur à cet égard. C'est avec sa bouche que le têtard s'attache aux corps sur lesquels il demeure assez long-temps immobile après sa sortie de l'œuf. L'organe semi-circulaire dont il est ici question est un organe respiratoire, ainsi que cela sera prouvé plus bas. C'est l'organe temporaire auquel est confiée la fonction de la respiration avant l'apparition des branchies. Le filet de liquide glutineux qui sort quelquefois de cet organe a été pris par Spallanzani pour un cordon ombilical (1). Je l'avais pris autrefois pour une chalaze. Il est assez rare de le rencontrer ; mais on peut le produire à volonté en introduisant dans l'organe semi-circulaire une pointe fine avec laquelle on amène un fil de cette matière filante. Chez le têtard de la grenouille, la partie moyenne de cet organe semi-circulaire disparaît de bonne heure, en sorte qu'il ne reste que les deux parties latérales, qui se développent et prennent la forme de deux petits appendices cylindriques. L'intervalle qui sépare les deux branches de cet organe semi-circulaire est creusé en gouttière, comme on le voit en a dans la figure 5 (2). C'est dans cette gouttière que s'ouvrira la bouche, dont il est bien facile de voir qu'il n'existe pas le plus petit vestige. Les deux points noirs que l'on voit au sommet de la tête sont les ouvertures des narines. A une époque plus avancée du développement, on voit paraître la bouche qui se forme par une véritable scissure des tégumens. A-peu-près dans le même temps paraissent les branchies, qui déchirent la peau pour se produire au dehors. La figure 6 représente le têtard à cette époque, et consi-

(1) Expériences sur la génération de la grenouille, § 26.
(2) Ces têtards sont d'un noir foncé ; si je leur ai donné une teinte claire dans mes figures, c'est pour mieux faire ressortir les organes que j'ai à décrire.

dérablement grossi ; *a a*, narines ; *b*, bouche ; *c*, organe sémi-circulaire ; *d d*, branchies saillantes au dehors. Les lambeaux de la peau déchirée pour livrer passage aux branchies forment à ces dernières une membrane operculaire qui ne les recouvre qu'en partie. Bientôt cette membrane operculaire prend de l'accroissement et recouvre les branchies en totalité. Lorsque, par cet accroissement progressif, la membrane operculaire est parvenue jusqu'au tronc, elle se soude sur ce dernier, enfermant ainsi de nouveau les branchies, et elle enferme en même temps l'endroit du tronc qui donnera naissance aux bras à une époque plus reculée. Il en résulte qu'à l'époque de la métamorphose les membres antérieurs du batracien auront une enveloppe à déchirer pour se produire au dehors, ainsi qu'on le verra plus bas. Je retourne actuellement à l'étude du développement du têtard dans l'œuf et pour cela je prends l'œuf du crapaud accoucheur.

On sait que le crapaud accoucheur mâle porte pendant quelque temps enlacés dans ses pattes de derrière les œufs dont il a aidé sa femelle à se débarrasser. Ces œufs fécondés à leur sortie par le contact du sperme du mâle ne tardent point à offrir les premiers développemens du fœtus. Dans les retraites souterraines et humides qu'habite le crapaud ainsi chargé de sa postérité, ces œufs absorbent de l'eau qui les gonfle ; ils ne sont point enveloppés de glaire, comme le sont les œufs des autres batraciens qui pondent dans l'eau. Au moment de la ponte ils se présentent à l'observation comme de petites sphères jaunes disposées en chapelle à la suite les unes des autres ; une matière émulsive jaunâtre et miscible à l'eau est contenue dans leur intérieur. Deux ou trois jours après la ponte on commence à apercevoir les premiers linéamens du têtard qui apparaît comme un être presque microscopique sur l'un des points de la périphérie de la petite sphère jaune.

Cette sphère jaune est le ventre démesurément grand du têtard dont le corps est d'une excessive petitesse relative ; en sorte que le contour de ce ventre déborde le corps de tous côtés. La fig. 7, pl. 14, représente l'œuf à cette époque. *a*, corps du têtard vu du côté du dos ; *b*, son ventre contenant la matière du vitellus ; *c*, espace rempli d'eau dans laquelle nage l'embryon ; *d*, coque de l'œuf.

Bientôt la tête d'un côté et la queue de l'autre côté dépassent par leur développement les limites du ventre. Cependant le têtard continue de s'accroître ; sa queue en s'allongeant dans la cavité de l'œuf est contrainte de se reployer sur le côté du corps. Je m'appliquai avec beaucoup de soin à séparer les unes des autres les diverses enveloppes que possédait cet œuf ; je détachai d'abord une coque transparente qui entraîna avec elle les deux cordons au moyen desquels l'œuf était attaché à ceux qui l'avoisinaient, et je vis que ces deux cordons étaient tubuleux ; ils étaient par conséquent une continuation et un rétrécissement de cette première enveloppe de l'œuf. Je dépouillai ensuite ce dernier d'une seconde enveloppe très transparente et pareille à la première, à l'exception qu'elle n'avait point de cordons ; une troisième enveloppe se trouva sous la précédente et lui ressemblait entièrement ; au-dessous de cette dernière se trouva le têtard dont la queue, se trouvant en liberté, se déploya et cessa d'être appliquée sur le côté de l'animal. La figure 8 représente le petit têtard dégagé des enveloppes de l'œuf. J'employai toute l'attention et toutes les précautions possibles pour m'assurer si ce fœtus avait des connexions vasculaires avec les membranes que je venais de détacher, et tout concourut à me prouver qu'il n'en avait aucune ; j'ouvris plusieurs de ces œufs dans l'eau, après avoir fendu leurs enveloppes longitudinalement du côté du dos du têtard ; celui-ci, par l'effet de son poids seul qui devait être bien peu de chose dans l'eau, abandonna des enveloppes auxquelles il n'adhérait en aucune façon; j'examinai à la loupe et de tous les côtés ces enveloppes à mesure que je les détachais; et je n'aperçus pas entre elles et le têtard la moindre liaison. J'appelai le microscope à mon secours, je soumis aux plus fortes lentilles les enveloppes de l'œuf nouvellement enlevées, et je n'y aperçus pas la moindre trace de vaisseaux; ceux-ci cependant étaient très apparens, on les voyait facilement, à l'œil nu, se répandre dans l'enveloppe abdominale, et le microscope faisait apercevoir la circulation dans la queue transparente du petit têtard. Ainsi il me fut prouvé par ces observations multipliées que les trois membranes diaphanes enlevées de dessus le têtard n'étaient autre chose que les *membranes de la coque* de l'œuf dans lequel il était enfermé; ces membranes d'ailleurs étaient *coriaces* et tendaient à conserver leur forme globuleuse après avoir été enlevées de dessus le têtard, caractère que ne posséderaient point des membranes *vivantes*. C'était le 14 juillet que j'avais fait cette dernière observation.

Le 15 juillet, j'ouvris quelques-uns de ces œufs, et je trouvai le têtard plus développé; il était pourvu de branchies. Le têtard, dépouillé de ses enveloppes, s'est agité dans l'eau; ayant ouvert les parois abdominales, j'ai mis à découvert le vitellus ou plutôt l'intestin; il était elliptique et terminé par deux petits prolongemens diamétralement opposés, desquels l'un répondait à l'anus du têtard, et l'autre se dirigeait vers la partie antérieure (figure 9). Le 16 juillet, cet intestin avait la forme de l'estomac humain, ayant une grande et une petite courbure, correspondant postérieurement à un canal long d'une ligne et demie, rendue jaune par la matière du vitellus et qui aboutissait à l'anus. Le canal de la partie antérieure était toujours très court: on observe qu'il forme une petite anse (fig. 10). Le 17 juillet, l'espèce d'*estomac* observé la veille s'est

allongé en diminuant de grosseur ; il représente actuellement un gros boyau tourné en cercle (fig. 1, pl. 25) ; le canal
qui va à l'anus s'est allongé sans changer de diamètre,
la petite anse située à la partie antérieure se fait toujours remarquer. Le 19 juillet, l'intestin contenant la matière du vitellus s'était allongé en un boyau encore plus
grêle et plus long, il formait deux tours et demi de spirale.
Le canal qui va à l'anus s'était allongé et répondait au
sommet de cette spirale conique dont il occupait l'axe (figure 2) ; les jours suivans le nombre des tours de spirale
de l'intestin, augmenta insensiblement. Le 23 juillet il formait quatre tours, et le conduit qui en occupait l'axe droit
jusqu'alors commençait à représenter une colonne torse ,
principe de la spirale qu'il devait affecter bientôt lui-même.
Enfin le 24 juillet, plusieurs têtards rompirent leurs enveloppes et se produisirent au dehors. J'en recueillis quelques-uns que je mis dans l'eau, dans laquelle ils se mirent
à nager aussitôt. Je laissai les autres œufs dans le vase qui
les contenait, et ayant été quelques jours sans les visiter, je
les trouvai tous morts. Il paraît qu'ils n'avaient pu parvenir à rompre leurs enveloppes. Cette observation offre
une confirmation de ce que j'avais déjà observé précédemment , savoir que la matière du vitellus, chez le têtard, est renfermée dans l'intestin lui-même et non dans un
appendice de l'intestin, comme cela a lieu chez le fœtus
des oiseaux et des reptiles ophidiens et sauriens. Cet intestin contenant la matière du vitellus, est d'abord globuleux, puis il s'allonge en ellipsoïde, ensuite il figure une
poche courbée semblable à l'estomac humain ; j'ai vu
ensuite cette poche courbée s'allonger en boyau disposé
en spirale, dont les contours se sont successivement multipliés de manière à former tout l'intestin du têtard, s'allongeant dans ce développement aux dépens de son diamètre,
tandis que ses extrémités restaient fixes et invariables. L'une

de ces extrémités était l'anus du têtard, l'autre la petite
anse ou repli d'intestin que j'ai constaté sur des têtards
plus grands, être l'anse formée par l'estomac et par le duo-
denum pour embrasser le pancréas. Ainsi la matière du vitellus existe dans toute l'étendue du canal intestinal, et ce
canal, si long et si contourné, n'est dans le principe qu'une
poche globuleuse.

Les têtards du crapaud accoucheur n'ont point la couleur
noire que présentent ceux de la grenouille et de la plupart
des autres batraciens ; ils sont gris et même blancs dans les
premiers temps de leur apparition. Leur grosseur, quand
ils naissent, est de beaucoup supérieure à celle des têtards
de grenouilles ou des plus gros crapauds à la même époque.
Le temps nécessaire pour leur développement dans l'œuf
est aussi beaucoup plus long. J'ai gardé ces œufs onze jours
avant que les têtards rompissent leurs enveloppes, et j'ignore
depuis combien de temps ils étaient pondus, quand je trouvai le crapaud qui les portait. On sait que les têtards des
grenouilles, et ceux de la plupart des espèces de crapauds
qui pondent dans l'eau, sortent de l'œuf au bout de
six jours ou moins. Enfin, il est certain que les œufs du crapaud accoucheur subissent un développement assez considérable pendant le temps que le mâle les traîne avec lui enlacés dans ses pattes postérieures ; ce n'est sans doute qu'au
moment où les têtards sont prêts à éclore que le mâle les
porte dans l'eau, où ils doivent vivre et prendre leur accroissement.

Le têtard est singulièrement différent, à tous égards, du
batracien dans lequel il doit se changer : ces derniers vivent tous de proie, tous les têtards vivent de végétaux.
Dépourvus de membres, et pourvus d'une longue queue,
ils semblent se rapprocher des poissons, auxquels ils ressemblent encore en cela qu'ils respirent par des branchies :
le canal intestinal du têtard est approprié à l'espèce de

nourriture dont il fait usage ; il est extrêmement long. L'estomac, à proprement parler, n'existe point chez lui, c'est
l'intestin qui en tient lieu ; le véritable estomac ne sert
que d'œsophage, il est plus étroit que l'intestin, et les matières alimentaires n'y séjournent point ; la rate lui est contiguë comme chez la plupart des animaux, et elle adhère
du côté opposé au gros intestin qui, par la disposition en
spirale du tube alimentaire, se trouve voisin de l'estomac. A
l'époque de la métamorphose, l'intestin se raccourcit spontanément ; et peu-à-peu ce raccourcissement lui fait perdre
la disposition en spirale qu'il ne devait qu'à son allongement excessif. Le gros intestin se raccourcit également, et
il entraîne avec lui la rate qui lui adhère et qui cesse ainsi
d'être contiguë à l'estomac. J'ai mesuré l'intestin d'un
têtard de grenouille prêt à se métamorphoser ; je l'ai trouvé
de treize pouces de long depuis l'estomac jusqu'à l'anus.
Ce même intestin, mesuré après la métamorphose, n'a
plus qu'un pouce sept lignes de long. Pendant ce raccourcissement de l'intestin, l'estomac, jusqu'alors simple canal,
se dilate et devient une poche propre à recevoir les nouveaux alimens dont fait usage l'animal parfait. Le jeune
têtard est couvert d'une peau molle et transparente ; au-
dessous de laquelle on trouve la peau de l'animal parfait ;
cette peau extérieure diminue peu-à-peu d'épaisseur, et
finit par n'être plus qu'un épiderme extrêmement fin qui
revêt la peau du batracien ; cette peau n'est donc qu'un
tissu cellulaire gonflé de sucs, qui par son affaissement et
son dessèchement devient épiderme. Ainsi, peu de temps
avant sa métamorphose complète, le têtard se trouve enveloppé de la peau qu'il aura comme animal parfait, sans
aucune superposition apparente ; déjà les pattes postérieures ont paru aux deux côtés de l'anus, et se sont développées insensiblement, toujours extérieures dans leur développement ; il n'en est pas de même des pattes antérieures ;

elles se développent dans la cavité particulière qui contient les branchies, et elles sont emprisonnées dans cette cavité par la membrane operculaire qui s'est soudée au tronc ainsi que je l'ai dit plus haut. Ainsi les pattes antérieures du batracien sont long-temps emprisonnées, elles prennent à couvert tout leur développement, et à l'époque de la métamorphose elles rompent la membrane qui les emprisonne et se montrent au dehors. Les branchies contenues dans la même cavité que celle où se trouvent les pattes, sortent quelquefois en partie par la déchirure que celles-ci ont faite. Les pattes antérieures du batracien sont ainsi passées dans les ouvertures de la peau qui les couvrait, comme nos bras sont passés dans les emmanchures d'un gilet. Peu de jours après, les bords de ces déchirures se cicatrisent et deviennent intimement adhérens au pourtour des bras auxquels ces ouvertures ont livré passage ; et il est remarquable que les bras sont disposés pour cela, ayant leur peau colorée jusqu'à l'endroit où doit s'opérer cette adhérence.

Ainsi le têtard pour se métamorphoser ne se dépouille d'aucune enveloppe extérieure. Swammerdam cependant a prétendu le contraire, et j'ai peine à concevoir ce qui peut l'avoir induit en erreur sur cet objet. Ce célèbre observateur ne se contente pas de décrire la manière dont le têtard se dépouille de sa peau pour se métamorphoser ; il en donne une figure. Voici comment il s'exprime à ce sujet : (1)

« D'abord leur peau se fend sur le dos près de la tête ; la « grenouille passe bientôt sa tête par cette fente et l'on voit « alors la bouche du têtard qui fait partie de la dépouille « et qui diffère notablement de la bouche énorme de la « grenouille ; les jambes antérieures qui jusque-là étaient

(1) Bible de la nature, traduction française par Guenau, insérée dans la Collection académique, tome v.

« restées cachées sous la peau, commencent à se déployer
« au dehors, et la dépouille est toujours poussée en arrière.
« Le reste du corps et les jambes de derrière et la queue
« elle-même se tirent successivement de cette dépouille, après
« quoi la queue va toujours diminuant de volume, etc. »

Il n'y a pas un seul mot de vrai dans toute cette description, tout est imaginaire. Le têtard se métamorphose sans se dépouiller d'aucune enveloppe; les bras se
produisent au dehors, ils sortent de la cavité où ils ont été
long-temps emprisonnés en rompant la membrane operculaire soudée au tronc. J'ai noté l'époque à laquelle s'opère
cette soudure de la membrane operculaire au tronc et de
laquelle résulte l'emprisonnement des bras du têtard. La
bouche du têtard devient la bouche de la grenouille par la
déchirure des commissures des lèvres du têtard dont la
bouche est beaucoup plus petite que celle de la grenouille.
A l'époque de la métamorphose, on voit le têtard à demi
métamorphosé faire des mouvemens continuels d'abaissement et d'élévation de sa mâchoire inférieure pour ouvrir
la bouche et en agrandir l'ouverture par le déchirement
des commissures des lèvres. Enfin la queue ne perd aucune
enveloppe pas plus que le reste du corps ; elle diminue peu-
à-peu de volume par l'absorption de la matière organisée
qui la constitue, et ces matériaux absorbés vont servir à la
nutrition et à l'accroissement des autres parties, et spécialement des membres postérieurs qui prennent à cette époque
un développement considérable et rapide sans que l'animal
prenne de nourriture, ce qui prouve bien que cet accroissement est le résultat de l'absorption de la matière organique qui composait les organes de la queue. Lorsque cette
dernière n'a plus qu'environ deux lignes de longueur, on
trouve sous la peau qui la revêt un tube membraneux
plissé sur lui-même et égal en longueur à celle qu'avait la
queue. Ce tube membraneux est la périoste des vertèbres

demi cartilagineuses qui occupaient l'axe de la queue) il se continue avec le périoste des vertèbres de l'animal parfait; peu de jours après, ce périoste lui-même a disparu, ainsi que ce qui restait de la queue dont aucune partie n'a été perdue pour l'animal; il l'a absorbée tout entière. Le têtard avait jusqu'à cette époque respiré simultanément par des branchies et par des poumons. A l'époque de la métamorphose, les branchies s'atrophient et disparaissent. L'eau introduite par les narines du têtard arrivait dans la cavité des branchies par une ouverture située de chaque côté du pharynx. Cette ouverture subsiste dans l'animal parfait, et devient le conduit analogue à la trompe d'Eustache des mammifères. Cette observation m'avait fait croire que les branchies du têtard étaient contenues dans la caisse du tympan; mais il est plus croyable que les deux conduits de la caisse du tympan et des branchies n'ont qu'une seule et même ouverture pharingienne. Un changement remarquable s'opère lors de la métamorphose dans la position des ouvertures des narines. Ces ouvertures sont dans l'origine situées presque du sommet de la tête du têtard *a a* (fig. 6, pl. 24); plus tard, elles se rapprochent un peu de la bouche. Lors de la métamorphose, ces ouvertures se trouvent renfermées dans la bouche de l'animal parfait et à la partie antérieure de son palais.

M. Edwards, dans son important ouvrage intitulé : *De l'Influence des Agens physiques sur la vie* (chapitre xv), rapporte une expérience de laquelle il résulterait que l'influence de la lumière est indispensable pour amener le parfait développement des œufs des batraciens. Cette expérience était trop intéressante et ses résultats trop intimement liés à l'objet de mes recherches, pour que je ne m'empressasse pas de la vérifier. Le 20 février, j'ai recueilli des œufs de grenouille qui venaient d'être pondus. J'en ai fait cinq parts que j'ai placées dans des vases semblables, avec une suffisante quantité d'eau. Je plaçai deux de ces vases dans un appartement où la température était main‑ tenue constamment entre + 6 et 10 degrés R. L'un de ces vases fut exposé à la lumière diffuse du jour; l'autre fut soustrait à la lumière, en le couvrant avec un récipient opa‑ que, beaucoup plus ample que le vase qu'il recouvrait. Les trois autres vases furent placés dans un local dont la tem‑ pérature était à‑peu‑près celle du dehors. Cette tempéra‑ ture varia de — 1 degré à + 5 degrés pendant la durée de l'expérience. L'un des vases était exposé pendant une par‑ tie de la journée à l'influence de la lumière directe du soleil; un autre vase était exposé seulement à la lumière diffuse du jour; le troisième vase enfin était entiérement soustrait à l'influence de la lumière, au moyen d'un réci‑ pient opaque sous lequel il était renfermé, et autour du‑ quel j'avais accumulé de la sciure de bois pour intercepter tout‑à‑fait la lumière.

Les œufs contenus dans les deux vases qui se trouvaient placés dans l'appartement dont la température était entre + 6 à 10 degrés R., prirent leur complet développement en dix jours; ils se développèrent tous et avec autant de ra‑ pidité dans le vase qui était dans l'obscurité que dans ce‑ lui qui était soumis à l'influence de la lumière. Quant aux œufs contenus dans les trois vases placés dans le local dont la température était plus basse, voici ce qui arriva. Les œufs placés dans le vase exposé à l'influence des rayons so‑ laires se développèrent tous, et leur développement fut com‑ plet au bout de quinze jours. Les œufs contenus dans le vase soumis seulement à l'influence de la lumière diffuse du jour éprouvèrent un commencement de développement et moururent presque tous. Il n'en vint pas la centième partie à bien; enfin, les œufs contenus dans le vase soustrait com‑ plètement à l'influence de la lumière éprouvèrent tous un commencement de développement; mais il n'y en eut que

les trois quarts environ qui vinrent à bien; il en mourut un
quart dans les enveloppes de l'œuf. Je remarquai que ceux
qui moururent étaient ceux qui étaient situés le plus profondément dans l'eau. J'avais déjà remarqué souvent, dans
d'autres occasions, qu'en mettant des œufs de grenouille
dans des vases étroits et profonds, avec peu d'eau, il n'y
avait que les œufs voisins de la surface qui venaient à bien;
ceux qui occupaient le fond du vase se développaient imparfaitement et mouraient. Ceci ne venait point du défaut de lumière; car les vases étaient de verre. Ce défaut
de développement des œufs situés profondément dans les
vases ne me paraît donc provenir que du défaut d'air. Les
œufs des batraciens ne se développent point du tout dans
l'eau non aérée, ainsi que je m'en suis assuré par plusieurs
expériences; ce qui prouve qu'ils ont besoin d'oxigène
pour se développer, et qu'ils consomment celui qui est
contenu en dissolution dans l'eau. On conçoit, d'après
cela, que l'eau de la surface des vases étant seule à même
de dissoudre l'air atmosphérique et de réparer ainsi les per-
tes qu'elle éprouve par la consommation que font les œufs
de cet air en dissolution; on conçoit, dis-je, que cette eau
seule possède les conditions nécessaires pour favoriser le développement des têtards, qui devront mourir dans l'eau du
fond des vases, parce que celle-ci n'est pas suffisamment
aérée. Il résulte de ces diverses expériences que les œufs de
grenouille n'ont point besoin de lumière pour venir à bien,
et que lorsqu'ils se développent imparfaitement et meurent,
cela provient de deux causes : 1° de ce que l'eau n'est pas
suffisamment aérée; 2° de ce que la température est constamment trop basse. En effet, on vient de voir que, par une
température de + 6 à 10 degrés R., les œufs de grenouille se
développaient aussi vite et aussi bien dans l'obscurité qu'à
la lumière; tandis que, par une température de — 1 à + 5
degrés, ils mouraient presque tous, quoique exposés à la

lumière diffuse du jour. On vient de voir que ceux qui étaient exposés à l'influence des rayons solaires se développaient tous, et cela provient évidemment de la chaleur produite par ces rayons. Quant à ceux qui, par cette même basse température, étaient dans une obscurité complète et vinrent cependant à bien aux trois quarts, leur développement prouve que la lumière ne leur était point nécessaire, et que même ils étaient placés dans des circonstances plus favorables que ceux qui étaient dans le vase exposé à la lumière diffuse du jour. Il est évident que, dans cette circonstance, les œufs étaient un peu garantis de la froide température de l'atmosphère par le récipient de carton qui les couvrait. Il n'y eut que ceux qui étaient dans le fond du vase, c'est-à-dire dans de l'eau non suffisamment aérée, qui périrent.

Ces diverses observations mettent à même d'expliquer les résultats obtenus par M. Edwards. Il plaça des œufs dans deux vases, dont l'un était rendu imperméable à la lumière par des enveloppes et un couvercle de papier noir; l'autre était transparent et fut placé de manière à recevoir les rayons du soleil. Dans le premier vase tous les œufs moururent après s'être un peu développés; ils vinrent tous à bien dans le second. Malheureusement M. Edwards ne dit pas à quelle température fut exposé le premier vase. Peut-être cette température était-elle trop basse, et cela seul suffisait pour arrêter le développement des têtards et les faire mourir. D'ailleurs, la manière dont son vase était recouvert de papier le privait d'une libre communication avec l'air atmosphérique, et cela seul suffisait encore pour faire mourir les têtards en développement, surtout si l'eau était en petite quantité relativement au nombre des œufs. Quant au second vase, son exposition à la lumière directe du soleil procurait aux œufs une chaleur salutaire et suffisante pour amener leur complet développement. Il n'y a donc rien dans ces expériences qui prouve la nécessité de la lumière pour faire éclore les œufs des batraciens.

Quoique les expériences que je viens de rapporter me parussent concluantes, cependant je crus devoir en faire encore d'autres avant de me déterminer à contredire les assertions d'un observateur pour lequel je professe une estime profonde. A la fin de mars, je recueillis des œufs de crapaud de Roësel qui venaient d'être pondus. J'en mis des quantités à-peu-près égales dans trois vases égaux et avec la même quantité d'eau. Le premier de ces vases fut placé à portée des rayons solaires ; le second fut exposé simplement à la lumière diffuse du jour ; le troisième fut mis sous le récipient de carton où il se trouvait dans l'obscurité la plus complète ; ayant accumulé de la sciure de bois autour de l'orifice de ce récipient, afin d'intercepter tout-à-fait la lumière. La température, pendant la durée de l'expérience, varia de + 8 à 12 degrés R. dans le local où se trouvaient ces vases. Je n'observai aucune différence dans la rapidité du développement des œufs contenus dans ces trois vases. Tous au bout de huit jours donnèrent naissance à des têtards parfaitement développés. Cette expérience achève de prouver que la lumière n'exerce aucune influence sur le développement des œufs des batraciens et qu'une température suffisamment élevée, c'est-à-dire entre + 6 à 12 degrés R. est une des conditions les plus importantes pour le prompt et complet développement de ces œufs qui ont aussi besoin de se trouver dans de l'eau suffisamment aérée.

Œufs de la salamandre aquatique (triton salamandra).

La salamandre aquatique dépose ses œufs sur les herbes flottantes, dans les eaux dormantes et spécialement sur les feuilles des graminées aquatiques ; elle donne à ces feuilles des plis transversaux alternatifs, et elle dépose dans chaque

pli un œuf qui y est agglutiné par la glaire qui l'environne,
et qui s'y trouve ainsi à l'abri des attaques de divers insectes
qui cherchent à les dévorer. C'est dans les premiers jours
de mai que s'effectue la ponte de ces reptiles ; le développement de l'embryon s'opère d'une manière toute semblable à celle qui a lieu pour les têtards. Son corps proprement
dit commence de même à paraître sur l'un des points *b*
(fig. 3, pl. 25) de la petite sphère jaune *a* que l'on pourrait prendre pour un vitellus ; mais qui est effectivement
le ventre de l'embryon dont le corps proprement dit *b* est
encore informe et extrêmement petit ; cet œuf qui est
ainsi l'animal lui-même est plongé librement dans un liquide
diaphane *c*, lequel est séparé par une membrane fort mince
de l'enveloppe glaireuse extérieure *d*. Le corps *b* de l'embryon s'allonge rapidement en se courbant autour de son
ventre vitelliforme *a*, en sorte que sa tête et sa queue
viennent se toucher au point opposé à celui ou le corps rudimentaire *b* a commencé à paraître. La figure 4 représente
ce nouvel état de l'embryon que l'on voit ployé en cercle
autour de son ventre vitelliforme, et dont la tête est voisine
de la queue naissante en *b* ; bientôt le ventre vitelliforme *a*
de l'embryon commence à devenir plus volumineux, en
sorte que son corps proprement dit *b* cessé d'être ployé en
cercle complet et commence à se redresser, comme on le
voit dans la figure 5. On n'aperçoit encore aucun indice des
yeux. On commence à voir ces derniers dans l'embryon
un peu plus développé, et un peu plus redressé que représente la figure 6. Son ventre vitelliforme a grossi et est
devenu ellipsoïde ; dans cette figure l'embryon est représenté dépouillé des enveloppes de l'œuf ; le développement
continue et bientôt la petite salamandre se présente, toujours dans l'œuf, sous la forme représentée par la figure 7,
b, corps de la salamandre ; *a*, son ventre vitelliforme ; *c*,
branchies naissantes. Ces branchies ne sont pas celles que

possédera la larve, ainsi qu'on va le voir tout-à-l'heure.
Environ douze jours après la ponte, le fœtus toujours dans
l'œuf se présente sous la forme représentée par la figure 8.
aa, branchies de l'embryon ; *bb*, tubercules qui sont les
rudimens des branchies de la larve. Environ dix-huit
jours après la ponte, la jeune salamandre, qui a à peine
trois lignes de longueur, brise les enveloppes de son
œuf d'un vif coup de queue et nage de suite avec rapidité. Sa forme alors est telle qu'elle est représentée par
la figure 9. *aa*, branchies de l'embryon qui sont situées
sur les parties latérales de la face et que, par cette raison, je nomme *branchies faciales* ; *bb*, branchies de la
larve ou *branchies cervicales* naissantes ; *cc*, tubercules qui
sont les rudimens des membres antérieurs. En examinant
les *branchies faciales*, *a a*, au microscope, on y voit la
circulation du sang comme dans les *branchies cervicales*.
Une artère porte le sang jusqu'à leur extrémité, et là se
changeant en veine, ramène le sang vers le cœur. Le canal alimentaire de ces salamandres qui viennent d'éclore
est étendu en droite ligne de la bouche à l'anus. L'œsophage *a* (fig. 10, pl. 25), qui est très grêle, est suivi par
le petit renflement *b* qui constitue l'estomac ; à la suite
de ce dernier est l'intestin *c*, renflement allongé, lequel
offre, près de son origine, le foie *d* à gauche et la rate *e* à
droite. Cet intestin *c*, plus gros que l'estomac *b*, contient
encore la matière jaune du vitellus ; cette matière n'existe
point dans l'estomac. Ce fait est en concordance avec ce
qui a été observé plus haut chez le têtard qui renferme la
matière du vitellus dans son intestin seulement et nullement dans son estomac. Cet intestin cesse bientôt d'être
étendu en droite ligne de l'estomac à l'anus, il s'allonge
graduellement et prend ainsi les replis et les circonvolutions qu'on lui voit dans la suite. Chez la salamandre qui
vient d'éclore, la rate *e* et le foie *d* (fig. 10) sont vérita-

blement deux organes dont l'ensemble binaire est symétrique, car ils sont placés de la même manière aux deux
côtés du canal intestinal, et leur forme est la même ;
seulement le foie excède un peu la rate en grosseur. Cette
observation peut porter à considérer la rate comme étant
le *foie droit* dans un état d'avortement. Le *foie gauche* existerait seul comme organe sécréteur de la bile ; cette sécrétion serait refusée au *foie droit*. On sait que chez les insectes, les organes biliaires existent avec un égal développement à droite et à gauche du canal alimentaire. Il
paraîtrait donc que cet état double et symétrique des organes biliaires existerait généralement, mais qu'il dispa-
raîtrait de bonne heure chez les animaux vertébrés par
l'avortement du *foie gauche* qui prend alors le nom de
rate, masse organique à laquelle on ne connaît point de
fonctions.

Quelques jours après que la salamandre est sortie des enveloppes de l'œuf, les *branchies faciales a a* (fig. 21, pl. 27)
se flétrissent, le sang cesse d'y aborder et bientôt elles disparaissent ; pendant ce temps les *branchies cervicales b b* se
développent et se ramifient.

J'avais déjà annoncé en 1821 l'existence des *branchies
faciales* de la salamandre (1), je les désignais alors sous le
nom de *branchies génales*, parce qu'elles paraissent situées
sur les joues de l'animal ; j'avais constaté leur existence
chez le têtard de la grenouille, mais je n'avais pas encore
saisi leur origine chez ce dernier. C'est ce que j'ai fait depuis, et j'ai vu que ces branchies naissent des deux parties
latérales de l'organe semi-circulaire que j'ai décrit plus haut
(fig. 4, 5, 6, pl. 24). Le têtard de la grenouille observé
dans l'œuf environ six jours après la ponte offre, comme
celui du crapaud de Roësel, l'organe semi-circulaire dont

(1) Bulletin des Sciences de la Société Philomatique, 1821, page 21.

il est ici question. Bientôt la partie moyenne de cet organe semi-circulaire s'efface et disparaît ; et vers le dixième jour il ne reste plus que les deux parties latérales, lesquelles subissent un développement qui les allonge en deux productions cylindriques fort petites. Ces productions cylindriques sont très évidemment les analogues des branchies faciales de la salamandre ; ainsi que me l'a prouvé le fait d'un développement accidentel très considérable de ces branchies faciales, développement que j'ai observé chez un têtard du crapaud accoucheur encore renfermé dans les enveloppes de l'œuf. Chez ce têtard les branchies faciales placées exactement comme elles le sont chez le têtard de la grenouille, avaient acquis une longueur considérable et s'étaient même ramifiées ; elles avaient chacune trois rameaux semblables à des fils déliés d'un rouge vermeil, et flottans dans le fluide aqueux que contenait la coque de l'œuf ; il n'était pas possible ici de méconnaître ces organes pour des branchies ; on ne pouvait méconnaître non plus leur analogie avec les petites productions cylindriques du têtard de la grenouille ; et comme celles-ci dérivent d'un développement particulier de l'organe semi-circulaire décrit plus haut chez le têtard du crapaud de Roësel, il en résulte que cet organe semi-circulaire est véritablement un organe respiratoire. Ainsi il demeure démontré que le fœtus des batraciens possède dans le principe des *branchies faciales*, organe respiratoire temporaire que le fœtus perd lorsque ses *branchies cervicales* se sont développées.

Ce n'est qu'environ un mois après sa sortie de l'œuf, que la salamandre montre les premiers rudimens de ses membres postérieurs ; ces membres, comme les membres antérieurs acquièrent leurs doigts par une sorte de végétation : ils sont incomplets dans le cours de la première année. Ce n'est que lorsque la salamandre est âgée d'un an qu'elle perd ses branchies cervicales, et c'est ce dernier phénomène qui la constitue animal parfait.

Réflexions.

L'œuf des reptiles batraciens offre des différences très remarquables avec l'œuf des reptiles ophidiens et sauriens. Chez ces derniers la matière du vitellus est contenue dans un appendice de l'intestin grêle ; chez les premiers elle est contenue dans l'intestin lui-même, lequel est globuleux dans l'origine, et qui s'allonge en tube par l'effet du développement. Ce n'est qu'après la fécondation que la matière du vitellus est enveloppée par l'*envahissement* de l'intestin chez les oiseaux, et par conséquent aussi chez les reptiles ophidiens et sauriens ; cet envahissement de la matière du vitellus a lieu en grande partie avant la fécondation chez les batraciens et dans leurs ovaires.

Il y a trois modes successifs de respiration chez les oiseaux et les reptiles ophidiens et sauriens ; ces trois modes de respiration sont : 1° la respiration mésentérique ; 2° la respiration vésicale ; 3° la respiration pulmonaire ; ils correspondent à des époques successives du développement du fœtus. Il y a aussi trois modes successifs de respiration chez le fœtus des batraciens : 1° la *respiration branchio-faciale* ; 2° la *respiration branchio-cervicale* ; 3° la *respiration pulmonaire*.

Spallanzani a démontré le premier que le produit de la génération des batraciens femelles est le têtard luimême sous une forme globuleuse, en sorte que le têtard préexiste à la fécondation opérée par le mâle : mes observations confirment pleinement cette découverte de Spallanzani ; mais elles y apportent cependant une modification importante : il est bien prouvé que la femelle des batraciens livre à l'action fécondante du mâle un animal tout formé; mais cet animal n'est point encore un têtard. C'est tout simplement un sac alimentaire pourvu d'une seule ouverture qui deviendra l'anus de l'animal; l'ouverture buccale ne se forme qu'après la fécondation, par l'effet d'une perforation du fond de ce sac alimentaire.

Le fœtus préexistant à la fécondation chez les batraciens est donc véritablement une sorte de polype. J'ai fait voir que ce polypoïde ou ce sac alimentaire s'est formé par l'extension d'une sorte de calotte ou de cloche à deux feuillets, qui a envahi la périphérie de l'œuf ou du vitellus préexistant dans l'ovaire à cet envahissement. Ceci permet de remonter rationnellement à la forme originelle de l'animal, qui, dans le principe, doit avoir été une simple vésicule; laquelle, aplatie sur le vitellus globuleux, a pris, en se développant sur lui, la forme d'une calotte à deux feuillets (1), et par suite celle de deux sacs emboîtés l'un

----

(1) C'est en 1826 que je publiai pour la première fois cette observation touchant la forme originairement vésiculaire de l'embryon avant la fécondation. C'est en 1830 que Purkinge a publié son ouvrage intitulé : *Symbolæ ad ovi avium historiam ante incubationem.* Dans cet ouvrage, Purkinge décrit, dans la cicatricule de l'œuf de la poule, une vésicule un peu aplatie qu'il nomme *vésicule germinative*, et qui existe même dans les œufs non fécondés. N'apercevant plus cette vésicule dans l'œuf sorti de l'ovaire et passé dans l'oviducte, Purkinge admit d'abord qu'elle avait été rompue par les contractions de l'oviducte, et que le liquide qu'elle contenait formait alors un *colliquamentum* qui était l'origine du blastoderme; mais dans une note ajoutée, à ce qu'il paraît, lors de l'impression, il abandonne cette idée. Voici la traduction de cette note : *il me paraît actuellement plus vraisemblable que la vésicule forme le blastoderme, et que ses deux hémisphères s'étendent en double membrane.* Ce mécanisme de l'aplatissement d'une vésicule de manière à former deux membranes ou *calottes* superposées qui s'étendent en se développant sur la surface sphérique du vitellus, et qui forment ainsi le *blastoderme*, c'est-à-dire l'embryon rudimentaire; ce mécanisme, dis-je, est exactement le même que celui que je viens d'exposer par rapport à la vésicule qui, dans l'œuf des batraciens, forme de même l'embryon rudimentaire. Ma découverte à cet égard

dans l'autre, continus au pourtour de l'ouverture anale, et
laissant entre eux une cavité qui est la cavité de la vésicule primitive, et qui est devenue la cavité péritonéale de
l'animal. Le sac externe est devenu la paroi abdominale,
et le sac interne est devenu l'intestin globuleux du têtard.
Mais ce mode de plicature supposerait que le péritoine ne
se réfléchirait sur l'intestin qu'au pourtour des ouvertures
anale et buccale, comme cela a lieu, par exemple, chez
les insectes. Chez eux, en effet, l'intestin est entièrement
libre et flottant dans la cavité abdominale; mais il n'en est
pas de même chez les animaux vertébrés dont l'intestin est
fixé à l'axe vertébral par un mésentère. Cette structure
prouve que la plicature au moyen de laquelle se forme leur
intestin n'est pas tout-à-fait aussi simple que je viens de
l'exposer; et quoiqu'il soit bien démontré que l'intestin se
forme au moyen d'un renversement en dedans de la surface extérieure de l'embryon vésiculaire primitif, c'est-à-
dire au moyen d'une plicature, il n'en est pas moins certain qu'il y a dans le mécanisme de cette plicature formatrice quelque chose qui nous échappe. Les premiers
phénomènes de la formation des animaux sont à une si
grande distance de nos moyens d'investigation, que ce
n'est, pour ainsi dire, qu'à la dérobée que nous pouvons
en apercevoir quelques-uns. Toutefois, le peu que nous
pouvons découvrir nous suffit pour être convaincus
que les animaux ne préexistent point tout formés, et
à l'état d'excessive petitesse dans les êtres générateurs.
Ceci doit ramener les esprits vers le système de l'épigénèse;
mais vers une épigénèse raisonnable. Autant il paraît ab-
surde de supposer avec Bonnet, et d'autres, l'emboîtement

précède de quatre ans celle de Purkinge. D'après cette concordance, il devient à-peu-près certain que l'embryon est produit par la plicature et par le
développement formateur d'une simple vésicule.

primitif de tous les germes les uns dans les autres, autant
il paraît impossible de considérer la formation de l'animal
comme le résultat de l'agrégation de diverses molécules,
ou comme le résultat d'une sorte de cristallisation. L'observation microscopique apprend que tous les êtres vivans,
sans aucune exception, sont composés de petites vésicules
agglomérées. Or, il suffit qu'une de ces vésicules soit soumise à des plicatures particulières, à un mode de développ-
pement particulier pour donner naissance à un nouvel
être, à un animal de l'organisation la plus simple, lequel,
par les lois tout-à-fait inconnues qui président à la génération des animaux, peut parvenir ensuite aux divers
degrés de perfection de l'organisation animale. Ces données
peuvent servir à fortifier l'opinion émise par M. Geoffroy
Saint-Hilaire sur l'unité de composition organique, opinion ingénieuse que je crois très fondée en ceci, que toutes les formes animales dériveraient d'une seule et même
forme primitive.

M. Serrés, dans ses belles recherches sur la structure du
cerveau des animaux vertébrés, a fait voir que le fœtus
d'un mammifère possède dans le principe un cerveau de
poisson qui devient ensuite cerveau de reptile, puis cerveau
d'oiseau, enfin cerveau de mammifère. Ceci prouve bien
évidemment que les quatre classes des animaux vertébrés
sont des modifications d'un seul et même plan primitif.
Les recherches que je viens d'exposer, font remonter un
peu plus haut cette échelle de gradation des formes, en
montrant que le reptile batracien qui est antérieurement
poisson, sous la forme de têtard possède avant cela une
forme analogue à celle d'un simple polype, et qu'il est simple vésicule avant d'affecter la forme polypoïde. Sous ces
deux derniers états, qui sont les états primitifs, il est engendré par la femelle seule qui, comme les polypes, possède ainsi la génération gemmipare, mais pour engendrer

des polypoïdes seulement. Il faut la fécondation du mâle
pour opérer la métamorphose de ce polypoïde en animal
symétrique binaire. Peut-être cela s'opère-t-il par l'union
d'un animalcule spermatique fourni par le mâle avec l'animalcule polypoïde fourni par la femelle.

SECTION IV.

Recherches sur les enveloppes du fœtus des mammifères.

Je n'offre point ici des recherches étendues sur les fœtus
des mammifères; mon but n'est point de chercher, sur
les traces de *Halvey* et de *Haller*, à découvrir ce qui se
passe après la fécondation dans les premiers momens de
l'existence de l'embryon. Ce point si curieux de la science,
sur lequel de grands physiologistes n'ont encore répandu
que de bien faibles lumières, mérite des recherches vastes
et approfondies dirigées sur un grand nombre d'espèces
animales. Je n'offre ici que des observations peu nombreuses, dont le but est de montrer l'identité de structure qui
existe entre l'œuf de quelques mammifères et celui des
oiseaux, auquel je joins l'œuf des ovipares vertébrés qui ne
se métamorphosent point, et d'amener ainsi à cette conclusion naturelle : que chez les premiers comme chez les derniers, l'exo-chorion et l'endo-chorion n'enveloppent qu'a-
près coup le fœtus enveloppé originairement par l'amnios.

Il est prouvé aujourd'hui que les mammifères, comme
les autres animaux, doivent leur origine à un œuf ; cet
œuf, qui est extrêmement petit, avait été vu il y a long-
temps par Graaf dans la matrice de la femelle du lapin,
mais on n'avait pas ajouté foi aux assertions de cet observateur. MM. Prévost et Dumas, et ensuite Baer, ont dé-

puis mis hors de doute l'existence des œufs chez les femelles mammifères. La science n'avait point encore fait
cet important progrès lorsque j'ai publié pour la première
fois les observations que je vais exposer.

§ I. — OEuf de la brebis.

Haller, qui a mis tous ses soins pour découvrir les premiers rudimens de l'embryon chez les brebis fécondées,
n'a pu apercevoir le fœtus que dix-sept jours après la fécondation. Il était alors long de trois lignes, et déjà muni
de toutes ses enveloppes (1). Ainsi Haller n'a point vu l'origine de ces enveloppes; je n'ai point assisté non plus à leur
formation; mais il m'a été permis d'observer la disposition
de ces enveloppes, et de comparer cette disposition à celle
des enveloppes des fœtus d'oiseaux ou de reptiles. Il est
évident que s'il existe de la similitude dans les dispositions,
j'ai pu en conclure la similitude du développement antérieur.

Il n'a point été dans mon pouvoir de constater l'époque
de la fécondation chez les brebis pleines dont j'ai observé
les fœtus; pour suppléer autant que possible à ce qui me
manque à cet égard, j'indiquerai la longueur exacte du
fœtus et son état de développement. Ces renseignemens
suffiront, je pense, à ceux qui seraient tentés de répéter
mes observations.

Première observation. — Le fœtus le moins avancé sur
lequel il m'ait été permis de faire des observations distinctes, ne présentait encore ses quatre membres que comme
des tubercules charnus dans lesquels on ne distinguait rien
de leur forme subséquente. Ses yeux commençaient à pa-

(1) Mémoires de l'Académie des Sciences, année 1757, Physiologie, chap.
de la Conception.

raître comme deux petites taches noirâtres ; il était courbé
en arc et avait six lignes et demie de longueur, depuis la
courbure du croupion jusqu'à celle de la nuque, qui formaient les limites antérieures et postérieures de cet arc.
L'enveloppe de ce fœtus, étendue sous la forme d'un boyau
assez long dans les deux cornes de la matrice, offrait les
membranes suivantes :

1° Une membrane extérieure non vasculaire, qu'une
macération de quelques heures dans l'eau fit tomber en
écailles ; cette membrane est celle que *Haller* appelle *membrane extérieure de l'œuf*; j'avais autrefois considéré cette
membrane ou plutôt cette couche membraniforme comme
étant l'analogue de celle à laquelle Hunter a donné, dans
l'œuf humain, le nom de *membrane caduque*. Cette, analogie me paraissait fondée, puisque la membrane que j'ob-
servais ici était effectivement *caduque* et occupait la surface externe de l'œuf. Cependant, comme il me paraît plus
que douteux qu'il y ait la moindre analogie entre la couche
membraniforme et inorganique qui se trouve sur l'œuf de
la brebis et l'enveloppe fœtale organique et persistante à laquelle Hunter a donné, on ne sait pourquoi, le nom de
membrane caduque dans l'œuf humain, j'ai pris le parti
d'imposer un nom particulier et nouveau à la couche membraniforme dont il est ici question. Je la désignerai doré-
navant sous le nom d'*épiône* (1); elle était intérieurement
adhérente à la suivante.

2° L'exo-chorion qui n'offrait encore aucune trace des nombreux placentas qu'il aura dans la suite ; aussi l'œuf était-il
entièrement libre d'adhérence aux parois de l'utérus ; le
réseau vasculaire de cette membrane était recouvert par un
épiderme fin qu'on ne pouvait en séparer. (2)

(1) Mot dérivé de επι, *sur*, et de ωον, *œuf*.

(2) Cet *épiderme fin* est une enveloppe fœtale à part ; c'est l'enveloppe

3° L'allantoïde, poche non vasculaire remplie d'un fluide diaphane s'étendant en avant et en arrière du fœtus sous la forme d'un boyau, recouverte dans toute sa périphérie par l'exo-chorion ; mais n'enveloppant point le fœtus sur le côté droit duquel elle passe.

4° L'endo-chorion entièrement vasculaire, enveloppant la vésicule ombilicale et l'amnios ; il est immédiatement appliqué sur cette dernière membrane qu'il enveloppe de toutes parts et avec laquelle il paraît confondu, parce qu'il est comme elle extrêmement mince ; mais il est très facile de l'en détacher, et on voit de cette manière qu'il lui est seulement superposé sans aucune adhérence. On voit facilement la continuation des vaisseaux de l'exo-chorion dans l'endochorion, au *point de conjonction* qui est situé du côté du dos du fœtus. L'endo-chorion est séparé de l'exo-chorion par l'allantoïde du côté droit du fœtus, mais du côté gauche il est contigu à ce même exo-chorion avec lequel il se continue.

5° L'amnios, nullement vasculaire, encore appliqué sur le fœtus qu'il touche de toutes parts, excepté aux endroits où il est légèrement soulevé par les membres naissans.

La vésicule ombilicale était adhérente à la partie latérale de l'intestin grêle par une de ses extrémités, et par l'autre elle se terminait par deux très longues cornes. L'abondance de ses vaisseaux la rendait d'un rouge vif ; j'injectai du mercure dans son intérieur par le moyen d'une ponction latérale ; le mercure passa sans difficulté dans l'intérieur de ses deux cornes tubuleuses : il est à remarquer que celles-ci étaient contenues dans l'épaisseur des parois de l'exo-

propre que l'œuf possédait dans l'ovaire, et qui a acquis un grand développement. Ce fait résulte des recherches de Baer, et postérieurement de celles de M. Coste. C'est à cette membrane que O. Cuvier donne le nom de *chorion*, dans ses recherches sur les œufs des quadrupèdes.

chorion (1). L'intestin du fœtus était légèrement courbé, mais ne formait point de circonvolutions; il était d'une grosseur fort remarquable.

Deuxième observation. — Le fœtus courbé en arc avait huit lignes de long depuis la convexité de la tête jusqu'à celle de la croupe; l'œuf étendu, sous la forme d'un boyau, dans les deux cornes de la matrice, avait huit pouces de long. L'épióne commençait à s'exfolier, et l'exo-chorion situé au-dessous commençait à présenter des vaisseaux plus rouges et plus développés là où il répondait aux éminences ou tubérosités qui garnissent l'intérieur de la matrice. L'endo-chorion était libre et non adhérent à l'amnios, et on apercevait facilement le *point de conjonction*; il y avait un peu d'eau dans l'amnios; la vésicule ombilicale était encore adhérente à l'intestin, lequel, diminué de grosseur, commençait à s'étendre en longueur. La figure 1, pl. 26, représente l'œuf de la brebis dans l'état d'avancement que je viens d'indiquer; *a*, est le fœtus courbé en arc; *b*, son foie volumineux; *c*, la cavité de l'amnios; *d*, les vaisseaux ombilicaux; *ee*, la cavité de l'allantoïde; *gggg*, l'épióne ayant au-dessous d'elle l'exo-chorion muni de son *épiderme; mm*, l'endo-chorion se joignant au *point de conjonction o* avec l'exo-chorion. Cette membrane est immédiatement appliquée sur l'amnios; elle correspond, à gauche du fœtus, à l'exo-chorion; elle en est séparée à droite par l'origine de l'allantoïde; *i*, est la vésicule ombilicale pourvue de ses deux cornes; elle est représentée à part et considérablement grossie dans la figure 2. *a*, est le corps de la vési-

(1) Je confondais alors, et je considérais comme une une seule membrane l'exo-chorion vasculaire et l'*épiderme fin* qui le recouvre et lui est adhérent. C'est entre ces deux membranes intimement adhérentes que sont situées les cornes de la vésicule ombilicale.

cule; *bb*, ses deux longues cornes ; *c*, l'endroit par lequel elle tient à l'intestin.

Troisième observation. — Le fœtus avait huit lignes et demie de long. L'épione était presque toute tombée en écailles. Les vaisseaux des placentas nombreux avaient percé *l'épiderme* de l'exo-chorion, et ils commençaient à adhérer aux tubérosités de la matrice. L'amnios rempli d'eau était écarté de deux lignes du corps ; l'endo-chorion ne lui adhérait point encore, et on voyait imparfaitement le *point de conjonction.* La vésicule ombilicale ne tenait plus à l'intestin.

Quatrième observation. — Le fœtus avait un pouce de long ; l'endo-chorion était adhérent à l'amnios et à l'exo-chorion, de sorte que le *point de conjonction* avait disparu. La vésicule ombilicale détachée de l'intestin était éloignée du fœtus. Les placentas étaient formés et adhérens à la matrice.

Cinquième observation. — Le fœtus avait un pouce huit lignes de longueur ; il avait complètement la forme propre à son espèce et les jambes déployées dans l'attitude d'un animal debout, il nageait dans le fluide abondant qui distendait l'amnios. Cette dernière membrane était inséparable de l'endo-chorion et confondue pour ainsi dire avec lui. Le *point de conjonction* avait disparu par l'adhérence complète de l'endo-chorion à l'exo-chorion partout où il n'en était point séparé par l'allantoïde ; à peine restait-il quelques vestiges de l'épione ; de nombreux placentas attachaient l'exo-chorion à la matrice; ils étaient formés chacun de nombreuses digitations qui s'enfonçaient dans des trous pratiqués dans la substance spongieuse de la matrice, ou plutôt les éminences que possède naturellement celle-ci s'étaient grossies et développées de manière à envelopper les *racines* digitées des placentas; un fluide lactescent sortait par la pression de ces éminences de la matrice; la vésicule ombilicale avait disparu; les deux artères ombilicales étaient placées aux deux côtés de la vessie urinaire et contenues dans ses parois; elles venaient, presque contiguës, se rendre dans l'exo-chorion et dans l'endo-chorion, accompagnées par les deux branches de la veine ombilicale bifurquée dans l'abdomen avant d'entrer dans le cordon ombilical.

Il résulte de ces observations :

1° Que l'œuf de la brebis ne possède point de placentas dans les premiers temps de son développement, et qu'il est extérieurement enveloppé par une membrane non vasculaire, l'épione, qu'on ne peut se dispenser de considérer comme l'analogue de la membrane de la coque de l'œuf des oiseaux et des reptiles ;

2° Que l'exo-chorion et l'endo-chorion sont unis par un *point de conjonction* diamétralement opposé à l'implantation des vaisseaux ombilicaux, comme cela a lieu dans l'œuf des oiseaux et des reptiles ;

3° Que l'amnios est dans le principe adhérent au corps de l'embryon, et libre d'adhérence avec l'endo-chorion, comme cela a lieu chez l'embryon des oiseaux ;

4° Que la vésicule ombilicale est située entre l'endo-chorion et l'amnios, comme cela existe pour le vitellus dans l'œuf des oiseaux et des reptiles, et qu'elle est de même un appendice de l'intestin grêle ;

5° Que les vaisseaux ombilicaux ont une origine et une position semblables chez le fœtus de la brebis, et chez celui des oiseaux et des reptiles.

Tout cela prouve la grande analogie qui existe entre l'œuf de la brebis et celui des oiseaux; mais ces œufs diffèrent en un point très remarquable, qui est l'existence chez le fœtus de la brebis d'une allantoïde non vasculaire. Je vais essayer de prouver que cette particularité n'établit point une différence essentielle et fondamentale entre l'œuf de la brebis et celui des oiseaux.

L'allantoïde non vasculaire du fœtus de la brebis est placée entre l'exo-chorion et l'endo-chorion. Ces deux membranes vasculaires qui se continuent par réflexion l'une avec l'autre au *point de conjonction*, sont évidemment formées par la plicature sphérique d'une vessie ovo-urinaire, comme cela a lieu dans l'œuf des oiseaux. Il résulte de là, que l'*allantoïde* ou la poche non vasculaire qui contient l'urine dans l'œuf de la brebis, se trouve réellement contenue dans l'intérieur de la *vessie ovo-urinaire* dont la plicature a formé l'exo-chorion et l'endo-chorion et à laquelle cette poche non-vasculaire n'adhère point. Il paraît donc que cette poche non vasculaire nommée *allantoïde*, s'est détachée de l'intérieur de la vessie ovo-urinaire qu'elle doublait primitivement. Ceci n'est point une pure hypothèse dépourvue de preuves. Il est certain que l'allantoïde non vasculaire du fœtus de la brebis n'est point une continuation de la vessie du fœtus, considérée dans son entier; cet organe, tel qu'il s'est présenté à moi dans ma cinquième observation, paraît composé de deux membranes non vasculaires, dans l'intervalle desquelles sont situées les artères ombilicales et le réseau vasculaire propre à cette poche urinaire. Or, il est facile de voir que l'allantoïde non vasculaire ne se continue qu'avec la membrane intérieure de la vessie : elle est séparée de la membrane extérieure par les artères ombilicales ; elle paraît donc n'être autre chose que l'extension de cet épiderme intérieur qui, par l'effet d'un développement particulier, se serait détaché du réseau vasculaire qu'il recouvre. Rien ne s'oppose donc à ce qu'on admette que les membranes vasculaires du fœtus de la brebis ont la même origine que celles du poulet, c'est-à-dire qu'elles ne sont de même qu'un développement particulier du fond de la vessie du fœtus échappé par l'ouverture ombilicale ; d'il-

leurs des preuves rationnelles et plusieurs preuves directes
confirment ce résultat. J'ai fait voir plus haut l'identité des
vaisseaux qui se distribuent à la vessie ovo-urinaire du
poulet et de ceux qui se distribuent à l'exo-chorion et à l'endo-chorion du fœtus des mammifères; cette identité de
vaisseaux annonce indubitablement l'identité de l'organe
auquel ils se distribuent : or cet organe étant un développement particulier de la vessie chez le poulet, il en doit
être de même chez le fœtus de la brebis. L'identité de
la vésicule ombilicale du fœtus des mammifères avec le vitellus du poulet, est reconnue depuis long-temps; ces deux
organes sont semblablement placés; tous les deux sont hors
de l'amnios et situés sous l'exo-chorion; or cette similitude de
position ne peut provenir que de la similitude du mécanisme
d'enveloppement, mécanisme que j'ai exposé en étudiant
le poulet. Certes si l'induction de l'analogie est permise
dans les sciences, c'est ici qu'elle doit être admise; car on
sait que la nature vivante affecte toujours une marche uniforme dans la production des phénomènes du même genre.
D'ailleurs aux preuves rationnelles que je viens de donner,
se joignent plusieurs preuves directes : telle est surtout
l'existence démontrée du *point de conjonction* dans les premiers temps de l'apparition du fœtus; telle est la position
des artères ombilicales du fœtus de la brebis dans l'épaisseur
des parois de la vessie; tel est encore, dans les premiers
temps, le défaut d'adhérence de l'endo-chorion à l'amnios,
défaut d'adhérence qui annonce que la contiguïté de ces
membranes est récente et que par conséquent l'amnios est
enveloppé depuis peu par l'endo-chorion. J'ai vu en effet
que chez le poulet, où j'ai observé directement cet enveloppement, l'endo-chorion n'adhère point dans les premiers
temps à l'amnios; et que ce n'est qu'après un certain temps
qu'il lui devient adhérent au point de se confondre pour
ainsi dire avec lui. Le même phénomène ayant lieu chez

le fœtus de la brebis, cela ne peut provenir que de la même cause ; ainsi, tout concourt pour prouver que l'identité la plus parfaite existe, quant aux dispositions principales, entre l'œuf de la brebis et celui des oiseaux et de la plupart des reptiles. Tout doit donc porter à reconnaître, chez les premiers comme chez les derniers, l'existence d'un même phénomène général, celui de l'enveloppement de l'amnios par une extension de la vessie. (1)

La matrice de la brebis, dans l'état de vacuité, est garnie d'une assez grande quantité de *bosses* ou de petites tubérosités qui s'aplanissent lorsque cet organe est distendu par le développement de l'œuf; il est à remarquer que ces

(1) Ce travail sur l'œuf de la brebis avait été présenté à l'Institut au commencement de 1814 ; il formait la quatrième section du Mémoire dans lequel j'étudiais aussi l'œuf des oiseaux et celui des reptiles. Feu G. Cuvier, dans le rapport qu'il fit sur ce travail, ne parla que de mes recherches sur l'œuf des oiseaux et des reptiles, se réservant, dit-il, de rendre compte de mon travail sur l'œuf de la brebis dans le mémoire qu'il préparait *sur les œufs des quadrupèdes.* Ce mémoire fut lu à l'Institut, mais son auteur avait oublié d'y parler de mes recherches qui avaient été l'occasion des siennes, et qui avaient établi déjà l'analogie de structure entre l'œuf des quadrupèdes et celui des oiseaux. Comme la priorité de cette découverte aurait pu m'être contestée, je réclamai auprès de l'illustre naturaliste, qui reconnut franchement mes droits dans la lettre que je reproduis ici; elle fut adressée par lui à M. Montègre, qui avait inséré dans la Gazette de Santé, dont il était rédacteur, l'analyse du mémoire sur les œufs des quadrupèdes. Cette lettre a été publiée dans le numéro du 11 février 1816 de cette gazette. La voici :

« Monsieur, j'ai fait un rapport à l'Institut sur la structure des œufs, telle que la développaient les observations contenues dans un mémoire présenté à la première classe par M. Dutrochet, et j'ai fait suivre ce rapport d'un mémoire sur les œufs des quadrupèdes en particulier d'après mes propres observations. Vous avez bien voulu rendre compte de ces deux écrits dans votre feuille, et j'en suis bien reconnaissant; mais vous avez oublié de faire remarquer ce que je disais expressément dans le second, qu'il n'était qu'une suite et un développement de ce que M. Dutrochet avait dit sur l'œuf de la brebis. Comme il pourrait résulter de cette omission, que l'on m'attribuerait

tubérosités sont les seuls endroits où s'implantent les placentas nombreux du fœtus. L'exo-chorion, encore recouvert par l'épione, devient plus rouge dans les endroits où il correspond à ces tubérosités ; il paraît que ses vaisseaux se développent et que les rudimens du placenta se forment en vertu de l'irritation que produit sur l'exo-chorion la compression de ces tubérosités. Bientôt après l'épione étant exfoliée, et les vaisseaux de l'exo-chorion ayant percé l'*épiderme* qui recouvre ce dernier l'adhérence des placentas à la matrice s'opère par le moyen d'une foule de *digitations* ou d'espèces de racines qui sont plongées dans le tissu de la matrice, laquelle se développe et se boursoufle pour

des observations qui appartiennent à ce savant distingué ; je vous prie de vouloir bien rétablir les faits. M. Dutrochet a constaté dans ce qu'il a dit de l'œuf de la brebis, les détails d'analogie que je n'ai fait que suivre dans l'œuf des autres quadrupèdes.

« Je vous prie d'agréer la haute considération avec laquelle j'ai l'honneur d'être, etc.,

« G. CUVIER, secrétaire perpétuel. »

Le 30 janvier 1816.

Le mémoire sur les œufs des quadrupèdes a été imprimé dans les Mémoires du Muséum d'histoire naturelle, tom. III, p. 98. Mais son auteur, malgré ce qu'il dit dans la lettre ci-dessus, a complètement oublié d'y faire mention de mon travail sur l'œuf de la brebis, quoiqu'il parle de ce même œuf et qu'il en donne la figure. C'est sur ses propres observations seulement qu'il y établit l'analogie et presque l'identité de structure entre l'œuf des quadrupèdes et celui des oiseaux.

J'ajouterai ici que M. Coste, dans ces derniers temps, a vu naître la vessie ovo-urinaire chez le fœtus de la brebis, et qu'il a vu cette poche vasculaire envelopper d'une double coiffe le fœtus renfermé dans l'amnios, exactement comme cela a lieu chez le poulet ; en sorte qu'il a confirmé par une observation directe les résultats auxquels j'étais parvenu au moyen de l'observation des traces de cet enveloppement antérieurement opéré, traces qui étaient encore subsistantes chez les fœtus un peu plus âgés que j'ai étudiés.

les envelopper. Au reste, dans les premiers temps,
l'adhérence des placentas à la matrice ne paraît point
différente de celle des racines d'un arbre à la terre. Les
racines des placentas sont baignées par un fluide laiteux
qu'on exprime par la pression des tubérosités de la matrice, et qui paraît être l'aliment destiné à être absorbé par
ces *racines*.

Mes observations m'ont prouvé que le développement du
canal intestinal s'opère chez le fœtus de la brebis de la
même manière que chez le têtard; c'est-à-dire qu'il s'allonge graduellement en diminuant de diamètre; je l'ai vu
d'abord gros et droit, devenir très grêle et disposé en circonvolutions; c'est une preuve de plus à ajouter à celles
qui démontrent l'invariabilité et l'universalité des lois de la
nature vivante.

L'analogie de la vésicule ombilicale avec le vitellus de
l'œuf des oiseaux est connue depuis long-temps; ils reçoivent
l'un comme l'autre les vaisseaux omphalo-mésentériques
et leur position est la même dans l'œuf; mais avant mes
observations on ignorait que cette vésicule fût un appendice latéral de l'intestin grêle, exactement de la même manière que cela a lieu pour le vitellus. M. Oken d'Iéna avait,
il est vrai, déjà annoncé que la vésicule ombilicale tenait
à l'intestin du fœtus par un pédicule, mais il prétendait
que ce pédicule aboutissait à l'extrémité du cœcum, duquel
elle se détachait ensuite. Cette assertion fut formellement
contredite par MM. Hochstetter et Emmert qui nièrent même
tout-à-fait que la vésicule ombilicale fût liée à l'intestin par
un pédicule. Ce fait anatomique étant fort important, j'ai
mis tous mes soins à le constater par un grand nombre d'observations, et afin que tout le monde pût le vérifier avec
facilité, je déposai en 1817 dans la galerie d'anatomie du
Muséum d'histoire naturelle de Paris deux préparations conservées dans l'alcool qui font voir cette adhérence de la vési-

cule ombilicale à la partie latérale de l'intestin grêle chez
le fœtus de la brebis. Je suis le premier qui ait prouvé ce
fait par rapport à un fœtus de mammifère.

L'analogie parfaite qui existe entre les organes et les
membranes fœtales chez le poulet et chez le fœtus de la
brebis, ne permet pas de douter que chez ce dernier
la respiration et la nutrition ne s'exécutent de la même
manière que chez le premier. Cette analogie nous fait
voir, dans les uns comme chez les autres la vessie développée envelopper extérieurement l'amnios, et former
ainsi les membranes vasculaires qui servent à la respiration
et à la nutrition du fœtus, de sorte que les vaisseaux ombilicaux ne sont qu'un développement particulier des vaisseaux de la vessie. Mais il est très probable que, chez les
mammifères comme chez les oiseaux, la vessie n'arrive que
secondairement à remplir ces fonctions primitivement départies à la vésicule ombilicale, l'analogue du vitellus.
En effet, l'état d'injection et de rougeur extrême, où j'ai
trouvé les vaisseaux de la vésicule ombilicale chez le fœtus
de la brebis, ne permet guère de douter que cet organe
n'ait servi à des fonctions importantes, et spécialement à
la respiration du fœtus dans les premiers temps de son existence, comme cela a lieu pour les vaisseaux du vitellus
chez le poulet.

§ II. — OEuf des carnassiers.

L'œuf des mammifères carnassiers, sphérique dans le
principe, est entouré par le placenta de tous côtés, excepté
dans les deux points opposés, par lesquels il n'est pas en
contact avec les parois de l'utérus tubuleux, qui est contracté sur lui. Ces deux points correspondent ainsi à l'axe
du tube que forme l'utérus : c'est sur ces deux pôles de

l'œuf seulement qu'il n'existe point de placenta. L'œuf,
en prenant de l'accroissement, développe considérablement ces deux parties polaires dépourvues de placenta,
et les allonge de manière à donner à l'œuf une forme ovale.
Il en résulte que le placenta cesse d'être périphérique; il
prend la forme d'une ceinture ou d'une zone, qui entoure
l'œuf selon son petit diamètre. La fig. 3 (pl. 26) offre la coupe
idéale et dans le sens du grand diamètre de l'œuf du
chat ainsi développé. On voit en *bb* la coupe transversale
du placenta, formé par le développement en épaisseur
d'une partie de l'exo-chorion *dd*. On voit en *ii* l'endo-chorion. Ce sont les deux enveloppes vasculaires du fœtus,
enveloppes évidemment analogues à l'exo-chorion et à l'endo-chorion de l'œuf des oiseaux et des serpens, car c'est
dans leur intervalle qu'est de même épanchée l'urine du
fœtus, intervalle qui constitue la cavité de la poche ovo-
urinaire. On verra plus bas qu'elles reçoivent les mêmes
vaisseaux, ce qui achevera de démontrer leur analogie.
L'amnios *gg*, immédiatement situé sous l'endo-chorion,
lui devient intimement adhérent après l'époque du milieu
de la durée de la gestation. La vésicule ombilicale *o*, trian-
gulaire et contenant un fluide jaunâtre, est comprise dans
une plicature de l'endo-chorion *ii*, avec lequel elle ne contracte jamais d'adhérence. En dehors de l'exo-chorion *dd*,
on observe une couche membraniforme opaque, jaunâtre,
aa, qui se détache facilement en lambeaux de peu de consistance. Cette membrane extérieure, que j'ai indiquée dans
la figure par une ligne formée de traits séparés, est l'analogue de celle que j'ai désignée sous le nom d'*épiore* dans l'œuf
de la brebis. Quelle est l'origine de cette couche membraneuse ? Elle serait l'analogue de la membrane de la coque
de l'œuf des oiseaux, si elle était, comme elle, le résultat
d'une sécrétion particulière de l'organe éducateur. Or,
voici ce que j'ai observé à cet égard. L'épiore, dans l'œuf

du chien, offre une particularité fort remarquable : elle est
de couleur verte dans le voisinage des deux bords du placenta, qui entoure l'œuf comme une zone. Cette matière
verte étant enlevée de dessus l'œuf, on s'aperçoit qu'il existe
un peu de cette matière verte dans les mailles du tissu des
deux parties latérales du placenta que cette matière recouvrait, parties latérales qui vont en s'amincissant graduellement pour se confondre avec l'exo-chorion. Cette observation permet de penser que la matière verte qui forme ici
une portion de l'épiône serait le résultat d'une excrétion
particulière fournie par les rives du placenta, et cela prouverait que l'épiône tout entière serait le résultat d'une sécrétion opérée par l'exo-chorion, et que par conséquent
elle ne devrait pas son existence à une sécrétion opérée par
l'utérus. On verra plus bas ce soupçon, déjà très fondé,
se changer en certitude. Ainsi l'épiône de l'œuf des mammifères n'est point l'analogue de la membrane de la coque
de l'œuf des oiseaux, bien que sa position soit la même.

L'exo-chorion *dd* (fig. 3, pl. 26) et l'endo-chorion *ii* offrent une structure semblable : seulement l'endo-chorion est
beaucoup plus mince que l'exo-chorion. Tous les deux
offrent des vaisseaux sanguins ramifiés, entre deux membranes *épidermoïdes*. La membrane épidermoïde interne
de l'exo-chorion, et la membrane épidermoïde externe de
l'endo-chorion forment ce que les zootomistes nomment
l'*allantide*. C'est sous ce nom que ces membranes sont
désignées par G. Cuvier dans son *Mémoire sur les œufs des
quadrupèdes*. A ce sujet il est une réflexion à faire. Chez
tous les fœtus des quadrupèdes la cavité des enveloppes
fœtales qui sert de réservoir à l'urine du fœtus et qui communique avec la vessie, est tapissée intérieurement par une
membrane épidermoïde qui, après avoir revêtu la face interne de l'exo-chorion, se réfléchit sur l'endo-chorion dont
elle revêt la face externe. C'est à cette seule membrane épi-

dermoïde que l'on a donné le nom d'*allantoïde*. Or, chez les carnassiers, par exemple, il est évident que cette membrane n'existe point comme un organe à part ; elle est une dépendance de l'exo-chorion et de l'endo-chorion qu'elle revêt. Chez les fœtus des ruminans cette membrane épidermoïde, ou cette *allantoïde*, est lâchement unie aux tissus vasculaires qu'elle recouvre, en sorte qu'il a été possible de la prendre pour un organe à part ainsi que l'ont fait, Galien et tous les zootomistes qui l'ont suivi. Quant à la membrane épidermoïde, qui est intimement adhérente eu dehors à l'exo-chorion et que je prenais pour son épiderme extérieur, G. Cuvier en a fait, avec raison, une enveloppe fœtale à part ; il la désigne sous le nom de *chorion*. Cette membrane est l'analogue de celle qui revêt en dehors l'exo-chorion de la brebis et que j'ai prise à tort pour son épiderme extérieur (1). Il résulte de là que l'analogie établie par l'auteur que je viens de citer entre cette enveloppe et la membrane de la coque de l'œuf des oiseaux est dépourvue de fondement.

La face interne de l'endo-chorion *ii* offre une membrane épidermoïde que l'on distingue bien au poli de sa surface. Il serait impossible de constater autrement son existence, car l'endo-chorion étant d'une extrême ténuité, on ne pourrait le diviser mécaniquement. Cette face interne de l'endo-chorion est en contact immédiat avec l'amnios dans la plus grande partie de son étendue, et ne tarde pas à contracter avec lui l'adhérence la plus intime.

La vésicule ombilicale du chat, *o*, est contenue dans une plicature particulière de l'endo-chorion *ii*; dans laquelle se trouve aussi compris le cordon que forment les vaisseaux ombilicaux et le canal de l'ouraque. Ce dernier s'ouvre à la surface externe de l'endo-chorion. Celui-ci se réfléchit

_____

(1) Voyez ci-dessus la note a au bas de la page 277.

de chaque côté au sommet de la vésicule ombilicale, pour
se continuer avec l'exo-chorion. Pour se faire une idée
de cette réflexion, il suffira de jeter les yeux sur la fig. 4,
pl. 26, qui représente la coupe idéale de l'œuf duchat, faite
par le milieu de la zone du placenta *bbbb*, qui n'est autre
chose que l'exo-chorion dont le tissu vasculaire est développé et augmenté en épaisseur. On voit comment l'endo-
chorion, *iii*, parvenu au sommet de la vésicule ombilicale *o*, qui est vue ici dans le sens de son aplatissement,
se réfléchit de chaque côté pour se continuer avec l'exo-
chorion. Ainsi la vésicule ombilicale est partout située sous
l'endo-chorion, et en cela sa position est tout-à-fait analogue à celle que possède le vitellus dans l'œuf des oiseaux
et des serpens. On peut voir dans la fig. 2, pl. 24, que, chez
ces derniers, le vitellus est effectivement situé immédiatement sous l'endo-chorion; il n'y a de différence dans l'œuf
des carnassiers que le prolongement particulier de l'endo-
chorion, qui sert à envelopper la vésicule ombilicale analogue bien reconnu du vitellus.

Jusqu'ici j'ai établi une analogie bien évidente dans la
nature et dans la disposition des enveloppes fœtales des
mammifères et des serpens ou des oiseaux; je poursuis
les autres points de similitude.

Les artères ombilicales sont, chez les oiseaux, au nombre
de deux; elles naissent des artères iliaques primitives et
se portent à l'exo-chorion et à l'endo-chorion, dans lesquels elles se distribuent. Chez les oiseaux, il n'y a
qu'une seule veine ombilicale; laquelle ayant ses rameaux
dans l'exo-chorion et dans l'endo-chorion, vient se rendre
dans la scissure du foie. Chacun sait que les vaisseaux ombilicaux du fœtus des mammifères ont exactement les mêmes origines et les mêmes terminaisons; nul doute par
conséquent qu'ils ne soient parfaitement identiques avec
les vaisseaux ombilicaux des oiseaux; et ceci est une preuve

irréfragable de plus de l'identité des enveloppes vasculaires auxquelles ces vaisseaux se distribuent chez les mammifères et chez les oiseaux. Comme il n'y a point d'artères
iliaques chez les serpens, les artères ombilicales naissent
immédiatement de l'aorte abdominale. Leur veine ombilicale se rend, comme à l'ordinaire auprès du foie. Ainsi
il n'y a dans tout cela qu'un seul plan légèrement modifié,
selon la classe à laquelle appartient l'animal. Il existe donc
une similitude de structure des plus évidentes entre l'œuf
des mammifères carnassiers et celui des oiseaux et des serpens. Cependant il existe entre eux deux différences qu'il
est essentiel d'étudier pour savoir à quoi se réduit leur
valeur : la première est l'existence du placenta dans l'œuf
des mammifères, et son absence dans l'œuf des ovipares ;
la seconde est relative à la position du point de conjonction,
lequel, placé au point g (fig. 5, pl. 23; et 2, pl. 24), chez
les oiseaux et les serpens, paraît, dans l'œuf des mammifères
carnassiers, être placé au point m (fig. 4, pl. 26).

Le placenta simple ou multiple de l'œuf des mammifères est engendré par le développement en épaisseur de
l'une des enveloppes vasculaires du fœtus ; aussi n'existe-
t-il point dans les premiers temps du développement de
l'œuf des mammifères, ainsi que je l'ai noté dans mes recherches sur les enveloppes du fœtus de la brebis. J'ai vu
que ce fœtus avait déjà une longueur de plus de six lignes
et l'œuf une longueur totale de plus de six pouces qu'il n'y
avait pas encore de placenta. L'œuf revêtu en dehors de
l'épione sur toute sa surface et parfaitement libre dans l'intérieur de l'utérus, ne puisait les matériaux de son accroissement que dans les fluides sécrétés par cet organe. Ce fait
a été confirmé depuis par M. Bojanus (1) qui a confirmé

(1). Sur la vésicule ombilicale du fœtus de brebis, dans le Journal complémentaire du dictionnaire des sciences médicales, tom, ii, p. 34.

également par ses observations ce que j'avais avancé touchant le pédicule qui, dans le principe, unit la vésicule ombilicale à l'intestin grêle. Plus tard j'ai vu les placentas naître et se développer les uns après les autres par l'augmentation en épaisseur et par le développement vasculaire de certaines parties de l'exo-chorion. Or, j'ai observé que ce développement n'a lieu que dans les endroits où l'œuf se trouve pressé par les tubérosités saillantes dont est garnie la surface intérieure de l'utérus de la brebis. Par conséquent la formation des placentas n'est point le résultat du développement d'organes préexistans à l'état d'invisibilité; c'est en quelque sorte un développement *accidentel*, puisqu'il peut avoir lieu sur toutes les parties de l'exo-chorion indistinctement : il suffit pour cela que le hasard fasse correspondre ces parties avec les tubérosités de l'utérus. Je m'arrête sur ces particularités, afin de prouver que le placenta n'existant point originairement comme organe spécial dans l'œuf des mammifères, et n'étant véritablement qu'un développement en épaisseur de l'une des enveloppes vasculaires du fœtus, son existence ou son absence ne doivent point entrer en considération, lorsqu'il s'agit de comparer ensemble l'œuf des mammifères et celui des oiseaux sous le point de vue de leur structure fondamentale.

J'aborde la seconde des différences que j'ai indiquées plus haut, celle qui résulte de la position particulière du *point de conjonction* dans l'œuf des mammifères carnassiers. Cette position prouve évidemment que l'enveloppement du fœtus par la double coiffe de la vessie ovo-urinaire ne s'est point fait par un mécanisme exactement semblable chez les mammifères carnassiers et chez les oiseaux ou les serpens. Chez ces derniers, la vessie ovo-urinaire, en se développant graduellement, a enveloppé le fœtus et son vitellus comme un bonnet de nuit d'homme enveloppe sa

tête, c'est-à-dire, en leur formant une double coiffe. Chez
les mammifères carnassiers, il est évident que le fœtus, revêtu de son amnios et muni de sa vésicule ombilicale, s'est
enfoncé dans une dépression profonde de la vessie ovo-urinaire, dont le développement était considérable dès les
premiers temps; en sorte que les bords de cette vessie déprimée se sont réunis et sondés en partie au point *m* (fig. 4,
pl. 26). C'est ainsi que l'on voit dans les fig. 1, et 2, pl. 24,
les fœtus des serpens logés dans une dépression profonde de
leur vitellus. Le fœtus enfoncé de plus en plus dans cette dépression de la vessie ovo-urinaire s'en est fait de cette manière une double coiffe qui l'entoure comme un bonnet de
nuit d'homme entoure la tête, et lorsque l'enveloppement
est devenu complet, le *point de conjonction* s'est trouvé sur
l'origine du cordon ombilical, au lieu de se trouver fort
éloigné de cet endroit, comme cela s'observe dans l'œuf
des oiseaux et des serpens. Ce mécanisme d'enveloppement
résulte évidemment de l'inspection de la structure de l'œuf,
et il ne diffère, comme on le voit, que très légèrement du
mécanisme d'enveloppement que l'on observe dans l'œuf
des ovipares : ce sont deux variétés d'un seul et même phénomène. Ainsi l'observation démontre la plus parfaite analogie de structure, quant au nombre, à la nature et à la
disposition des enveloppes fœtales entre l'œuf des oiseaux
et des serpens et celui des mammifères carnassiers.

§ III. — *OEuf de la musaraigne* (sorex musaraneus).

C'est dans le courant du mois d'avril et dans le commencement du mois de mai que l'on trouve des musarai-
gnes dans l'état de gestation. Le fœtus le plus jeune que
j'ai eu occasion d'observer n'avait que trois lignes de longueur, et ses quatre membres paraissaient seulement comme

des bourgeons charnus. L'œuf, étudié de l'extérieur à l'intérieur, offrait d'abord l'épiône sous la forme d'une légère couche comme pulvérulente, appliquée sur l'exo-chorion. Cette dernière enveloppe était diaphane, fort mince et très peu vasculaire; elle était immédiatement appliquée sur l'endo-chorion, mais ne lui était point adhérente. L'exo-chorion était continu avec les bords d'un placenta orbiculaire, et là il se réfléchissait par sa face interne pour se continuer avec la face externe de l'endo-chorion situé au dessous. Celui-ci était très vasculaire, et d'une superbe couleur verte; on voyait les vaisseaux sanguins, de couleur rouge, se ramifier dans cette enveloppe verte, ce qui offrait un aspect fort agréable. Desirant savoir à quoi tenait cette couleur verte de l'endo-chorion, j'en soumis des fragmens au microscope, et je vis que le tissu de cette enveloppe était diaphane par lui-même, et qu'il ne devait sa belle couleur verte qu'à une matière de cette teinte qui était déposée dans les cellules de son tissu comme la graisse l'est dans les mailles du tissu cellulaire adipeux. L'existence d'une matière colorante verte dans les cellules d'un organe animal est à coup sûr un phénomène bien singulier, car cette couleur semblait jusqu'ici appartenir exclusivement aux végétaux. La couleur verte, en effet, ne s'observe ordinairement chez les animaux que dans quelques-unes de leurs sécrétions, telles que la bile et le mucus. Ici je dois rappeler que j'ai remarqué une semblable matière verte sur les rives du placenta annulaire du chien. J'ai dit que cette matière, qui formait l'épiône dans cet endroit, s'observait aussi dans les mailles du tissu organique de l'exo-chorion. On pouvait penser qu'elle avait été sécrétée par l'utérus, et qu'elle ne se trouvait dans les mailles de l'exo-chorion que parce qu'elle y avait été transportée par l'absorption. Actuellement il m'est prouvé que les enveloppes vasculaires du fœtus sont quelquefois aptes à la sécréter,

et à en remplir les cellules de leur tissu. Cela prouve donc
que la matière verte qui borde le placenta annulaire du
chien est produite par l'exo-chorion, et que c'est par une
exsudation de ce dernier qu'elle se trouve déposée à sa surface. Cette observation sert de complément aux preuves
précédemment alléguées pour établir que l'épione est le résultat d'une sécrétion de l'exo-chorion. Mais je reviens à
l'œuf de la musaraigne. Au-dessous de l'endo-chorion se
trouvait l'amnios, étroitement appliqué sur le fœtus, et
soulevé seulement dans quelques endroits. Il était parfaitement libre d'adhérence avec l'endo-chorion ; je n'ai pu apercevoir aucune trace de la vésicule ombilicale. Lorsque la
gestation est avancée, on ne trouve le fœtus entouré que
d'une seule enveloppe de couleur brunâtre. L'exo-chorion,
l'endo-chorion et l'amnios se sont soudés intimement, en
sorte que la cavité de la vessie ovo-urinaire, cavité qui était
située entre l'exo-chorion et l'endo-chorion a complètement disparu.

§ IV. — Œuf des rongeurs.

L'œuf des rongeurs s'écarte considérablement du plan
suivant lequel sont disposées les enveloppes du fœtus des
autres mammifères. Cet œuf a été décrit d'une manière
fort exacte par G. Cuvier, dans son Mémoire sur les
œufs des quatrupèdes. Ainsi, je n'ajouterai rien à la
description qu'il en a donnée : seulement j'émetterai une
opinion différente de la sienne sur l'une des enveloppes de
cet œuf.

L'œuf du lapin, observé douze jours après l'accouplement, offre la structure représentée par la fig. 5, pl. 26. Le
placenta o est divisé en deux couches par un sillon; il reçoit
exclusivement les vaisseaux ombilicaux, dans l'intervalle

desquels on aperçoit une vésicule *t*, qui communique avec la vessie du fœtus, et qui par conséquent est la cavité ovo-urinaire, ou plutôt le reste de cette cavité qui a échappé à l'oblitération. Le reste du pourtour de l'œuf offre extérieurement une couche membraneuse sans vaisseaux *mm*, qui est ici figurée par une ligne ponctuée, et que je considère comme l'épione : G. Cuvier lui donne le nom de *chorion*. Au-dessous de cette épione se trouvent deux enveloppes vasculaires superposées et en contact, mais non adhérentes l'une à l'autre, *b c*. La plus extérieure *b* de ces enveloppes, recouverte presque partout par l'épione, et occupant la place où se trouve l'exo-chorion dans l'œuf des autres mammifères, se glisse sous le placenta, dont elle tapisse la face inférieure; elle se réfléchit ensuite sur le cordon ombilical, pour se continuer avec l'enveloppe intérieure *c*, laquelle, en contact immédiat avec l'amnios *a*, occupe la place où se trouve l'endo-chorion dans l'œuf des autres mammifères (1). Les deux enveloppes vasculaires dont il est ici question, reçoivent exclusivement les vaisseaux omphalo-mésentériques : ainsi nul doute qu'elles ne soient formées par la plicature de la vésicule ombilicale. Il résulte de là, que le fœtus, revêtu de son amnios, au lieu d'être enveloppé par la double coiffe formée par la plicature de la vessie ovo-urinaire, comme cela a lieu chez les autres mammifères, se

(1) L'assemblage des enveloppes fœtales du lapin est loin d'offrir l'épaisseur que représente ici ma figure. Les coupes idéales que j'emploie pour qu'on puisse saisir d'un coup-d'œil la position des enveloppes du fœtus sont des représentations fort grossières de ces objets. Isolé dans une campagne lorsque j'ai fait ce travail, j'ai été obligé de dessiner moi-même ces figures, je n'ai pu leur donner la perfection que j'aurais pu obtenir d'un dessinateur. Toutefois, et malgré leur imperfection, ces figures sont suffisantes pour donner une idée très exacte de la situation et des rapports respectifs des diverses enveloppes fœtales.

trouve ici enveloppé par une double coiffe formée par la
plicature de la vésicule ombilicale. Le mécanisme de l'enveloppement est le même; mais les deux poches ou vésicules ont changé de rôle. Le fœtus, muni de son amnios,
s'est enfoncé dans une dépression profonde de sa vésicule ombilicale, comme on voit, dans la figure 1,
planche 24, le fœtus de serpent muni de son amnios
enfoncé dans une dépression profonde de son vitellus. La
vessie ovo-urinaire saillante hors de cette dépression, comme
on le voit de même dans la figure 5, pl. 26, n'a pas étendu
plus loin son développement, elle s'est oblitérée dans
cette position, et dans son état d'aplatissement ses deux
parties inférieure et supérieure contiguës se sont soudées,
et ont formé le placenta o composé de deux couches, tel
qu'on l'observe chez le fœtus du lapin. L'analogie est ici
tellement évidente, qu'il est difficile de se soustraire aux
conséquences théoriques que j'établis ici. La partie *i*
de la vessie ovo-urinaire n'est autre chose que le reste
de cette vessie qui a échappé à l'oblitération. Quant à
la membrane *mm*, que je considère comme l'épione,
et qui disparaît assez promptement, il serait possible
que ce fût une véritable *membrane de la coque*: cela
établirait une similitude de plus entre cet œuf et celui des
oiseaux et des serpens, considéré dans les premiers temps
de son développement. Ce rapprochement très lumineux,
a été établi par G. Cuvier, dans son Mémoire sur les œufs
des quadrupèdes; je me plais à le reproduire ici, pour
rendre hommage à sa justesse. Je dois toutefois faire observer que cet auteur donne ici le nom de *chorion* à une
membrane tout-à-fait différente de celle à laquelle il im-
posait ce nom dans l'œuf des autres mammifères. Or, ce
n'est qu'ici que cet illustre naturaliste se trouve en harmonie avec ses principes. Donnant en effet le nom de *chorion*
à la membrane de la coque de l'œuf des oiseaux, il peut;

par une conséquence naturelle, appliquer la même dénomination à la membrane non vasculaire qui entoure extérieurement l'œuf des rongeurs, puisqu'il est possible que
cette membrane soit l'analogue de la membrane de la coque.
Mais l'observation repousse toute espèce d'analogie à établir entre cette dernière membrane et celle à laquelle
G. Cuvier impose également le nom de *chorion* dans l'œuf
des mammifères carnassiers, ruminans, solipèdes et pachydermes. En dehors du prétendu *chorion*, G. Cuvier
admet, dans l'œuf du lapin, une *membrane caduque :* ce
n'est dans le fait qu'un mucus jaunâtre, qui remplit toutes
les parties de l'utérus non occupées par les œufs, et qui recouvre ces derniers dans toute la portion de leur surface
qui n'est pas occupée par le placenta. C'est tout simplement une sécrétion de l'utérus, qui n'affecte point la forme
d'une couche membraneuse.

Il résulte de ces diverses observations et des inductions
analogiques auxquelles elles ont conduit, que le fœtus des
mammifères, des oiseaux et de plusieurs reptiles possède
dans le principe deux vésicules saillantes hors de son abdomen : l'une est la vésicule ou la vessie ovo-urinaire ; l'autre est la vésicule ombilicale, autrement le vitellus. Suivant
certaines circonstances déterminantes, le fœtus, entouré
de son amnios, s'enveloppe d'une double coiffe, formée
par la plicature de l'une ou de l'autre de ces deux vésicules, laquelle l'entoure ainsi de deux enveloppes vasculaires
qui se réfléchissent l'une sur l'autre, à-peu-près de la même
manière qu'un bonnet de nuit enveloppe la tête d'une
double coiffe. Comme la vessie ovo-urinaire est un prolongement de la vessie, il en résulte que l'exo-chorion et
l'endo-chorion sont engendrés par une extension de la
vessie du fœtus, et que les artères ombilicales qui portent
les matériaux de la nutrition à ces enveloppes fœtales sont
véritablement des artères vésicales ; aussi, chez les très jeu-

nes fœtus des quadrupèdes, trouve-t-on toujours les artères
ombilicales, à leur origine, contenues dans les parois
mêmes de la vessie urinaire. Au reste; les observations recueillies jusqu'à ce jour prouvent que ces vaisseaux sont
seuls aptes à s'enraciner dans l'utérus, pour y puiser les
matériaux nécessaires à leur nutrition. On n'a point encore
vu les vaisseaux omphalo-mésentériques remplir cette fonction; peut-être des observations dirigées sur un plus grand
nombre de familles de quadrupèdes prouveront-elles un
jour que cette exclusion n'est point générale. Les faits que
je viens d'exposer ne laisseront, je l'espère, subsister aucun
doute sur l'analogie qui existe entre l'œuf des quadrupèdes
ruminans carnassiers et plantigrades, et l'œuf des oiseaux
et des serpens. L'œuf des pachydermes et des solipèdes
n'en est pas non plus essentiellement différent. Quant à
l'œuf des rongeurs son anomalie apparente se laisse ramener très facilement à l'analogie fondamentale. Il résulte
de cet ensemble de faits que les oiseaux, les reptiles ophidiens et sauriens et les quadrupèdes mammifères, ne présentent dans leur œuf qu'une seule et même structure fondamentale diversement modifiée. Quant à l'œuf humain
sur lequel j'ai autrefois jeté quelques regards et sur lequel
j'ai émis quelques opinions différentes de celles qui sont
actuellement admises, je crois devoir renoncer ici à m'en
occuper. Je n'ai eu que deux occasions d'étudier cet œuf
ou conservé dans l'alcool ou à l'état frais, et dans l'un et
l'autre cas trop âgé pour qu'il fût possible d'émettre des
idées bien positives sur la nature de ses enveloppes. Ce
point fort obscur de la physiologie humaine est débattu par
les hommes scientifiques que leur position met à même de
pouvoir fréquemment observer cet œuf, lequel, j'en ai la
ferme conviction, possède une structure analogue à celle
de l'œuf de la plupart des autres mammifères; et se trouve
soumis au même mode d'enveloppement. Mes observations

incomplètes sur cet objet n'ayant rien ajouté à la science, à proprement parler, puisqu'elles n'aboutissent qu'à établir des probabilités qui peuvent être en partie démenties par l'observation directe, je m'abstiens de les reproduire ici.

XIX.

OBSERVATIONS

SUR L'OSTÉOGÉNIE,

ET

SUR LE DÉVELOPPEMENT DES PARTIES VÉGÉTANTES DES ANIMAUX. (1)

L'évolution des êtres organisés se présente à l'observation sous deux aspects différens : tantôt on observe l'apparition de parties nouvelles, tantôt on voit des parties toutes formées augmenter de volume et de masse par développement. Les animaux nous offrent ces deux modes d'évolution. Dans les premiers temps de leur existence, ils s'accroissent par l'apparition de parties nouvelles ; lorsque ce mode d'évolution a complété leur être, ils n'éprou-

(1) Ce mémoire a été publié en 1822, dans le tome xcv du Journal de physique, p. 161. J'y ai fait quelques additions.

vent plus que le développement de totalité. Ainsi, il y a deux phases bien distinctes dans l'évolution des animaux : dans la première, les parties prennent la forme et l'organisation qu'elles doivent posséder : c'est l'*évolution formatrice*; dans la seconde, les parties complètement douées de leur forme extérieure et de leur organisation intérieure, augmentent simplement de masse : c'est le *développement proprement dit*. L'étude de l'évolution formatrice est encore neuve en physiologie. L'*organogénie* est une science presque tout entière à créer; chez les animaux on n'a guère observé d'une manière exacte que la formation des os, encore les observations faites sur cette matière laissent-elles beaucoup à desirer.

Les recherches de M. Serres, sur l'ostéogénie, ont appelé l'attention des physiologistes sur cette partie si obscure de la science des corps vivans. Mais cet habile observateur n'a pas étudié les phénomènes de l'origine des os dans toute leur étendue; il a cherché à déterminer le nombre des pièces osseuses dont les os sont primitivement composés, et la position de leurs points d'ossification; mais avant que ces points d'ossification se manifestent à l'observation, il existe des phénomènes d'ostéogénie extrêmement remarquables. Les os existent à l'état gélatineux avant de devenir solides par l'addition du phosphate calcaire ; c'est dans cet état primitif qu'il faut les observer, si l'on veut acquérir des notions exactes sur les phénomènes de leur formation. La connaissance du nombre et de la position des points d'ossification est importante sans doute, mais elle n'apprend point le mode d'origine des os; puisqu'il est vrai que ceux-ci préexistent sous l'état gélatineux au dépôt du phosphate calcaire dans leur tissu. J'ai donc cru devoir donner à mes observations une direction différente. L'apparition des points d'ossification ne m'a paru qu'un phénomène secondaire; je me suis spécialement

attaché aux phénomènes primitifs, à ceux que présente
la formation des os sous l'état gélatineux. Ce sont ces
phénomènes que j'entreprends d'exposer ici; mais avant
d'entrer dans leur exposition, je dois offrir quelques considérations préliminaires.

Toutes les parties du corps animal qui deviennent solides par l'addition du phosphate calcaire ne sont pas des
os, à proprement parler, car on ne doit donner ce nom
qu'aux organes originairement destinés par la nature à
former la charpente solide du corps. Ne serait-ce pas, par
exemple, abuser des mots que de donner le nom d'*os* aux
ligamens, aux tendons ou aux artères, lorsque ces organes
acquièrent de la solidité et de la dureté par le dépôt du
phosphate calcaire dans leur tissu? Il est donc indispensable de désigner ces parties, que leur solidité assimile aux
os, par un nom particulier, afin d'éviter les idées fausses
qui naissent trop souvent de l'abus des mots. Je diviserai
donc les parties rendues solides par le phosphate calcaire
en deux classes: 1° les os proprement dits; 2° les *ostéides* (1). L'observation prouve qu'il y a des *ostéides* qui font
constamment partie du système osseux dans son état de
perfection, et des *ostéides accidentels*; ces derniers sont
morbides ou *séniles*, il n'entre point dans mon plan de m'en
occuper.

Les os se forment par une sorte de végétation; si ce
phénomène n'a pas encore été aperçu, c'est qu'il s'opère
avant que ces organes soient assez développés pour être
faciles à observer. Cette végétation n'est point apercevable
chez les animaux à sang chaud, mais on la voit chez les
reptiles, et notamment chez la larve de la salamandre
aquatique; et chez les têtards des batraciens. C'est seulement sur ces animaux que j'ai fait les observations d'os-

(1) Mot dérivé par contraction de ὀστέον, os, et de εἶδος, *forme* ou *figure*.

téogénie que je vais exposer; mais auparavant je dois rendre compte des moyens d'investigation que j'emploie dans ces recherches d'anatomie délicate.

Les animaux, encore fort petits, qu'il faut observer pour étudier les phénomènes de l'ostéogénie, se prêtent bien difficilement à la dissection par les seuls moyens que l'on emploie ordinairement. J'ai donc été dans la nécessité d'avoir ici recours à un procédé nouveau. Je plonge le petit animal, ou celle de ses parties que je veux étudier, dans une dissolution peu concentrée de potasse caustique (*hydrate de potasse*), et je l'y laisse un certain temps. L'action de cet alkali dissout les parties les plus molles ou les rend plus faciles à détacher des parties plus solides que l'alkali attaque peu ou n'attaque point du tout. Alors je transporte l'animal ainsi préparé dans un vase rempli d'eau pure, et je le fixe avec des épingles au fond de ce vase que recouvre une couche de cire. Par ce procédé la dissection de ces objets délicats devient plus facile. Avec des pinces très fines et un scalpel très aigu, on enlève facilement les parties molles à demi liquéfiées par l'action de l'alkali, et l'on obtient ainsi les os à l'état complétement gélatineux. On peut les suivre ainsi dans toutes les phases de leur évolution. C'est ainsi que j'ai fait les observations suivantes.

Les os que l'on aperçoit les premiers d'une manière distincte chez la larve de la salamandre aquatique, sont les corps des vertèbres; ils se présentent sous la forme représentée par la figure 1 (pl. 27), chacun d'eux est composé de deux petits cônes creux et tronqués *bb*, opposés par leur sommet; ils ressemblent en cela aux corps des vertèbres des poissons. Je donne à ces os le nom générique d'*os dicônes* (1); j'aurai occasion de les observer ailleurs.

(1) Mot dérivé de δίς, *deux fois*, et de κῶνος, *cône*.

La moelle épinière, dépourvue de toute enveloppe osseuse, est située à la partie postérieure de la colonne vertébrale, uniquement formée par la série longitudinale des os dicônes dont je viens de parler. L'aorte est située à sa partie antérieure.

Si on suit les progrès de l'accroissement de ces petits os dicônes, on voit qu'ils s'allongent de chaque côté par une véritable végétation de leurs deux orles opposés, et qu'en même temps ces orles s'évasent; bientôt on voit naître sur leur corps des végétations osseuses qui diffèrent dans les diverses régions de la colonne vertébrale. Je vais les étudier d'abord dans la région caudale, bien que ce soit dans cette région qu'elles sont le plus tardives à se développer.

On voit paraître sur chaque os dicône ou corps de vertèbre deux petits bourgeons cartilagineux *ii* (fig. 2); ils s'accroissent par un développement végétatif. Les tiges cartilagineuses qui en émanent se courbent en arc sur la moelle épinière, comme on le voit dans la figure 3, où la vertèbre est vue d'avant en arrière: *a* cavité de l'os dicône; *bb* productions cartilagineuses qui enveloppent la moelle épinière, laquelle est située dans leur intervalle *c*. Ces productions cartilagineuses, comme on le voit, naissent sur deux points de la partie latérale et postérieure de l'os dicône; plus tard on voit naître, sur la partie antérieure et médiane de ces mêmes os, deux nouvelles productions *dd* (fig. 4), lesquelles tendent à envelopper l'artère située dans leur intervalle; plus tard encore, on voit que les productions cartilagineuses qui enveloppent la moelle épinière, se joignent et forment, en se soudant l'une à l'autre, un canal complet à cette dernière comme on le voit dans la figure 6. Ces productions cartilagineuses, qui à leur naissance étaient cylindriques, n'ont point tardé à s'aplatir et à former ainsi une lame qui s'ossifie promptement. La figure 5 représente, vue de côté, la même

vertèbre que l'on voit d'avant en arrière dans la figure 4.
Telle est la génération des lames des vertèbres; avant que
leur réunion soit complète, on voit naître les apophyses
transverses *ii* (fig. 6) dont les bourgeons producteurs ne sont
point situés sur l'os dicône, mais bien sur la partie externe
des lames des vertèbres.

Les vertèbres dorsales et lombaires diffèrent des vertèbres caudales en cela qu'elles n'ont point d'apophyses épi-
neuses antérieures et qu'elles possèdent deux apophyses
transverses fort courtes de chaque côté. Ces apophyses *ii*
sont situées sur ces lames *bb* de la vertèbre (fig. 7); elles
sont articulées avec les deux branches d'une côte fourchue,
branches qui, dans le principe, paraissent former deux
côtes de chaque côté; l'une est fort longue relativement à
l'autre, qui ne s'étend que de l'apophyse à la bifurcation.
Je n'ai point vu l'isolement parfait de ces deux côtes; elles
sont, dans l'origine, réunies à l'endroit de la bifurcation
par un faible ligament qui s'ossifie bientôt. Il paraît que
ce sont ces deux côtes que l'on trouve isolées chez plusieurs
poissons. Quoi qu'il en soit, il est certain que c'est de cette
disposition que dérive la double articulation des côtes de
la salamandre adulte.

Les os dicônes vertébraux de la larve de la salamandre
aquatique sont creux; leur centre, qui n'est point osseux,
offre une cavité tubuleuse ou plutôt doublement conique.
Peu-à-peu le progrès de l'ossification obstrue ce canal central dans son milieu, c'est-à-dire, à l'endroit où les deux
évasemens coniques de ce canal sont réunis par leur sommet: l'os dicône vertébral n'offre plus alors que deux cavités
cyathiformes isolées qui contiennent une substance gélatineuse ou demi cartilagineuse. Ces os ressemblent en cela,
comme par leur forme générale, aux corps des vertèbres des
poissons. Vers l'époque de la métamorphose, on voit s'ossifier
une production gélatineuse ou demi cartilagineuse qui sort

de la cavité cyathiforme antérieure de chaque os dicône vertébral. Cette production osseuse arrondie est une véritable
tête articulaire qui pénètre dans l'intérieur de la cavité cyathiforme postérieure de l'os dicône situé au-dessus, et avec lequel elle s'articule. Cette tête articulaire, ajoutée ainsi après
coup à la partie antérieure de chaque corps de vertèbre,
est une véritable épiphyse semblable en tous points aux
épiphyses articulaires des os des membres, ainsi qu'on
le verra plus bas. La figure 8 représente une vertèbre
dorsale de la salamandre adulte, vue par sa partie antérieure. *a*, os dicône ou corps de la vertèbre, *b*, tête articulaire, *c* cavité articulaire.

L'évolution des vertèbres est un peu plus facile à observer chez les têtards des batraciens qu'elle ne l'est chez la larve
de la salamandre aquatique ; aussi suis-je parvenu à voir,
chez les têtards, la formation des os dicônes vertébraux,
formation que l'on n'aperçoit point du tout chez les salamandres. Le têtard qui se prête avec le moins de difficulté
aux observations de ce genre est celui de la grenouille des
arbres (*rana arborea*). La peau et les parties molles de ce
têtard ont fort peu de consistance, il est par conséquent
très facile à disséquer, surtout à l'aide de la solution de
potasse caustique.

La colonne vertébrale du têtard est, dans le principe, un
cordon gélatineux ou démi cartilagineux d'une seule pièce ;
on n'y remarque aucune trace de division; non-seulement il
n'y a point d'os séparés, mais il n'y a point d'os du tout. Ce
cordon gélatineux est revêtu par une gaîne fibreuse d'une
seule pièce. Derrière lui est située la moelle épinière. Lorsque
le têtard a acquis environ l'âge d'un mois, on commence à
apercevoir de petites productions ou tiges coniques qui naissent de distance en distance et de chaque côté sur le cordon
gélatineux. Ces petites tiges sont les premiers rudimens de
l'enveloppe osseuse de la moelle épinière. La figure 9 re-

présente la coupe transversale du cordon gélatineux dans
l'un des endroits où il offre les deux tiges coniques dont il
vient d'être question. *a*, coupe transversale du cordon gélatineux ; *bt*, tiges gélatineuses et coniques qui, par leur
développement, tendent à envelopper la moelle épinière
située dans leur intervalle *c*. Quelque temps après les deux
tiges gélatineuses *bb* se bifurquent à leur extrémité, comme
on le voit dans la figure 10. Plus tard, les deux branches
internes courbées l'une vers l'autre, comme on le voit dans
la figure 11, se soudent par leurs extrémités au point *c*, et
forment ainsi une enveloppe ou plutôt un cercle complet
autour de la moelle épinière. Les deux branches externes
dd forment ce que l'on appelle les apophyses transverses.

Dans les observations qui viennent d'être exposées il
n'est point encore question de pièces osseuses. Tout est
gélatineux dans les organes dont il est ici question.
A ce sujet, il est une cause d'erreur contre laquelle je
dois prémunir les observateurs. En enlevant la peau qui
recouvre le dos du têtard on trouve une matière crayeuse
assez abondante qu'on pourrait prendre pour une substance
osseuse encore fort molle ; mais il n'en est rien. Cette matière crayeuse qui est, je pense, du phosphate de chaux,
est déposée dans le tissu cellulaire qui environne la colonne
vertébrale encore gélatineuse. Elle se trouve là, à ce que
je pense, pour être absorbée par les organes gélatineux
dont il vient d'être question, et pour servir ainsi à la formation des os auxquels ces organes doivent donner naissance. Ce fait n'est pas le seul qui me fasse penser que les
organes ou leurs élémens organiques se nourrissent par
l'absorption qu'ils exercent sur les matières que les vaisseaux déposent auprès d'eux.

Ce n'est guère qu'après l'âge de deux mois, que l'on
commence à apercevoir chez le têtard de la grenouille
des arbres un commencement d'ossification dans la co-

lonne vertébrale. En observant à cette époque les tiges
gélatineuses dont on vient de voir l'origine, on voit que les
branches externes *dd* (fig. 12) se changent, en se solidifiant, en deux os dicônes ayant une épiphyse gélatineuse
à chacune de leurs extrémités. Chacun de ces os dicônes
est articulé avec l'extrémité supérieure de la tige *b* et avec
l'extrémité inférieure de la branche interne *g*. Cette dernière et la tige *b* deviennent aussi, en se solidifiant, des
os tubuleux distincts qui ne sont joints que par le moyen
de leurs épiphyses ; la tige *b* n'est plus continue avec le
cordon gélatineux *a*, comme cela avait lieu dans le principe ; elle est articulée avec lui et s'en sépare avec beaucoup
de facilité. Ainsi la tige bifurquée qui était d'une seule
pièce dans le principe et sous l'état gélatineux se change
en trois os distincts en devenant osseuse. La tige *b* et les
deux branches *gd* deviennent chacune en son particulier
des centres d'ossification. Un phénomène analogue s'observe dans le cordon gélatineux *a* duquel les tiges *bb* sont
émanées.

A l'époque que je viens d'indiquer, c'est-à-dire, lorsque
la tige *b* et ses deux branches commencent à devenir osseuses, on commence aussi à apercevoir deux points d'ossification dans le cordon gélatineux *a* vis-à-vis de chacun des
endroits où sont placées les tiges *bb*. Ces deux points d'ossification deviennent de petits arcs osseux *ii* qui se réunissent sur la ligne médiane postérieure du cordon gélatineux
au point *o* et qui se soudent dans cet endroit ; en sorte
qu'un seul arc osseux résulte de leur réunion. Plus tard,
deux nouveaux arcs osseux *nn* (figure 13) se manifestent
dans le cordon gélatineux *a* ; ces deux nouveaux arcs osseux, par le progrès de leur accroissement, viennent se
réunir et se souder l'un à l'autre sur la ligne médiane antérieure du cordon gélatineux au point *s* ; l'autre extrémité
de chacun de ces arcs osseux antérieurs se réunit et se soude

aux deux extrémités de l'arc osseux postérieur *i*, lequel, comme on vient de le voir, a été formé précédemment par la réunion de deux petits arcs. Il résulte de la réunion de ces quatre pièces un anneau osseux qui, s'évasant un peu par ses deux bords opposés, devient un petit os dicône qui est le corps de la vertèbre du têtard. Cette formation des os dicônes vertébraux s'opère immédiatement au-dessous du sac ou tube fibreux qui, comme je l'ai dit plus haut, enveloppe complètement le cordon gélatineux dans l'intérieur duquel naissent ces os dicônes. Les diverses portions de ce tube qui correspondent à ces os deviennent leur périoste ; les portions de ce tube qui correspondent aux intervalles de ces os, deviennent, à ce que je pense, les ligamens fibreux qui les unissent. Vers le temps où l'on observe la formation complète de l'os dicône vertébral, on voit l'apophyse transverse *d* (figure 13) se souder avec les pièces osseuses *g* et *b* ; cette dernière se soude aussi à l'os dicône ou corps de vertèbre sur lequel elle est fixée ; ainsi ces diverses pièces osseuses isolées dans leur origine, ne font plus, un peu avant la métamorphose, qu'un organe osseux continu dans toutes ses parties. Vers la même époque, on voit naître sur la branche *g* deux petites proéminences *co* que l'on voit complètement développées dans la figure 14 qui représente une vertèbre de grenouille adulte vue par derrière. Ces proéminences osseuses *co* (fig. 14) sont de véritables apophyses transverses, les unes antérieures et les autres postérieures ; les appendices osseux *dd*, que l'on considère ordinairement comme des apophyses transverses, sont de véritables côtes ; *f*, est l'os dicône vertébral ou corps de la vertèbre ; *a*, l'apophyse épineuse ; *b*, le canal vertébral. Je viens de dire que l'on doit considérer comme de véritables côtes les longs appendices vertébraux que l'on considère ordinairement comme des apophyses transverses chez les batraciens. En effet, ces appendices osseux ont la forme apla-

tie des côtes; et dans l'origine, ils sont articulés avec la
vertèbre à laquelle ils se soudent de bonne heure. Cette
articulation primitive suffit pour prouver que ce ne sont
point des apophyses transverses, mais bien des côtes rudimentaires. Ce fait coïncide avec les observations de MM.
Serres et Béclard qui ont fait voir que les apophyses transverses des vertèbres cervicales et lombaires de l'homme
sont véritablement des côtes rudimenfaires et soudées aux
vertèbres. Il résulte de ces observations, qu'il n'y a point
originairement d'os dans la colonne vertébrale des batraciens; elle est d'une seule pièce et complètement gélatineuse dans le principe; la queue du têtard conserve même
cette organisation jusqu'à l'époque de la métamorphose,
époque à laquelle elle est entièrement absorbée. Les corps
des vertèbres se forment dans ce cordon gélatineux, de distance en distance et les uns à la suite des autres; alors seulement la colonne vertébrale se trouve composée de pièces
articulées les unes vers les autres. Ainsi la formation des os
est un phénomène tout-à-fait distinct de celui de la production des tiges gélatineuses; ces dernières naissent et
s'accroissent par une véritable végétation : les os se forment
ensuite dans leur intérieur et dans leurs diverses parties.
Chaque rameau engendre, dans son intérieur, un os particulier, et les tiges elles-mêmes, quand elles ont une certaine
longueur, engendrent dans leur intérieur un certain nombre d'os placés les uns à la suite des autres. Ces os sont tous
tubuleux dans le principe et leur forme est *dicône.* Cela est
évident pour les corps des vertèbres et ne l'est pas moins
pour les côtes qui dans la suite perdent cette forme, et deviennent des os aplatis. La formation des os dicônes vertébraux s'opère par la conjugaison de quatre pièces, ce qui
confirme la *loi de perforation* établie par M. Serres; sa *loi
de symétrie* se trouve également confirmée par ces observations, puisqu'il est certain que les quatre pièces séparées

qui forment les corps des vertèbres des batraciens ont deux
de leurs points de réunion sur la ligne médiane; mais le célèbre physiologiste que je viens de citer, me semble s'être
trop hâté de généraliser les résultats qu'il avait obtenus de
ses observations, en affirmant que l'ossification marche toujours des parties latérales vers la ligne moyenne. Chez les
grenouilles les côtes deviennent osseuses avant le corps des
vertèbres; mais chez les salamandres, les corps des vertèbres sont osseux avant les côtes et avant leurs apophyses
transverses; ainsi, il n'y a point de généralités à établir sur
l'antériorité de l'ossification des diverses parties; mais on
peut établir, comme un fait général, que les branches gélа-
tineuses dont l'existence précède celle des côtes osseuses
et celle de l'enveloppe osseuse de la moelle épinière; que
ces branches gélatineuses, dis-je, tirent leur origine végétative du cordon gélatineux qui occupe la ligne moyenne
et qui doit donner naissance dans son intérieur à la série des
os dicônes vertébraux. Celles de ces branches gélatineuses
qui sont dirigées en arrière, enveloppent la moelle épinière, et, s'étant jointes à leurs analogues du côté opposé,
se soudent sur la ligne médiane postérieure; celles de ces
branches gélatineuses qui sont dirigées vers les côtés, donnent naissance aux côtes.

Les os des membres, chez les larves de salamandre et
chez les têtards, sont tous des os *dicônes*; qui ne diffèrent
véritablement des os dicônes vertébraux que par leur plus
grande longueur; ils sont composés de même de deux cônes
tronquées opposés par leur sommet. Les deux extrémités
de ces os offrent de même des cavités cyathiformes; il n'y
a point d'épiphyses; par conséquent ces os dicônes ne
sont point articulés; ils sont même quelquefois assez éloignés les uns des autres. L'accroissement qui a son siège
dans les orles qu'offrent les deux extrémités de ces os,
les rapprochent peu-à-peu les uns des autres. C'est alors

qu'on voit paraître les épiphyses qui, chez le têtard, naissent de la manière que je vais exposer.

Si l'on observe avec soin le fémur du têtard, quelque
temps avant la métamorphose, on voit sortir des deux cavités cyathiformes de cet os dicône, deux productions gélatineuses et arrondies *bc* (fig. 15) ce sont les épiphyses naissantes. L'épiphyse inférieure *c* se partage en deux lobes qui
sont les deux condyles du fémur. Je crois que la formation
de ces deux condyles est due à ce que l'épiphyse *c* molle
et gélatineuse se moule dans les deux cavités cyathiformes
du tibia *d* et du péroné *f* qui sont des os dicônes égaux en
grosseur; et qui ne développent leurs épiphyses que postérieurement à l'apparition de celles du fémur. Ce qu'il
y a de certain, c'est que les épiphyses réunies du tibia et
du péroné viennent se mouler en creux sur les deux condyles du fémur ; ces épiphyses sortent de même de l'intérieur des os dicônes auxquels elles appartiennent. La fig. 16
représente cette disposition : *a*, fémur; *d*, tibia; *f*, péroné; *c*,
condyles du fémur; *i*, épiphyses réunies du tibia et du péroné,
h, épiphyses inférieures de ces mêmes os qui sortent de même
de leurs cavités cyathiformes; *b*, tête du fémur. L'épiphyse
qui forme cette dernière et qui précédemment (fig. 15) ne
formait qu'une petite tête contenue dans la cavité cyathiforme supérieure, déborde actuellement cette cavité et
enveloppe l'extrémité de l'os comme le chapeau d'un champignon naissant enveloppe son pédicule.

Ces observations apprennent que les épiphyses sortent de l'intérieur des cavités cyathiformes qui sont situées aux deux extrémités des os dicônes. J'ai déjà eu
occasion de noter ce fait dans la formation de la tête articulaire des vertèbres de la salamandre. J'ai fait voir
que cette tête; *b* (fig. 8), est formée par l'ossification d'une
production gélatino-cartilagineuse qui sort de l'intérieur
de la cavité cyathiforme antérieure de chaque os dicône

vertébral, production que l'on trouve de même dans les vertèbres des poissons ; chez lesquels elle ne s'ossifie jamais. La formation des têtes articulaires, ou épiphyses des os dicônes des membres s'opère par un mécanisme exactement semblable. Ainsi, toute articulation est *adventive* jusqu'à un certain point ; sa forme est déterminée par la manière dont se rencontrent les épiphyses à leur naissance. Toutefois, ce rapport des épiphyses des os est sujet à des lois invariables chez tous les individus d'une même espèce ; il est naturel, en effet, que chez eux les mêmes causes amènent les mêmes effets.

Les os du tarse et du carpe s'éloignent ordinairement beaucoup par leur forme, des autres os des membres. Je pense cependant qu'ils sont, comme eux, des os dicônes; mais ils n'ont pas éprouvé le même développement ; ils sont, en quelque sorte, *avortés*. Ce qui me le fait croire, c'est que les deux os du tarse et du carpe sont des os dicônes bien caractérisés chez les têtards. Pour ce qui est de la rotule, il est évident que c'est un *ostéide*, comme le sont les autres os sésamoïdes ; c'est une portion de tendon ossifiée. Il en est de même, des apophyses des os des membres. Ces apophyses n'existent point dans le principe ; le trochanter du fémur, par exemple, n'existe point sur l'os dicône fémoral de la larve de salamandre, bien qu'il soit très marqué sur le fémur de l'animal adulte. Je pense que ces éminences osseuses sont des adjonctions faites à l'os par l'ossification d'une portion du tendon qui s'implante dans cet endroit. M. Serres a observé que ces apophyses formaient dans l'origine des noyaux osseux séparés de l'os ; cela vient à l'appui de mon opinion.

Tous les autres os des membres, c'est-à-dire, les os du métatarse et du métacarpe et les os des doigts sont tous des os dicônes bien caractérisés chez les grenouilles et chez les salamandres ; ils sont placés les uns à la suite des au-

trés, comme le sont les os dicônes vertébr aux; leurs épiphyses sortent de même de l'intérieur de leurs cavités
cyathiformes.

Les grenouilles n'ont que deux os à leur bassin; ce sont
deux iléons qui sont articulés chacun avec une côte. Ces
iléons sont, dans le principe, des os tubuleux et dicônes
imparfaits; l'un d'eux est représenté par la figure 17;
b, iléon tubuleux; *a*, épiphyse inférieure dont l'ossification
commence par un petit arc de cercle; *d*, cavité cotyloïde;
g, épiphyse supérieure, articulée avec une côte. Les
épiphyses inférieures des deux iléons n'offrent d'abord
aucune adhérence mutuelle, mais bientôt elles se joignent
et se soudent l'une à l'autre par leur face opposée à celle où
se trouve la cavité cotyloïde. Après la métamorphose, les
iléons perdent tout-à-fait leur forme tubuleuse et deviennent des os plats. J'ai déjà fait observer le même phénomène par rapport aux côtes. Il en est de même de l'o-
moplate qui est un os dicône accompagné d'une épiphyse
fort large et aplatie, comme on peut le voir par la fig. 18
qui représente l'omoplate d'une jeune grenouille. *a*, os dicône; *b*, large épiphyse aplatie qui reste toujours cartilagineuse; *c*, portion de la cavité glénoïde. Ces observations
apprennent que les os plats sont, comme tous les autres, des os tubuleux et dicônes dans le principe. C'est
par un mode d'évolution particulier qu'ils perdent cette
forme originelle. Toutefois je n'étends point cette assertion aux os du crâne sur lesquels je n'ai point fait d'observations qui méritent d'être rapportées. Pour ce qui est
des os du sternum, ils paraissent être chez la grenouille,
des os dicônes aplatis. (1)

(1) Chez le tamanoir (*myrmecophaga jubata*, L.), le sternum est composé
de dix os dicônes bien caractérisés et munis d'épiphyses fort minces à chacune de leurs extrémités; ils sont placés les uns à la suite des autres, comme
le sont les os dicônes de la colonne vertébrale et ceux des doigts.

Les pattes et la queue des salamandres se reproduisent,
comme on le sait, après leur amputation. Si l'on observe
cette reproduction sur de jeunes larves qui sont transparentes, on n'aperçoit au microscope aucune trace d'os dans
les parties qui se reproduisent ; il n'y a d'abord dans leur
centre qu'un organe gélatineux sans divisions apparentes.
Les os ne tardent point à se former dans cet organe gélatineux, et ce qu'il m'a été possible d'apercevoir touchant
cette formation m'a convaincu qu'elle s'opère, comme celle
des os dicônes vertébraux du têtard, c'est-à-dire, que des
os isolés naissent les uns à la suite des autres dans les diverses parties d'une tige gélatineuse. Comme cette tige gélatineuse est enveloppée par une gaîne fibreuse qui est la
continuation du périoste, il en résulte que la reproduction
des os commence par une végétation du périoste qui contient une substance gélatineuse dans son intérieur ; c'est
un premier phénomène tout-à-fait distinct du second,
qui consiste dans la formation d'os séparés dans les
diverses parties de cette tige, ou de cette végétation fibro-
gélatineuse qui paraît d'une seule pièce ; mais qui doit
cependant posséder les conditions organiques de sa
division future.

Les salamandres reproduisent leurs pattes et leur queue
autant de fois qu'on les coupe ; non-seulement elles reproduisent leurs pattes lorsqu'on les extirpe entièrement, mais
elles reproduisent toutes les fractions de ces membres qu'on
leur enlève. Ce phénomène, observé seulement à l'extérieur,
a quelque chose de merveilleux, et je dirai presque d'acca-
blant pour l'imagination. On ne pouvait l'expliquer qu'en
supposant que ces animaux possèdent un nombre indéfini
de germes de pattes, et de germes de toutes les fractions
possibles de pattes, qui n'attendent que l'occasion de se
développer. Cette hypothèse révolte la raison. Les observations que je viens de rapporter, et celles qui vont suivre

mettent à même d'envisager ce phénomène sous son véritable point de vue. Suivons d'abord les phénomènes qui se manifestent lors de la reproduction d'un membre amputé chez la salamandre aquatique (*triton salamandra*). On sait que les pattes postérieures des salamandres aquatiques ont cinq doigts, et que les pattes antérieures n'en ont que quatre. Je crois que c'est ici le pouce qui manque. La reproduction de la patte amputée se manifeste d'abord par la production d'un bourgeon charnu de forme conique. Dans la patte postérieure qui se reproduit, la pointe de ce bourgeon est celle du *doigt médian*; or, cette pointe est toujours la même, le membre s'accroît en longueur et porte sans cesse cette pointe plus loin. Auprès de cette pointe allongée et du côté interne paraît peu de temps après un nouveau petit bourgeon, charnu dont la pointe est celle du *doigt indicateur* qui s'allonge en portant de même plus loin sa pointe qui a paru avant le corps du doigt. Ensuite paraît de l'autre côté du doigt médian un troisième bourgeon charnu qui donne naissance de la même manière au doigt dont l'analogue, chez l'homme, porté le nom de *doigt annulaire*; un quatrième bourgeon charnu paraît ensuite auprès du *doigt indicateur* et à son côté interne; c'est celui dont le développement formera *le pouce*. Enfin au côté externe de la patte paraît un dernier bourgeon charnu dont le développement forme le *petit doigt*. Dans la figure 19 (pl. 27), qui représente la patte postérieure gauche d'une salamandre, les doigts sont numérotés suivant l'ordre de leur apparition et de leur développement. Cet ordre est différent dans la patte antérieure. Chez cette dernière la pointe du bourgeon charnu, par lequel se manifeste d'abord la patte qui se reproduit, est la pointe du *doigt médian*, comme cela a lieu pour la patte postérieure et cela en admettant que c'est le pouce qui manque dans cette patte qui ne possède que quatre doigts. Ensuite naît le bourgeon charnu qui donne naissance au *doigt annulaire*, lequel, par son développement, devient le plus long des quatre doigts. Le bourgeon charnu qui produit le *doigt indicateur*, paraît ensuite. Enfin apparaît et se développe le bourgeon charnu qui produit le petit doigt. Dans la fig. 20, qui représente la patte gauche antérieure d'une salamandre, les doigts sont numérotés suivant l'ordre de leur apparition. En jetant les yeux sur cette figure et sur la figure 19 qui représente la patte postérieure, on remarquera facilement que, pour l'ordre de l'apparition, les doigts considérés par couples, se succèdent de la partie externe vers la partie interne dans la patte de derrière, et qu'ils se succèdent au contraire de la partie interne vers la partie externe dans la patte de devant.

Le mode de développement qui vient d'être exposé pour les pattes de la salamandre aquatique, fait voir que la reproduction du membre amputé se manifeste d'abord par l'apparition de la pointe du *doigt median*, et que la reproduction de chaque doigt se manifeste d'abord par l'apparition de la pointe de ce doigt, en sorte que le développement marche en s'avançant du côté de l'axe central de l'animal. C'est à ce phénomène que M. Serres a donné le nom de *développement centripète*. Ce phénomène s'observe dans toutes les *parties végétantes* des animaux. Ainsi, chez les larves de salamandres aquatiques, les tiges branchiales cervicales *bb* (figure 9, pl. 25), sont d'abord simples et sans rameaux; elles sont au nombre de trois de chaque côté; ce sont leurs pointes terminales qui ont apparu les premières et elles se sont allongées par un accroissement centripète; bientôt on voit naître successivement et toujours à la base de chacune de ces tiges branchiales, les rameaux tous dirigés en arrière que possèdent ces tiges *bb* (pl. 27, fig. 21). Cette figure très amplifiée représente l'état des branchies de la larve de salamandre peu de jours après sa sortie de l'œuf. Dans la suite, les tiges branchiales se ramifient

beaucoup plus et l'apparition des nouveaux rameaux a
toujours lieu à la base de ces tiges branchiales. Ainsi, ce
sont les rameaux les plus voisins de cette base qui sont les
plus jeunes, ou ceux dont l'apparition est le plus récente ;
ils sont cependant ceux qui acquièrent le plus de longueur,
les rameaux terminaux qui sont les plus anciens sont les
plus courts. Si l'on s'en rapportait à cette apparence, en
observant ces tiges branchiales seulement dans leur état de
développement parfait, on serait naturellement porté à
penser que ces tiges se sont accrues et ramifiées comme la
tige d'une plante, c'est-à-dire que ce seraient les rameaux
terminaux, lesquels sont les plus petits qui seraient les plus
jeunes, et l'on conclurait de là, que le développement de
ces tiges est *centrifuge*, tandis que l'observation directe
montre que ce développement est *centripète*. On sait que
c'est de la même manière que se développe le *bois* des cerfs;
cette végétation gélatineuse qui devient ensuite osseuse, est
de même centripète. Or, on en doit dire autant des tiges
gélatineuses par lesquelles commence à se manifester le
système osseux des animaux étudiés dans ce Mémoire. Celles
de ces tiges qui ont leur base sur l'axe vertébral, partent
évidemment de cet axe central, mais c'est leur pointe terminale qui apparaît la première dans cet endroit et qui en
est éloignée ensuite par la végétation centripète de leur
base ; chacun de leurs rameaux commence de même par
montrer sa pointe terminale, laquelle est ensuite éloignée
du lieu de son origine par le développement centripète de
la base de ce même rameau. Ainsi, dans toutes les parties
des animaux qui offrent un développement végétatif ce développement est centripète; cette loi établie par M. Serres,
est générale. Ici se présente une autre question. Le *développement* des organes est bien évidemment centripète
chez les animaux, mais la *formation* de ces mêmes organes
est-elle également centripète? Ne serait-il pas possible que

ce fussent les parties *formées* les dernières qui fussent les premières à se *développer?* L'observation de ce qui se passe en pareil cas dans le règne végétal, va résoudre cette question. Il est parfaitement certain que les mérithalles les plus âgés sont vers le bas d'une tige végétale et que les mérithalles les plus jeunes sont vers le haut. Ainsi généralement l'ordre de la formation des mérithalles va de la base de la tige vers son sommet; c'est aussi la plupart du temps l'ordre de leur développement. Or, il arrive quelquefois que cet ordre du développement des mérithalles est interverti et va du sommet de la tige vers sa base. C'est ce que l'on remarque, par exemple, chez les graminées. Ainsi, l'épi du blé s'observe de très bonne heure, complètement formé au milieu des enveloppes foliacées qui l'emprisonnent dans le principe, et son développement proportionnel est bien supérieur à celui de la tige ou du *chaume* au sommet duquel il sera situé dans la suite. Or, l'épi n'est autre chose que la terminaison de cette tige composée d'un certain nombre de mérithalles. Il est indubitable que les mérithalles qui sont vers la base de cette tige ou de ce *chaume*, sont les plus anciens et que ceux qui sont vers son sommet, sont les plus jeunes *dans l'ordre des formations* ; l'épi lui-même formé par des mérithalles soumis à un mode particulier de développement, est certainement plus jeune que les mérithalles du chaume; or, il les précède *dans l'ordre des développemens.* Les mérithalles supérieurs se développent de même avant les mérithalles inférieurs, et dans chacun de ces mérithalles la partie supérieure se développe avant la partie inférieure qui acquiert la dernière son développement définitif. Ainsi, en considérant le *collet* comme le centre de la plante, on peut dire que chez les graminées le développement de la tige est centripète. Le même phénomène s'observe chez beaucoup d'autres végétaux. Ainsi, par exemple, chez le lilas (*syringa vulgaris*), les fleurs sont situées

vers le sommet d'une branche assez longue et nouvellement
produite. Or, en ouvrant le bourgeon qui doit donner naissance à ces fleurs, on les trouve déjà dans un état très
marqué de développement; elles remplissent, pour ainsi
dire, à elles seules toute la capacité du bourgeon, et on n'a-
perçoit point la tige assez longue, à l'extrémité de laquelle
ces fleurs seront situées après leur complet développement.
Cette tige, composée de plusieurs mérithalles et qui a certainement précédé les fleurs *dans l'ordre des formations*,
leur est demeurée postérieure *dans l'ordre des développemens*. Ainsi ce sont encore les parties formées les dernières
qui se sont développées les premières. Le développement
est encore ici centripète. J'ai choisi ces exemples entre
mille analogues que l'on pourrait citer par rapport au développement précoce des fleurs dans le bourgeon, et au développement plus tardif des branches ou des pédoncules
dont elles occupent les sommets. Les *bourgeons à fleur*,
chez lesquels on observe généralement ce phénomène, diffèrent des *bourgeons à feuilles* en ce que les premiers contiennent une tige dont les formations successives sont arrê-
tées, ou une tige définitivement *terminée*, tandis que les
bourgeons à feuilles contiennent une tige dont les formations successives doivent se succéder indéfiniment ou une
tige *non terminée*. Chez cette dernière le développement
des mérithalles s'opère dans l'ordre de leur ancienneté.
Chez la première c'est le contraire. En outre, chaque mérithalle étant terminé par une ou par plusieurs feuilles, ce
sont ces dernières qui apparaissent déjà assez développées
dans le bourgeon, tandis que le mérithalle duquel elles
émanent n'est point encore apercevable. Il ne se développe
que lors de l'évolution du bourgeon; cela provient de ce
que le mérithalle est un être à part dont la formation est
terminée dans le bourgeon; dès-lors, c'est sa partie terminale
ou la feuille qui se développe la première.

L'application de ces notions au développement des parties végétantes des animaux est très facile. Le *bois* du cerf qui commence à se reproduire et qui est encore à l'état de *bourgeon charnu* contient probablement toutes les parties de ce bois ramifié, lesquelles encore à l'état invisible n'ont besoin que d'acquérir du développement; c'est une tige *terminée dans le bourgeon*, et par cela même, c'est sa partie terminale qui se développe la première, et le développement continue de s'opérer en marchant du sommet de cette tige ramifiée vers sa base. Son développement est *centripète*, mais sa *formation* a très probablement été centrifuge, comme cela a lieu pour les tiges *terminées dans le bourgeon* chez les végétaux. J'en dirai autant du bourgeon charnu par lequel commence à se manifester la reproduction d'un membre amputé chez la salamandre. Ce bourgeon contient probablement à l'état d'invisibilité toutes les parties du membre à reproduire; ce membre, l'antérieur, par exemple, considéré spécialement dans son système osseux, est véritablement une tige ramifiée dont l'humérus est le premier *mérithalle* duquel émanent les deux branches qui constituent le cubitus et le radius. Cette tige, dont les premiers rameaux sont enveloppés par une même enveloppe de parties molles, se termine par quatre rameaux qui forment le métacarpe et les doigts; ces rameaux sont composés d'os qui, par leur position les uns à la suite des autres, simulent les *mérithalles* successifs d'une tige végétale. Cette tige ramifiée était *terminée dans le bourgeon*, et de là vient que ce sont ses parties terminales qui se sont développées les premières. Le *développement* ici, comme dans le bois du cerf, a été *centripète*, mais la *formation* a très probablement été *centrifuge*, comme cela a lieu chez les tiges végétales *terminées dans le bourgeon*. A l'appui de cette théorie j'exposerai ici des analogies fort remarquables qui existent entre ces *tiges animales* qui constituent les membres des animaux vertébrés et les *tiges végétales.*

J'ai fait voir, dans mes *Recherches sur l'accroissement des végétaux* que les plantes phanérogames sont composées de deux systèmes dont les parties analogues affectent un ordre de superposition inverse. Ainsi, dans le système cortical, on trouve de dehors en dedans la médulle corticale, les couches corticales et le liber ; dans le système central, on trouve, de dedans en dehors, la médulle centrale, les couches de duramen et l'aubier. Le système cortical possède en outre en dehors un épiderme. Cette opposition binaire de parties analogues se trouve aussi dans les membres des animaux vertébrés. Ils ont un *système cortical* ou *cutané*, et un *système central* qui lui est sousjacent. Le *système cutané* offre de dehors en dedans : 1° l'épiderme ; 2° le corps muqueux susceptible d'acquérir l'état solide, tantôt en prenant la nature de corne ou de gélatine solidifiée, tantôt en prenant la nature gélatino-calcaire. Ce corps solide cutané s'accroît, comme l'écorce des végétaux, par couches qui se superposent de dehors en dedans ; 3° le derme, membrane de nature fibreuse dont la face extérieure porte les papilles ; 4° le panicule charnu, dont l'existence n'est pas générale, mais qui n'en doit pas moins être considéré comme formant une des parties constituantes du *système cutané.*

Le système central des animaux vertébrés sous-jacent au système cutané, considéré dans les membres, présente de dedans en dehors : 1° la membrane médullaire ; 2° le corps osseux qui, après avoir offert primitivement l'état de cartilage ou de gélatine solidifiée, prend de la dureté et de la solidité eu acquérant du phosphate de chaux, ce qui le constitue corps gélatino-calcaire ; 3° le périoste, membrane de nature fibreuse ; 4° la couche musculaire plus ou moins épaisse, plus ou moins divisée en faisceaux distincts.

Il est facile de voir, par cet exposé, que chez les animaux
vertébrés, le *système cutané* et le *système central* sont composés de parties analogues disposées en sens inverse, comme
cela a lieu chez les végétaux pour le *système cortical* et le
système central. Ces deux systèmes de l'animal ont chacun
leurs couches concentriques de matière solide, leur couche fibreuse, et leur couche musculaire; ils ont en outre
chacun des couches spéciales dont la nature est en rapport avec leur position particulière. Ainsi, le *système cutané* possède l'épiderme, et le système central possède
la membrane médullaire et la moelle. Cette dernière
substance, de nature graisseuse, et qui est tout-à-fait
centrale, pourrait être considérée comme l'analogue de
la sécrétion sébacée que rejette en dehors la peau des animaux. (1)

(1) On peut employer ces considérations à fortifier l'opinion de M. Geoffroy Saint-Hilaire, qui, comme chacun sait, considère les animaux articulés
et mollusques comme offrant dans leur structure un renversement complet
de la structure des animaux vertébrés. Ce célèbre naturaliste a émis sur cet
objet une idée des plus lumineuses, lorsqu'il a dit que la position des animaux
invertébrés est inverse de celle des animaux vertébrés, en sorte qu'en nom-
mant *ventrale* la face du corps qui regarde le sol sur lequel marche l'animal,
et *dorsale* la face opposée, il se trouve que la face *dorsale* des animaux vertébrés est l'analogue de la face *ventrale* des animaux invertébrés, et que la
face *dorsale* de ces derniers est l'analogue de la face *ventrale* des premiers.
En suivant ce fait dans ses déductions, on sera conduit à reconnaître, avec
M. Ampère, que les ailes des insectes, toujours au nombre de deux ou de
quatre lorsqu'elles existent, peuvent être les analogues des membres thora-
chiques et abdominaux des animaux vertébrés, et l'on pourra admettre que
ces derniers animaux ont dans certaines parties osseuses de leurs vertèbres
des germes de pattes condamnés à ne jamais se développer, et analogues aux
pattes des crustacés et des insectes.
M. Geoffroy Saint-Hilaire pense que les parties dures articulées qui forment l'enveloppe des crustacés et des insectes sont un squelette extérieur
analogue au squelette intérieur des animaux vertébrés. Cette idée se trouve
appuyée par les considérations que j'expose ici. En effet l'analogie des deux

Cette remarquable analogie de structure générale qui se trouve exister entre les *tiges animales ramifiées* qui constituent les membres des animaux vertébrés et les *tiges végétales* est, à mon avis, une forte induction qui doit porter à reconnaître que chez les animaux et chez les végétaux, les phénomènes de la production des parties végétantes sont soumis aux mêmes lois. Chez presque tous les animaux vertébrés, les membres issus d'un bourgeon charnu lorsqu'ils sont dans les premiers temps de leur vie fœtale, ne se reproduisent point postérieurement lorsqu'on les ampute ; les salamandres seules jusqu'ici ont offert une exception à cet égard. Cela provient de ce que ces reptiles ont reçu de la nature la faculté de produire des *bourgeons charnus adventifs* reproducteurs du membre perdu, tandis que les autres animaux vertébrés sont privés de cette faculté et ne possèdent que les *bourgeons charnus normaux* producteurs une seule et première fois de ces membres. Or, le règne végétal nous offre un phénomène analogue, dans une multitude de circonstances. Ainsi, par exemple, la plupart des arbres jouissent de la faculté de produire des *bourgeons ad-*

systèmes *cutané* et *central* des animaux étant établie, il est facile d'apercevoir dans la prédomination de l'un ou de l'autre l'une des causes les plus remarquables de l'opposition organique qui existe entre les animaux vertébrés et les animaux invertébrés binaires. Chez les premiers c'est le système central qui l'emporte en développement et en importance sur le *système cutané*, lequel est presque généralement réduit en l'état de membrane enveloppante ; leur charpente solide et les muscles qui s'y rattachent appartiennent au système central ; chez les animaux invertébrés binaires, c'est le contraire : leur *système cutané* offre le maximum de développement et d'importance, et leur système central ou n'existe point visiblement, ou n'existe que d'une manière rudimentaire ; leur charpente solide est en dehors ; elle appartient au *système cutané*, ainsi que tous les muscles locomoteurs qui s'y attachent. Ainsi les animaux vertébrés et les animaux invertébrés binaires, opposés par leur position réciproquement renversée, sont encore opposés par le développement et l'importance réciproquement inverses de leurs deux systèmes *cutané* et *central*.

ventifs; or, cette faculté est refusée aux arbres conifères qui
ne peuvent développer que des *bourgeons normaux.* On
voit dans les membres des animaux vertébrés les rameaux
du système osseux, qui appartient au *système central animal,* demeurer libres d'adhérence mutuelle au milieu des
parties molles et recouverts par une seule enveloppe cutanée; on voit de même quelquefois chez les végétaux plusieurs *systèmes centraux* libres d'adhérence mutuelle jusqu'à
un certain point être enveloppés par une seule et même
écorce, ainsi que l'a vu M. Gaudichaud. Cet enveloppement
par une même enveloppe cutanée qui est constant et normal pour les os juxtaposés des membres, les doigts exceptés,
a lieu même pour ces derniers chez le fœtus du lézard vert,
lorsqu'il est encore très jeune, c'est-à-dire dans les premiers temps de son développement dans l'œuf. Alors on
voit les doigts des membres contenus dans une seule et
même enveloppe cutanée, comme cela est représenté dans
la figure 22 (planche 27) qui est très amplifiée, et ce qu'il
y a de singulier, c'est que cette enveloppe commune possède un vaisseau sanguin *aqaa* qui lui est propre et qui,
assez volumineux, paraît seul servir dans le principe à la
nutrition du membre; car on n'en aperçoit point d'autres.
Ce vaisseau cotoye le membre naissant qui conserve encore
extérieurement sa forme de *bourgeon charnu,* et c'est à son
enveloppe cutanée que ce vaisseau appartient; artère d'un
côté il devient veine de l'autre, et ces deux portions arté-
rielle et veineuse sont continues, ainsi que cela a lieu pour
les vaisseaux sanguins des larves de salamandre et des têtards. Ainsi chez le fœtus du lézard vert, le bourgeon
charnu producteur du membre naissant prend, sous cet
état de bourgeon, un développement bien plus considérable
qu'il ne l'est chez les larves de salamandre, et comme il est
transparent, on aperçoit facilement au microscope avec un

faible grossissement les os complètement formés du membre qu'il contient.

Ces observations ne permettent pas de douter que *la formation* des diverses parties du système osseux et leur manifestation par l'effet du *développement* ne soient deux phénomènes essentiellement différens et qui sont soumis à des lois qui ne sont point les mêmes, en sorte qu'on ne peut point s'appuyer sur le mode du *développement* du système osseux pour en conclure le mode de sa *formation*. Je ne parle encore ici que de l'état gélatineux primitif de ce système; son *ossification* proprement dite est un troisième phénomène dont les lois doivent encore être différentes. Ainsi, en mettant dans une solution peu dense de potasse caustique une colonne vertébrale de poulet pris dans l'œuf avant qu'il y ait aucun point d'*ossification*, cette solution dissout toutes les parties encore fort molles qui entourent cette colonne vertébrale entièrement gélatineuse que la solution de potasse épargne, parce qu'elle est plus solide que les parties qui l'entourent. On voit alors que cette colonne vertébrale possède, dans tous ses détails, la forme qu'elle aura, lorsqu'elle sera complètement osseuse. Tout le travail de *formation* et de *développement végétatif* est fait; il ne faut plus, pour compléter cet appareil osseux, que le dépôt du phosphate de chaux dans son tissu, dépôt qui constitue l'*ossification* proprement dite. Or cette *ossification* s'opère en suivant les lois découvertes par M. Serres. Dans un os long, par exemple, il apparaît d'abord des faisceaux isolés et longitudinaux de fibres *osseuses* dans la partie externe de son axe gélatineux. Ces faisceaux isolés finissent, par leur accroissement en grosseur, par se joindre latéralement et par former ainsi un tube *osseux* complet, en sorte que ce tube *osseux* se forme *par conjugaison*, suivant l'expression de M. Serres. Or c'est exactement de la même manière que se forme le tube ligneux qui

enveloppe la moelle chez les plantes dicotylédones. Dans
la partie externe du cylindre formé par la moelle du mérithalle naissant apparaissent des faisceaux isolés et longitudinaux de fibres ligneuses. Ces faisceaux, par leur accroissement en grosseur, finissent par se joindre et forment
ainsi, *par conjugaison*, un tube ligneux complet autour de
la moelle.

L'accroissement en grosseur des os longs s'opère par des
couches successives qui s'ajoutent à leur partie extérieure
et au-dessous du périoste; c'est de la même manière
que s'opère l'accroissement par couches successives de l'aubier chez un arbre dicotylédon. Les couches successives
et superposées dont les os longs sont composés ne sont
point apercevables dans l'état naturel. C'est ce qui a porté
Bichat, dans son anatomie générale, à nier formellement
l'existence de ces couches, il relègue cette assertion parmi
les erreurs physiologiques. Or cette structure est démontrée de manière à ne laisser subsister aucun doute en pri-
vant l'os de sa gélatine au moyen de la cuisson par la va-
peur de l'eau. C'est, comme on sait, un des moyens employés pour faire du bouillon avec la gélatine des os. Ces
derniers deviennent alors très fragiles tout en conservant
leurs formes, et lorsqu'on les brise, les accidens de la
rupture font apercevoir les couches nombreuses et concentriques dont ils sont composés; ces couches sont extrêmement minces.

Ces observations prouvent qu'il existe une analogie fondamentale entre les animaux et les végétaux sous les points
de vue de la *formation*, du *développement végétatif*, de la
solidification de leurs parties végétantes. Ce rapprochement
des phénomènes de *production végétative* qui ont lieu dans
les deux règnes, doit servir, sinon à nous expliquer, mais
du moins à nous rendre moins surprenant le phénomène
de la reproduction des membres amputés chez les salaman-

dres aquatiques. Le membre reproduit n'étant autre chose
qu'une *tige animale ramifiée issue d'un bourgeon animal adventif*, sa reproduction n'est pas plus surprenante que ne
l'est celle d'une tige végétale issue d'un bourgeon végétal
adventif. Sans doute ces deux phénomènes ont droit à notre
admiration, mais on sent que leur rapprochement, en
faisant apercevoir là l'existence d'une loi générale, doit
faire cesser l'étonnement profond que ne pouvait manquer
d'inspirer la reproduction des membres amputés. Il n'y a
en effet de surprenant dans la nature que ce qui semble
faire exception à ses lois générales.

XX.

RECHERCHES

sur

LA MÉTAMORPHOSE DU CANAL ALIMENTAIRE

CHEZ LES INSECTES.

L'observation nous apprend que le changement surprenant de forme que subissent les insectes, lors de leur métamorphose, ne porte pas seulement sur leurs organes extérieurs, il s'étend sur leurs organes internes. Le canal alimentaire particulièrement est, chez l'insecte parfait, si différent de ce qu'il était chez la larve, que Réaumur a pu douter si *un nouvel œsophage*, *un nouvel estomac*, *de nou-*

(1) Ce mémoire a été publié en 1818 dans le LXXXVIe tome du Journal de physique, pages 130 et 189.

veaux intestins ne prenaient point la place des anciens.
Plusieurs naturalistes se sont livrés à la recherche des différences anatomiques qui existent entre les larves et les insectes parfaits; fort peu se sont appliqués à suivre dans les
nymphes, les progrès et le mécanisme du changement d'organisation qui s'opère alors, Malpighi, qui a cherché à résoudre ce problème dans sa dissertation sur le ver à soie (1),
est tombé dans des erreurs graves. Swammerdam (2) a donné
quelques observations sur l'anatomie des nymphes d'un
petit nombre d'insectes; mais il n'a point donné suffisamment de suite à ces observations. Ce n'est que sur la nymphe
de la chenille épineuse de l'ortie, qu'il a cherché à suivre
les progrès de la métamorphose interne, encore ces observations successives, au nombre de trois seulement, ne
donnent-elles à cet égard, que des détails insuffisans pour
éclaircir parfaitement la question. Aussi Réaumur (3) re-
gardait-il comme non résolu, le problème de la métamorphose intérieure des insectes, lorsqu'il se proposait de
faire à ce sujet de nouvelles observations; ce sont ces considérations qui m'ont engagé à me livrer aux recherches que
je vais exposer dans ce mémoire. Leur but principal est de
montrer le mécanisme de la métamorphose du canal alimentaire chez les insectes de différens ordres. J'ai laissé de
côté l'étude des organes de la bouche, et j'ai étudié le canal alimentaire depuis l'œsophage inclusivement, jusqu'à
la terminaison anale de l'intestin.

(1) Dissertatio epistolica de Bombyce.
(2) Biblia naturæ.
(3) Mémoires pour servir à l'histoire des Insectes, tome 1, page 368.

ORDRE DES LÉPIDOPTÈRES.

Ver à soie (bombix mori, Fabr.)

Malpighi, dans la dissertation citée plus haut, a essayé de suivre dans la chrysalide du ver à soie, la métamorphose intérieure de cet insecte; mais il n'a point observé, jour par jour, les progrès de cette métamorphose; il a prétendu que, lors du raccourcissement de l'estomac de la nymphe, l'œsophage se rompait, ce qui supposerait que l'œsophage du papillon ne serait point le même que celui de la chenille. Ce fait était assez important pour mériter d'être examiné avec le plus grand soin; et c'est ce que j'ai fait. J'ai disséqué des vers à soie jour par jour, à partir de l'instant où les insectes commencent à faire leur cocon, jusqu'à celui où ils sortent de l'état de chrysalide pour prendre celui de papillon. Voici les résultats de mes observations.

Le canal alimentaire du ver à soie consiste, comme on le sait, en un œsophage court, suivi d'un vaste et long estomac, après lequel se trouve un intestin droit et fort court. Des vaisseaux biliaires nombreux sont situés à l'origine de l'intestin. L'estomac est, comme on le sait encore, formé de deux tubes emboîtés sans adhérence mutuelle; le tube extérieur est épais, musculeux et offre intérieurement des villosités; le tube intérieur, qui seul est en rapport avec les alimens, est formé d'une membrane transparente, extrêmement fine, et nullement villeuse. Je suis parvenu à la diviser en deux feuillets; cependant il est bon d'observer que je n'ai pu opérer cette division que chez des vers à soie voisins de l'époque de leur transformation. La figure 1 (pl. 28) représente la forme du canal alimentaire de cette chenille : *a*, l'œsophage; *b*, l'estomac; *d*, l'intestin; *cc*, les

vaisseaux biliaires. C'est à l'époque où le ver à soie commencé à faire son cocon, qu'il rend par l'anus la membrane
qui doublait intérieurement son canal alimentaire; dès ce
moment aussi, le vaste estomac de la chenille commence à
se contracter, à se concentrer vers le milieu du corps, en
allongeant d'une part l'intestin et de l'autre part l'œsophage.
En même temps l'estomac commence à se remplir d'une
matière blanchâtre; au bout de deux ou trois jours, le cocon
est achevé, et la chenille, dépouillée de sa peau, paraît
sous la forme de chrysalide. Si on l'ouvre immédiatement
après cette transformation, on trouve au canal alimentaire
la forme représentée par la figure 2 b, est l'estomac déjà
fort contracté et rempli d'une matière blanchâtre et pâteuse;
d, l'intestin allongé aux dépens de sa grosseur; a, l'œsophage
également allongé aux dépens de sa grosseur; cc, les vaisseaux biliaires; les vaisseaux à soie devenus très ténus sont
encore apparens.

Le second jour de la métamorphose en chrysalide, l'estomac est plus concentré que la veille; l'œsophage et l'intestin plus allongés et plus ténus.

Le troisième jour, la concentration de l'estomac est devenue aussi complète que possible; l'œsophage et l'intestin
sont devenus d'une extrême ténuité, et leur transparence
les rend difficiles à apercevoir; près de l'anus on aperçoit
un très léger renflement de l'intestin; les vaisseaux à soie
ont disparu. La figure 3 représente le canal alimentaire de
la nymphe à cette époque: b, l'estomac rempli de matière
pâteuse; a, l'œsophage; d, l'intestin étendu en droite ligne;
cc, les vaisseaux biliaires; l, léger renflement de l'intestin à
son extrémité.

Le quatrième jour l'intestin s'est allongé sans perdre de
sa grosseur, et le renflement qui le termine est augmenté;
ce renflement est le principe du cœcum.

Le cinquième jour, l'intestin, encore plus allongé, offre

des replis; il a perdu sa transparence, il est devenu blanchâtre. Le cœcum s'est développé de manière à ce que l'intestin s'abouche latéralement dans sa cavité. L'œsophage
est devenu un peu plus gros, sans s'être allongé. La fig. 4
représente le canal alimentaire de la nymphe à cette époque : *b*, est l'estomac qui contient encore un peu de matière
pâteuse ; *a*, l'œsophage ; *cc*, les vaisseaux biliaires ; *d*, l'intestin ; *t*, le cœcum.

À partir de ce jour, on n'observe d'autre changement
dans le canal alimentaire que le développement en grosseur
de l'intestin, et surtout du cœcum, qui se remplit d'un
fluide jaunâtre. Le quinzième jour de la transformation,
on trouve au canal alimentaire la forme représentée par la
figure 5 : *a*, œsophage ; *b*, estomac rempli d'une matière
demi-fluide et d'un brun verdâtre ; *cc*, vaisseaux biliaires ;
t, cœcum extrêmement volumineux, distendu par un fluide
d'un jaune obscur, dans lequel est délayée une substance
d'apparence crayeuse ; cette substance remplit également
l'intestin *d*, lequel s'insère au milieu du cœcum. A la suite
de ce dernier se trouve le rectum *o* extrêmement court.
L'insecte voit le jour sous la forme de papillon ; de quinze
à dix-huit jours après sa transformation en chrysalide. A
peine est-il né, qu'il rend par l'anus les fluides qui remplissaient son cœcum et son estomac ; ces organes diminuent
par conséquent de volume, et c'est la seule différence qui
existe entre le canal alimentaire du papillon et celui de la
nymphe représentée par la figure 5.

Réflexions.

Ces observations prouvent que le canal alimentaire du
papillon est formé par des modifications diverses des différentes parties du canal alimentaire de la chenille. Il n'est
point vrai que l'œsophage se rompe, ainsi que l'a rapporté

Malpighi ; seulement il devient si ténu et si transparent,
qu'il peut se dérober aux regards, et il en est de même de
l'intestin. Telle est probablement la cause de l'erreur de
Malpighi.

ORDRE DES NÉVROPTÈRES.

Fourmi-lions (myrmeleon formicarium , Fab.).

Je n'ai point suivi jour par jour les changemens qui surviennent dans le canal alimentaire de la nymphe du fourmi-lion, jusqu'à ce qu'elle donne le jour à l'insecte parfait ; je me suis contenté de recueillir une certaine quantité de boules de sable qui contiennent ces nymphes, certain
que dans le nombre j'en trouverais qui, à raison de leur
développement plus ou moins avancé, m'indiqueraient la
gradation des changemens que subit la larve pour devenir
insecte parfait. On sait que le fourmi-lion n'emploie qu'environ trois semaines pour accomplir sa métamorphose. Un
nombre peu considérable de nymphes m'a suffi par conséquent pour faire mes observations. J'ai dû commencer par
m'instruire de la forme du canal alimentaire de la larve.
Ayant donc pris les plus gros des fourmi-lions que j'ai pu
me procurer, je les ai rassasiés en leur donnant des mouches
à sucer, après quoi je les ai disséqués. Cette dissection demande les plus grandes précautions et un peu de dextérité.
Il est extrêmement difficile de mettre à découvert le canal
alimentaire, surtout lorsqu'il est rempli, sans l'endommager. La figure 6 offre le canal alimentaire de cet insecte :
a, est le premier estomac distendu par une gelée de couleur de rose et surmonté d'un œsophage capillaire que sa
couleur rose m'a aidé à suivre dans le col jusqu'à la tête.
La couleur rose de cette gelée venait probablement du

fluide rouge que contient la tête des mouches que j'avais
données à sucer au fourmi-lion. Les parois de ce premier
estomac sont transparentes, *b* est le second estomac du
fourmi-lion ; il est uni au premier par un canal délié et fort
court ; il est rempli d'un fluide noir ; ses parois sont opaques et de couleur jaune ; de son extrémité postérieure,
qui est très arrondie, part l'intestin, qui n'a pas une demi-
ligne de longueur, et qui est d'une telle ténuité, qu'il est
presque inapercevable. Il faut les plus grandes précautions
pour ne pas le rompre dans la dissection ; à l'origine de cet
intestin, on observe six vaisseaux biliaires également d'une
grande ténuité et de couleur blanche. Plusieurs naturalistes,
et, en particulier, Réaumur (1), affirment que le fourmi-
lion n'a point d'anus et ne rend point d'excrémens. Mes
observations me portent à me ranger de leur avis. L'intestin
est d'une telle ténuité, qu'il est évidemment impossible
qu'il admette la matière excrémentitielle semblable à une
bouillie noire que contient le second estomac du fourmi-
lion. D'ailleurs, dans tous ceux de ces insectes que j'ai disséqués, j'ai toujours trouvé l'intestin également ténu et
entièrement vide. La bouillie noire que contient le second
estomac de la larve s'observe encore dans celui de la nymphe, preuve qu'elle n'a pu être expulsée ; elle se dessèche
peu-à-peu chez cette dernière, et n'est expulsée en définitive que par l'insecte parfait, ainsi qu'on le verra plus bas.
Il me paraît donc prouvé que le fourmi-lion n'a point d'a-
nus ; j'exposerai, dans la suite, d'autres exemples de ce
fait remarquable.

Parmi les nymphes contenues dans les boules de sable
que j'avais recueillies, j'en trouvai qui offraient différens
degrés de développement : il était facile d'en juger à l'al-

(1) Mémoires pour servir à l'histoire des insectes, tome VI, page 372.

longement de leur abdomen et au développement de leurs
ailes. En effet, les nymphes avancées sont courbées en arc
dans la cavité sphérique qui les contient, et elles sont forcées de prendre cette position par l'effet de l'allongement
graduel de leur abdomen ; les nymphes peu avancées, au
contraire, n'étant pas plus longues que la larve, sont
étendues en ligne droite dans la boule de sable, et leur abdomen est assez volumineux. Je disséquai une de ces nymphes, qui me parut très récemment dépouillée de la peau
de larve, et je trouvai le canal alimentaire conformé, comme
il est représenté par la figure 7 : d, œsophage; a, cavité qui
répond au premier estomac de la larve; elle est entièrement vide et sa capacité est fort diminuée ; elle est devenue
un simple canal; à sa partie latérale droite existe un prolongement tubuleux, espèce de cœcum c qui est également
vide. Je me suis assuré, de la manière la plus positive,
que ce prolongement n'existe en aucune façon chez la larve,
il n'en existe même pas de rudimens; il s'est par conséquent développé chez la nymphe, probablement par une
sorte de végétation et aux dépens des parois du premier
estomac de la larve. On verra dans la suite un autre
exemple de ce phénomène. b, est le second estomac reconnaissable, comme il l'est chez la larve, à la couleur jaune
de ses parois. Si l'on ouvre ce second estomac en le fen-
dant longitudinalement, on en tire un corps cylindrique et
dur, nullement adhérent aux parois de cet organe. Ce corps,
ouvert lui-même, se trouve rempli du fluide noir que contenait le second estomac du fourmi-lion; ce corps ressemble parfaitement à un petit œuf ; sa coque est blanche et
dure. Il est évident que cette coque n'est autre chose que
la doublure interne du canal alimentaire de la larve, doublure qui n'a pu être expulsée lors de la métamorphose du
fourmi-lion en nymphe, comme elle l'est chez les chenilles
lors de leur métamorphose en chrysalides. Cette doublure

est desséchée, le fluide noir et épais qu'elle contient n'est
autre chose que le résidu excrémentitiel de tous les alimens
que le fourmi-lion a pris dans le courant de sa vie sous
l'état de larve. Au-dessous du second estomac *b*, on aperçoit l'intestin *i* plus développé qu'il ne l'est chez la larve ;
près de son origine sont les six vaisseaux biliaires qui ont
été notés plus haut. Les nymphes plus avancées que je
disséquai m'offrirent la même forme de canal alimentaire ;
à quelques différences près, dans les dimensions de ses
diverses parties ; seulement j'observai que chez les nymphes
voisines de la métamorphose, l'appendice aveugle *c* se
remplissait d'un fluide verdâtre ; il me paraît que cet appendice, de nouvelle formation ; est un vaisseau biliaire
qui représente, à lui seul, tout l'appareil des vaisseaux biliaires supérieurs qui s'observe chez beaucoup d'insectes.
On sait que le fourmi-lion n'est qu'environ trois semaines
sous l'état de nymphe ; ce temps expiré, il perce la boule
de sable qui le renferme, et il paraît au jour sous la forme
de demoiselle. Une demi-heure après cette métamorphose,
il rend par l'anus le petit corps oviforme que j'ai dit
être contenu dans le second estomac de la nymphe. La
forme du canal alimentaire de la demoiselle diffère peu de
celle que nous avons observée chez la nymphe. La figure 8
en offre la représentation : *a*, le premier estomac rempli
d'air ; *c*, le canal biliaire rempli de bile noirâtre ; *b*, second
estomac qui contenait le corps oviforme ; *i*, intestin à l'origine duquel se trouvent les six vaisseaux biliaires inférieurs ;
d, gros intestin. Il faut observer que la demoiselle sur laquelle cette figure a été dessinée n'avait point pris d'alimens
depuis sa métamorphose.

Abeille (apis mellifera).

Pour étudier les phénomènes de la métamorphose de l'abeille, il m'a suffi de me procurer un gâteau de ruche bien garni de couvain. On y trouve ordinairement des larves et des nymphes de tous les âges ; il est facile ainsi d'observer dans le même moment toutes les gradations des changemens qui s'opèrent.

Le canal alimentaire de la larve d'abeille consiste principalement en un sac droit, renflé en massue postérieurement, occupant presque toute la longueur du corps, et rempli d'une bouillie jaune ; c'est l'estomac. De l'extrémité postérieure de ce sac part un fil délié qui est le canal intestinal. Cette seconde portion va aboutir, après quelques flexuosités, à l'extrémité postérieure de la larve. La figure 9 représente la forme de ce canal alimentaire : *b*, œsophage ; *a*, estomac rempli de matières jaunes ; *d*, intestin.

Si l'on divise avec beaucoup de précaution les parois de l'estomac, on s'aperçoit qu'il est composé de deux tuniques superposées sans adhérence. La tunique extérieure est d'un blanc opaque, la tunique intérieure est transparente et extrêmement fine. La tunique extérieure se continue évidemment avec l'intestin. Si l'on fend cette dernière dans toute sa longueur, on tire par cette incision le sac formé par la tunique intérieure, et on voit de la manière la plus évidente que ce sac est sans issue postérieure ; il est libre et flottant dans la cavité formée par la tunique extérieure, et son fond n'envoie aucun prolongement dans l'intestin. La matière alimentaire qu'il contient ne peut, par conséquent, pénétrer dans ce dernier, qui d'ailleurs n'est point encore assez développé pour pouvoir l'admettre. Il résulte de là, que la larve d'abeille n'a point d'anus. Sa cavité alimentaire ne possède qu'une seule ouverture.

J'ai suivi le développement des nymphes d'abeille jusqu'à leur entière métamorphose. Voici comment leur canal alimentaire change de forme. Le long estomac de la larve se concentre peu-à-peu, et l'œsophage s'allonge ; un étranglement se manifeste bientôt à la partie antérieure de l'estomac ; il sépare les deux estomacs de l'abeille. Les nymphes le plus récemment dépouillées de la forme de la larve n'offrent plus aucune trace de la membrane intérieure qui formait un sac sans issue dans l'estomac de la larve. J'ai trouvé cette membrane encore existante dans des larves déjà renfermées dans leur alvéole ; il paraît donc que la larve s'en dépouille à-peu-près dans le même temps qu'elle quitte sa peau, et il est évident qu'elle ne peut le faire qu'en la rejetant par la bouche. Cette membrane est l'analogue de celle qui double le canal alimentaire des chenilles, membrane que celles-ci rejettent, comme on sait, par l'anus, peu de temps avant que de prendre la forme de nymphes.

Le canal intestinal de l'abeille existe tout formé dans la larve ; il n'a besoin que de développement. On ne tarde pas à apercevoir les vaisseaux biliaires qui existent à l'origine de l'intestin, et celui-ci offre bientôt deux parties différentes de diamètre, lesquelles sont, l'une l'intestin grêle, et l'autre le gros intestin. Ces parties sont séparées par un léger bourrelet. La figure du canal alimentaire de l'abeille a été donnée par Swammerdam et par Réaumur ; je ne la reproduis ici, figure 10, qu'afin de faciliter sa comparaison avec la figure du canal alimentaire de la larve : *b*, œsophage ; *c*, premier estomac ou vessie à miel ; *d*, second estomac ; *a*, vaisseaux biliaires ; *i*, intestin grêle ; *o*, gros intestin. Le canal intestinal est ici représenté déployé, car dans l'état naturel il offre des circonvolutions assez nombreuses.

Guêpe des arbustes (polistes gallica. Fab.).

Cette espèce de guêpe suspend, comme on sait, son petit guêpier aux branches des arbustes. En ayant recueilli plusieurs, j'ai été à même d'étudier toutes les phases de la métamorphose sur les nymphes qu'ils contenaient. La figure 11 représente la forme du canal alimentaire de la larve de cette guêpe : *a*, œsophage fort court; *b*, vaste estomac suivi d'un intestin court et délié; celui-ci présente à son extrémité un petit renflement sphérique, *c*. L'estomac est de couleur noire, et il est composé de trois membranes; l'extérieure est continue avec l'intestin; celle qui est au-dessous ne lui est nullement adhérente; elle forme un sac sans ouverture postérieure, et par conséquent elle n'est point continue avec l'intestin; elle est colorée par un fluide noir qui la lubréfie. Dans l'intérieur du sac formé par cette seconde membrane se trouve un autre sac formé par la troisième membrane de l'estomac: cette dernière, fine et diaphane, est entièrement dépourvue d'adhérence avec la membrane noire qui l'enveloppe. C'est dans son intérieur que sont contenus les alimens. Ainsi le canal alimentaire de la larve de guêpe, comme celui de la larve d'abeille, est dépourvu d'issue postérieure.

J'ai disséqué ensuite des larves déjà renfermées dans leurs alvéoles, et par conséquent sur le point de se métamorphoser. J'ai trouvé l'estomac entièrement vide et dépouillé de ses deux membranes intérieures qui formaient deux sacs emboîtés. L'estomac presque sphérique de la larve s'était un peu allongé, et le canal intestinal commençait à se développer. Dans des nymphes plus avancées et revêtues de

la forme de guêpe, j'ai vu l'estomac, graduellement allongé
aux dépens de son diamètre, offrir dans sa partie supérieure
un étranglement qui le divisait en deux cavités; la seconde
seule était remplie d'une matière grisâtre, ce qui me fait
penser que la première n'est autre chose qu'un renflement
de l'œsophage. Les vaisseaux biliaires paraissaient à l'origine
de l'intestin, lequel se développait aussi graduellement.
Le petit renflement sphérique que j'ai observé à la terminaison du canal intestinal de la larve s'était grossi
et formait le gros intestin. Enfin, la guêpe nouvellement
éclose offrait un canal alimentaire tel qu'il est représenté
par la figure 12. a œsophage; b, premier estomac; c, second
estomac; d, intestin grêle, à l'origine duquel sont les vaisseaux biliaires; o, gros intestin. Le premier estomac était
vide, le second rempli d'une matière brune, et le gros intestin contenait une matière crayeuse.

Mouche à scie (tenthredo).

Ne trouvant dans les auteurs systématiques aucune espèce à laquelle se puisse rapporter exactement la mouche
à scie, qui fait le sujet de cette observation, je prends
le parti d'en donner ici la description.

La fausse chenille qui donne naissance à cette mouche
vit sur l'aubépine (cratægus oxyacantha, Lin.); sa taille
est à-peu-près celle du ver à soie; le fond de sa peau est
blanc; elle offre sur le dos une suite de points noirs disposés en ligne droite; il y en a un gros et un petit alternativement. De chaque côté du corps sont douze taches jaunes
disposées sur une ligne longitudinale, et séparées les unes
des autres par des raies noires. Le nombre des jambes est
de 22. La mouche à scie qui naît de cette fausse chenille
est de la taille d'un frelon et lui ressemble au premier coup-

d'œil. Ses antennes sont jaunes et en forme de massue; le corselet noir en dessus est marqué de deux taches jaunes latérales; l'abdomen est marqué de bandes transversales alternativement jaunes et noires; les pattes sont noires. D'après ces caractères cette mouche à scie doit être rapporté au sous-genre *cimbex* établi par Fabricius.

Je nourris les fausses chenilles avec les feuilles de l'arbuste sur lequel je les avais trouvées. Le 15 août, quelques-unes d'entre elles cessèrent de manger, et bientôt elles travaillèrent à s'enfermer dans leur cocon, qu'elles placèrent dans les angles de la boîte qui les renfermait, ou sous les branches ou les feuilles que je leur donnais pour nourriture. Ces cocons, de couleur jaune, offraient extérieurement une soie assez grossière et rare, au-dessous de laquelle se trouvait une coque solide, dure et cassante, qui paraissait formée de la même matière que la soie, excepté qu'au lieu d'être filée, elle était appliquée par couches, et séchée dans cet état.

J'ai conservé un certain nombre de ces fausses chenilles, renfermées dans leur cocon, depuis le milieu d'août jusqu'au milieu d'avril de l'année suivante, époque à laquelle les mouches à scie sont écloses, ayant été ainsi huit mois entiers à l'état des nymphes. Les fausses chenilles, renfermées dans leur cocon, ont conservé leur forme et leur peau de larve jusqu'au commencement du mois de mars, époque à laquelle elles se sont dépouillées de la peau de chenille pour paraître sous la forme des nymphes. Pendant ce long espace de temps, j'ai disséqué, de loin en loin, une de ces nymphes, n'en ayant pas un assez grand nombre pour en sacrifier à des observations journellement suivies. Voici les résultats de ces observations.

Le canal alimentaire de la fausse chenille en question est représenté par la figure 13 : *a*, œsophage; *b*, vaste estomac séparé de l'œsophage par un petit renflement; *c*, gros in-

testin séparé de l'estomac par un intestin grêle et fort court,
à l'origine duquel sont les vaisseaux biliaires, *dd*. L'estomac était ployé longitudinalement, de manière que sur
la ligne médiane la paroi ventrale touchait la paroi dorsale : il résultait de cette plicature deux canaux latéraux
juxtaposés, dans lesquels était contenue la matière alimentaire. La figure 14 représente la coupe transversale de l'estomac ainsi ployé : *a*, paroi de l'estomac qui correspond au
dos ; *b*, paroi correspondant au ventre de la chenille. J'ai
disséqué plusieurs de ces fausses chenilles ; toutes m'ont
présenté la même disposition. Cet estomac était doublé
intérieurement par une membrane fine et diaphane, qui
n'était bien visible que lorsque l'époque de la métamorphose
approchait. Il y avait deux vaisseaux à soie considérables
et remplis d'une liqueur jaune.

Lorsque la fausse chenille s'est renfermée dans le cocon,
qu'elle s'est fabriqué avec la liqueur de ses vaisseaux à soie,
elle se raccourcit considérablement dans le sens de sa longueur. D'abord ployée en deux dans l'intérieur de ce cocon, elle finit par y affecter une position droite, et cela
par l'effet de son raccourcissement. Disséquée au bout de
cinq jours de réclusion, elle ne m'a offert que des changemens peu marqués. La peau de la nymphe s'était déjà
détachée en partie de celle de la chenille ; cela était remarquable surtout à la partie postérieure. Il y avait rupture du pourtour de l'anus dans cet endroit, de sorte que
l'anus de la nymphe ne répondait plus à l'ouverture qui
servait d'anus à la chenille. L'estomac, moins large qu'il ne
l'était, n'offrait plus la plicature dont j'ai parlé plus haut ;
il était diminué de longueur en vertu du raccourcissement
général de la chenille. L'intestin était considérablement
diminué de diamètre ; l'estomac contenait un peu de matière brune, et il possédait encore sa doublure intérieure.
Au bout de vingt jours de réclusion la fausse chenille,

réduite au tiers de sa longueur primitive, était étendue en droite ligne dans son cocon, dont elle occupait toute la longueur. Ayant enlevé la peau de la chenille, j'ai trouvé dessous la nymphe qui ne lui adhérait plus qu'à la tête. Entre cette nymphe et la peau de la chenille étaient les vaisseaux à soie devenus noirs par la dessiccation. Le canal alimentaire était fusiforme, renflé dans son milieu, et terminé en pointe à ses extrémités. L'intestin avait tellement diminué de longueur, qu'il était devenu presque invisible. Dans l'intérieur de ce canal alimentaire, formé presque totalement aux dépens de l'estomac, existait encore dans son intégrité la membrane intérieure que j'ai notée plus haut dans la fausse chenille. Dans l'intérieur de cet estomac se trouvait une matière brune, peu consistante, accompagnée de quelques bulles d'air et de quelques gouttes d'huile jaune.

Au commencement d'octobre je disséquai une de ces nymphes recluse depuis deux mois. La forme de la mouche commençait à se manifester ; la nymphe ovale s'était étranglée pour former la séparation du corselet et de l'abdomen. On voyait les rudimens des ailes encore molles et blanches. Le canal alimentaire avait la forme représentée par la figure 15 ; *a*, œsophage ; *b*, estomac rempli de matière brune ; *d*, intestin à l'origine duquel on observe les vaisseaux biliaires ; *c*, gros intestin. Vers le milieu de novembre je disséquai une autre nymphe recluse depuis trois mois ; je trouvai la nymphe un peu plus développée, quoique toujours renfermée dans la peau de la fausse chenille ; sa couleur n'était plus aussi blanche ; elle commençait à se colorer en jaune et en noir sur quelques points de sa surface. Le canal alimentaire ne différait pas sensiblement de celui qui est représenté figure 15 ; seulement l'estomac était un peu diminué de diamètre. Ne possédant plus qu'un petit nombre de ces nymphes, je discontinuai de les observer

pendant toute la durée de l'hiver, sachant que pendant
ce temps le froid suspend presque entièrement chez les
insectes le travail de la vie.

Au commencement de mars je repris mes observations :
je trouvai mes nymphes encore enveloppées dans la peau de
la fausse chenille. Cependant les mouches étaient presque
entièrement développées. J'en disséquai une, et je trouvai
l'estomac divisé en deux cavités, fort diminué de diamètre,
et courbé à sa partie inférieure. L'intestin grêle était
fort allongé, et le gros intestin paraissait près de l'anus
comme une bulle sphérique. Je fis une petite ouverture
aux quatre cocons qui me restaient ; je ne trouval que deux
nymphes vivantes ; les deux autres avaient été dévorées par
des larves d'ichneumon. Ces deux nymphes se dépouillè-
rent de la peau de fausse chenille vers la fin de mars ; elles
continuèrent à rester renfermées dans le cocon jusqu'au 19
avril, alors l'une d'elles en sortit mouche parfaite ; la seconde sortit de son cocon six jours après. Je les disséquai
et je trouvai leur canal alimentaire conformé comme il est
représenté figure 16. a, œsophage ; b, premier estomac ; c,
second estomac recourbé à son extrémité postérieure ; d, intestin grêle, à l'origine duquel sont les vaisseaux biliaires ;
o, gros intestin fort court et presque sphérique. Il y avait
dans le corselet deux grands sacs aériens qui communiquaient chacun par un canal avec les ouvertures des trachées situées sur les parties latérales du corps.

Réflexions.

Le fourmi-lion nous a offert un premier exemple de
larve dépourvue d'anus. Cette disposition était connue des
naturalistes, mais on ignorait qu'il en fût de même des
larves d'abeille et de guêpe. Réaumur, cependant, avait observé qu'on ne trouve point d'excrémens dans les alvéoles

où sont logés les larves des abeilles (1); il paraît donc que
la matière dont sont nourries ces larves, est tout alimentaire
et ne contient aucune partie excrémentitielle. On sait, en
effet, que la matière sucrée possède la propriété d'être alimentaire sans résidu excrémentitiel. Il est aisé de concevoir
de même comment le fourmi-lion, nourri de ce qu'il y a
de plus délicat dans les fluides animaux, n'a qu'une quantité extrêmement petite d'excrémens, qui peuvent, sans
inconvéniens, s'accumuler dans son second estomac ; pour
en être expulsés seulement à l'époque de sa métamorphose.
Il n'est pas également facile de concevoir comment les larves de guêpe peuvent se passer d'anus. On sait, en effet,
que ces larves sont nourries avec des alimens assez gros-
siers, tels que des fruits, des matières animales, etc., qui
doivent nécessairement avoir un résidu excrémentitiel. S'il
m'était permis d'émettre à ce sujet une opinion hypothétique, je dirais que ce résidu excrémentitiel est probablement rejeté par la bouche de la larve, et que c'est pour faciliter cette expulsion hors de l'alvéole, que les larves de guêpes
sont placées la tête en bas dans leurs cellules, dont l'ouverture est, comme on sait, dirigée vers la terre. La guêpe
des arbustes seule donne aux étages de son guêpier une position verticale; mais ces guêpiers, suspendus par un pédicule très grêle, prennent naturellement, en vertu de leur
pesanteur, une position inclinée qui dirige vers le bas l'ouverture de leurs alvéoles; de sorte que les larves qui y sont
contenues ont toujours la tête plus basse que la partie postérieure de leur corps, ce qui peut faciliter l'expulsion hors
de l'alvéole de la partie excrémentitielle de la matière alimentaire. Les *cellules royales* des abeilles ont aussi leur ouverture tournée en bas. Ne serait-ce point pour le même
objet ? On sait que les larves destinées à donner naissance

(1) Mémoires pour servir à l'Histoire des Insectes, t. v, p. 576.

à des reines ; sont nourries avec une matière alimentaire différente de celle qui est donnée aux autres larves ; et comme sa quantité est beaucoup plus considérable, elle doit avoir un résidu excrémentitiel qui peut être rejeté facilement par la bouche hors de l'alvéole, à raison de la position verticale et renversée de la larve.

La mouche à scie dont j'ai rapporté l'observation offre une particularité fort remarquable ; c'est que les vaisseaux à soie de sa larve ne sont point contenus dans le corps de la nymphe ; ils sont extérieurs à celle-ci, et situés sous la peau de la fausse chenille. Chez les chenilles vraies, ces vaisseaux sont contenus dans l'intérieur du corps, et on les retrouve dans la nymphe dépouillée de la peau de chenille.

ORDRE DES DIPTÈRES.

Mouche abeilliforme (eristalis tenax. Fab.).

Swammerdam et Réaumur ont donné l'histoire de la mouche abeilliforme ; le premier ne l'a, pour ainsi dire, qu'ébauchée ; il n'a fait aucune recherche sur l'organisation intérieure de cette mouche, ni de sa larve. Quant au second, s'il est vrai de dire qu'on ne peut rien ajouter à la perfection de ses descriptions, relativement aux organes du dehors et à la clarté de l'exposition qu'il fait des phénomènes extérieurs que présentent la larve et la nymphe de cette mouche, il n'est pas moins certain que ce qu'il a donné touchant l'organisation intérieure de ces dernières, laisse beaucoup à désirer. C'est ce vide que je vais essayer de remplir, en même temps que je suivrai les changemens qui surviennent dans l'organisation intérieure de la larve, lorsqu'elle passe à l'état de mouche.

Le canal alimentaire de la larve de mouche abeilliforme

offre un œsophage capillaire *a* (fig. 17) lequel pénètre
dans une cavité oblongue *b*, séparée de l'estomac *c* par un
rétrécissement. Cet estomac, de peu de largeur, est d'une
longueur démesurée, puisqu'il est long de cinq pouces,
quoique le corps de la larve n'ait que huit à neuf lignes de longueur. Près de l'origine de l'estomac,
naissent quatre longs vaisseaux blancs *dd*, qui contiennent un fluide incolore : je pense que ce sont les vaisseaux biliaires supérieurs. L'estomac est disposé en nombreuses flexuosités ; il se termine en s'ouvrant dans l'intestin
e, dont le diamètre est plus petit et qui a peu de longueur.
Près de l'origine de cet intestin naissent quatre vaisseaux
ii très longs et remplis d'un fluide verdâtre ; ce sont les
vaisseaux biliaires inférieurs. L'intestin offre, près de l'a-
nus, seize cœcums *hh*, dans lesquels pénètrent les matières stercorales. Dans l'état ordinaire, les cœcums sont renfermés dans le corps de la larve ; mais lorsqu'elle rend ses
excrémens, ils se retournent et sortent par l'anus. C'est de
cette manière que Réaumur les a observés, mais sans découvrir leur nature ni leur usage. L'estomac est doublé intérieurement par une membrane fine et diaphane, formant
un canal libre et flottant dans son intérieur. Aux deux
côtés du canal alimentaire, on observe deux organes d'autant plus volumineux que la larve est plus voisine de l'é-
poque de sa métamorphose. Ces organes, représentés par
la figure 18, sont des canaux recourbés par leur extrémité
antérieure, laquelle est gonflée en massue et remplie d'un
fluide laiteux, destiné spécialement à servir à la nutrition
de la nymphe pendant sa métamorphose ; je dis *spécialement*, car il paraît que c'est également dans ces organes
que les vaisseaux biliaires supérieurs et inférieurs de la
larve puisent les matériaux de la sécrétion des fluides
qu'ils versent dans le canal alimentaire. En effet, ces canaux *lactifères* reçoivent l'insertion des vaisseaux biliaires

de la manière suivante. Des deux vaisseaux biliaires supérieurs qui sont destinés à chacun d'eux, l'un se rend en *b*
et l'autre en *a*, et ils deviennent capillaires en y abordant;
comme ils sont incolores, on ne peut les suivre plus loin.
Des deux vaisseaux biliaires inférieurs destinés à chacun
de ces organes, l'un se rend en *a* et l'autre en *o*; là, ils
deviennent sur-le-champ capillaires, et leur couleur verte
fait qu'on peut les suivre de l'œil dans les innombrables
flexuosités, au moyen desquelles ils tapissent toute l'étendue
des parois de ces *canaux lactifères*, auxquels ils donnent
leur couleur verdâtre.

Deux corps considérables de trachées s'observent dans le
corps de cette larve; ils reçoivent l'air du *conduit de la
respiration* placée dans la queue extensible, si bien décrite
par Réaumur. De ces corps de trachées partent les nombreuses ramifications qui portent l'air à toutes les parties.

Telle est l'organisation de la larve de mouche abeilliforme; examinons actuellement celle de cette mouche elle-
même. Ce qui frappe au premier coup-d'œil, en ouvrant
cette mouche, ce sont deux gros sacs sphériques remplis
d'air; ces sacs sont les réservoirs de l'air pour les trachées;
et ils sont formés, comme elles, de fils juxta-posés et disposés en spirale. L'œsophage très délié *a* (fig. 19) traverse
en droite ligne le corselet, s'applique sur l'intervalle des
deux sacs aériens, et au-dessous d'eux donne naissance à
l'estomac *d*. De la terminaison de l'œsophage naît encore
un conduit assez long délié, qui se rend dans une poche
b, laquelle est bilobée et cordiforme, cette poche est remplie de la même matière alimentaire qui se trouve dans
l'estomac, c'est-à-dire, d'une pâte jaune formée par le
pollen des fleurs dont la mouche abeilliforme fait sa nourriture. Cette poche est par conséquent une véritable *panse*,
dans laquelle la mouche met en réserve une provision d'a-
limens. L'estomac *d* est long et de peu de largeur, il forme

des replis dans l'abdomen. L'intestin *i* qui le suit est très grêle, et l'on voit près de son origine l'insertion des quatre vaisseaux biliaires *gg;* il se rend après quelques flexuosités à l'anus, sans présenter aucun renflement sensible.

Voyons actuellement comment s'opère cette métamorphose du canal alimentaire de la larve.

Lorsque cette larve veut se métamorphoser, elle s'enfonce en terre ; là sa peau se dessèche et lui forme une coque solide. Ayant ouvert une de ces larves qui s'était enfoncée en terre depuis vingt-quatre heures, j'ai trouvé l'estomac vide d'alimens, ayant encore sa doublure intérieure ; il s'était considérablement raccourci et n'avait plus que deux pouces et demi de longueur. Les *canaux lactifères* étaient à moitié vides. Chez une nymphe âgée de deux jours j'ai observé un raccourcissement encore plus considérable de l'estomac ; les cœcums avaient disparu. Les canaux que je considère comme les vaisseaux biliaires supérieurs commençaient à s'oblitérer. Les *canaux lactifères* étaient plus petits que la veille ; les deux corps de trachées que j'ai observés chez la larve étaient aplatis et vides d'air. Chez une nymphe âgée de quatre jours l'estomac n'avait plus que neuf lignes de longueur ; sa doublure intérieure s'était détachée ; et elle était chiffonnée en paquet dans son intérieur ; la cavité *b* de la figure 17 s'était changée en un canal aveugle et allongé, rudiment de la *panse*. Les vaisseaux biliaires supérieurs avaient disparu. Les corps de trachées de la larve avaient également disparu, ainsi que les *canaux lactifères*. On ne voyait encore aucune apparence des *sacs aériens* de la mouche.

Chez la nymphe âgée de cinq jours on voyait les rudimens des sacs aériens ; ils communiquaient chacun par un canal avec les *grandes cornes* qui, comme on le sait, apparaissent sur la nymphe deux jours après qu'elle a commencé l'œuvre de sa métamorphose. Le canal qui formait le rudiment de la panse s'était allongé et commençait à se dilater par son extrémité.

Chez une nymphe âgée de six jours on voyait la panse toute formée; le canal alimentaire était tel qu'il sera chez la mouche. On ne voyait plus dans l'intérieur de l'estomac sa doublure chiffonnée et en paquet, qu'on y observait encore deux jours auparavant. Je ne sais ce qu'elle était devenue; peut-être avait-elle été dissoute par les fluides de l'estomac.

Enfin, au bout de dix jours la mouche sort parfaite de sa coque, et présente l'organisation qui a été exposée ci-dessus.

Réflexions.

Aucun anatomiste n'avait observé avant moi chez les insectes ce réservoir d'alimens auquel j'ai donné le nom de *panse*, réservoir que j'ai observé d'abord dans la mouche abeilliforme (*eristalis tenax*) et que j'ai retrouvé ensuite chez la mouche à viande (*musca vomitoria* Fab.), chez la mouche verte (*musca cæsar.* Fab.), et chez le taon des bœufs (*tabanus bovinus.* Fab.), seuls diptères que j'ai disséqués (1). Chez ces trois dernières mouches, le col de la panse, au

(1) M. Marcel de Serres, dans son Mémoire intitulé, *Observations sur les usages des diverses parties du tube intestinal des Insectes*, inséré dans le 20ᵉ volume des *Annales du Muséum*, a donné (p. 349) la description du canal alimentaire du taon des bœufs (*tabanus bovinus*). Il ne fait aucune mention de la *panse*, qui a échappé à ses observations. Sa description contient d'ailleurs plusieurs inexactitudes. Il attribue à cette mouche deux ordres de vaisseaux hépatiques; je ne lui en ai trouvé qu'un seul ordre; ce sont ceux qui naissent à l'origine de l'intestin, au-dessous de l'estomac. M. de Serres prétend que ces vaisseaux sont en fort grand nombre; je n'en ai compté que quatre. Ces vaisseaux, très longs et très sinueux, sont assez gros et de couleur blanche dans le voisinage de leur insertion; ils deviennent, en s'éloignant de l'intestin, très grêles et de couleur jaune. C'est peut-être ce qui en aura imposé à M. de Serres, en lui faisant croire à l'existence de deux ordres de vaisseaux hépatiques.

lieu d'aboutir à la terminaison de l'œsophage, comme cela
a lieu chez la mouche abeilliforme, aboutit à l'origine de
l'œsophage, tout près de la bouche. Chez elles le corps de
la panse est divisé en deux lobes sphériques, tandis que
chez la mouche abeilliforme, il n'offre qu'un seul lobe cordiforme. Il est probable que cette organisation appartient
à beaucoup d'autres diptères. Réaumur est le seul naturaliste qui, avant moi, ait aperçu cet organe, et il l'a pris pour un
cœur(1). En observant une de ces mouches dont les larves dé-
vorent les pucerons, il vit au travers des parois transparentes
de son abdomen, une petite poche surmontée d'un long col
qui la rendait assez semblable à une bouteille. Il vit le fluide
contenu dans cette bouteille lancé dans le col de la même
manière que le sang est chassé dans les artères par la contraction du cœur. Aussi n'hésita-t-il pas à considérer cet
organe comme un véritable cœur. Je n'ai point eu occasion
d'observer la mouche dont parle ici Réaumur; mais il est
évident que l'organe qu'il prend pour un cœur n'est autre
chose que la *panse* dont j'ai donné la description.

J'ai vu ici à découvert un phénomène dont j'avais seulement soupçonné l'existence chez la nymphe du fourmi-lion;
je veux dire la formation d'un appendice aveugle du canal
alimentaire. J'ai vu, en effet, la panse de la mouche abeilliforme se développer aux dépens de la cavité qui précé-
dait l'estomac de la larve, et ce fait autorise à admettre
une semblable formation, par rapport à l'appendice aveugle
que j'ai considéré comme un canal biliaire supérieur chez
la demoiselle du fourmi-lion.

(1) Mémoires pour servir à l'Histoire des Insectes, t. IV, p. 260.

ORDRE DES COLÉOPTÈRES.

Grand hydrophile (hydrophilus piceus. *Fab.*)

Vers le milieu du mois de mai, je pris dans une mare une certaine quantité de larves de grand hydrophile, que leur grosseur me fit juger être voisines de l'époque de leur métamorphose. Je les conservai dans des vases remplis d'eau, et je les nourris avec des têtards. Dans les premiers jours de juin, elles cessèrent toutes de prendre des alimens. Je les plaçai alors dans des boîtes remplies de terre ; elles ne tardèrent pas à s'y enfoncer pour se métamorphoser, et en sortirent au bout de quarante jours insectes parfaits. Je possédais une quantité suffisante de ces insectes pour faire sur leur métamorphose les observations assez suivies que je vais exposer.

La forme du canal alimentaire de la larve de grand hydrophile est représentée par la figure 20. *s*, œsophage court et capillaire ; *a*, premier estomac fort vaste et droit ; *o*, second estomac recourbé, plus petit que le premier, dont il est séparé par un étranglement *i* ; *b*, intestin grêle fort long et fort replié sur lui-même : près de son origine on trouve l'insertion de quatre vaisseaux biliaires extrêmement longs. Ces vaisseaux, dont le commencement seul est marqué dans la figure, sont appliqués dans toute leur étendue sur l'intestin qu'ils revêtent extérieurement au moyen de leurs innombrables flexuosités. Ils se terminent en s'anastomosant tous les quatre au même point, formant ainsi une croix par leur réunion. *c*, est un vaste cœcum, muni d'un appendice aveugle *n*, et suivi du rectum *r* qui est de peu de longueur. L'anus *d* est situé entre deux appendices couverts de poils. Ce sont les organes respiratoires de l'in-

secte, qui tient assez constamment sa queue à la surface
de l'eau pour respirer. Ces deux appendices aboutissent
à deux corps considérables de trachées, qui occupent
toute la longueur du corps, et qui distribuent leurs ramifications à tous les organes. La larve du grand hydrophile
est la seule des larves que j'ai disséquées, chez laquelle je
n'aie trouvé aucune *doublure intérieure* au canal alimentaire ; je veux parler ici de cette membrane fine et diaphane qui, chez la plupart des larves, double intérieurement le canal alimentaire sans y adhérer, et qui est
expulsée à l'une des époques de la métamorphose. Cette
exception à un fait qui jusqu'alors m'avait paru général,
était assez importante à constater, pour que j'y aie mis
tous mes soins, et j'ai acquis la certitude que cette exception était réelle.

Le canal alimentaire de l'hydrophile parfait ne diffère
pas considérablement de celui de sa larve. Je vais en donner de suite la description, pour saisir plus facilement
le mécanisme des changemens qui s'y opèrent. La figure 21
représente le canal alimentaire de cet insecte. *a*, œsophage
assez large ; *b*, premier estomac à parois minces ; *c*, second
estomac ou gésier muni intérieurement de dix lames saillantes, dures, et de couleur jaune ; chacune d'elles est unie
à ses deux voisines par une de ses extrémités, d'où résulte une espèce de zigzag. Le gésier est séparé du troisième estomac *d* par un conduit court et fort étroit.
Ce troisième estomac, courbé sur lui-même, est couvert
d'une multitude d'appendices déliés, assez courts, semblables à des poils blancs, lesquels sont très probablement des vaisseaux destinés à la sécrétion d'un fluide
qu'ils versent dans ce troisième estomac. Ces vaisseaux
me semblent devoir être considérés comme les vaisseaux biliaires supérieurs, lesquels, étrangers à la larve,
se trouvent chez l'insecte parfait. A la suite du troisième

estomac s'observe le duodénum *f*, à la terminaison duquel se trouvent quatre vaisseaux biliaires disposés de la même manière que je l'ai observé chez la larve ; ils garnissent extérieurement les parois de l'intestin grêle *h* ; celui-ci s'ouvre dans le cœcum *i*, muni d'un appendice aveugle assez court. Le rectum *o*, droit, et de peu de longueur, termine le canal alimentaire de l'hydrophile , canal qui ne diffère guère de celui de la larve que par le nombre et l'organisation des estomacs. On va voir comment s'opèrent ces changemens.

La larve renfermée dans la terre est environ dix jours avant que de se dépouiller de sa peau. Pendant ce temps, son organisation éprouve peu de changemens ; le canal alimentaire devient plus petit dans toutes ses parties, mais sans changer de forme. On voit la tête de l'insecte parfait se retirer peu-à-peu de l'enveloppe dure et transparente de la tête de la larve, et les mâchoires de l'insecte parfait se retirer, comme d'un fourreau , des longues mâchoires de la larve. Enfin, la peau de cette dernière se fend du côté du dos ; la nymphe s'en dépouille, et cette nymphe n'est autre chose que l'insecte parfait entièrement nu , blanc , et n'offrant encore que de légers rudimens des ailes et des élytres, Disséqué à cette époque , on trouve le canal alimentaire toujours avec sa même forme , mais plus petit et entièrement vide. Les deux corps latéraux de trachées sont aplatis et vides d'air. Chez la nymphe dépouillée de la peau de larve depuis dix jours, le gésier commence à se prononcer pour sa forme extérieure seulement , car on n'aperçoit encore aucune apparence des lames qui doivent le doubler intérieurement ; ni de la couleur jaune qu'il aura dans la suite ; il se forme au moyen d'un léger étranglement qui survient vers la partie inférieure du premier estomac de la larve. Le second estomac de cette dernière, qui doit former le troisième estomac de l'insecte parfait, commencé à paraître légèrement velu; ce sont les rudimens des vaisseaux biliaires supérieurs qui commencent à se montrer à sa surface. Ces cavités sont toutes entièrement vides. Le gros intestin contient une petite quantité de matières noirâtres, que je pense être de la bile. Les deux corps de trachées de la larve ont entièrement disparu; les ailes et les élytres ont pris de l'accroissement; ils sont encore couchés sur la partie inférieure du corselet. L'insecte commence à prendre de la couleur foncée qui lui appartient.

Chez la nymphe dépouillée de la peau de larve depuis quinze jours, on commence à apercevoir les lames jaunes du gésier. Les vaisseaux biliaires supérieurs du troisième estomac se sont allongés.

La nymphe, dépouillée de la peau de larve depuis vingt jours, a acquis complètement la forme et la couleur de l'insecte parfait; mais les élytres sont encore fort mous. Chez elle, le gésier est entièrement développé; les vaisseaux biliaires supérieurs ont acquis toute leur longueur; le troisième estomac sur lequel ils sont implantés, est rempli d'un fluide jaune probablement sécrété par ces vaisseaux. Le premier estomac est rempli d'air. Enfin, quarante jours après que la larve est entrée en terre, et trente jours après qu'elle s'est dépouillée de sa peau pour se métamorphoser en nymphe, l'hydrophile parfait sort de terre, et son organisation intérieure est telle que je l'ai exposée plus haut.

CONCLUSION.

Ces observations, assez nombreuses pour en tirer des conclusions générales, prouvent que le canal alimentaire des insectes parfaits, quelque différent qu'il soit de celui de leurs larves, n'est cependant que le même canal, modifié de diverses manières, et adapté à la nature du nouvel aliment dont l'insecte doit faire usage. Ces observations s'accordent avec celles de M. Savigny, lequel a découvert que les organes de la bouche du papillon n'étaient autre chose que les organes de la bouche de la chenille rendus presque méconnaissables par leurs changemens de forme et de dimension.

On sait depuis long-temps que la chenille, en se dépouillant de sa p eau pour se métamorphoser, rend par l'anus une membrane qui doublait son canal alimentaire. J'ai fait voir que cette membrane fine, diaphane, semblable à un épiderme, et dépourvue d'adhérence avec les autres membranes de l'estomac, n'appartient pas exclusivement aux chenilles, et qu'elle s'observe chez plusieurs autres larves. J'aurais même été porté à regarder l'existence de cette membrane comme générale, si je ne m'étais assuré de son absence chez la larve du grand hydrophile. Cette exception doit en faire présumer beaucoup d'autres.

La disparition des principaux corps des trachées des larves, lors de leur métamorphose, est un fait qui m'a paru constant; mais il n'est point étayé par un assez grand nombre d'observations, pour que je puisse affirmer sa généralité. Il est probable d'ailleurs que les trachées de l'insecte parfait ne sont que des modifications des trachées de la larve, et que si l'on voit les grosses trachées de cette dernière s'oblitérer et disparaître, cela vient de ce que souvent l'insecte parfait respire par les ouvertures trachéales placées autrement qu'elles ne le sont chez la larve. Il résulte encore de mes observations un fait qui, par son importance, mérite toute l'attention des physiologistes. Ce fait est le développement, je dirais presque *la formation* chez les insectes parfaits, de vaisseaux sécréteurs étrangers aux larves de ces mêmes insectes. J'ai vu, en effet, chez la nymphe du fourmi-lion, se développer un appendice aveugle, qui, d'abord vide, s'est rempli ensuite d'un fluide noirâtre; appendice que j'ai dû considérer comme un gros vaisseau sécréteur, correspondant à lui seul au système des vaisseaux biliaires supérieurs qui s'observent chez beaucoup d'insectes. Ce vaisseau biliaire était complétement étranger à la larve. J'ai vu de même chez la nymphe de grand hydrophile, naître et se développer les innombrables vaisseaux qui versent dans le troisième estomac de l'insecte parfait le fluide jaune que j'y ai observé, vaisseaux qui composent indubitablement le système biliaire supérieur. Ces vaisseaux étaient complétement étrangers à la larve. Il est donc prouvé que, dans certains cas, il se développe sur les parois du canal alimentaire des vaisseaux sécréteurs qui naissent et s'allongent par une sorte de végétation.

On sait qu'il existe chez les chenilles un épiploon graisseux, qu'on regarde, avec raison, comme un réservoir de matière nutritive, dans lequel la nature puise les matériaux nécessaires pour la nutrition de la nymphe et l'accomplissement de la métamorphose. J'ai retrouvé cet épiploon chez toutes les larves sans exception.

Enfin, mes observations ont dévoilé quelques particularités curieuses de l'anatomie des insectes, notamment l'absence de l'anus chez quelques larves, et l'existence de la *panse* chez plusieurs diptères.

XXI.

OBSERVATIONS

SUR LA STRUCTURE

ET LA RÉGÉNÉRATION DES PLUMES,

AVEC DES CONSIDÉRATIONS GÉNÉRALES SUR LA COMPO-
SITION DE LA PEAU DES ANIMAUX VERTÉBRÉS, (1)

La nature n'a point de sujets futiles pour l'observateur philosophe ; admirable jusque dans ses plus petits détails, elle nous offre partout des mystères qu'il nous importe de dévoiler. En apparence, peu dignes d'attention par eux-mêmes, certains faits acquièrent de l'intérêt par leur rapprochement : les recherches suivantes sur la structure et la régénération des plumes offriront une preuve de cette vé-

(1) Ce mémoire a été publié en 1819 dans le LXXXVIIIe tome du Journal de Physique. J'y ai fait des modifications.

rité. Ces recherches, d'un intérêt assez médiocre au premier coup-d'œil, semblent n'avoir été dirigées que par cet
attrait si vif qu'il y a à découvrir les choses cachées, même
sans but d'utilité. Cependant on verra ressortir de cette
étude des faits nouveaux et des considérations importantes pour la physiologie; on y trouvera en même temps
des notions sur les différentes couches dont est composée
la peau des animaux.

Le sujet que j'entreprends de traiter ici n'est pas neuf,
sans doute; mais il n'a pas encore été approfondi. Poupart
a donné une histoire aussi incomplète que fautive de la
régénération des plumes dans les *Mémoires de l'Académie
des Sciences*, année 1699. Le célèbre auteur des *Leçons
d'Anatomie comparée* s'est contenté de jeter quelques regards sur cet objet dont l'examen détaillé appartient plutôt
à un mémoire *ex professo* qu'à un ouvrage destiné à exposer
l'ensemble des connaissances anatomiques. Depuis la première publication des observations que je présente ici,
M. Fréderic Cuvier a fait paraître, dans les Annales des
Sciences naturelles (tome XIX, page 113) des *observations
sur la structure et le développement des plumes*. Les opinions
de cet observateur étant, en certains points, différentes
des miennes, je les exposerai et je les discuterai.

La plume est composée, comme chacun sait, d'un tuyau
corné, lequel supporte une tige dont l'enveloppe, également cornée, contient une substance blanche spongieuse,
et sur les côtés de laquelle sont rangés les appendices nommés *barbes*. Ces barbes sont elles-mêmes de petites plumes,
ou plutôt de petites tiges de plumes garnies de barbules.
La tige de la plume offre une face convexe que j'appellerai
face postérieure de la tige, et une face concave marquée
d'un sillon dans son milieu : j'appellerai cette dernière
face antérieure de la tige.

La plume, considérée sur l'oiseau, est logée dans un ca-

nal plus ou moins profond formé par une dépression de la
péau ; l'épiderme de cette dernière se réfléchit dans ce canal et le tapisse intérieurement. Au fond de ce canal se
trouve un petit bulbe, qui ne paraît être autre chose qu'une
papille de la péau, et qui est logé dans la petite ouverture
que présente toujours le tuyau de la plume à sa pointe.
C'est ce bulbe qui sert à la régénération de la plume après
son extraction. Ce bulbe, recouvert par l'épiderme, grossit
peu-à-peu, et acquiert une grosseur et une longueur pro-
portionnelles aux dimensions de la plume qu'il est destiné
à reproduire. Son épiderme s'épaissit par l'addition intérieure de plusieurs couches, et forme ainsi un tube blanchâtre fermé de toutes parts, excepté à sa base où il existe
une petite ouverture, une sorte d'ombilic destiné au
passage des vaisseaux du bulbe contenu dans son intérieur.

Je donne à ce tube blanchâtre extérieur le nom de *tube
épidermique*. Le bulbe qu'il renferme est un organe éminemment vasculaire ; sa forme est conique ; il se termine en
pointe par sa partie supérieure, et sa base élargie ne tient à
la peau de l'oiseau que par un pédicule grêle situé au milieu de cette base. Ce pédicule qui traverse l'ouverture inférieure du tube épidermique ou l'*ombilic*, contient les vaisseaux et les nerfs qui se distribuent au bulbe. M. Frédéric
Cuvier a cru voir que le tube épidermique qu'il nomme
gaîne, est formé par une membrane *fibreuse* au point où
elle prend naissance, et plus haut devenant d'apparence
cartilagineuse, *s'enlevant par lanières suivant le contour de
la gaîne et non point suivant son axe*. Les observations les
plus attentives n'ont pu me faire apercevoir cela ; il n'y a
rien de *fibreux*, rien de *cartilagineux* dans le tube épidermique ou *gaîne* de la plume ; il ne s'enlève par lanière ni
dans le sens de son contour, ni dans le sens de son axe. On
ne peut le déchirer que d'une manière irrégulière, et cette
déchirure s'opère avec une égale facilité dans tous les sens.

On voit qu'il est composé de couches superposées et adhérentes les unes aux autres. En un mot, la texture comme la
position de ce tube prouvent que sa formation est le résultat d'un épaississement de l'épiderme et de la réunion de
ses couches successives qui se sont agglutinées. La couche
la plus intérieure du tube épidermique immédiatement
appliquée sur les barbes de la plume, prend par leur contact un aspect strié. M. Frédéric Cuvier considère cette
couche la plus intérieure du tube épidermique comme une
membrane particulière; il lui donne le nom de *membrane
striée externe.* Pendant que la plume forme ses barbes, on
trouve ces dernières situées immédiatement sous cette
couche interne et striée du tube épidermique. Les barbes
intimement adhérentes les unes aux autres dans l'origine,
semblent former par leur assemblage une membrane continue; elles sont appliquées immédiatement sur le bulbe et
obliquement courbées sur sa surface conique. A cette époque, il est impossible de les séparer du bulbe sans déchirement. Cette sorte de membrane cornée que forment les barbes par leur assemblage, est aussi intimement réunie au bulbe
que nos ongles le sont au tissu vasculaire qu'ils recouvrent.
Mais lorsque les barbes commencent à prendre de la solidité et à se dessécher, elles se séparent les unes des autres,
et en même temps elles se séparent facilement du bulbe
qui, après cette séparation, demeure revêtu d'une membrane épidermique très fine à laquelle le contact des barbes
a donné un aspect strié. M. Frédéric Cuvier donne à cette
membrane le nom de *membrane striée interne;* il pense que
des cloisons transversales séparent les barbes les unes des
autres et s'étendent de la *membrane striée externe* à la *membrane striée interne,* en sorte que chacune des *barbes* et
même des *barbules* de la plume, aurait sa capsule particulière faisant partie de la capsule générale formée par l'assemblage des deux *membranes striées externe et interne.*

Selon M. Frédéric Cuvier, la formation de la plume serait le résultat du dépôt de la substance cornée dans le moule ramifié que forme la capsule. On verra tout-à-l'heure que ce mode de formation de la plume, ne peut être admis, et que cette formation est véritablement le résultat d'un développement. Pour s'en convaincre, il suffit de suivre la plume dans son accroissement.

Ce sont les barbes terminales de la plume qui paraissent et se développent les premières, c'est leur sommet qui paraît d'abord; elles prennent toute leur longueur par un accroissement tout-à-fait pareil pour son mécanisme à celui de nos ongles. Lorsque cet accroissement est terminé, on voit naître le sommet de la tige de la plume. C'est au pourtour de l'ombilic, où se trouve la base étranglée du bulbe, que naissent les barbes et la tige qui leur fait suite; ce sont, comme je viens de le dire, les barbes terminales de la plume qui se montrent les premières; les barbes latérales naissent successivement au pourtour de l'ombilic, à droite et à gauche des barbes terminales, et lorsque leur accroissement est terminé, on voit paraître à leur suite les parties de la tige auxquelles elles correspondent, en sorte que cette tige augmente graduellement de largeur; elle représente dans le principe une simple gouttière dans la concavité de laquelle le bulbe est logé, à-peu-près comme le bout de notre doigt est logé dans la concavité que lui présente l'ongle; cette gouttière cornée est composée de deux plans de fibres cornées longitudinales; c'est dans l'intervalle de ces deux plans que se développe la substance spongieuse, et voici comment s'opère ce développement. On aperçoit d'abord à chaque côté de la gouttière un petit cordon longitudinal de substance spongieuse, logé comme je viens de le dire, dans l'intervalle des deux plans de fibres cornées. Ces deux cordons latéraux s'accroissent en grosseur par un véritable développement. Par cette augmentation de grosseur, les deux cordons latéraux de substance spongieuse tendent à envahir la gouttière cornée dans la concavité de laquelle le bulbe est logé; ce dernier se trouve ainsi chassé en avant par le développement de ces deux cordons qui finissent par se réunir l'un à l'autre sur la ligne médiane de la partie antérieure de la tige, où l'endroit de leur réunion se trouve marqué par un sillon longitudinal. Lorsque les deux cordons de substance spongieuse remplissent entièrement la gouttière cornée par l'effet de leur développement, la tige de la plume est *pleine*, la substance spongieuse la remplit en entier; mais il arrive souvent que ces deux cordons latéraux en se portant l'un vers l'autre, laissent dans la gouttière cornée un vide qui résulte de ce que leur développement n'a pas comblé le fond de cette gouttière cornée. Alors il existe un canal dans l'intérieur de la tige. Ce canal dont il existe un rudiment dans les pennes de l'oie (plumes à écrire), s'étend dans toute la tige dans les pennes des marabous, des cigognes, etc. M. Frédéric Cuvier a noté cette particularité dont Poupart avait déjà fait mention.

J'ai fait voir comment s'opère l'accroissement en grosseur de la tige de la plume; je reviens à son accroissement en longueur.

La gouttière, ou le segment longitudinal de cylindre corné qui constitue dans le principe la tige de la plume s'accroît en longueur, comme nos ongles, par le développement de sa base; et, de plus, il s'accroît selon la direction transversale, en sorte que ce segment longitudinal de cylindre tend de plus en plus à devenir un cylindre complet. Alors toute la circonférence de l'ombilic se trouve occupée par des fibres cornées et le tuyau de la plume prend naissance. Long-temps avant cette époque le sommet de la plume a vu le jour. Le tube épidermique s'est exfolié et brisé par sa pointe et les barbes de la plume se sont déployées dans l'air. Nous avons vu plus haut qu'auparavant elles étaient ployées obliquement sur la surface du bulbe, surface qui est recouverte par une membrane épidermique à laquelle M. Frédéric Cuvier donne le nom de *membrane striée interne*. Le sommet du bulbe se trouvant alors exposé à l'air par la rupture du sommet du tube épidermique et par le détachement des barbes qui le recouvraient éprouve des *mues* successives; il perd de temps en temps une calotte d'épiderme qui tantôt reste isolée, tantôt se colle en dedans de la calotte précédemment abandonnée, de manière à figurer une chaîne composée d'une suite de petits godets. La place qu'occupe cette chaîne de petits godets est intéressante à observer dans les diverses espèces de plumes et aux diverses époques de leur développement. Je prends pour premier exemple les pennes de l'oie, celles qui servent ordinairement pour écrire. Ainsi que je l'ai exposé plus haut, le bulbe est d'abord logé dans la gouttière cornée qui constitue primitivement la tige de la plume dont la substance spongieuse n'est pas encore développée. Le développement des deux cordons latéraux de cette substance remplit peu-à-peu la gouttière et en chasse le bulbe qui se trouve alors appliqué sur le sillon que forment ces deux cordons latéraux par leur réunion. Les barbes ployées d'une manière circulaire oblique autour du bulbe complètent alors l'étui dans lequel il se trouve renfermé; elles sont maintenues dans cet état de plicature par le tube épidermique qui les recouvre extérieurement. Le bulbe ainsi placé dans la cavité tubuleuse formée d'un côté par les barbes ployées en cercle autour de lui et d'un autre côté par les deux cordons spongieux juxtaposés, abandonne dans cette cavité tubuleuse les petites calottes ou godets d'épiderme dont son sommet se dépouille successivement. Lorsque le tube épidermique tombe en lambeaux les barbes se déploient à l'air et les petits godets tombent au dehors. Lorsque la tige de la plume est presque entièrement formée et que la naissance du tuyau n'est pas éloignée, les choses se passent un peu différemment. Alors les deux cordons latéraux de substance spongieuse ne chassent plus complètement le bulbe hors de la gouttière cornée fort élargie qu'il occupe; ils ne l'expulsent qu'à moitié, et, comme ces deux cordons tendent toujours à se réunir l'un à l'autre sur la ligne médiane par l'effet de leur développement, il en résulte que le bulbe qui leur est interposé se trouve comprimé entre ces deux cordons, en sorte que les godets qu'il abandonne se trouvent pincés entre les deux cordons. Un demi-godet fait saillie en dehors et un demi-gobet fait saillie en dedans de la tige qui se trouve alors contenir un canal à sa partie postérieure, canal qui n'est autre chose que le fond de la gouttière cornée qui n'a point été comblé par le développement des deux cordons latéraux de la substance spongieuse. Plus tard, lorsque l'accroissement circulaire de la gouttière cornée l'a changée en tuyau complet, le bulbe se trouve complètement emprisonné dans ce tuyau, et il y laisse les godets ou les calottes dont son sommet se dépouille successivement, c'est ce qu'on nomme l'*âme de la plume*. Le tuyau continue de s'accroître par sa base; le bulbe diminue peu-à-peu de hauteur, et, lorsque l'accroissement du tuyau est terminé, le bulbe, réduit à l'état de simple papille, n'occupe plus que la petite dépression qui se trouve à l'extrémité du tuyau.

On voit par cet exposé qu'il y a un temps dans le développement des pennes de l'oie, où la gouttière cornée qui constitue primitivement la tige, n'est pas entièrement comblée par le développement des deux cordons spongieux latéraux, en sorte qu'après la jonction de ces deux cordons sur la ligne médiane, il reste dans l'intérieur de la tige un canal qui contient une moitié de *l'âme de la plume*, l'autre moitié restant extérieure par l'effet du pincement exercé par les deux cordons spongieux latéraux qui se joignent. Or, ce qui, dans les pennes de l'oie, n'a lieu que dans une portion peu étendue de la tige, s'observe dans toute l'étendue de cette même tige dans les pennes d'un assez grand nombre d'oiseaux, et notamment dans les pennes des marabous et des cigognes. Les tiges de ces pennes sont creusées par un canal qui occupe toute leur étendue, et l'on y trouve partout les demi-godets que le sommet du bulbe y a abandonnés en se retirant, et qui sont pincés entre les deux cordons spongieux latéraux. M. Frédéric Cuvier trompé par cette disposition a cru que, dans les plumes à tiges creuses, il existait deux *âmes* ou chaînes de godets, l'une intérieure contenue dans le canal de la tige, l'autre extérieure contenue comme à l'ordinaire dans le canal formé par les barbes ployées circulairement. Il a admis que ces deux chaînes de godets qui supposeraient deux bulbes ou du moins un bulbe bifurqué à son sommet n'avaient de point de réunion qu'au sommet du tuyau où il existe une sorte d'ombilic. Mais cette théorie n'a aucun fondement dans l'observation qui démontre qu'il n'existe réellement qu'une seule chaîne de godets qui, dans les plumes à tiges creuses, est pincée latéralement, par le rapprochement des deux cordons spongieux latéraux, et dont les deux moitiés se trouvent ainsi placées l'une à l'extérieur de la tige, et l'autre dans son canal intérieur. Au reste ces mues successives qu'éprouve le sommet du bulbe prouvent bien évidemment que la membrane qui recouvre cet organe, est une membrane épidermique et non pas la portion interne d'une capsule, comme le prétend M. Frédéric Cuvier qui donne à cette membrane le nom de *membrane striée interne*. Le fait est que cette membrane, purement épidermique, n'a l'aspect strié que là où elle est en contact avec les barbes; elle cesse d'être striée quand elle se trouve renfermée dans le tuyau.

Il résulte encore de ces observations que la plume ne se

forme point comme l'admet M. Frédéric Cuvier, par le
dépôt d'une substance dans un moule. La plume s'accroît
en longueur par un développement tout-à-fait semblable
à celui de nos ongles, et sa substance spongieuse s'accroît
en grosseur par un véritable développement. La manière
dont naissent, s'accroissent et se joignent les deux cordons
spongieux latéraux, prouve cette assertion. M. Frédéric
Cuvier admet que la substance spongieuse est *déposée*
dans l'intérieur de la tige; mais il n'en est rien, car
cette substance n'est point *à nu* comme il paraît le
croire; elle est recouverte en dedans par une lame
cornée qui est la continuation de la lame cornée qui
revêt intérieurement le tuyau. Cette substance spongieuse offre quelquefois des prolongemens assez longs
qui s'étendent dans les parois du tuyau. C'est là qu'il est
facile de voir que cette substance n'est point *à nu*, mais
qu'elle est contenue entre la lame cornée externe et la lame
cornée interne du tuyau. La première de ces lames est
continue avec celle qui revêt la partie *postérieure* de la
tige, la seconde de ces lames est continue avec celle qui
revêt la partie *antérieure* de la tige où se trouvent les deux
cordons spongieux séparés par un sillon. Ce fait, qui est
assez curieux, avait échappé à tous les observateurs; il résulte évidemment du mode d'origine de ces deux cordons,
dont l'enveloppe cornée, limitée par l'insertion des barbes,
appartient véritablement tout entière à la lame interne du
tuyau, lame dont elle est une continuation.

La cause qui fait que la substance spongieuse cesse de
s'accroître lorsque le tuyau de la plume commence à se
développer est facile à saisir. Cette substance recevait les
matériaux de son accroissement du bulbe qui était appliqué
sur les deux cordons spongieux latéraux. Aucun des vaisseaux du bulbe ne pénètre cependant dans le tissu de la
plume; ainsi le développement progressif de sa substance

spongieuse est dû à une nutrition opérée par les fluides,
que verse le bulbe, et que la substance spongieuse absorbe.
Lorsque le tuyau de la plume commence à naître, il se
trouve que les deux cordons spongieux latéraux ont acquis
par leur développement une grosseur suffisante pour boucher
complètement l'ouverture de ce tuyau naissant. Le bulbe
alors se trouve complètement renfermé dans le tuyau. Il
cesse d'être appliqué sur les cordons spongieux, il cesse
par conséquent d'être dans la position convenable pour
leur fournir les matériaux de leur accroissement. Il n'y a
plus dès-lors que de faibles prolongemens de cette substance spongieuse, qui s'étendent quelquefois à peu de
distance, compris entre les deux lames cornées dont le
tuyau est composé.

Je viens d'exposer la manière dont se développent les
plumes *simples*, mais il est des plumes qu'on pourrrait appeler *doubles*, lesquelles ont deux tiges supportées par un
même tuyau; telles sont les plumes du casoar, telles sont
aussi la plupart des petites plumes des poules de nos bas-
ses-cours. Ces plumes offrent deux tiges différentes de
grandeur, dont les faces concaves se regardent et qui
sont supportées par le même tuyau. La production de ces
deux tiges dépend de ce que le bulbe a commencé à produire des barbes, et par conséquent des fibres cornées par
deux points de sa base diamétralement opposés; seulement
un de ces points a eu sur l'autre une antériorité de développement plus ou moins grande, d'où résulte la différence
qui existe dans la grandeur relative de ces deux tiges. Si
la plume eût été *simple*, sa tige eût été plus longue et plus
grosse, son tuyau restant le même; car le nombre des fibres cornées de la partie postérieure des deux tiges, correspond au nombre des fibres du tuyau. La plus petite de
ces tiges a sa face postérieure tournée du côté de la peau
de l'oiseau.

24.

Les observations que je viens d'exposer prouvent que la plume s'accroît par un véritable développement; ce fait qui est d'une grande importance par les inductions physiologiques auxquelles il peut conduire, recevra de nouvelles preuves de l'étude de la structure intime des diverses parties de la plume. Toutes les parties qui sont ou qui ont été animées par la vie ont une *texture organique*. Un solide organique est un assemblage de particules microscopiques, ordinairement vésiculeuses ou tubuleuses, affectant par leur assemblage tantôt la forme linéaire, tantôt la forme réticulaire, etc. Tous les produits solides de l'organisation vivante ne sont pas des *solides organiques*; ainsi, par exemple, les membranes de la coque et la coquille de l'œuf des oiseaux ne sont point, comme les véritables solides organiques les résultats d'un développement. Ce sont des solides formés par la coagulation ou par le dessèchement de certains fluides sécrétés; l'examen microscopique ne fait apercevoir aucune *texture organique* dans ces solides formée par des fluides sécrétés devenus concrets. Toutes les fois donc que l'on aperçoit dans les produits de l'organisation la *texture organique*, on peut sans hésiter affirmer que ces produits de l'organisation ont été vivants et ont par conséquent été formés par un véritable développement. Or, la *texture organique* est très évidente dans toutes les parties de la plume. La substance spongieuse est composée par une agglomération d'utricules globuleuses; c'est un véritable tissu cellulaire ou utriculaire, semblable à celui qui se rencontre dans certaines parties des végétaux; c'est en quelque sorte un *liège animal* (voy. t. 1, p. 172). La substance cornée du tuyau est formée de deux lames, ainsi que je l'ai dit plus haut. Ces deux lames sont distinctes quoique intimement réunies. C'est dans leur intervalle que sont situés les prolongemens de substance spongieuse qui, dans les plumes

de certains oiseaux, s'étendent assez avant dans les parois
du tuyau. La lame extérieure s'enlève avec une égale facilité par lanières longitudinales et par lanières circulaires
suivant le contour du tuyau ; cela prouve que sa texture
organique la dispose à-peu-près également à ces deux
modes de division. C'est spécialement le plan le plus extérieur de cette lame qui se prête à la division par lanières
circulaires, le plan sous-jacent se divise encore un peu circulairement, mais il se divise bien plus facilement dans le
sens longitudinal. La lame intérieure du tuyau ne peut se
diviser qu'en lanières longitudinales ; l'observation du
mode de texture du tuyau explique pourquoi sa lame
extérieure se divise à-la-fois par lanières longitudinales
et par lanières circulaires. Pour apercevoir cette texture au
microscope il faut prendre un fragment du tuyau d'une
des plumes de l'aile d'un oiseau de médiocre grosseur ;
d'un canard, par exemple, et le faire bouillir dans une
solution de potasse caustique (hydrate de potasse). Si la
solution est concentrée et l'ébullition un peu prolongée,
toute la substance du tuyau soumis à l'expérience sera dissoute ; mais si la solution est peu concentrée et que l'on
ait soin de veiller à ce que le fragment de tuyau ne soit
point décomposé par une ébullition trop prolongée, on
arrivera à trouver le moment où ce fragment de tuyau a
pris la consistance d'une membrane molle dont le tissu
devenu lâche laisse alors facilement apercevoir son organisation à l'aide du microscope. Qu'on se figure un filet
de pêcheur dont les mailles très inégales, très irrégulières
auraient leurs fils juxtaposés et dirigés dans le sens longitudinal. Telle est l'organisation du tuyau de la plume du
canard. C'est cette disposition en réseau dont les mailles
sont allongées selon l'axe du tuyau, qui fait que ce tuyau se
fend avec facilité selon cette direction ; c'est cette même disposition en réseau qui fait que la lame extérieure du tuyau

peut, selon la volonté de l'observateur, s'enlever tantôt
en lanières circulaires, tantôt en lanières longitudinales
mais toujours plus facilement dans ce dernier sens que
dans le premier. M. Frédéric Cuvier a cru pouvoir expliquer cette disposition que présente la lame extérieure du
tuyau à s'enlever par lanières circulaires, en admettant que
lors de la formation du tuyau les couches internes de *la
gaîne* ou du *tube épidermique* devenaient les couches externes du tuyau en s'identifiant avec lui par adhérence. On
se souvient en effet que M. Frédéric Cuvier a admis que
le tissu de *la gaîne* ou du *tube épidermique*, avait la propriété de se diviser en lanières circulaires; mais j'ai
fait voir que cette assertion n'était point fondée, et il
me paraît probable qu'elle n'a été admise par M. Frédéric
Cuvier que par suite de la supposition qu'il faisait que la
couche extérieure du tuyau de la plume appartenait originairement à *la gaîne*. Cette assertion n'a aucun fondement dans l'observation. M. Frédéric Cuvier dit qu'il
n'a pu trouver par aucun moyen entre *la gaîne* et le tuyau
de solution de continuité naturelle ; effectivement cette
gaîne épidermique est aussi intimement collée sur ce tuyau
que tout épiderme l'est sur les parties qu'il est destiné à
recouvrir, mais cette adhérence ne prouve point du tout
une confusion de tissu. Au reste ce *tube épidermique* ou
gaîne, devient sur le tuyau d'une extrême ténuité. C'est
lui qu'on trouve encore adhérent au tuyau des plumes,
après leur extraction, sous la forme d'un épiderme fin
que l'on est obligé d'enlever par un frottement rude, afin
que la plume puisse servir aux usages de l'écriture. Ces
observations sur la texture organique des plumes concourent avec les observations directes rapportées plus haut
pour prouver que les plumes se forment au moyen d'un
véritable développement, et que par conséquent leur formation n'est point le résultat du dépôt dans un moule

d'une substance liquide qui se serait ensuite concrétée, ainsi que le pense M. Frédéric Cuvier.

La matière colorante des plumes est tout entière dans la substance cornée ; cependant l'observation prouve que ces deux substances sont indépendantes l'une de l'autre, et peuvent exister isolément. Souvent, chez les oiseaux à plumes noires, j'ai trouvé cette substance colorante déposée par une sorte de surabondance sur la face interne du tube épidermique, dans les endroits où cette face n'était point en contact avec le corps de la plume, ni avec ses barbes ; ce qui prouve qu'elle était sécrétée par la surface du bulbe. D'un autre côté, les fibres cornées des plumes colorées offrent souvent des interruptions de coloration ; celles du tuyau sont toujours privées de la matière colorante, ce qui prouve que cette dernière leur est ajoutée, et qu'elle leur est essentiellement étrangère. Il est clair que les fibres cornées dont la végétation est alimentée par les matériaux que sécrète le bulbe, doivent s'emparer des substances dans lesquelles leur origine végétante est plongée. Or, cette origine est placée à la base du bulbe ; par conséquent elle est plongée dans la matière colorante que cette base sécrète. Le bulbe s'accroît jusqu'à l'entier développement de la tige de la plume ; il ne commence à décroître que lorsqu'il est emprisonné dans le tuyau ; par conséquent les parties successives de la tige de la plume se trouvent en rapport avec les parties successivement développées du bulbe. La plume, ou ses différentes parties, doit donc être colorée ou incolore, suivant que la partie du bulbe qui correspond à son origine, lui fournit ou ne lui fournit pas la matière colorante. Ceci explique pourquoi les plumes de beaucoup d'oiseaux sont marquées de taches plus ou moins régulières ; pourquoi les barbes qui n'ont entre elles que des rapports de proximité forment cependant par leur réunion ces taches ou ces figures qui semblent les assujétir à une sorte de dépendance mutuelle. Elles ont végété ensemble, et se trouvant ensemble plongées par leur origine dans la même matière colorante, elles ont pris la même couleur. Ainsi, la plume représente en grand et d'une manière sensible , le genre de coloration que possède en très petit et d'une manière insensible, le bulbe, qui n'est autre chose qu'une portion développée de la peau.

Quelle est cette portion de la peau dont le bulbe est le développement? La structure éminemment vasculaire de ce dernier, et son extrême sensibilité, me font penser que c'est une papille développée; il est un fait qui vient à l'appui de cette opinion, c'est qu'à la surface de la couche papillaire de la peau se trouve, chez tous les animaux, la couche de matière colorée qui porte le nom de *corps muqueux*. Or, cette matière colorée se trouve à la surface du bulbe; ce dernier est donc une papille développée. Cette opinion n'est point partagée par M. Frédéric Cuvier qui pense que le bulbe naît d'une papille du derme, mais qu'il n'en est point le développement. Cette nouvelle assertion, qui du reste n'est point étayée de preuves par son auteur, me paraît être tout-à-fait infirmée par l'observation des faits. Le bulbe des plumes, comme on va le voir tout-à-l'heure, est analogue au bulbe des poils qui sont, comme les plumes, des productions cornées tubuleuses. Or, ces productions cornées sont évidemment analogues aux petites gaînes également cornées qui recouvrent les papilles de la langue des chats. Ici, c'est bien évidemment la papille elle-même qui se trouve à la place qu'occupe le bulbe dans les poils et dans les plumes. Le bulbe est donc incontestablement une papille développée. Il résulte de là, que les enveloppes du bulbe représentent dans un développement qui les rend très sensibles, les diverses enveloppes dont est recouverte la couche papillaire de la peau de l'oiseau. On y voit : 1° à l'extérieur le tube épidermi-

que, continuation de l'pi derme de l'animal; 2° au-dessous, une enveloppe cornée, quelquefois confondue avec
la couche suivante; 3° une substance colorée; 4° une membrane fine, de nature épidermique, qui revêt immédiatement le bulbe. De ces quatre enveloppes, l'épiderme extérieur s'observe seul d'une manière distincte sur la plus
grande partie de la peau de l'oiseau; mais on les trouve
d'une manière très visible sur les jambes écailleuses de ces
animaux. Les écailles des jambes des oiseaux sont, pour
ainsi dire, des plumes modifiées; aussi se changent-elles
souvent en plumes, comme on le voit chez quelques variétés de nos oiseaux domestiques. L'épiderme recouvre en
entier ces écailles ordinairement colorées; au-dessous de
ces dernières, se voit très distinctement la membrane épidermique qui couvre immédiatement la couche papillaire.
Cette analogie si évidente entre les enveloppes de la couche
papillaire sur les jambes des oiseaux et les enveloppes du
bulbe, achève de démontrer que ce dernier est effectivement une papille développée.

Cette analyse, née de l'observation des plumes, est
applicable à tous les animaux vertébrés qui offrent des
poils et des écailles comme analogues des plumes. Je
me bornerai ici à suivre cette analogie pour les poils,
afin d'en déduire cette conclusion, que la peau des mammifères est composée des mêmes couches que la peau des
oiseaux.

L'analogie des plumes avec les piquans du porc-épic,
n'est pas douteuse. Ces derniers sont des plumes sans barbes, parfaitement semblables à celles qui arment les ailes
du casoar; ce en quoi ils diffèrent des plumes véritables,
provient seulement de la différence du mode de leur développement; dans la plume les fibres cornées qui forment le
tuyau et son prolongement, ne sont point nées à la fois, mais
successivement à droite et à gauche de celle d'entre elles

qui est née la première; de sorte que leur longueur est inégale. Dans les piquans du porc-épic et du casoar, le bulbe
d'abord très petit, a produit de fibres cornées par tous
les points de sa base; en devenant plus gros, il a produit de nouvelles fibres qui se sont intercalées aux premières
et qui ont augmenté le diamètre du tuyau. Cet accroissement continuant d'avoir lieu de la même manière, il en
est résulté un tuyau conique ou un piquant.

Des piquans du porc-épic aux poils des autres mammifères, la transition est naturelle et l'analogie évidente. Les
poils sont des tubes cylindriques ou coniques, de nature
cornée, qui naissent, comme les plumes, d'un bulbe enveloppé par l'origine de leurs fibres. L'intérieur de ce tube
est rempli par une matière colorée qui est évidemment celle
qui est sécrétée par la surface du bulbe. Le bulbe des poils
est situé profondément; souvent on les trouve bien au-dessous de la peau au milieu du tissu cellulaire; il n'est pas
pour cela situé sous le derme. Un prolongement de la peau
bien aperçu par Bichat, lui forme une gaîne non interrompue jusqu'à sa sortie. Cette gaîne est donc formée par
la peau déprimée depuis sa surface. On conçoit facilement
que tel doit être l'effet de l'accroissement des poils qui, végétant par leur base appuyée sur le bulbe, agissent sans
cesse contre lui par l'effort qu'ils font pour pousser au dehors leur partie développée, et tendent ainsi à l'enfoncer.
Il n'en est pas moins vrai, que le bulbe appartient à la partie de la peau qui est au-dessus du derme; c'est incontestablement une papille déprimée. La matière colorée
qu'elle produit le prouverait si son analogie avec le bulbe
des plumes n'était pas à cet égard une preuve suffisante.
Au reste, il en doit être en tout du poil comme de la plume,
l'épiderme doit s'enfoncer dans la gaîne du poil et se réfléchir sur ce dernier, de manière à lui former un tube épidermique qui tombe par écailles à mesure que le poil se

produit au dehors. Les poils diffèrent cependant des plumes, et même du piquant du porc-épic, en ce qu'ils n'ont
point de substance spongieuse, et en ce que leur subsiance
colorante, au lieu d'être mêlée intimement à la matière
cornée, est contenue dans l'intérieur du tube, qui lui-
même est incolore.

L'origine des poils, comme l'origine des plumes, se
trouve donc immédiatement au-dessous de l'épiderme; ils
sont les uns et les autres le développement d'une couche de
substance cornée qui forme l'enveloppe spéciale des papilles.
Il en est de même des écailles qui couvrent, en tout ou en
partie, le corps de beaucoup d'animaux. Il existe donc
au-dessous de l'épiderme, une matière qui tend à former
aux papilles, une enveloppe solide. Ce n'est point une couche continue, mais un assemblage de petits tégumens qui
tantôt se développent sous la forme de plumes, de poils ou
d'écailles, tantôt restent dans un état de petitesse et de mollesse qui les dérobe à la vue; mais on ne peut guère douter
de l'universalité de leur existence. Ce qu'il y a de remarquable, c'est la tendance qu'a cette matière cornée à s'accroître ou à végéter en rayonnant circulairement à partir
d'un point central. Cette rayonnance circulaire est fort remarquable dans les écailles de poissons; elle ne l'est pas
moins dans les plumes. L'ombilic situé au milieu de la base
du bulbe, est le point central duquel partent en rayonnant
les fibres du tuyau; ces fibres parvenues à la circonférence
de la base du bulbe, se courbent et changent de direction
à angle droit, et montent le long des parois du bulbe, entre
lui et la gaîne cylindrique du tube épidermique; de sorte
que ces fibres, disposées en cylindre creux, doivent cependant leur origine à une rayonnance circulaire. Il doit en
être de même des poils. En outre, la forme *symétrique binaire* des plumes est une dégénération de la forme circulaire; car si les fibres du tuyau se fussent développées toutes

à-la-fois, les barbes qui les terminent supérieurement eussent été placées en cercle sur l'ouverture circulaire du tuyau; c'est parce qu'elles ne sont nées que successivement à droite et à gauche du point d'origine, que la plume est un être *binaire symétrique*, c'est-à-dire composé de parties semblables placées des deux côtés d'un axe commun. Ici la forme *binaire symétrique* est véritablement engendrée par la forme circulaire.

On peut conclure de ces observations, que la peau des animaux vertébrés offre de l'intérieur à l'extérieur les couches suivantes :

1° L'épiderme;

2° Les tégumens cornés des papilles;

3° La couche de matière colorée.

Ces deux dernières couches, quelquefois séparées, souvent confondues, souvent aussi dans un état de mollesse qui ne permet pas de les distinguer l'une de l'autre, forment ce qu'on appelle le *corps muqueux*,

4° La membrane épidermique des papilles.

Cette membrane, absolument inapercevable dans la plupart des circonstances, est très facile à voir, ainsi que je l'ai déjà remarqué, sur le bulbe des plumes et sous les écailles des jambes des oiseaux; on la voit de même au-dessous des écailles des poissons; elle ressemble en tout à l'épiderme extérieur.

5° La couche papillaire.

Je n'ai rien à ajouter à ce qu'en ont dit les anatomistes; on sait que cette couche, éminemment vasculaire et nerveuse, est le siège principal de la vitalité de la peau. Les vaisseaux sanguins qu'elle possède n'envoient aucune ramification aux quatre couches qui la recouvrent.

6° Le derme.

RÉGÉNÉRATION DES PLUMES. 381

Je terminerai cet exposé par quelques observations relatives à l'homme.

L'enveloppe cornée reçoit ordinairement sa couleur de la matière colorée avec laquelle elle est en contact; mais aussi, dans bien des circonstances, elle reste incolore sans qu'il soit facile d'en apercevoir la cause. Ainsi, les ongles qui, chez les animaux sont ordinairement de la couleur de la couche colorée, sont cependant incolores chez les nègres. La substance cornée des cheveux est également incolore chez eux comme chez les blancs. Ces faits peuvent être ajoutés à ceux qui servent à prouver que la substance cornée est parfaitement distincte de la matière colorée, bien qu'elle soit souvent mêlée avec elle.

Les poils et les ongles ne sont pas les seules productions qui attestent l'existence de l'enveloppe cornée dans la peau de l'homme; il est des productions accidentelles qui prouvent qu'elle existe même dans les endroits où elle ne se manifeste point d'une manière sensible. Telles sont les productions cornées que l'on a observées souvent à la surface de la peau de l'homme. On lit dans le *Journal des Savans* (août 1672), l'observation d'une corne qui survint à la jambe d'un homme à la suite d'un ulcère. Schenkitès rapporte qu'il poussa à une jeune fille de Palerme, une grande quantité de cornes à la tête et à toutes les jointures des pieds et des bras ; Ash rapporte une observation toute pareille dans les *Transactions philosophiques*, année 1678. Zacharie Managetta, dans les *Ephémérides des Curieux de la Nature* (1670), décrit une corne qui était poussée à un président du parlement de Dijon. Bartholia, dans ses *Histoires anatomiques*, et Olivier Jacobœus, dans les *Actes de Copenhague* rapportent plusieurs faits analogues et plus ou moins singuliers par la forme, la situation ou les dimensions de ces cornes. Il n'est point rare d'observer certaines productions cornées de la surface de la peau auxquelles on donne, ainsi qu'à bien d'autres marques de naissance, le nom d'*envies*. Ces productions cornées tombent et se renouvellent de temps à autre. Il est chez l'homme une autre production dont personne, que je sache, n'a encore éclairci la nature; je veux parler des cors aux pieds. Il me paraît évident qu'ils sont dus au développement et à l'endurcissement de l'enveloppe cornée.

La membrane épidermique des papilles n'est point ordinairement apercevable chez l'homme; elle existe cependant sous les ongles, et elle s'épaissit lorsque ces organes sont décollés de la couche papillaire qu'ils recouvrent, comme cela a lieu, par exemple, lorsqu'un coup sur l'ongle fait extravaser du sang au-dessous de lui; il est encore une circonstance où cette membrane épidermique manifeste son existence chez l'homme ; c'est dans le tatouage, si communément pratiqué chez les sauvages ; et quelquefois mis en usage chez nous par les gens du peuple et surtout par les soldats. Dans cette opération, une substance colorée est introduite, par le moyen de piqûres multipliées au-dessous de l'épiderme, et elle y reste sans altération tout le temps de la vie. Or, cette matière étrangère, quoique placée sous l'épiderme, n'est certainement point en contact immédiat avec la couche papillaire, sur laquelle elle occasionnerait des accidens morbifiques en sa qualité de corps étranger. Il est indubitable que cette substance colorée est contenue dans l'intervalle qui sépare l'épiderme extérieur de la membrane épidermique des papilles, et qu'elle est mêlée avec le corps muqueux.

Le fait actuellement bien constaté de l'accroissement des plumes par développement peut offrir des données importantes sur le phénomène de la nutrition. Il est bien certain que la plume ne reçoit point de vaisseaux de la part du bulbe à la surface duquel elle est étroitement appliquée. Ainsi, elle ne peut se nourrir que par le moyen des liqui-

des que le bulbe lui transmet par *filtration*; je ne dirai
point par *exhalation*, car ce dernier mot supposerait que
le bulbe formerait une partie organique séparée de la
plume, ce qui n'est pas. La plume, comme je l'ai dit plus
haut, est aussi intimement adhérente au bulbe que nos
ongles le sont à la partie qu'ils recouvrent. Ainsi, il y a
entre ces parties, si différentes par leur texture, une véritable *adhésion organique*, adhésion qui permet le transport
des fluides de l'une dans l'autre. Dans l'origine, la plume
fait donc partie de l'organisme vivant de l'oiseau; elle est
alors très molle et elle conserve cet état de vie tant qu'elle
conserve de la mollesse. C'est en prenant de la dureté et
en se desséchant qu'elle perd la vie. Ainsi la plume complètement développée est une partie organisée frappée de
mort par le dessèchement.

La manière dont la plume s'accroît en longueur ressemble tout-à-fait à la manière dont les os *dicones* s'allongent,
excepté que l'accroissement en longueur des os a lieu par
leurs deux extrémités, au lieu que l'accroissement en longueur des plumes n'a lieu que par une seule de leurs extrémités. A cela près le mode d'accroissement est identique;
c'est de même un *développement végétatif*. Ce développement des plumes par leur base de même que celui de nos
ongles, peut être assimilé à l'accroissement en longueur
d'un mérithalle de graminée, mérithalle qui s'accroît seulement par sa partie inférieure engaînée.

La nutrition et le développement de la plume, malgré
l'absence de vaisseaux dans son tissu organique, prouve que
les vaisseaux sanguins sont étrangers au phénomène de la
nutrition. Ils ne servent que de *moyens d'irrigation* pour
le tissu des organes; ils leur fournissent, par filtration, le
liquide nutritif, dont ils s'emparent, pour se nourrir et se
développer. Ainsi la nutrition s'opère chez un animal à
système vasculaire, comme elle s'opère chez un insecte; le

liquide nutritif est de même épanché dans les interstices organiques, et c'est là que les parties vivantes avec lesquelles il est en contact le prennent pour servir à leur développement.

XXII.

RECHERCHES

SUR LES ROTIFÈRES.[1]

Le plus ancien, et encore aujourd'hui le plus exact des micrographes, Leuwenhoeck, examinant au microscope le sable contenu dans les gouttières, y trouva un animalcule pourvu de deux roues apparentes situées aux côtés de la tête et qui tournaient avec rapidité; il lui donna le nom de *rotifère*. Ce nom a été étendu par Lamarck, comme nom générique, à tous les animalcules qui possèdent de même un organe rotatoire. Cet organe n'est pas le seul phénomène paradoxal que présente le rotifère découvert par Leuwenhoeck; Spallanzani a découvert qu'il jouit de l'étonnante faculté de revenir à la vie après une mort de très

---

(1) Ce mémoire a été publié en 1812 dans le xixᵉ tome des Annales du Muséum d'histoire naturelle. J'y ai fait des changemens.

longue durée produite par le dessèchement. C'est cette faculté qui lui a fait donner par Gmelin le nom de *rotifer redivivus*. Muller le désigne sous le nom de *vorticella rotatoria*; Lamarck lui a imposé le nom de *furcularia rediviva* ou *furculaire revivifiable* : ce sera sous ce dernier nom qu'il sera désigné dans ce mémoire.

Malgré les nombreuses observations qui ont été faites sur cet intéressant animalcule, l'on est bien loin de posséder des connaissances certaines sur les points les plus importans de son organisation. Leuwenhoeck lui accorde un cœur et deux véritables roues susceptibles de rotation; ces organes lui sont refusés par Spallanzani qui regarde le prétendu cœur de cet animalcule comme un organe propre à opérer la déglutition et les *roues* comme une suite de bras ou de tentacules disposés circulairement et qui, par leurs vibrations rapides, offrent à l'œil l'image trompeuse d'une rotation. L'extrême petitesse de cet animalcule rend fort incertaines toutes les observations qui peuvent être faites sur son organisation; mais on peut lever quelques-uns des doutes qui règnent à cet égard en étudiant un animal d'un genre très voisin, qui est beaucoup plus gros et qui possède, comme la *furculaire revivifiable*, un organe rotatoire, à l'aide duquel il produit des tourbillons dans l'eau pour attirer les corps dont il fait sa nourriture. Cet animal, connu depuis long-temps, est celui qui a été désigné par Schœffer sous le nom de *polype à fleur* (1). Backer en a parlé brièvement dans son *microscope mis à la portée de tout le monde*, et a donné une mauvaise figure de son organe rotatoire. Cet animal est désigné par Gmelin sous le nom de *brachionus tubifer* (2). Je l'avais nommé autrefois *rotifere quadricirculaire*. Lamarck l'a désigné sous le nom de

_____

(1) Abhaudlungen von insecten, t. i, p. 333.
(2) Systema naturæ.

tubicolaire quadrilobée (1), dénomination que j'adopte. On trouve ce petit animal fixé sur les feuilles des plantes aquatiques et surtout sur les feuilles laciniées de la renoncule aquatique (*ranunculus aquatilis*) ou sur celles des *myriophyllum*. La figure 1, pl. 29, représente quelques-uns des étuis de la tubicolaire quadrilobée dans leur grandeur naturelle et fixés perpendiculairement sur quelques filets de la feuille de la renoncule aquatique. L'animalcule renfermé dans chacun de ces tubes à un peu moins d'un millimètre de longueur, lorsqu'il prend tout l'allongement dont il est susceptible. Son organe rotatoire déployé à deux dixièmes de millimètre de largeur transversale. Le tube dans lequel il est logé est représenté grossi par la figure 2, pl. 29; il est composé de grains arrondis, agglomérés et de couleur jaunâtre. Lorsque ce tube est plongé dans une goutte d'eau sous le microscope, on ne tarde pas à voir la tubicolaire sortir de son intérieur et produire au dehors son organe rotatoire bilobé ou quadrilobé qu'elle meut circulairement et avec lequel elle forme dans l'eau des tourbillons qui précipitent dans sa bouche les grains de matière verte flottans dont elle fait sa nourriture. Cet organe rotatoire bilobé, que l'on voit dans la figure 3, est ployé de façon qu'il présenterait l'apparence de deux roues *i o*, si l'on ne voyait pas en *a* la continuité des deux lobes qui composent cet organe. L'animal est ordinairement vu du côté du dos dans l'observation microscopique, en sorte qu'il ne montre point à l'observateur la circonférence entière de son organe rotatoire dont une portion est cachée sous la partie antérieure de son corps. Cet organe rotatoire assez souvent bilobé, comme on le voit dans la figure 3, est plus souvent quadrilobé, comme on le voit

(1) Histoire naturelle des animaux sans vertèbres, nouvelle édition avec des additions par MM. Deshayes et Milne Edwards, *Paris*, 1836, tome 2.

dans la figure 4. Le même individu présente suivant son
caprice l'un ou l'autre de ces deux modes de plicature de
l'organe rotatoire.

Tous les naturalistes sont d'accord pour admettre qu'il
existe des cils nombreux et vibratiles à la circonférence de
la partie que je nomme ici l'*organe rotatoire* et que c'est leur
vibration qui offre à l'œil l'image trompeuse d'un mouvement de rotation. Schæffer représente même ces cils nombreux dans les figures qu'il a données de son *polype à fleur*
qui est l'animalcule ici désigné sous le nom de *tubicolaire
quadrilobée*. Il est difficile qu'une opinion aussi généralement admise soit entièrement dépourvue de fondement, et
cependant il est impossible de ne pas la rejeter de prime
abord, lorsqu'on regarde au microscope la tubicolaire ayant
son organe rotatoire en action. On va juger de ce que l'on doit
penser à cet égard par la description que je vais donner de
cet organe rotatoire et du mécanisme de son mouvement.

Au moment où la tubicolaire sort de son tube pour déployer son organe rotatoire, on voit que cet organe imparfaitement déployé, se compose des *bras* ou de *cils* assez
gros et fort nombreux qui vibrent ou qui s'agitent avec une
grande rapidité; alors il n'y a point encore de rotation. Ce
premier phénomène est de très courte durée; l'organe se
déploie très promptement, et alors les *bras* ou *cils* vibrans
ont entièrement disparu, et on observe le phénomène de la
rotation. On voit des petites boules, placées d'une manière
alterne sur deux rangées, se mouvoir en parcourant la circonférence ou le bord supérieur de l'entonnoir membraneux et lobé *dd* (fig. 3 et 4), entonnoir qui constitue ce
que je nomme le *pavillon*. On observe dans ce pavillon tantôt deux, tantôt quatre corps ramifiés qui occupent le milieu de ses deux ou de ses quatre lobes, et qui sont évidemment les moyens mécaniques de la division de cet organe
en lobes. Ce sont ces *corps ramifiés* qui tendent le pavillon,

comme les fanons de baleine d'un parapluie tendent le taffe-
tas qui les couvre. Cela est si vrai, qu'ayant vu une fois l'une
des extrémités de ces corps ramifiés dépasser la circonférence
du pavillon et faire pointe avec la portion de ce pavillon
qu'elle entraînait; j'ai vu, dis-je, alors la série des petites
boules en mouvement de progression former une sinuosité
anguleuse pour passer par-dessus cette pointe saillante. Ce
n'est donc qu'à la circonférence du pavillon qu'il existe un
mouvement, le pavillon lui-même est immobile; il forme un
entonnoir membraneux, ou bilobé ou quadrilobé, dont les
bords sont occupés par l'organe rotatoire proprement dit. Le
mouvement de cette organe paraît tout-à-fait incompréhen-
sible d'après les idées que nous avons des connexions organiques. Il est impossible, en effet, que cet organe puisse
exécuter un mouvement rotatoire sans tordre la partie qui
le supporte et à laquelle il fait suite. Or, rien de pareil
n'a lieu. Le pavillon dont les bords supportent l'organe rotatoire, est immobile et n'éprouve aucune torsion. L'organe
rotatoire semble dans son mouvement glisser sur le bord
de ce pavillon, en sorte qu'en observant une des petites
boules situées en *o*, on suit son mouvement de progression
jusqu'en *a*, de là jusqu'en *i*, et ainsi de suite jusqu'à ce
qu'elle disparaisse sous le corps de l'animal. Cette révolution de la petite boule que l'on suit de l'œil dans sa progression sur les bords du pavillon sinueux, s'opère dans
l'espace de quatre secondes environ. Ce mouvement est,
comme on le voit, assez peu rapide pour qu'il soit facile de
ne point perdre de vue la même petite boule, et pour rester
convaincu qu'elle possède véritablement un mouvement de
progression. Il n'y a point ici de vibrations rapides de cils
qui puissent en imposer en présentant l'image trompeuse
d'une rotation; les petites boules n'offrent aucun mouvement de vibration; elles s'avancent par une marche uniforme restant toujours également espacées; elles sont dis-

posées sur deux rangées; celles de la rangée qui paraît
ici inférieure, alternent dans leur position avec celles de la
rangée qui paraît ici inférieure. Dans le fait, ces deux rangées de petites boules sont à la même hauteur, ainsi qu'on
va le voir tout-à-l'heure; si elles paraissent l'une supérieure
et l'autre inférieure, cela provient d'un effet de perspective.
Au dessous de ces deux rangées de petites boules, on voit
des lignes semblables à des portions de rayons qui tendraient
vers le centre du pavillon et qui s'arrêtent toutes à une même
ligne *c*, parallèle aux contours des lobes, ainsi qu'on le voit
dans les figures 3 et 4. L'observation microscopique fait
voir que ces portions de rayons concentriques qui aboutissent aux petites boules participent, comme ces dernières,
au mouvement de transport circulaire, en sorte que l'organe rotatoire se compose de tout ce qui est supérieur à la
ligne sinueuse *c*. Cette ligne indique ainsi la séparation de
la partie immobile *d* du pavillon de sa partie mobile ou de
l'organe rotatoire proprement dit qui le couronne.

Jusqu'ici, j'ai dit qu'il y avait dans l'organe rotatoire de
la tubicolaire un mouvement de transport circulaire. C'est
effectivement ce que l'œil aperçoit de manière à produire
une entière conviction. Il ne s'agit donc plus que de savoir
comment ce mouvement peut avoir lieu. J'avais observé
qu'un petit défaut de structure que possédait accidentellement l'organe rotatoire d'une tubicolaire, oscillait sans
quitter la place qu'il occupait à la circonférence du pavillon. Cela me fit voir que le mouvement de transport circulaire des parties de cet organe était une illusion d'optique,
dont je cherchai dès-lors à pénétrer la cause. J'avais aperçu
avec le microscope non achromatique dont je me servais
lors de mes premières observations, qu'il y avait une plicature en *zigzag* de la partie qui couronnait le pavillon, et
comme les angles alternatifs et inverses dont se composait
ce *zigzag* semblaient avoir chacun une petite boule à leur

sommet, je fus porté à penser que cette partie qui offrait
l'apparence d'une rotation consistait dans un cordon ployé,
comme cela est représenté par la figure 21. Depuis ce temps,
ayant fait usage de microscopes achromatiques et bien
meilleurs, j'ai vu que cette partie qui couronne le pavillon
n'est point un *cordon ployé* comme je l'avais cru, mais bien
une *lame membraneuse plissée*, offrant des festons renflés
et alternativement dirigés en sens inverses, comme on le
voit dans la figure 22. Ce sont ces festons alternatifs dont
les sommets sont pris pour des petites boules alternes dans
l'observation microscopique si féconde en illusions d'optique. Cette lame membraneuse plissée est fixée sur le pourtour *a, s* du pavillon *p*, qu'elle couronne et dont il n'y a ici
qu'une petite portion de représentée. La membrane composante de ce pavillon ne participe point à ce plissement.
Or, c'est cette membrane plissée *o, r, s, a*, qui seule se meut
circulairement, non par un transport de ses parties, ce qui
serait impossible, mais par une transmission circulaire du
mouvement de chacune de ses parties à la partie qui l'avoisine. Pour rendre ce mécanisme facile à comprendre, éta-
blissons d'abord une comparaison. Les flots que la chute
d'une pierre produit à la surface de l'eau, ont un mouvement réel de progression auquel ne participe cependant
point l'eau qui les forme. Le flot s'avance en employant
successivement pour sa formation les parties successives de
la masse du liquide. Ce n'est point ici un mouvement de
progression de l'eau constituante du flot, c'est une transmission d'un mouvement ondulatoire de l'eau qui constitue
actuellement le flot à l'eau qui l'avoisine en dehors, en sorte
que, dans cette circonstance, la forme se transmet avec le
mouvement; c'est la forme qui marche et non la matière;
celle-ci ne fait qu'*onduler;* la même eau fait partie successivement de l'intervalle concave ou déprimé des flots et de
leur partie convexe ou saillante. Or, comme le changement

successif des parties de l'eau pour former le flot est inaperçu
et que la forme qui constitue ce flot possède un mouvement
de progression, il résulte de là une illusion d'optique qui
nous porterait à décider qu'il y a ici une progression de la
matière liquide sous la forme de flot, si l'expérience et le
raisonnement ne nous prouvaient que c'est cette *forme de
flot* seule qui marche. Si, en effet, il se trouve un corps flottant à la surface de l'eau, on voit ce corps osciller sans
participer au mouvement de progression des flots qui se succèdent; or, c'est un fait analogue que l'observation m'a fait
voir dans l'organe en apparence rotatoire de la tubicolaire.
Un léger renflement situé sur cet organe, oscillait sans participer au mouvement de progression apparente des parties
de cet organe rotatoire. Ce fait joint à celui du plissement
sinueux de la membrane qui constitue cet organe, plissement que j'ai vu onduler de la manière la plus distincte, ne me laisse point de doute sur la nature et sur
le mécanisme du mouvement dont il est ici question.
C'est un mouvement ondulatoire exactement semblable à
celui des flots et qui produit la même illusion d'optique,
laquelle fait croire à un mouvement de transport de la
matière. Ainsi supposons une membrane très flexible
(fig. 22), plus longue dans son bord, *o*, *r*, que dans son
bord *a*, *s*, par lequel elle est fixée sur le corps *p*, qui représente ici une portion du pavillon de la tubicolaire.
Cette membrane pourra être ployée sinueusement en festons alternatifs, comme on le voit dans la figure. Ces festons représenteront des *flots* dans leurs parties convexes
et saillantes, dirigées vers l'observateur, et représenteront
les intervalles des flots dans leurs parties concaves et dé-
primées; or, l'on conçoit sans difficulté comment le feston *i*, par exemple, qui est saillant du côté de l'observateur, et qui représente pour celui-ci *un flot*, pourra être
doué d'un mouvement ondulatoire qui formera son som-

met *b*, avec la partie actuellement latérale *c*, de ce même feston, et ensuite et successivement avec les parties *d*, *e*, *f*, *g*, du feston qui est actuellement concave par rapport à l'observateur, et qui, par ce mécanisme, se retournera graduellement et dirigera sa convexité vers l'observateur. Dans ce mouvement de transmission ondulatoire, le feston *i*, s'avancera dans la direction *o*, *r*, et il remplacera le feston *h*, qui lui-même ayant marché dans le même sens se trouvera être parvenu alors à remplacer le feston *m*, par le moyen de la même progression ondulatoire. Or, comme on voit de même tous les festons marcher de. *o*, vers *r*, sans apercevoir que ces festons changent à chaque instant de matière composante, matière qui est ici la membrane plissée, on est naturellement porté, par cette illusion d'optique qui est complète, à penser qu'il y a ici un mouvement de progression de la matière des festons dont les sommets représentent, au microscope, des petites boules alternes; on voit alors se déplacer dans le même sens les lignes étendues du sommet *o r* de la membrane vers sa base *a s*, et qui indiquent ses plis, en sorte qu'on croit voir tout cet appareil de petites boules alternes et de lignes perpendiculaires sur la ligne circulaire *a*, *s*, se mouvoir de *o* vers *r*, en glissant sur le sommet *a s*, du pavillon infundibuliforme, dont la figure 22 ne représente qu'une petite portion *p*. Il est ainsi très évident que, dans ce mouvement ondulatoire, c'est *la forme* et non *la matière du feston* ou du *flot membraneux*, qui opère une progression; mais, comme on ne voit point que ce feston dont l'œil suit la marche, change sans cesse de matière composante, on est naturellement porté à croire que c'est *la matière* qui se déplace. Telle est la source de l'illusion d'optique qui fait croire à l'existence d'un véritable mouvement de transport circulaire ou de rotation dans les festons de l'organe rotatoire. Au reste, s'il n'y a

pas ici un *mouvement rotatoire de matière*, il y a véritablement un *mouvement rotatoire des formes de la matière*;
c'est-à-dire un *mouvement rotatoire des festons* et l'effet de
ce mouvement est exactement le même que le serait celui
du mouvement de rotation d'une roue horizontale munie de
palettes dans une eau tranquille. Dans ce dernier cas, l'eau
frappée par les palettes recevrait un mouvement giratoire;
or, la même chose a lieu par l'effet du mouvement rotatoire des festons dans l'organe dont il est ici question.
Ces festons par leur progression ondulante circulaire, frappent l'eau qui les environne et lui impriment un mouvement de tourbillon. (1)

Il est encore une illusion d'optique contre laquelle il
faut se tenir en garde dans l'observation dont il s'agit ici.
En observant l'organe rotatoire avec un très fort grossissement, on croit apercevoir des cils excessivement fins et
que leur transparence dérobe presque à la vue sur le sommet ou dans les intervalles des petites boules, et se projetant un peu au-dessus. J'ai reconnu que l'apparence de
ces cils, ou plutôt de ces lignes, est occasioné par la réfrac-
tion que subit la lumière en traversant chacun des petits
flots que la progression des festons produit dans la couche
d'eau qui les couvre. Cette illusion d'optique disparaît

---

(1) On peut voir à l'œil nu un exemple remarquable de ce mouvement
ondulatoire, mais qui s'effectue en ligne droite, dans le *pied* ou dans l'organe
de reptation des limaces et des colimaçons, en faisant ramper ces mollusques
sur une lame de verre. On voit des ondes qui naissant à la queue, parcourent
toute la longueur du pied et viennent finir près de la tête. Ces ondes, qui offrent l'image trompeuse d'une progression de la matière qui les compose, sont
formées par la couche musculaire située sous la peau; celle-ci reste partout étroitement appliquée sur la lame de verre, en sorte que le mouvement
ondulatoire appartient exclusivement à la couche musculaire. C'est ce mouvement ondulatoire qui fait avancer le pied en glissant sur le plan qui supporte
l'animal.

lorsque au lieu d'observer l'organe rotatoire de côté , ainsi
que cela est représenté dans les figures 3 et 4, on l'observe
de face, c'est-à-dire le pavillon ayant son ouverture dirigée
vers l'œil de l'observateur. Ce n'est même que de cette manière qu'on peut bien voir le mécanisme d'ondulation de
la membrane plissée qui constitue l'organe rotatoire. Il
s'agit actuellement de savoir comment on peut concilier
cette structure plissée ou ondulée de la membrane qui
couronne le pavillon avec l'observation qui fait voir bien
évidemment qu'en sortant de son tube, la tubicolaire agite
avec vivacité des bras très nombreux et assez gros lesquels
disparaissent lorsque le pavillon est tout-à-fait déployé. J'ai
trouvé l'explication de ce phénomène en observant avec attention ce qui se passe dans la transition rapide qui a lieu du
mouvement d'agitation des bras au mouvement de rotation.
La membrane qui constitue l'organe rotatoire possède plusieurs modes de plissement dont le choix dépend de la volonté de la tubicolaire. Dans les premiers instants de la
sortie de cet organe membraneux, il est plissé de la manière
qu'il est représenté par la figure 23. Supposant que *p* soit
une petite portion du pavillon , la ligne *a s* sera une portion de sa circonférence sur laquelle est fixée la membrane
plissée *o r*. Ici le plissement n'est pas effectué en festons
renflés alternatifs comme cela a lieu dans la figure 22 ; dans
ce nouveau mode de plissement, les festons renflés sont
changés en *plis aplatis* comme on le voit dans la figure 23 ;
or , ce sont ces *plis aplatis* qui s'agitent vivement et qui
simulent des bras nombreux ou des *cils* , au moment où
la tubicolaire sort de son tube ; ces premiers plis n'ont
besoin que de se renfler pour former les festons de l'organe rotatoire. Quelquefois il arrive que la tubicolaire ,
lasse d'effectuer sa rotation, l'arrête tout-à-coup et, ployant
de nouveau son organe membraneux en *plis aplatis* ,
comme cela est représenté par la figure 23 , elle agite avec

rapidité ces *plis aplatis* qui simulent des bras. On voit par ces observations que ceux qui ont admis un organe rotatoire chez le srotifères et ceux qui ont simplement admis chez eux des *cils vibrans*, avaient raison chacun à part; ils avaient tort seulement d'avoir, à cet égard, une opinion exclusive. Au reste il est évident qu'une rotation dans le sens exact de ce mot est un phénomène dont l'existence devait paraître impossible.

Le sens de la rotation a lieu indifféremment de droite à gauche ou de gauche à droite chez la tubicolaire quadri-lobée. Chaque individu paraît avoir son habitude par-ticulière à cet égard, car on le voit assez ordinairement effectuer cette rotation toujours dans le même sens. Quel-quefois cependant on observe que la rotation dans un sens s'arrête brusquement, et qu'elle s'exécute sur-le-champ en sens inverse. Après quelques minutes de rotation, l'animal rentre brusquement dans son tube duquel il sort l'instant d'après en déployant son pavillon et son organe rotatoire qu'il se met à mouvoir de nouveau.

J'avais observé sur le col de la tubicolaire quadrilobée deux cornes latérales *bb* (figure 3 et 4), dont j'ignorais l'usage : je ne tardai pas à découvrir que ce sont des yeux portés sur des pédicules, comme ceux de plusieurs mollus-ques gastéropodes. Pour les bien voir, il faut observer sou-vent l'animal lorsqu'il sort de son étui. La plupart du temps il en sort avec rapidité, et il déploie sur-le-champ son pavillon, mais quelquefois aussi il en sort avec une grande lenteur. On commence par apercevoir les deux yeux qui paraissent comme des points noirs au sommet des deux longs pédicules qui les supportent; ensuite on voit paraître la tête arrondie de l'animal armée inférieurement de deux petits tentacules (fig. 5). L'instant d'après le pavillon et l'organe rotatoire sortent avec rapidité, la tête de l'a-nimal s'allonge et les yeux se disposent comme on le voit dans les fig. 3 et 4. Quelquefois l'animal, las de mouvoir sa roue ne la montre point en sortant de son étui, mais il reste assez long-temps dans la situation représentée par la fig. 5. On voit alors ses yeux pédiculés rentrer et sortir tour-à-tour suivant la volonté de l'animal, et par un mécanisme exactement semblable à celui que présentent les yeux du colimaçon. On voit très distinctement le globe de l'œil parcourir en rentrant comme en sortant le tube transparent qui le supporte. Quelquefois l'animal dans cette situation cesse de montrer le dos et se met sur le côté. On voit alors que ses petits tentacules sont cróchus et que leur pointe est tournée en haut (fig. 6). Schæffer a vu et a figuré comme quatre tentacules les deux yeux pédiculés et les deux véritables tentacules que je viens de décrire, il n'a point vu les yeux qui sont au sommet des grands pédicules qui les portent.

Le mouvement circulaire sinueux de l'organe rotatoire de la tubicolaire quadrilobée a pour objet, comme je l'ai dit plus haut, d'exciter dans l'eau des tourbillons qui précipitent dans la bouche de l'animal, située au fond du pavillon infundibuliforme, les petits globules de matière verte flottans dans l'eau, dont il fait sa nourriture. Cette bouche est l'organe m (fig. 3) qu'une observation fort superficielle pourrait faire prendre pour un cœur, parce qu'il présente des mouvemens apparens de systole et de diastole, lesquels ne sont, dans le fait, que des mouvemens de préhension des alimens et de déglutition. Cet organe qui est représenté très grossi par la figure 8 communique avec l'estomac de l'animal par un canal c qui est l'œsophage. Cet estomac ne peut s'apercevoir chez l'animal contenu dans son tube; pour voir l'organisation intérieure de cet animal il faut le dénuder, ce qui se pratique très facilement. Il suffit pour cela de couper transversalement le tube auprès de son insertion à la tige herbacée qui le porte, car ce n'est que dans le fond de ce tube que la tubicolaire est fixée, en sorte

qu'une section transversale dans cet endroit rend l'animalcule libre de toute adhérence à son tube , duquel il sort
promptement par l'ouverture antérieure. Ainsi dénudé , il
me fut facile de voir son organisation intérieure, parce
qu'il est très transparent. La figure 7 représente la tubicolaire dénudée. Sa couleur est jaune pâle, et sa peau couverte de rides nombreuses présente, surtout vers la tête,
l'apparence de granulations assez semblables à celles qui
couvrent la peau du colimaçon. On voit en c son organe de
déglutition représenté plus en grand dans la figure 8. C'est
une poche dont le fond est trilobé, dont l'ouverture est
froncée comme celle d'une bourse et qui communique par
un canal courbé avec l'estomac d (fig. 7), qui est rempli d'une
matière jaunâtre parsemée de petits corps noirs. On voit en i
un canal qui part de l'estomac et qui est l'intestin dont la
dernière extrémité s'ouvre sous le ventre de l'animal et
près de sa tête en g. L'organe e est l'ovaire dans lequel on
distingue les œufs; l'un d'eux f est engagé dans l'oviducte
qui s'ouvre à la partie antérieure et droite de la tête. Les
deux tentacules b sont développés. On voit en a les deux
yeux pédiculés; le globe de l'œil de chacun d'eux est au
milieu du pédicule tubuleux, on l'aperçoit par transparence; c'est exactement la structure des yeux des limaces
et des colimaçons. L'animal est terminé par une queue
très allongée, dont l'extrémité servait à le fixer au fond de
son étui. Cette queue subit des plis transversaux multipliés
lors de sa contraction. Dans cet état de dénudation, privée
d'un appui fixe, la tubicolaire ne peut produire des tourbillons dans l'eau; cependant elle fait quelquefois mouvoir
son organe rotatoire, mais ce mouvement la fait tourner
elle-même. J'ai conservé des tubicolaires ainsi dénudées
dans un cristal de montre, et j'ai vu, au bout de deux
jours, qu'elles s'étaient fixées par l'extrémité de leur queue
au fond du cristal, ce qui leur donnait le moyen de pro-

duire des tourbillons dans l'eau. J'ai pu, dans cet état, examiner à découvert le jeu de leur organe de déglutition. J'ai vu cet organe, qui, dans l'état de repos, est placé comme on le voit en *c* (fig. 7), se mouvoir en s'approchant de la partie antérieure de l'animal; alors le canal courbé qui l'unit à l'estomac se redresse, et ce dernier, tiré en avant, en reçoit un mouvement très sensible; c'est la *diastole* de l'organe de déglutition : dans la *systole* il se contracte sur lui-même en se rapprochant de l'estomac auquel il transmet par le canal de l'œsophage les corps qu'il vient de saisir. Cet organe est la véritable bouche de l'animal. Située au fond du pavillon infundibuliforme, elle est à-la-fois organe de *préhension* et organe de *déglutition*. Le mouvement de cet organe est entièrement volontaire; il est tantôt plus rapide, tantôt plus lent; il n'a lieu que lorsque l'organe rotatoire est en action, encore quelquefois n'existe-t-il pas lorsqu'il tourne, ce qui arrive apparemment lorsque les tourbillons sont quelques instans sans amener de nourriture à l'animal. Enfin ce mouvement est sujet à des irrégularités fréquentes. Lorsque l'organe rotatoire ne tourne point, l'organe de déglutition est dans un repos complet; cela est facile à observer lorsque l'animal est à moitié sorti de son tube sans mouvoir son organe rotatoire, ce qui lui arrive assez souvent; cela est encore plus facile à voir dans l'animal dénudé.

J'ai parlé plus haut des œufs que l'on aperçoit dans le corps de la tubicolaire quadrilobée. J'aperçus un jour une de ces tubicolaires qui avait à sa partie antérieure un de ces œufs prêt à se détacher; je l'isolai dans un cristal de montre, et bientôt je vis l'œuf au fond de l'eau. Légèrement jaunâtre et très transparent, il s'agitait lentement, mais sans changer de place ni presque de forme. Le lendemain cet œuf était devenu une tubicolaire parfaite qui, fixée au fond du cristal par l'extrémité de sa queue, faisait mouvoir son organe rotatoire. Ainsi cet œuf était un fœtus nu et non encore parfaitement développé.

Il m'arriva plusieurs fois dans la suite de voir de semblables œufs qui étaient pondus par les tubicolorairés pendant les agitatións convulsives qu'elles se donnaient après avoir été dénudées. Cette agitation spasmodique était telle qu'elle leur faisait quelquefois vomir une partie des alimens que contenait leur estomac. J'ai observé ces œufs; j'en ai observé d'autres qui étaient sortis de tubicolaires que j'avais coupées par la moitié en voulant les dénuder; tous ont donné le jour à des tubicolaires, les uns plus tôt et les autres plus tard, selon leur degré de maturité. Les moins avancés étaient entièrement opaques; ceux qui approchaient davantage de leur maturité avaient une de leurs extrémités transparentes; ceux qui étaient voisins de l'époque de l'éclosion étaient transparens sur les bords et n'avaient d'opaques qu'un noyau plus ou moins étendu. Ceux-ci, en perdant leur noyau opaque, devinrent des animaux parfaits deux jours après leur sortie abortive; les seconds acquérant de même de la transparence par degrés ne furent parfaits qu'au bout de quatre jours; enfin les premiers n'atteignirent leur parfait développement qu'au bout de six à sept jours. Ils commencèrent, comme les autres, à acquérir de la transparence à l'une de leurs extrémités; la transparence gagna ensuite leur circonférence, et augmenta peu-à-peu en s'étendant vers le centre. Ces observations me prouvèrent que la tubicolaire quadrilobée doit son origine à un véritable œuf, contenant la matière qui doit servir à l'accroissement du fœtus; mais cet œuf subit dans l'oviducte de la mère ses différens degrés d'accroissemens, de sorte que le fœtus est à-peu-près complètement formé lorsqu'il est expulsé; ainsi ces animaux sont réellement *ovipares*, quoiqu'ils mettent au monde des petites vivans. Toutes les tubicolaires que j'ai vues naître ainsi,

étaient entièrement nues et dépourvues d'étuis, ce qui me
me démontra que ces étuis n'étaient point des coquilles,
comme je l'avais pensé d'abord. Voulant savoir s'ils n'é-
taient point le résultat d'une transsudation calcaire de la
peau de l'animal, j'en ai rassemblé plusieurs que j'ai mis
dans un peu d'acide nitrique; mais il n'y a point eu d'ef-
fervescence. Ces étuis d'ailleurs n'ont qu'une médiocre solidité, et ils ne font entendre aucun bruit quand on les
écrase. Il me paraît donc que ces étuis sont des résultats de
l'industrie de la tubicolaire, et qu'ils sont produits par l'agglomération de corps étrangers réunis par un gluten animal. Ce qui me porte surtout à le croire, c'est que les tubicolaires que j'élevais ne se formèrent point d'étuis pendant le temps que je suis parvenu à les conserver vivantes,
probablement parce qu'elles étaient privées des matériaux
nécessaires pour cela. Il est vrai que ces tubicolaires nouvellement nées ne vécurent jamais plus de quinze jours, quoique j'eusse l'attention de leur donner de l'eau de la mare
de laquelle elles étaient originaires. Elles n'eurent point
le temps par conséquent de se reproduire, ce qui m'en-
pêcha de constater leur hermaphroditisme duquel d'ailleurs
on ne peut guère douter d'après la nécessité de leur isolement.

En examinant les étuis des tubicolaires quadrilobées,
fixés sur les filamens des feuilles de la renoncule aquatique,
j'aperçus quelques-uns de ces étuis que leurs dimensions
plus petites et leur couleur blanche distinguaient des autres
qui avaient une teinte jaunâtre. Je les soumis au microscope, et je vis qu'en effet ils étaient habités par des tubicolaires d'une espèce différente et plus petite que la première.
Leur organe rotatoire est simple, c'est-à-dire, qu'ordinairement il ne se divise point en lobes, comme dans l'espèce
précédente, mais qu'il se dispose en un cercle unique.
Elles ont des yeux portés sur des pédicules beaucoup plus

courts que ceux de l'espèce précédente ; elles ont également
un organe de déglutition animé de mouvemens alternatifs
de diastole et de systole. La figure 9 représente une de ces
tubicolaires en action. L'organe rotatoire a du reste la
même organisation que chez l'espèce précédente. L'ouverture du pavillon qui supporte l'organe rotatoire, est toujours dirigée latéralement, tantôt d'un côté, tantôt de
l'autre ; jamais elle ne se dirige dans le sens de l'axe de
l'étui. Quelquefois l'animal cesse de disposer circulairement la circonférence de son pavillon ; il fait une profonde sinuosité à la partie inférieure seulement, de sorte
que l'organe rotatoire, représente deux lobes imparfaits,
comme on le voit dans la figure 10. D'autres fois l'animal
rentre en entier son pavillon, en laissant seulement dehors
son organe rotatoire, dont la circonférence est diminuée
de plus de moitié, et dont les plis simulant des bras,
s'agitent et vibrent avec rapidité ; il n'y a plus alors de rotation. Cette nouvelle tubicolaire n'a, comme la précédente,
aucun lien organique avec son étui, aussi suis-je parvenu
à la dénuder par le même procédé. Dans cet état j'ai pu
voir la continuité de l'organe de déglutition avec l'estomac
qui est fort vaste et contient une matière jaunâtre. Elle se
termine, comme la précédente, par une queue fort allongée.
Cette tubicolaire, dont je crois que la découverte m'appartient, a été désignée par M. de Lamarck sous le nom de
tubicolaria alba.

Les feuilles de la renoncule aquatique n'ont encore offert une autre espèce de tubicolaire qui, par la singularité
de son organisation, mérite de fixer l'attention. Cette tubicolaire assez rare diffère des tubicolaires précédentes par
la disposition de ses yeux qui, saillans et globuleux, sont
placés latéralement vers le sommet d'un tentacule unique
et fort long, lequel se prolonge au-delà de l'insertion des
yeux et se termine par une pointe qui paraît servir de

palpe, car l'animal, qui a la faculté de ployer en tous sens
ce tentacule unique, le porte vers les objets environnans,
et les touche avec son extrémité. Son organe rotatoire est
susceptible d'affecter deux états différens; tantôt il se ploie
de manière à représenter deux lobes, tantôt il se dispose
en un cercle unique. Les figures 18, 19 et 20, représentent trois manières d'être différentes de cette tubicolaire;
la figure 18 la fait voir au moment où elle sort de son étui,
n'ayant point encore déployé son organe rotatoire; la
figure 19 la représente de profil, et ayant son organe rotatoire disposé en un cercle unique; la figure 20 la représente vue du côté du dos, et ayant dans ce moment son
organe rotatoire ployé en deux lobes. Je donne à cette tubicolaire dont la découverte m'appartient le nom de *tubi-*
colaire crucigère (*tubicolaria crucigera*), parce que la disposition des yeux aux deux côtés du tentacule donne à ce
dernier l'apparence d'une petite croix.

Une quatrième espèce de tubicolaire s'est présentée à
moi, en examinant au microscope ces conferves fort courtes et d'un blanc sale, qui croissent sur tous les végétaux
plongés dans les eaux dormantes. Cette tubicolaire est fort
petite, et son étui blanchâtre est fixé sur les filamens des
conferves. Cet étui possède très peu de consistance,
car on le voit se fléchir et se gonfler, suivant les mouvemens de l'animal qu'il contient. La figure 21 représente
cette tubicolaire, dont la découverte m'appartient, et à
laquelle M. de Lamarck a donné le nom de *tubicolaria con-*
fervicola. Sa roue se dispose toujours en un cercle unique
et ses yeux sont portés par de longs pédicules. Son anus
s'ouvre sur la partie latérale gauche de la tête.

M. de Lamarck place les tubicolaires parmi les polypes,
dont un des caractères est de n'avoir aucun organe particulier pour le sentiment, et qui ne doivent point non plus
posséder d'anus. Aussi, M. de Lamarck rejette-t-il mes ob-

servations qui prouvent que les tubicolaires ont des yeux et un anus. *Le vrai, selon nous,* dit-il, *est que la nature et l'usage des parties observées ne sont ici déterminses que par des suppositions, dans lesquelles les lois et les moyens de la nature n'ont été nullement considérés. On peut manquer de moyens pour déterminer la nature et l'usage de certaines parties de l'organisation, dans certains corps vivans, et en avoir assez néanmoins pour savoir positivement ce que ces parties ne sont pas.* Ainsi, M. de Lamarck nie l'existence des yeux et de l'anus chez les tubicolaires, parce qu'*étant des polypes,* selon lui, elles ne peuvent posséder ces organes. Quant à moi, j'affirme que ces organes existent, parce que je les ai vus de la manière la plus distincte, et j'en conclus que les tubicolaires ne sont pas des polypes. Si l'on voulait nier que les yeux pédiculés de la tubicolaire quadrilobée fussent effectivement des yeux, il faudrait nier aussi que telle fût la nature des yeux pédiculés du colimaçon; car leur similitude est exacte.

L'organe rotatoire que possèdent les tubicolaires est exactement le même que celui qui existe chez le rotifère proprement dit, découvert par Leuwenhoeck; cet animalcule est désigné par Lamarck sous le nom de *furculaire revivifiable.* J'adopterai ce dernier nom. L'organe rotatoire de cette furculaire a paru double à tous les observateurs, mais j'ai vu très distinctement que cet organe consiste dans une roue unique ployée de manière à représenter deux roues, de la même manière que cela a lieu chez la tubicolaire (figure 3). La furculaire revivifiable possède de même un organe de déglutition, animé de mouvemens alternatifs de diastole et de systole, ce qui l'avait fait prendre pour un cœur par Leuwenhoeck. Cet organe de déglutition communique avec l'estomac par un canal courbé quand l'organe est en repos, et droit quand il est en action.

On avait observé une petite corne située sur l'un des

côtés du col de cette furçulaire. J'ai vu que cette corne est située sur la ligne médiane du col et du côté du dos. Un seul individu m'a présenté, à ce qu'il m'a paru, deux cornes latérales placées sur le col; mais n'en ayant vu qu'une seule dorsale sur les nombreux individus que j'ai observés depuis, j'ai été porté à considérer cette apparence de deux cornes comme produite par quelque illusion d'optique. Muller a aperçu les yeux de la furçulaire revivifiable, j'ai confirmé sa découverte à cet égard; ces yeux sont situés à l'extrémité de son museau; ils sont de couleur rouge. L'extrémité du museau est armée de palpes très déliés.

Comme toutes les figures qui ont été données de la furçulaire revivifiable me paraissent fort inexactes, et que d'ailleurs mes observations ajoutent quelques connaissances à celles qu'on possédait sur son organisation, je crois devoir en donner ici de nouvelles figures, à l'exactitude desquelles j'ai mis tous mes soins.

La figure 12 représente la furçulaire revivifiable, ou rotifère proprement dit, lorsqu'il rampe. On voit en *a* la tête de l'animal armée de petits palpes et munie de deux yeux à la partie postérieure desquels on aperçoit deux fils très fins qui paraissent être les nerfs optiques. On voit en *b* la corne dorsale que Muller place mal-à-propos du côté du ventre; l'organe de déglutition *e* est uni à l'estomac *f* par un canal courbé. On voit en *g* un organe à demi opaque que l'analogie avec les tubicolaires me porte à considérer comme l'ovaire. La queue *d* de l'animal possède une organisation remarquable et qui a déjà été observée. Elle est composée de cinq tubes qui s'emboîtent les uns dans les autres comme ceux d'une lunette; le cinquième est bifurqué et contient dans son intérieur un sixième cylindre creux qui est terminé par trois dents rétractiles. C'est avec ce trident que l'animal s'attache au plan qui le supporte quand il rampe. Leuwenhoeck n'avait point vu ce dernier trident *o*, il le prenait pour la dent du milieu qui formait avec les deux autres *ii* le trident qu'il considérait comme l'organe avec lequel l'animal s'attache aux corps. Spallanzani, le premier, s'aperçut que les deux dents *ii* étaient étrangères à cet usage qu'il vit appartenir à la seule *dent du milieu*, laquelle lui paru composée de fils très fins dont il ne détermina point le nombre, mais que ses figures représentent comme très multipliés.

Lorsque l'animal veut ramper, il fait rentrer les uns dans les autres les tubes qui composent sa queue ; il fixe au plan son petit trident *a*, puis chassant subitement ses tubes qui sortent chacun de celui qui le contient, il porte ainsi son corps en avant. C'est ce même trident qui donne à l'animal une position fixe quand il meut ses roues. Dans cette action il a la forme représentée par la figure 13. Il est à remarquer que la tête de l'animal (et par là j'entends tout ce qui surmonte le tronc ou le corps proprement dit) est, comme la queue, composée de tubes emboîtés ; le premier de ces tubes supporte la corne dorsale et contient dans son intérieur le museau rétractile de l'animal, ainsi que le pavillon infundibuliforme dont les bords ployés de manière à représenter deux cercles supportent un organe rotatoire unique ; j'avais cru d'abord que le museau sortait du centre même du pavillon, mais j'ai acquis depuis la certitude qu'il est situé au-dessus de ce dernier, ayant vu une de ces furculaires qui avait déployé à-la-fois son museau et son organe rotatoire. La figure 14 la représente dans cet état et vue de profil. Enfin il arrive quelquefois que la furculaire, lasse de mouvoir son organe rotatoire, reste immobile après avoir rentré son museau et son pavillon, ne tenant dehors que son premier tube dont on aperçoit l'orifice circulaire (figure 15).

La reptation n'est pas, comme on sait, le seul mode de progression de la furculaire revivifiable ; elle nage avec vi-

vacité et cela au moyen de l'agitation des bras nombreux
dans lesquels se trouve changé son organe rotatoire. J'ai
noté plus haut chez la tubicolaire quadrilobée cette faculté
de changer les festons de son organe rotatoire en bras susceptibles d'un mouvement vibratile ; on ne doit donc point
être étonné de la retrouver dans la furculaire. La figure 16
représente cette furculaire dans l'action de nager. Alors le
trident terminal de sa queue est rentré et les bras sont éta-
lés sur le bord circulaire supérieur du premier tube qui
porte la corne dorsale, de sorte que le pavillon n'est point
sorti du tout. C'est au moyen de l'agitation de ces bras que
la furculaire nage. L'ouverture bi-circulaire que forme
alors son pavillon doit nécessairement, pendant sa natation, rencontrer quelques-uns des corps dont elle fait
sa nourriture et dont il paraît que l'eau des mares
abonde ; aussi opère-t-elle de temps en temps des mouvemens de déglutition.

Ainsi la furculaire revivifiable possède deux moyens
différens pour saisir les corps dont elle fait sa nourriture.
Avec son organe rotatoire qui forme deux tourbillons, elle
les attire de loin ; en nageant avec son ouverture bi-circulaire tournée en avant, elle ramasse ceux de ces corps qui
se trouvent sur son passage, comme un filet conique saisit
dans l'eau les poissons, ou dans l'air les papillons sur lesquels il est dirigé. Cette furculaire est, comme on le voit,
beaucoup plus favorisée de la nature que les tubicolaires,
puisque celles-ci, condamnées à ne jamais changer de
place, n'ont d'autre moyen de se procurer leur nourriture
que le jeu de leurs organes rotatoires formant des tourbillons.

D'après ces notions on se trouve à même d'éclaircir une
question intéressante d'histoire naturelle et de mettre d'accord les deux naturalistes célèbres qui se sont le plus occupés du rotifère : Leuwenhoeck et Spallanzani. Le premier

considère comme deux véritables roues dentées et tour-
nantes l'organe par le moyen duquel le rotifère produit
ses tourbillons; le second ne les regarde que comme deux
suites de pointes vibrantes placées circulairement. Mes observations me prouvent que ces deux naturalistes ont également raison, quoiqu'ils soient d'un sentiment opposé.
Leuwenhoeck n'a vu que le jeu de l'organe rotatoire qu'il
a pris, mais à tort, pour deux roues; il n'a point vu le
jeu des *bras vibrans* du rotifère qui nage. Il paraît que
Spallanzani n'a vu que ce dernier phénomène, ou du
moins qu'il l'a confondu avec le premier, car il dit en
termes formels, en parlant des rotifères : *quand ils ont
sorti leurs petites fibrilles vibrantes, ils ne rampent plus sur
le fond de l'eau, mais ils nagent et se transportent où il
leur plaît* (1). Il est étonnant que cet observateur célèbre
n'ait pas vu que les rotifères sont toujours fixés à quelque
corps solide par le moyen de leur trident terminal, lorsqu'ils font agir leur organe rotatoire; sans cela ils tourne-
raient eux-mêmes et ne formeraient point de tourbillons
dans l'eau. Ce n'est que lorsqu'ils changent leur organe
rotatoire en bras vibrans qu'ils nagent et se transportent
d'un lieu dans un autre. Ainsi ces rotifères ne sont point
différens, comme il le dit, de ceux observés par Leuwenhoeck et par Baker, mais ils sont observés dans des
circonstances différentes.

C'est surtout par la merveilleuse propriété qu'elle a de
revenir à la vie après un desséchement prolongé que la furculaire revivifiable est célèbre. On se doute bien que je me
serai empressé de rechercher si les tubicolaires jouissaient
du même avantage. Mes premières expériences à cet égard
furent faites sur la tubicolaire quadrilobée. Sachant que la

(1) Opuscules de physique animale et végétale, *des animaux qu'on peut
tuer et ressusciter à son gré.*

furculaire revivifiable ne ressuscite que lorsqu'elle a été
garantie du contact immédiat de l'air par une certaine
quantité de sable pendant qu'elle se dessèche, je voulus
essayer si la tubicolaire quadrilobée ressusciterait après
avoir été desséchée sous le simple abri de son étui. Pour
cela je plaçai sur une lame de verre un ramuscule de renoncule aquatique chargé de plusieurs de ces tubicolaires,
et je l'y laissai se dessécher. Au bout de vingt-quatre heures, je rendis l'eau à ces tubicolaires et j'examinai attenti-
vement ce qui se passait. J'eus d'abord une lueur d'espé-
rance de les voir ressusciter, en voyant un corps arrondi
sortir de chacun de ces étuis; mais bientôt il me fut démontré que ces corps qui me paraissent de couleur violette
n'étaient autre chose que des bulles d'air que l'eau chassait
de l'intérieur des étuis et qui restaient adhérentes à leur
orifice. La couleur violette qu'elles présentaient au microscope provenait de la décomposition de la lumière opérée
par ces petites bulles sphériques. Je ne fais cette observation
qu'afin de prévenir contre la même illusion d'optique ceux
qui pourraient répéter mes expériences. Je continuai donc
d'observer mes tubicolaires; mais, quoique je les aie conservées plusieurs jours dans l'eau, je ne les ai point vues revenir à la vie. J'ai voulu essayer si un dessèchement moins
prolongé et opéré dans les mêmes circonstances serait suivi
du retour à la vie; mais j'ai vu qu'un dessèchement complet de cinq minutes de durée était suffisant pour les priver
de la vie sans retour. Si une privation d'eau de moindre
durée ne les tuait pas, cela provenait probablement de ce
qu'elles conservaient à l'abri de leur étui une petite portion
d'humidité. Convaincu de l'impossibilité de leur résurrection lorsqu'elles étaient desséchées, sans autre abri que celui de leur étui, j'ai voulu voir si elles ressusciteraient desséchées dans la vase sablonneuse qui se trouvait au fond
de la mare qu'elles habitaient. Ayant donc mis plusieurs

de ces tubicolaires fixées sur un même ramuscule dans un cristal de montre, je les ai couvertes entièrement de vase que j'ai laissé sécher. Au bout de vingt-quatre heures, le tout m'ayant paru sec, j'y ai versé de l'eau, et, lorsque la vase a été bien détrempée, j'ai enlevé avec précaution le ramuscule chargé de ses tubicolaires, et je l'ai placé dans l'eau pure que contenait un autre cristal, afin de le soumettre au microscope. Je n'ai encore vu cette fois aucune résurrection, quoique j'aie conservé ces tubicolaires pendant huit jours dans l'eau. Étonné de ces résultats qui trompaient si fort mon attente, il me vint dans l'idée que peut-être le sable des gouttières avait une vertu particulière pour donner aux animaux qu'on y dessèche la faculté de ressusciter. Je pris donc de ce sable qui était très abondant en rotifères ou *furculaires*, et je desséchai dedans plusieurs de mes tubicolaires. Examinées au bout de vingt-quatre heures, aucune d'elles ne se montra en vie, quoique dans le même sable qui les contenait plusieurs furculaires et des *anguilles des tuiles* eussent ressuscité. Conservées et observées plusieurs jours de suite, elles continuèrent à ne donner aucun signe de vie. Mais peut-être ces tubicolaires, dont j'avais eu soin de constater l'état de vie avant de les dessécher, avaient-elles abandonné leurs étuis quand elles s'étaient trouvées plongées dans la vase ou dans le sable. Pour éclaircir mes doutes à cet égard, j'ai brisé en petits morceaux quelques-uns de leurs étuis avec la pointe d'une aiguille, et je suis parvenu ainsi à découvrir en tout ou en partie le corps des tubicolaires qui ne m'ont présenté aucun signe de vie, quoiqu'elles fussent gonflées par l'eau. Il me fut ainsi démontré que la tubicolaire quadrilobée ne jouit point de la faculté de ressusciter.

J'ai soumis la tubicolaire blanche aux mêmes épreuves qu'avait subies la tubicolaire quadrilobée, et je profitai de l'occasion pour recommencer concomitamment les mêmes expériencés sur cette dernière ; mais le résultat que j'avais obtenu fut toujours le même. Les tubicolaires de ces deux espèces ne ressuscitèrent point, de quelque manière et dans quelque matière qu'elles aient été desséchées. Pour ce qui est de la tubicolaire confervicole, je me suis assuré seulement qu'elle ne ressuscitait point desséchée sur une lame de verre sans autre abri que celui de son étui. Lorsque je l'ai desséchée dans de la vase ou dans du sable des gouttières, il ne m'a point été possible de la retrouver à cause de la vase et du sable dont je n'ai pu débarrasser les petites conferves au milieu desquelles elle habite et sur les filamens desquelles elle est fixée. Pour ce qui est de la tubicolaire crucigère, sa rareté m'a empéché de faire beaucoup d'expériences sur elle. J'en ai desséché une seule sur une lame de verre et à l'abri d'une légère couche de sable des gouttières ; lui ayant rendu l'eau après 48 heures de dessiccation, je ne l'ai point vue revenir à la vie. Ainsi la *furculaire revivifiable* est le seul des rotifères qui jouisse de la faculté de ressusciter. Ce n'est point la simplicité de l'organisation de la furculaire révivifiable qui est la cause du merveilleux privilège qu'elle possède, car son organisation n'est point différente de celle des tubicolaires qui ne ressuscitent point. Cette organisation place ces animaux au-dessus des zoophytes, et plus encore au-dessus des animalcules des infusions dans la classe desquels ils ont été quelquefois placés. C'est des mollusques que les tubicolaires se rapprochent le plus, sans cependant posséder une organisation aussi compliquée que la leur. L'existence des yeux prouve chez eux celle d'un système nerveux et d'un cerveau ; mais elles ne possèdent point de vaisseaux apparens. Il est certain qu'elles ne possèdent point de cœur, puisque le mouvement de cet organe serait très facile à apercevoir, surtout dans la tubicolaire quadrilobée dénudée. Différentes des mollusques par l'absence du cœur, les tubicolaires et les furculaires en

diffèrent encore par la simplicité de leur canal alimentaire
qui paraît se réduire à un vaste estomac duquel part immédiatement le rectum; chez eux on n'aperçoit point de foie,
quoique la couleur constamment jaune de la masse alimentaire puisse faire soupçonner l'existence d'un fluide biliaire.
Ces différens caractères placent évidemment ces animaux
au-dessous des mollusques et au-dessus des zoophytes; ils
semblent former la transition de l'une de ces classes d'animaux à l'autre. Schæffer a vu quelquefois les tubicolaires
quadrilobées fixées les unes sur les autres, comme les branches d'un arbre sur leur tronc, et l'on pourrait conclure de
là que ces animaux sont gemmipares comme les polypes.
Cette observation ne s'étant jamais présentée à moi, je suis
porté à penser que les tubiculaires observées par Schæffer,
avaient fixé par hasard leurs étuis les uns sur les autres,
comme elles les eussent fixés sur d'autres corps déliés.

Différentes des zoophytes par leur organisation, les tubicolaires n'en diffèrent pas moins par l'impossibilité où elles
sont de se multiplier; comme plusieurs d'entre eux, par
une division mécanique. On sent la difficulté qu'il y a de
faire des expériences de ce genre sur des animaux aussi
petits; cependant avec un peu de patience j'en suis venu à
bout. Je coupais les étuis de la tubicolaire quadrilobée
transversalement et le plus près possible de leur orifice et
j'examinais au microscope la partie que j'avais retranchée.
Très souvent j'en voyais sortir l'animal entier, mais privé
seulement de sa queue qui est très longue et qui occupe
une grande partie de l'étendue de l'étui. Cependant en
ayant coupé un certain nombre de cette manière, il m'arriva plusieurs fois de couper le corps de l'animal par la
moitié; ce dont j'étais certain en voyant la tête seule sortir
de la portion de l'étui que j'avais retranchée. Je conservai
soigneusement les portions restantes qui contenaient la
queue et la partie postérieure du corps de l'animal, pour

voir si la partie retranchée se reproduirait ; mais quoique j'aie gardé ces tubicolaires mutilées pendant plus de deux mois, je n'ai aperçu chez elles aucun signe de vie, ni par conséquent de reproduction.

En parlant des rotifères il ne sera peut-être pas hors de propos de dire un mot des autres animaux ressuscitans que Spallanzani a découverts dans le sable des gouttières, et que j'ai rencontrés comme lui. Les animaux que j'ai trouvés ne ressemblent point exactement, il est vrai, à ceux qu'il décrit ; cependant je suis intimement convaincu que ce sont les mêmes. Les *tardigrades* que j'ai trouvés ont tous les caractères de véritables insectes. Ils ont six pattes composées chacune de trois articulations et terminées par deux crochets. Les deux dernières articulations sont rétractiles, et rentrent dans l'intérieur de la première, suivant la volonté de l'animal. Sa tête est pourvue de deux yeux latéraux et armée de tentacules très courts situés près de la bouche. Le corps est divisé transversalement par des étranglemens qui correspondent aux intervalles de l'insertion des pattes, et la queue offre deux appendices bifurqués, engagés à moitié dans une membrane transparente, ce qui forme quatre crochets avec lesquels l'animal s'attache aux corps en cheminant. Le corps est parsemé de rides irrégulières qui le font paraître granulé. Vu au microscope et à la lumière refractée, il paraît jaunâtre et presque opaque ; vu à l'œil nu (car il est beaucoup plus gros que le rotifère ressuscitant) ou examiné au microscope avec la lumière réfléchie il paraît blanc. Cet animal ne nage point ; il marche très agilement dans le sable ; mais lorsqu'il est placé sur une lame de verre, il ne peut cheminer, parce que ses crochets n'ont point de prise sur une surface polie. Cet animal, représenté figure 17, diffère prodigieusement du tardigrade dont Spallanzani a donné la figure. Cependant, en analysant ce que cet observateur célèbre a dit de son tardigrade,

il est évident que cela convient en grande partie au mien.
Son tardigrade est jaunâtre et couvert de granulations; il a
six jambes terminées par des crochets; il est trois ou quatre
fois plus gros que le rotifère, son extrémité postérieure finit par quatre fils crochus qui lui servent pour s'amarrer;
il ne nage jamais. Cette description du tardigrade de
Spallanzani convient parfaitement à celui que j'ai observé; il ne me paraît point douteux que ce ne soit le même
animal.

Le sable terreux que l'on trouve dans les gouttières provient de la destruction des tuiles ou des ardoises qui forment les toits, et du détritus des mousses et des lichens
qui croissent sur leur surface. J'ai pensé que parmi ces
mousses et ces lichens on devait trouver les mêmes animaux
que l'on trouve dans le sable des gouttières. L'observation
a confirmé ce soupçon. Ces masses végétales détachées des
tuiles ou des ardoises sur lesquelles elles croissent étant
mises dans une petite quantité d'eau, on ne tarde pas à y
voir au microscope une grande quantité de rotifères et de
tardigrades. Si ces végétaux sont recueillis par un temps
de pluie, on y trouve vivans les animaux qu'ils nourrissent; s'ils sont recueillis par un temps sec, il faut quelques
heures d'immersion dans l'eau pour rendre ces animaux à
la vie. Ainsi j'ai trouvé des rotifères et des tardigrades non-
seulement dans ces touffes assez épaisses de mousses qui
croissent sur les tuiles et qui peuvent peut-être résister
à une complète dessiccation, mais aussi dans ces ex-
pansions de lichen jaune (*lichen parietinus*) qui couvrent
souvent les ardoises et qui éprouvent le dessèchement le
plus complet par l'action prolongée des rayons brûlans du
soleil. On ne peut donc se refuser à admettre que ces animaux ont été desséchés avec la plante qui leur sert d'abri
et que par conséquent ils sont *morts*. La première pluie qui
survient leur rend immédiatement la vie. Dans le cours

de ces observations j'ai très fréquemment rencontré parmi
les mousses et les lichens des toits un *acarus* de la grosseur
et à-peu-près de la forme du tardigrade. Cet insecte dont
le corps offre d'assez longs poils, possède huit pattes,
comme tous les *acarus*; la dernière paire de pattes est située tout près de la partie postérieure du corps : elle est
évidemment l'analogue de la paire d'appendices à doubles
crochets que le tardigrade possède à sa partie postérieure
et que l'on voit en *d* (fig. 17). Ces doubles crochets qui
existent de même à toutes les pattes, se retrouvent aussi aux
huit pattes de l'*acarus*, en sorte qu'il me paraît probable que
le *tardigrade* n'est que la larve de l'acarus dont je viens de
parler. La larve et l'insecte parfait vivent également sur les
mousses et les lichens qui croissent sur les toits.

J'ai trouvé en abondance dans le sable des gouttières
les *anguilles des tuiles* de Spallanzani, et j'ai vu comme lui
qu'elles reprenaient la vie après avoir été desséchées avec
le sable qui les contenait. Ces *anguilles des tuiles* m'ont
paru être des *vibrions*.

Je terminerai ce Mémoire par une observation sur les
cristatelles. Ces zoophytes sont placés par Lamarck, parmi
les polypes à polypier munis de *tentacules ciliés ;* ces tentacules, qui seraient mieux nommés *bras,* sont loin de res-
sembler aux *bras* des hydres, qui servent par leurs flexions
multipliées, à saisir les petits animaux dont l'hydre fait sa
nourriture et les apporter à la bouche ; les bras des cristatelles sont tout-à-fait étrangers à cet usage ; lorsqu'ils sont
dans l'état d'extension ils demeurent immobiles dans leur
rectitude, et cependant il produisent dans l'eau un tourbillon qui précipite dans la bouche de la cristatelle les petits grains de matière verte, ou les animalcules microscopiques dont ce zoophyte fait sa nourriture. En observant
au microscope ces bras étendus en ligne droite, on voit sur
deux de leurs côtés opposés des petites boules semblables

à des petites perles qui d'un côté montent à la file le long
du bras et changent de direction à son sommet pour descendre de même à la file du côté opposé de ce même bras.
Ce phénomène de progression apparente des petites boules
est exactement semblable à celui de la progression apparente des petites boules dans l'organe rotatoire de la tubicolaire quadrilobée, et il n'y pas lieu de douter que le mécanisme de ce mouvement ne soit le même. Il doit être de même
produit par l'ondulation d'une membrane ployée en festons
sinueux, lesquels représentent des petites boules dans l'observation microscopique. Cette membrane est fixée sur les
deux côtés opposés de chaque bras, lequel peut ainsi être
considéré comme analogue à l'un des quatre lobes élargis
dans lesquels peut se ployer le pavillon de la tubicolaire
quadrilobée ; l'assemblage des bras de la cristatelle peut
ainsi être considéré comme un organe rotatoire composé
de beaucoup de *lobes filiformes* et analogue à l'organe rotatoire de la tubicolaire quadrilobée, lequel n'offre que
quatre *lobes élargis* ; il est fort probable que chez la cristatelle le mouvement des petites boules apparentes se transmet en se réfléchissant de la base d'un bras sur le bras
voisin, mais on ne le voit point. On conçoit de cette manière comment la cristatelle produit dans l'eau un tourbillon qui précipite dans sa bouche les corps flottans dont
elle fait sa nourriture. Ce mouvement de transport de petites
boules apparentes a été vu par M. Milne Edwards sur les
bras des *flustres* et des *eschares*. Ainsi ce singulier mécanisme de mouvement paraît exister chez tous les zoophytes
qui possèdent ce que l'on appelle à tort des *tentacules ciliés*,
et que l'on devrait appeler plutôt des *bras pourvus d'un
organe rotatoire.*

XXIII.

DU MÉCANISME

DE LA

RESPIRATION DES INSECTES. [1]

La respiration des insectes s'exécute toujours par le moyen de trachées qui transportent l'air respirable dans toutes les parties du corps; ce fait ne souffre point d'exception; il s'observe chez les insectes *aériens* comme chez les

(1) Ce mémoire a été publié en 1833 dans le tome xxv des Annales des Sciences naturelles, et dans le tome xiv des Mémoires de l'Académie des Sciences de l'Institut.

insectes *aquatiques*. On conçoit sans peine que l'habitation de deux milieux aussi différens doit apporter une différence tranchée dans le mécanisme de l'introduction de l'air respirable dans les trachées.

Les insectes *aériens* introduisent dans l'air extérieur leurs trachées au moyen d'actions musculaires particulières qui paraissent devoir être en quelque sorte analogues aux actions musculaires qui opèrent la déglutition. Ce fait se montre évidemment dans l'observation de Réaumur, qui a vu certaines libellules se gonfler d'air comme des ballons, immédiatement après qu'elles ont quitté leur enveloppe de nymphe. La faculté qu'ont les insectes d'expulser l'air contenu dans leurs trachées n'est pas moins évidente ; on voit cette expulsion dans une foule de circonstances, et notamment dans la production de cette sorte d'écume dont s'environnent certains insectes, écume formée par un liquide visqueux dans lequel l'air expulsé forme des petites bulles, comme cela aurait lieu dans l'eau de savon. Il est donc bien certain qu'il y a, chez les insectes aériens, des actions musculaires particulières qui opèrent alternativement l'introduction de l'air extérieur dans les trachées, et l'expulsion de l'air vicié qui doit être porté hors de ces organes. Le mécanisme de ces actions n'est point encore connu, et ce n'est point de sa détermination que j'ai l'intention de m'occuper ici. C'est la respiration des insectes aquatiques qui va être l'objet spécial de mes recherches.

Les insectes aquatiques tantôt puisent leur air respirable immédiatement dans l'atmosphère en venant respirer à la surface de l'eau, tantôt ils le puisent dans l'eau qui les environne, et cela au moyen d'appareils que l'on nomme *branchies*, bien que ces appareils n'aient rien de commun avec les *branchies* des animaux à circulation. Chez ces derniers, le sang qui parcourt les appareils bran-

chiaux s'empare de l'oxigène dissous dans l'eau, en sorte
que ce gaz passe immédiatement de l'état de dissolution
dans l'eau à l'état de combinaison avec le liquide organique
circulant. Les choses se passent bien différemment dans
les appareils branchiaux des insectes: ici l'oxigène passe
immédiatement de l'état de dissolution dans l'eau à l'état
de gaz élastique pour remplir les trachées, et servir à la
respiration dans toutes les parties où ces trachées le transportent. Ainsi, à proprement parler, aucun insecte ne
respire l'air dissous dans l'eau, comme le font les animaux
à circulation pourvus de branchies; tous les animaux de
cette classe respirent l'air élastique, les uns en l'emprun-
tant directement à l'atmosphère, les autres en opérant
l'extraction de celui qui est dissous dans l'eau. Les branchies des insectes aquatiques diffèrent ainsi très essentiellement de ce qu'on appelle également les *branchies* chez les
animaux à circulation; ces organes des insectes aquatiques
sont, pour la respiration, des organes *préparatoires* destinés à rendre à l'air dissous dans l'eau l'état élastique, seul
état sous lequel il puisse servir à la respiration des insectes. Comment, par quel mécanisme l'air dissous dans
l'eau passe-t-il à l'état élastique et est-il introduit dans les
trachées ramifiées à l'infini dans les branchies des insectes?
C'est ce que l'on ignore entièrement.

J'ai pensé que la solution de ce problème pouvait se
trouver dans l'étude de l'action réciproque de l'eau aérée
et des différens gaz que contiennent les trachées des insectes; l'air contenu dans ces organes est indubitablement de
l'air atmosphérique que la respiration tend à priver en tout
ou en partie de son oxigène, et auquel elle ajoute du gaz
acide carbonique; car tels sont les deux effets généraux
de la respiration. Il fallait donc savoir ce qui arrive lorsque
le gaz azote et le gaz acide carbonique sont en contact
avec l'eau aérée. Ces phénomènes ont été étudiés par Dal-

ton (1) et par MM. de Humboldt et Gay-Lussac (2). On
sait, par leurs expériences, que l'oxigène, mis en contact
avec l'eau aérée, en déloge du gaz azote en s'y dissolvant,
et que le gaz azote, en se dissolvant de même dans l'eau
aérée, en déloge du gaz oxigène; MM. de Humboldt et
Gay-Lussac ont vu que 77 parties de gaz oxigène, en se dissolvant dans l'eau, en délogeaient 37 parties de gaz azote,
et que 14 parties de gaz azote, en se dissolvant de même
dans l'eau aérée, en délogeaient 11 parties de gaz oxigène;
ainsi, dans les deux expériences, ils ont vu diminuer le
volume du gaz renfermé sous l'eau, puisque, dans l'une
comme dans l'autre, ce gaz perdait plus par sa dissolution
dans l'eau qu'il ne gagnait par l'adjonction du gaz qu'il dé-
logeait de ce liquide. Le travail important dont il est ici
question ne contient aucune expérience sur les résultats de la dissolution du gaz acide carbonique dans l'eau.
J'ai répété et varié les expériences de MM. de Humboldt
et Gay-Lussac sur la dissolution des gaz oxigène et azote
dans l'eau aérée. J'ai obtenu les mêmes résultats généraux
que ces deux habiles expérimentateurs, c'est-à-dire l'extraction du gaz azote de l'eau par la dissolution du gaz
oxigène, et l'extraction du gaz oxigène de l'eau par la
dissolution du gaz azote; mais j'ai trouvé que les proportions relatives de ces gaz extraits et dissous n'étaient
point toujours celles qu'ils indiquent; ainsi j'ai constaté
avec eux qu'un volume déterminé de gaz oxigène, en
se dissolvant dans l'eau aérée, en extrait ou en déloge un
volume moindre de gaz azote; en sorte que l'on voit diminuer le volume du gaz qui est renfermé dans le récipient plongé sous l'eau. Mais contradictoirement à ce qu'ils
ont observé, j'ai vu que le volume du gaz azote qui se

(1) Memoirs of the Society of Manchester; secon series, vol. 1, p. 271.
(2) Journal de physique, t. LX, p. 129.

dissout dans l'eau tranquille est inférieur au volume du gaz
oxigène qui se dégage de l'eau pendant cette dissolution,
en sorte que l'on voit augmenter le volume du gaz qui est
renfermé dans le récipient. Je me suis assuré de ce résultat
par un grand nombre d'expériences. Voici le détail de
l'une d'elles : Je mis vingt centimètres cubes de gaz azote
pur sous un petit récipient de verre que je plongeai renversé dans un bocal plein d'eau. Quinze jours après, je
trouvai que le volume du gaz, qui était primitivement de
100, se trouvait porté à 106; il s'était accru environ d'un
centimètre cube. Ce gaz se trouva composé de 0,90 d'azote
et de 0,10 d'oxigène. Ainsi les 106 parties de ce gaz étaient
composées de 95,4 parties d'azote et de 10,6 parties d'oxigène. Il en résulte que le gaz renfermé sous le récipient
avait perdu, par la dissolution dans l'eau, 4,6 parties
d'azote, et avait acquis, par extraction de l'eau, 10,6 parties d'oxigène. Ainsi l'eau avait livré à ce gaz environ deux
fois et demie plus d'oxigène qu'elle ne lui avait enlevé
d'azote. Dans une expérience semblable, dont je n'examinai les résultats qu'au bout de vingt-cinq jours, je trouvai
sous le récipient un gaz composé de 0,79 d'azote et de 0,21
d'oxigène; c'est-à-dire de l'air atmosphérique, dont le volume était plus considérable que celui du gaz azote mis en
expérience. Dans ces expériences, le gaz azote renfermé
sous l'eau était en contact immédiat avec ce liquide; il me
fallait savoir si les résultats de ces expériences seraient les
mêmes en renfermant du gaz azote sous l'eau, de laquelle
il serait séparé par une membrane. Je pouvais, pour faire
cette expérience, mettre de petites vessies pleines de gaz
azote plonger dans l'eau d'un bocal; ici une difficulté se
présentait : toutes les matières organiques absorbent l'oxigène et surtout lorsqu'elles se pourrissent; des vessies animales plongées dans l'eau passent assez rapidement à la
putréfaction, il devait y avoir absorption de l'oxigène,

contenu dans leur cavité. C'est effectivement ce que j'expérimentai. Je remplis un cœcum de poule de gaz azote, et je le plongeai dans un bocal plein d'eau ; je disposai de même un autre cœcum rempli d'air atmosphérique. Dix jours après, je trouvai dans mes deux cœcums du gaz azote infect ; l'oxigène de celui qui contenait primitivement de l'air atmosphérique avait été complètement absorbé. Il me fallait donc, pour les expériences que je me proposais, rendre des vessies imputrescibles ; c'est ce que je fis en les tannant avec l'infusion d'écorce de chêne. Ayant rempli de gaz azote un cœcum de poule ainsi tanné, je le tins plongé dans un bocal plein d'eau pendant quinze jours. Je jugeai, à l'augmentation du gonflement du cœcum, que le gaz qu'il contenait avait augmenté de volume. L'analyse de ce gaz me fit voir qu'il était composé de 0,16 d'oxigène et de 0,84 d'azote. Ainsi il me fut démontré que le gaz azote, séparé de l'eau aérée par une membrane organique, extrait du gaz oxigène élastique de ce liquide de la même manière que cela a lieu lorsque ce même gaz azote est en contact immédiat avec l'eau. On voit même que, dans l'expérience précédente faite avec un cœcum tanné, l'azote a extrait de l'eau, dans l'espace de quinze jours, plus d'oxigène que n'en avait extrait dans le même temps l'azote mis en contact immédiat avec l'eau dans l'expérience rapportée plus haut ; cela dépend probablement de la différence de l'étendue des surfaces par lesquelles le gaz azote se trouve en rapport avec l'eau.

Après avoir rempli un cœcum de poule de gaz azote, je l'ai plongé dans de l'eau acidulée avec de l'acide nitrique ; j'ai établi une autre expérience semblable en acidulant l'eau avec de l'acide hydrochlorique. Ces deux acides étaient en quantité suffisante pour empêcher la putréfaction des vessies animales dans lesquelles le gaz azote était contenu. Au bout de quinze jours, je trouvai que le gaz contenu dans le cœcum plongé dans l'eau nitrique était composé de 0,89 d'azote et de 0,11 d'oxigène. Le gaz contenu dans le cœcum plongé dans l'eau hydrochlorique était composé de 0,85 d'azote et de 0,15 d'oxigène.

Dans toutes ces expériences, faites dans l'eau tranquille, il y eut constamment augmentation du volume du gaz mis en expérience; il y eut moins de gaz azote dissous dans l'eau qu'il n'y eut de gaz oxigène livré par l'eau aérée au gaz azote; les choses se passèrent différemment dans les mêmes expériences faites dans l'eau courante. Je mis vingt centimètres cubes de gaz azote sous un petit récipient de verre que je plongeai renversé dans une eau courante. Au bout de neuf jours, je trouvai le volume du gaz, supposé primitivement de 100 *parties*, réduit à 52 *parties*, c'est-à-dire à un peu plus de la moitié de son volume primitif. Ce gaz contenait 0,91 d'azote et 0,09 d'oxigène. Ainsi les 52 *parties* restantes du gaz contenaient seulement 47,3 *parties* du gaz azote primitivement mis en expérience, et il y avait été ajouté 4,7 *parties* de gaz oxigène. J'obtins des résultats analogues en mettant dans l'eau courante des vessies animales tannées remplies de gaz azote.

On voit, par ces expériences, que le gaz azote mis en contact immédiat avec l'eau aérée, ou bien séparé de ce liquide par une membrane perméable qui n'est réellement point un obstacle au contact immédiat du gaz et de l'eau, livre à ce dernier liquide du gaz azote qu'elle dissout, et lui enlève du gaz oxigène, lequel passe de l'état de dissolution à l'état élastique. Dans l'eau tranquille la quantité du gaz azote dissous par l'eau est inférieure à la quantité du gaz oxigène que l'eau fournit au gaz azote, en sorte que le volume du gaz renfermé sous l'eau se trouve augmenté; dans l'eau courante, au contraire, la quantité du gaz azote dissous par l'eau est beaucoup supérieure à la quantité du gaz oxigène que l'eau fournit au gaz azote, en sorte que le volume

du gaz renfermé sous l'eau se trouve diminué. L'eau courante, en dissolvant une quantité considérable de l'azote
avec lequel elle se trouve en contact, ne laissant pas de lui
fournir de l'oxigène, il en résulte que le gaz azote restant
se trouve associé à une quantité d'oxigène d'autant plus
forte proportionnellement qu'il y a eu plus d'azote dissous.
Ainsi, par les expériences précédentes, on voit que lorsque
le gaz azote renfermé sous l'eau tranquille est devenu au
bout de quinze jours un mélange de 0,90 d'azote et de
0,10 d'oxigène, la même quantité de gaz azote renfermée
sous l'eau courante est devenue, au bout de neuf jours seulement, un mélange de 0,91 d'azote et de 0,09 d'oxigène.
Lorsque, au lieu de gaz azote pur, j'ai employé, pour ces expériences, du gaz azote associé à une quantité de gaz oxigène inférieure à celle qui existe dans l'air atmosphérique,
j'ai obtenu des résultats analogues ; toujours j'ai vu le gaz
submergé céder de l'azote à l'eau et lui ravir du gaz oxigène,
et cela jusqu'à ce que ces deux gaz fussent dans des proportions où ils se trouvent dans l'air atmosphérique. Alors la
composition du gaz renfermé sous le récipient ne changeait plus. Il est remarquable que cette recomposition de
l'air atmosphérique est de même le résultat final que l'on
obtient en renfermant du gaz oxigène dans un récipient
plongé sous l'eau. Actuellement on va voir, que c'est encore de l'air atmosphérique qui remplace, mais sous un
bien plus petit volume, le gaz acide carbonique livré sous
un récipient à la dissolution par l'eau. Comme ce gaz est
très soluble dans l'eau, je devais opérer sur une quantité de
ce gaz plus considérable que celle à laquelle je m'étais borné
pour le gaz azote.

Je mis 270 centimètres cubes de gaz acide carbonique
sous un récipient de verre que je plongeai renversé dans
un grand vase rempli d'eau de pluie. Trois jours après, je
trouvai le volume du gaz réduit à huit centimètres cubes

environ. Ce gaz ayant été lavé avec de l'eau de chaux se
trouva réduit à sept centimètres cubes environ, ou à la 38ᵉ
partie du volume du gaz acide carbonique qui avait été
mis en expérience. L'analyse eudiométrique me fit voir que
ce gaz restant était composé d'oxigène et d'azote dans les
proportions où ces gaz se trouvent dans l'air atmosphérique. Je dois dire que je m'étais assuré que le gaz acide
carbonique mis en expérience ne contenait point primitivement d'air atmosphérique. J'ai répété plusieurs fois
cette expérience et toujours j'ai trouvé, après la dissolution du gaz acide carbonique dans l'eau, de l'air atmosphérique dont la quantité a varié de la 38ᵉ à la 45ᵉ partie
du volume du gaz acide carbonique dissous. Il m'a paru
que la quantité de l'eau et l'étendue de la surface par laquelle le gaz acide carbonique était en rapport avec elle,
influait sur la quantité de l'air atmosphérique qui se dé-
gageait de ce liquide pendant qu'il dissolvait le gaz acide
carbonique. Je me borne ici à l'exposition de ces faits sans
m'occuper de leur théorie physique; et je reviens à la respiration des insectes. Les problèmes que cette fonction offrait à résoudre vont actuellement trouver facilement leur
solution.

Les trachées des insectes aquatiques qui sont pourvus
de branchies contiennent de l'air élastique, comme celles
des insectes qui respirent immédiatement l'air atmosphérique. Cet air contenu dans les trachées des insectes devient nécessairement privé en tout ou en partie de son
oxigène, et se charge de gaz acide carbonique; car tels
sont les effets nécessaires de la respiration. Les trachées
branchiales des insectes aquatiques sont situées superficiellement et en contact presque immédiat avec l'eau aérée
ambiante. Les actions instinctives de l'insecte renouvellent sans cesse le contact de cette eau aérée sur les branchies, en sorte que celles-ci sont comme si elles étaient

placées dans une eau courante. Il résulte de là que le gaz
azote en excès dans les trachées doit se dissoudre dans
l'eau ambiante qui imbibe leurs parois, et qu'en retour
l'eau aérée doit livrer du gaz oxigène élastique au gaz azote
renfermé dans les trachées. On voit de cette manière
comment doit s'opérer la restitution de l'oxigène à l'air
qui a été altéré par la respiration dans les trachées de
l'insecte aquatique ; c'est à la présence dans ces canaux
d'un excès de gaz azote que cet effet est dû. Mais ce gaz
azote lui-même se dissolvant dans l'eau ambiante finirait
par disparaître tout-à-fait, si la perte de volume qu'il
éprouve continuellement n'était pas réparée. Ce second
effet est dû à la dissolution dans l'eau du gaz acide carbonique contenu dans les trachées, et qui y est formé
sans cesse par l'acte de la respiration. On vient de voir,
en effet, que le gaz acide carbonique, en se dissolvant
dans l'eau, en extrait du gaz azote et du gaz oxigène
dans les proportions qui forment l'air atmosphérique,
c'est-à-dire environ quatre fois plus d'azote que d'oxigène. Cet azote sert à réparer la perte de celui qui est
dissous, et l'oxigène qui l'accompagne augmente le volume de celui qui a déjà été introduit au moyen de la dissolution de l'azote. Probablement aussi l'introduction de
l'oxigène dans les liquides organiques en extrait-il du gaz
azote qui, versé dans les trachées, sert également à réparer
la perte de celui qui est dissous. On sait, en effet, par les
belles recherches de M. Edwards, qu'il y a souvent du gaz
azote exhalé dans la respiration. C'est par ces divers
moyens que s'entretiennent l'état respirable de l'air contenu dans les trachées branchiales des insectes aquatiques
et le volume indispensable de cet air. Les modifications
réparatrices que l'air a subies dans les branchies se propa-
gent rapidement dans toutes les trachées qui se ramifient
dans le corps de l'insecte, en vertu de la propriété qu'ont

tous les fluides miscibles d'établir entre toutes leurs parties une parfaite égalité de mixtion. On sait, par les expériences de Dalton et de Berthollet, que les gaz jouissent spécialement de cette propriété, et que leur tendance à une rapide mixtion ne trouve même point d'obstacle dans la différence de leur pesanteur spécifique. On conçoit que cette mixtion des gaz doit surtout être très rapide lorsque les appareils dans lesquels elle a lieu sont fort petits. Ainsi, chez des insectes, qui tous n'ont que de petites dimensions, l'oxigène introduit dans les trachées branchiales, et ajouté à l'azote ou à l'air atmosphérique privé d'une partie de son oxigène qu'elles contiennent, doit, en vertu de la tendance à l'égalité de mixtion, se porter fort rapidement dans toutes les autres trachées.

L'action par laquelle l'eau dissout le gaz azote et lui livre en échange du gaz oxigène est une action assez lente ; aussi ce mode de réparation de l'air altéré par la respiration ne peut-il convenir qu'à des masses d'air fort petites, telles que le sont les masses d'air qui sont disséminées dans les ramifications des trachées branchiales des insectes aquatiques. La petitesse extrême de ces masses d'air vicié par la respiration fait qu'elles peuvent être très rapidement restituées à l'état d'air atmosphérique pur au moyen du mécanisme que j'ai indiqué. Au reste, cette petitesse extrême des appareils que nous observons dans les trachées des insectes n'est point une condition indispensable dans le cas dont il s'agit ici, car l'observation démontre que dans des appareils, petits sans doute, mais considérablement moins que ne le sont les trachées, l'air peut être entretenu à l'état respirable par la dissolution du gaz azote et du gaz acide carbonique dans l'eau aérée, qui laisse dégager du gaz oxigène en échange du premier et de l'air atmosphérique en échange du second. Je trouve la preuve de cette assertion dans un fait curieux dont l'observation

première est due à Réaumur (1). Sur les feuilles submergées du *potamogeton lucens* vit une chenille qui passe
tout le temps de sa vie de larve et de chrysalide entièrement plongée sous l'eau ; et cependant , organisée pour
vivre dans l'air, elle doit être constamment environnée
par ce gaz et tenue à l'abri de l'eau dans laquelle elle se
noierait. Pour maintenir son existence paradoxale , la
chenille se fabrique une coque de soie protégée en dehors
par des morceaux de feuilles de potamogeton. Cette coque
est ouverte, et son intérieur contient de l'air au milieu
duquel elle vit. Lorsqu'elle se métamorphose en nymphe ,
elle ferme complètement sa coque qui continue à contenir
de l'air. Ce n'est que lorsqu'il devient papillon que cet insecte sort de l'eau. Ainsi , pendant qu'il est chenille et
nymphe , il vit sous un appareil tout semblable à la cloche
du plongeur ; quoique constamment submergées, la chenille et la nymphe vivent dans l'air, et cet air ne cesse point
d'être propre à la respiration , quoiqu'il n'éprouve aucun
renouvellement apparent. Ce phénomène trouve facilement
son explication dans les faits qui ont été exposés plus haut.
La respiration de la chenille épuise l'oxigène de l'air qui
l'environne ; l'azote restant se dissout dans l'eau et en extrait du gaz oxigène ; en même temps le gaz acide carbonique produit par la respiration se dissout dans l'eau, et en
extrait de l'air atmosphérique dont l'oxigène sert à la respiration , et dont l'azote répare la perte du gaz azote dissous. Ces mêmes phénomènes ont lieu au travers des parois
perméables de la coque de soie qui renferme complètement
la chrysalide avec sa petite provision d'air. Il n'est pas besoin, sans doute, de cet exemple pour prouver combien la
nature est admirable dans sa variété ; toutefois n'est-il pas
singulièrement curieux de voir un animal qui ne peut vi-

(1) Mémoires pour servir à l'histoire des insectes , tome II, Mémoire 10.

vre que dans l'air, condamné à vivre constamment submergé et sous une cloche de plongeur dans laquelle l'air
altéré par sa respiration se renouvelle tout seul ? Ce phénomène prouve que si les grands animaux ont leurs privilèges,
les petits animaux ont aussi les leurs. Ces derniers, en effet, peuvent seuls employer d'une manière utile certaines
actions physiques dont le peu de vitesse se trouve en rapport d'harmonie avec le peu d'étendue de leurs appareils.

XXIV.

OBSERVATIONS

sur

LA SPONGILLE RAMEUSE

(*Spongilla ramosa* Lamarck, *Ephydatia lacustris* Lamouroux). (1)

Nous ne connaissons point encore la véritable nature
des éponges; ces êtres, situées sur la limite qui sépare le
règne animal du règne végétal, semblent appartenir également à ces deux règnes. On sait que ces productions sin-
gulières sont composées d'un tissu fibreux encroûté d'une
sorte de gelée qui paraît de nature animale, et dans laquelle cependant les observateurs les plus habiles n'ont ja-

(1) Ce mémoire a été publié en 1828 dans le tome xv des Annales des
Sciences naturelles.

mais pu apercevoir le moindre signe d'irritabilité. Les spongilles qui croissent dans les eaux douces offrent à-peu-près la même organisation que les éponges de mer. J'ai observé ces spongilles avec beaucoup de soin ; elles m'ont offert des faits nouveaux et assez curieux.

La spongille rameuse croît dans les eaux stagnantes fixée aux pierres ou aux autres corps solides qui s'y trouvent ; j'en ai observé une, entre autres, d'une étendue considérable qui s'était développée sur la face inférieure d'une pièce de bois flottante dans une pièce d'eau ; cette spongille formait une plaque circulaire de plus de six pouces de largeur sur six lignes d'épaisseur au centre ; elle allait en s'amincissant par ses bords. Cette production répandait une forte odeur marécageuse ; elle était de couleur verte, et contenait dans son intérieur une immense quantité de corps oviformes de couleur jaune, et qui adhéraient au tissu fibreux ; ce dernier formait une multitude de cavités, comme chacun sait que cela existe dans les éponges. Ces cavités, ainsi que la surface générale de la spongille, étaient revêtues, non d'une gelée, mais d'une membrane fine et diaphane semblable à un épiderme. Dans l'intérieur de ces cavités se trouvait une substance caséiforme extrêmement divisée, et dont les flocons nageaient dans un fluide aqueux. Lorsqu'on divisait le tissu de la spongille, cette substance caséiforme et le fluide aqueux dans lequel elle était en suspension se répandaient dans l'eau environnante, et la troublaient en lui donnant un aspect laiteux. La spongille s'étendait en s'accroissant progressivement par ses bords qui étaient fort minces et blanchâtres, tandis que les parties plus anciennes étaient de couleur verte. Les corps oviformes existaient dans les parties les plus nouvelles, comme dans les plus anciennes ; mais dans celles-ci ils étaient de couleur jaune, tandis que dans celles-là ils étaient de couleur verte. Dans le principe ils étaient blanchâtres, et pour les voir il fallait laisser putréfier le tissu de la spongille dans l'eau qui dissolvait la partie molle de ce tissu, et mettait ainsi les corps oviformes naissans à découvert.

Pendant tout le cours de la première année que j'observai cette spongille, elle conserva sa forme aplatie en s'étendant toujours sur la surface inférieure du bois flottant qui la portait. La seconde année, je continuai à l'observer, et je vis que d'un grand nombre de points de la surface de cette plaque il partit des excroissances allongées et renflées par leur extrémité en forme de massue, et longues d'environ deux pouces sur six lignes de grosseur à leur extrémité; ces excroissances, dont la substance était en tout semblable à celle du corps de la spongille, étaient pendantes dans l'eau. Pour observer cette spongille, j'en plaçai des fragmens dans des vases pleins d'eau, et je les examinai à la loupe. Ainsi renfermée dans des vases, cette production ne conservait pas très long-temps son état de vie. Sa mort se dénotait par sa putréfaction qui répandait une odeur tout-à-fait semblable à celle qui résulte de la putréfaction des matières animales. Cette putréfaction attaquait spécialement la membrane diaphane qui revêtait l'extérieur de la spongille, et qui tapissait les cavités situées dans son intérieur. Le tissu fibreux, surtout celui qui était le plus ancien, restait intact, ainsi que les corps oviformes. C'était donc spécialement cette membrane diaphane qui présentait les caractères des substances animales; c'était chez elle par conséquent qu'il fallait chercher d'autres caractères d'animalité, qu'on devait supposer y exister. Ce fut en vain que j'irritai cette membrane avec la pointe d'une aiguille; il ne s'y manifesta aucune contraction, aucun mouvement spontané. Un fait cependant me prouva que cette membrane jouissait d'une vie très active. Ayant placé deux fragmens de spongille l'un sur l'autre, et de manière qu'ils étaient en contact par leur surface extérieure munie de sa membrane diaphane, ces deux fragmens furent tellement adhérens l'un à l'autre au bout de vingt-quatre heures, que je ne pus les séparer que par un déchirement; ils s'étaient réunis en une seule masse, de manière à ne plus former qu'un seul tout organique, et cela par le fait d'une sorte de greffe. En observant des fragmens de cette spongille à la loupe, je remarquai à sa surface des endroits où la membrane diaphane était soulevée par de l'eau accumulée au-dessous d'elle; cette membrane, ainsi détachée du tissu fibreux qu'elle revêtait, formait tantôt des sortes de canaux irréguliers, tantôt de petites éminences coniques. Bientôt je vis quelques-unes de ces éminences ou protubérances coniques se percer à leur sommet, et dès-lors il s'établit par cette ouverture un courant d'eau continu, lequel sortait de l'intérieur de la spongille, et entraînait de temps en temps avec lui quelques fragmens de cette matière caséiforme qui existe dans les cavités de la spongille, et dont j'ai déjà parlé plus haut. Je distinguais l'existence de ce courant continu au moyen des corps légers qui flottaient suspendus dans l'eau, et qui étaient repoussés avec vivacité quand ils se trouvaient vis-à-vis de l'ouverture par laquelle l'eau était chassée. Je crus d'abord que ce courant d'eau continu était produit par de petits entomostracés logés dans l'intérieur des cara-vités de la spongille; mais bientôt j'acquis la certitude que telle n'était point la cause de ce phénomène. Ayant isolé, dans un petit vase rempli d'eau très pure, un fragment de spongille qui n'offrait aucune de ces protubérances membraneuses, j'y vis, dès le lendemain, naître une de ces protubérances : elle grandit peu-à-peu, et le deuxième jour elle se perça à son sommet, et dès-lors elle vomit de l'eau sans interruption. Le fragment de spongille n'avait que trois à quatre lignes dans toutes ses dimensions; il me

fut facile d'en explorer toutes les parties à la loupe, en le
réduisant en petits fragmens, et je n'y trouvai pas un seul
entomostracé. Ainsi il me fut démontré que l'eau est chassée
hors de la spongille par une force propre à cet être vivant
lui-même. Quelque attention que j'aie apportée à l'observation, il m'a été impossible d'apercevoir par où cette eau,
sans cesse expulsée, s'introduisait dans l'intérieur de la
spongille, en sorte qu'il me paraît certain que cette eau
est introduite insensiblement par l'absorption que la spongille exerce par toute l'étendue de sa surface. Au reste, il
est bon de faire observer que ces petites protubérances qui
vomissent de l'eau n'existent pas toujours : j'ai vu des spongilles qui n'en offraient pas une seule; elles me paraissent
donc être des productions accidentelles, et j'attribue leur
formation à l'effort que fait l'eau contenue dans l'intérieur
de la spongille pour en sortir. La membrane enveloppante
se trouvant faible en certains endroits, s'y laisse distendre,
et forme alors des protubérances ou de petites vessies qui
se crèvent à leur sommet pour laisser échapper en jet continu l'eau qui, sans cet accident, serait échappée d'une
manière insensible et par filtration au travers des parois de
la membrane enveloppante. L'expulsion continuelle de
l'eau prouve son introduction également continuelle par
l'absorption insensible; par conséquent, lorsqu'il n'existe
point pour l'eau introduite de voie d'expulsion en masse,
elle doit être expulsée d'une manière insensible, c'est-à-
dire, de la même manière qu'elle est introduite.

Les petites protubérances, vomissant de l'eau, dont il
est ici question, ne sont formées qu'aux dépens de la membrane diaphane qui revêt la spongille, ainsi que je viens
de l'exposer. Je n'ai reconnu dans ces protubérances aucun
signe d'irritabilité sous l'influence des stimulans, et cependant elles offrent un changement perpétuel de formes qui
ne peut avoir sa source que dans un mouvement spontané.

C'est à la loupe qu'il faut faire ces observations; car ces
protubérances sont fort petites. Si l'on observe soigneusement la forme de l'une de ces protubérances et qu'on
vienne à l'examiner de nouveau un quart d'heure ou une
demi-heure après, on ne lui trouve plus exactement la
même forme; plus tard, le changement de forme est encore
plus considérable. On voit la protubérance, d'abord de
forme conique et versant de l'eau par son sommet, s'allonger en un boyau qui tantôt se renfle à son extrémité, tantôt se renfle dans son milieu; ces renflemens augmentent
ou diminuent, changent de place, disparaissent et repa-
raissent tour-à-tour, et il en résulte toutes sortes de formes :
quelquefois ce boyau se bifurque à son extrémité par la
production d'une sorte de rameau qui finit bientôt par se
percer aussi à son extrémité, par laquelle il s'établit aussi
un courant d'eau. J'ai vu une fois ce rameau tubuleux latéral ne point se percer et, après avoir terminé son élongation, se raccourcir, diminuer peu-à-peu de volume et
finir par disparaître entièrement; sa substance rentra dans
la composition du tube principal dont elle était sortie, et
il n'en resta aucune trace : ces conduits membraneux étaient
maintenus dans un état de turgescence par l'eau qui affluait
dans leur intérieur et que versait rapidement l'ouverture
de leur extrémité; ils s'affaissaient sur-le-champ, lorsque
je pratiquais à leur base une ouverture qui livrait passage à
l'eau. On pourrait peut-être croire que ces conduits membraneux seraient des polypes, et que l'apparence d'un courant d'eau continu sortant par leur extrémité ne serait
qu'une illusion d'optique produite par le tourbillonnement
que ces polypes produiraient dans l'eau environnante pour
attirer les corps dont ils feraient leur nourriture, mais il
n'en est rien; on voit très distinctement, au travers des
parois diaphanes de ces conduits membraneux, couler
l'eau qui entraîne avec elle des fragmens de la matière ca-

28.

séiforme qui remplit les cavités de la spongille et qui sont
expulsés avec l'eau qui les charrie : cette expulsion ne
souffre aucune interruption; ainsi ces conduits membraneux ne sont bien certainement point des polypes.

J'ai conservé dans l'eau d'un vase, pendant l'hiver, un
fragment de spongille fixé sur un morceau de bois; toutes
les parties molles de cet être vivant ne tardèrent pas à se
dissoudre par la putréfaction, et il n'en resta que les fibres
les plus grosses auxquelles étaient fixés d'innombrables
corps oviformes de couleur jaune : j'eus soin de changer
de temps en temps l'eau du vase dans lequel se trouvait ce
fragment de spongille. Au printemps je vis cette production *renaître*, pour ainsi dire, elle reprit sa couleur verte,
s'accrut et se couvrit de sa pellicule membraneuse qui avait
totalement disparu pendant l'hiver. Durant cet accroissement, je vis peu-à-peu se flétrir les corps oviformes qui
furent bientôt réduits à ne plus offrir qu'une coque aplatie
et entièrement vide. L'eau du vase dans lequel était la
spongille était très pure, et ne pouvait fournir de matériaux pour l'accroissement de cette production; ainsi il n'y
a pas de doute que cet accroissement n'eût été opéré aux
dépens de la substance organique que contenaient dans le
principe les corps oviformes : ces corps sont donc des espèces
de tubercules, ce sont des réservoirs de matière nutritive
pour servir au développement du végétal, et à sa reproduction
au printemps; je dis *du végétal*, car tout prouve que la
spongille en est un; elle a la couleur verte des végétaux,
elle forme une expansion membraneuse qui s'accroît par ses
bords de la même manière que certaines ulves; elle possède
des sortes de tubercules reproducteurs comme les végétaux;
elle ne paraît se rapprocher des animaux que par la composition chimique de la membrane diaphane qui tapisse
sa surface extérieure et celle de ses cavités, et par les
mouvemens singuliers auxquels sont dus les changemens

de forme des conduits tubuleux que produit quelquefois cette membrane. Cette production ne contient point de polypes, elle n'a point de cavités alimentaires, elle se nourrit exactement comme les végétaux, au moyen de l'absorption de l'eau chargée de substances nutritives en solution ; en un mot, c'est un végétal dont la composition chimique est pareille, jusqu'à un certain point, à celle des tissus animaux.

Les changemens spontanés qui surviennent dans les formes des conduits membraneux, qui vomissent continuellement de l'eau, méritent une attention particulière.

Ces changemens de forme ne dépendent point de la contraction, puisqu'il est prouvé par l'expérience que ce mouvement vital n'appartient point du tout à l'enveloppe membraneuse qui tapisse la spongille ; d'ailleurs ces changemens de forme s'opèrent tantôt dans le sens de la dilatation, tantôt dans celui du resserrement, tantôt dans le sens de l'allongement, tantôt dans celui du raccourcissement ; tantôt il y a production de ramifications tubuleuses nouvelles, tantôt ces ramifications tubuleuses rentrent dans le tronc qui les a produites sans laisser aucune trace de leur existence. Il y a évidemment dans ces phénomènes de mouvement autre chose que de *l'irritabilité*. J'ai vu que, lorsqu'il arrivait à une portion de la production tubuleuse de prendre un plus grand diamètre, cela ne s'opérait qu'aux dépens des portions voisines qui perdaient une partie de leur largeur, en sorte qu'il m'était bien démontré qu'il s'opérait dans cette circonstance un transport de la matière composante d'une partie du tube dans la partie voisine. Le même phénomène avait lieu lors de la production d'un rameau, et lors de la disparition de ce rameau : dans le premier cas, la matière composante du tronc se portait vers la production nouvelle pour la former ; dans le second cas, la matière composante du rameau retournait dans le

tronc duquel elle était sortie. L'extrême ténuité de cette
membrane, et sa grande transparence, permettaient de
voir que, dans cette dernière circonstance, il n'y avait
point de parties qui rentrassent les unes dans les autres,
comme on pourrait peut-être le croire. Tous ces changemens de forme dépendaient très évidemment d'un mouvement des molécules qui composaient le tissu de la membrane tubuleuse. Pour saisir la nature de ce singulier
phénomène, il était nécessaire de connaître la texture
de cette membrane ; je l'ai donc soumise au microscope,
et j'ai vu qu'elle est entièrement composée de globules
probablement vésiculaires. Les changemens qui surviennent dans les dimensions des différentes parties de cette
membrane tubuleuse, étant, comme je l'ai dit plus haut,
les résultats d'un transport de matière d'une place dans
une autre, il en résulte que ces changemens sont dus
à un mouvement de transport des globules élémentaires
d'un lieu dans le lieu voisin; ces globules élémentaires ne
sont point immobiles dans leur adhérence mutuelle ; ils se
meuvent les uns sur les autres sans quitter leur adhérence
par une sorte de *glissement*, et cela par l'effet d'une force
inconnue qui appartient au tissu vivant ; ce *glissement*
spontané des globules élémentaires les uns sur les autres
s'opère dans une direction déterminée, et qui est la même
pour tous ceux qui composent une même partie, en
sorte que leurs mouvemens combinés tendent à un seul
et même but : ce but est tantôt l'augmentation, tantôt la
diminution du diamètre du tube membraneux, tantôt la
production d'un rameau sur le tronc de ce tube, tantôt
la rentrée de ce rameau dans le tronc. Ces changemens
sont trop lents pour que le mouvement qui les opère puisse
être saisi par l'œil de l'observateur : il en est de ce mouvement comme de celui des aiguilles d'une montre, mouvement que l'œil ne saisit pas, mais dont on voit les ré-

sultats. Toutefois ces changemens sont aussi trop prompts
pour qu'il soit possible de les attribuer à la nutrition ou
à une introduction de nouvelles molécules. Il ne faut,
comme je l'ai dit, qu'un quart d'heure, et même quelquefois moitié moins, pour voir s'opérer les changemens
les plus remarquables dans la forme, dans les dimensions
respectives des différentes parties des tubes membraneux
ou des vessies membraneuses dont il est ici question. Le
glissement spontané des globules élémentaires les uns sur
les autres, est donc ici un fait démontré, et ce fait est de
la plus haute importance en physiologie. C'est une *action
vitale* nouvelle qui joue certainement un des principaux
rôles dans le phénomène de l'accroissement en longueur
des végétaux, accroissement qui est quelquefois d'une rapidité singulière.

Il reste à déterminer quelle est la cause de l'expulsion de l'eau que versent sans interruption, par leur sommet, les productions membrano-tubuleuses dont il est ici
question.

Il me paraît hors de doute que cette expulsion dépend
de l'endosmose ou de l'introduction continuelle de l'eau
ambiante dans les cavités de la spongille, cavités remplies
d'un fluide organique plus dense que cette eau ambiante :
cette eau, sans cesse affluente dans l'intérieur de la spongille, chasse l'eau précédemment introduite. Ces deux
mouvemens contraires d'introduction et d'expulsion d'*absorption* et d'*exhalation*, ont lieu d'une manière peu sensible lorsque les conduits d'expulsion dont il est ici question n'existent point, ce qui arrive souvent : alors, en
examinant à la loupe l'eau dans laquelle est plongée la
spongille, on observe que les corps très légers qui sont
tenus en suspension par l'eau éprouvent un mouvement
faible, mais continuel, dans le voisinage de la spongille ;
cela prouve que cette dernière produit dans l'eau des cou-

rans imperceptibles , mais non interrompus ; ces courans
deviennent perceptibles quand existent les conduits mem-
brano-tubuleux qui vomissent continuellement de l'eau.
Il est évident que ces conduits offrant à l'eau qui cherche
à sortir de la spongille une issue large et libre, ce fluide
s'y précipite et sort en masse par cette ouverture, au
lieu de filtrer lentement au travers de la membrane enveloppante.

, , J'ai parlé transitoirement de ces phénomènes que présente la spongille rameuse, dans mon ouvrage intitulé :
*L'agent immédiat du mouvement vital dévoilé dans sa na-
ture et dans son mode d'action*, publié en 1826 (page 179).
Depuis ce temps, il a paru dans un journal scientifique
d'Edimbourg des observations sur la structure et les fonctions des éponges de mer, par M. Grant : un extrait de ce
travail a paru dans les Annales des Sciences naturelles
(juin 1827, t. xi, p. 150). Les observations de M. Grant,
sur les éponges, sont entièrement semblables à celles que
j'ai faites sur les spongilles, relativement à l'expulsion
continuelle de l'eau par certains orifices qui rejettent en
même temps au dehors une sorte de matière caséiforme
excrémentitielle. Ainsi les éponges offrent, comme les spongilles , des fontaines dont l'écoulement ne souffre aucune
interruption. M. Grant a prouvé l'absence complète de *l'irritabilité* dans les éponges, comme je l'ai prouvée par rapport à la spongille rameuse ; mais il n'a point vu chez les
éponges ce singulier et continuel changement de formes
qui a lieu dans les productions tubuleuses qui vomissent
continuellement de l'eau chez la spongille. Je n'avais point
encore publié cette curieuse observation, et je pense que
cette annonce portera les observateurs à rechercher si le
même phénomène a également lieu chez les éponges. Au
reste, M. Grant a acquis la certitude de ce fait, que les
éponges ne sont point des agrégats ou des habitations de

polypes, comme l'ont prétendu quelques naturalistes, et
MM. Audouin et Milne Edwards viennent de vérifier tout
récemment ce fait. On a vu plus haut que j'ai acquis la
même certitude par rapport aux spongilles. Enfin M. Grant
a fait cette observation neuve et curieuse que les corps oviformes, ou les prétendus œufs de l'éponge, lorsqu'ils sont
détachés et devenus libres, sont animés de mouvemens spontanés comme des animaux. Je n'ai point fait cette observation sur les corps oviformes de la spongille, que je regarde
comme des sortes de tubercules. Lorsque M. Grant a publié ses Observations, il est fort probable qu'il ne con-
naissait point les miennes, dont je n'avais fait mention que
d'une manière transitoire dans l'ouvrage cité plus haut : or,
la parfaite concordance de ces observations isolées devient
une preuve de leur exactitude.

XXV.

OBSERVATIONS

SUR LES ORGANES DE LA GÉNÉRATION

CHEZ LES PUCERONS.[1]

Lorsque Leuwenhoëck eût annoncé que les pucerons étaient vivipares et qu'il soupçonnait qu'ils se reproduisaient sans aucun accouplement, les recherches des naturalistes se portèrent avec empressement vers cet objet. Réaumur constata qu'ils étaient effectivement vivipares; il essaya d'élever des pucerons dans une parfaite solitude, à partir du moment de leur naissance, pour voir s'ils donneraient le jour à de nouveaux pucerons sans aucun accouplement; ses essais furent infructueux. Les pucerons qu'il élevait, périrent sans lui avoir rien appris à cet égard.

(1) Ces observations, lues à l'Académie des Sciences dans la séance du 14 décembre 1818, n'ont été publiées qu'en 1833 dans le tome 30 des Annales des Sciences naturelles.

C'était à Bonnet qu'il était réservé d'apprendre au monde savant ce fait qui confondait toutes les idées reçues. Il parvint à élever des pucerons dans une parfaite solitude, en les prenant à l'instant où ils venaient de naître, et, au bout de quelques jours, il vit ces pucerons, soigneusement isolés, donner naissance à des petits vivans. Il suivit cette observation, et, ayant tenu de même dans un isolement parfait les pucerons nés du premier puceron solitaire, il les vit également donner naissance à de nouveaux pucerons. Il observa de cette manière neuf générations successives de pucerons, nés sans aucun accouplement. Cependant il y a chez ces insectes des mâles et des femelles, et ce fut encore Bonnet qui observa le premier leur accouplement. En automne il vit de petits pucerons ailés s'accoupler avec les femelles beaucoup plus grosses qu'eux. Après cet accouplement il ne vit plus naître de petits vivans; les pucerons pondirent des œufs que Réaumur et Bonnet penchaient à considérer comme des fœtus avortés, parce qu'ils ne les virent point éclore. Lyonnet, plus heureux, vit éclore les œufs du puceron du chêne. Quelle est donc l'organisation singulière de ces insectes, qui sont vivipares sans accouplement pendant toute la belle saison, et qui ne s'accouplent et ne deviennent ovipares qu'aux approches de l'hiver? Réaumur penche vers l'opinion que les pucerons sont hermaphrodites, tout en déclarant qu'il croit impossible aux naturalistes d'éclaircir cette question à cause de l'extrême petitesse de ces insectes. La dissection des pucerons est très délicate, sans doute, mais elle n'est point impossible, surtout en s'adressant aux plus grosses espèces.

Les plus gros pucerons que l'on connaisse, vivent sur le chêne; ils ont été décrits par Réaumur et par Bonnet. J'en ai trouvé d'autres qui ne leur sont pas beaucoup inférieurs en grosseur; ils vivent sur la chicorée sauvage (*cichorium*

intibus), c'est sur eux que j'ai fait les observations suivantes :

Les femelles, lorsqu'elles ont acquis tout leur développement, ont trois millimètres de longueur et leur abdomen
a un millimètre et demi de largeur. Cette grosseur est suffisante pour qu'il soit possible d'observer avec facilité leur
organisation interne, mais il n'en est pas de même des mâles;
ceux-ci, qui ne paraissent que dans le mois d'octobre, sont
tous dépourvus d'ailes, tandis que les femelles en possèdent
quelquefois; ils sont bien moins longs que ces dernières, et
leur abdomen est fort grêle, ce qui rend leur dissection
très difficile.

Les organes de la génération des femelles offrent un
ovaire composé de dix branches qui aboutissent au même
point de l'oviducte ; je n'en ai représenté que quatre dans
la figure 1, pl. 30, *c*, afin d'éviter la confusion. En examinant au microscope ces branches, placées sur une lame de
verre, on voit qu'elles contiennent des fœtus d'autant plus
gros qu'ils sont plus voisins de l'oviducte. Ces fœtus ont une
demi-transparence et une couleur jaunâtre ; on distingue
leur forme ; on voit leurs yeux qui sont noirs ; ils ont tous
leur derrière tourné vers l'oviducte, ce qui coïncide avec
l'observation de Bonnet, qui a vu les pucerons naître à reculons. Chez les fœtus qui sont les plus voisins de la pointe
des branches des ovaires, on cesse d'apercevoir les yeux ;
ces derniers fœtus ne sont que des petites masses globuleuses semblables à des œufs.

Au dessous de l'endroit où les branches de l'ovaire aboutissent dans l'oviducte *a*, s'ouvre dans ce dernier un canal
assez long, lequel tire son origine d'une vésicule *b* (figure 1).
Je rechercherai tout-à-l'heure quelle est la nature de cet
organe.

Les observations précédentes avaient été faites dans le
courant de l'été, époque à laquelle les pucerons sont vivi-

pares; je renouvelai ces observations dans le milieu du mois d'octobre; alors je ne trouvai plus de fœtus dans les ovaires des puceronnes; il n'y avait que des œufs d'autant plus gros qu'ils étaient plus voisins de l'oviducte. On sait en effet qu'à cette époque de l'année les pucerons cessent d'être vivipares, et c'est aussi alors qu'apparaissent les mâles qui fécondent leurs œufs.

Les organes préparateurs de la semence, chez les pucerons mâles de l'espèce dont il est ici question, consistent, de chaque côté, dans quatre vésicules *b*, *b* (fig. 2, pl. 3o) qui aboutissent à un canal déférent *a*, lequel se réunit à son analogue du côté opposé pour former un canal unique. D'après cette structure de l'organe sécréteur de la semence chez le puceron mâle, on pourrait peut-être penser que la vésicule *b* (figure 1), qui existe chez le puceron femelle, et qui possède de même un canal excréteur, serait un organe sécréteur de sperme, lequel ne différerait de celui des mâles que par sa plus grande simplicité, ne possédant qu'une seule vésicule au lieu de quatre qui existent de chaque côté chez ces derniers. D'après cette manière de voir, les puceronnes seraient hermaphrodites; elles se féconderaient elles-mêmes, et cela expliquerait pourquoi elles peuvent se passer d'accouplement; mais cette hypothèse ne peut soutenir un examen approfondi; on se demanderait d'abord pourquoi les pucerons se passeraient d'accouplement pendant l'été et en auraient besoin en automne; leur prétendu organe mâle cesserait donc alors de remplir ses fonctions. Si ensuite on vient à jeter les yeux sur l'organisation que possèdent les femelles de plusieurs espèces d'insectes, on voit que chez elles on rencontre fréquemment un organe vésiculaire semblable à celui que j'ai trouvé chez les puceronnes. Cet organe, qui a été vu par Swammerdam, par Malpighi, par de Geer, par Roësel, et en dernier lieu par

M. Léon Dufour (1) paraît avoir pour fonction de produire
la liqueur visqueuse qui est destinée à coller les œufs aux
corps sur lesquels l'insecte les dépose ; du moins c'est, à
cet égard, l'opinion commune. Ce qu'il y a de certain, c'est
que ce n'est pas un organe mâle, puisque les femelles
d'insectes, chez lesquelles il a été observé par les naturalistes que je viens de citer, ne se fécondent point elles-mê-
mêmes. Il faut donc renoncer à trouver chez les pucerons
l'hermaphrodisme soupçonné par Réaumur, et s'en tenir,
par conséquent, à l'idée émise par Trembley, que l'accouplement opéré en automne féconde toutes les générations
des femelles qui se succèdent pendant le cours du printemps et de l'été de l'année suivante.

(1) Recherches anatomiques sur les scolies et sur quelques autres insectes
hyménoptères. (Journal de physique, septembre 1818.)

XXVI.

DE L'USAGE PHYSIOLOGIQUE

DE L'OXIGÈNE,

CONSIDÉRÉ

DANS SES RAPPORTS AVEC L'ACTION DES EXCITANS. (1)

Tous les physiologistes savent que l'oxigène est, pour ainsi dire, *l'aliment de la vie*. C'est par son intervention que le mouvement vital existe ; sans lui, il n'y a ni faculté de sentir, ni faculté de se mouvoir ; les excitans sont alors sans action. La question de savoir quel est l'usage physiologique de l'oxigène est donc la question la plus importante peut-être de la science des corps vivans. Les tentatives qui ont été faites pour résoudre cette question n'ont eu pour

(1) Ce mémoire, lu à l'Académie des Sciences de l'Institut le 30 janvier 1832, a été imprimé dans les Mémoires de cette Académie, tome xiv.

but, jusqu'à ce jour, que de déterminer comment l'oxigène, en se fixant dans le tissu organique, entretient la
chaleur animale; encore doit-on convenir que cette question
est loin d'être complètement résolue. Mais le phénomène
de la production de la chaleur animale n'est qu'un des effets de l'introduction de l'oxigène dans l'organisme : son
usage, le plus important, usage dont le mécanisme est le
plus ignoré, est celui d'entretenir l'excitabilité. Comment
l'oxigène intervient-il dans l'action des excitans sur l'organisme vivant? Le physiologiste qui essaierait d'attaquer
ce problème de front se perdrait en efforts superflus. Comment, en effet, observer un phénomène qui a son siège
dans le tissu le plus intime des organes vivans et qui se dérobe ainsi à tous nos sens? Pour faire quelques pas dans
une route aussi ténébreuse, il faut donc être guidé par une
de ces lueurs inattendues que la nature manque rarement
de faire briller aux yeux de l'observateur qui la scrute avec
persévérance jusque dans ses retraites les plus cachées.
C'est en observant les animalcules infusoires que cette
lueur a frappé mes yeux.

On confond généralement parmi les animalcules des infusions beaucoup d'animaux microscopiques qui ne méritent point le nom d'*infusoires*. Il existe, par exemple, sur
beaucoup de plantes des animalcules microscopiques qui,
doués, comme le rotifère, de la faculté de ressusciter, meurent pendant la sécheresse et reprennent la vie, lorsque
les feuilles des plantes sont de nouveau mouillées par la
pluie. Telles sont, par exemple, toutes les mousses, parmi
lesquelles je me bornerai ici à citer celle qui est désignée
par Linné sous le nom d'*hypnum purum* (1). Cette plante

(1) J'ai cru d'abord que la mousse qui servait à mes expériences était
l'*hypnum filicinum*. Je répare ici cette erreur qui existe dans les publications
que j'ai faites précédemment de ce Mémoire.

étant récoltée par un temps pluvieux et mise dans l'eau, fait voir à l'instant même une multitude d'animalcules de diverses formes qui, véritables amphibies, vivaient sur la plante humide et continuent de vivre au milieu de l'eau dans laquelle ils nagent avec vivacité. Ces animalcules, pourvus d'une organisation très apercevable au microscope, ne sont point de véritables animalcules infusoires. Ils n'apparaissent que dans les infusions à froid et jamais dans les infusions qui ont bouilli. Il ne faut, au plus, que trois ou quatre jours pour leur apparition dans les infusions à froid de l'*hypnum purum* vivant, mais non mouillé, tandis qu'il faut, au moins, quinze jours d'infusion pour l'apparition des véritables animalcules infusoires, lesquels apparaissent également dans les infusions à froid et dans les infusions qui ont bouilli. Ce sont ces derniers animalcules, seuls véritables infusoires, qui sont l'objet des observations qui vont suivre. Je les désignerai, pour abréger, sous le nom d'*infusoires de la mousse*.

Le premier phénomène que présente l'eau dans laquelle on a mis macérer de l'*hypnum purum* est la formation d'une pellicule à sa surface : cette pellicule est entièrement composée de globules, et il m'a paru que ce sont ces globules qui deviennent des animalcules infusoires. Ce qu'il y a de certain, c'est que c'est exclusivement de cette pellicule que naissent les infusoires, lesquels ne se multiplient point par génération. Aussi, lorsque cette substance qui produit les infusoires est enlevée o. lorsqu'elle a perdu par la décomposition sa faculté productrice, il ne se produit plus de nouveaux infusoires de l'espèce dont il s'agit ici, et ceux-ci, placés dans certaines circonstances, vieillissent tous ensemble et meurent sans laisser de postérité, sans s'accroître en nombre, ainsi qu'on le verra plus bas.

Lorsque ces infusoires sont nouvellement produits, ils présentent un instinct très remarquable, c'est celui de se réunir en troupes. Ce phénomène offre un spectacle fort curieux : lorsqu'on examine au microscope une goutte d'eau chargée de ces infusoires, ils ne tardent pas à se grouper et à se rassembler en une ou en plusieurs troupes : ils présentent dans l'eau un spectacle entièrement semblable à celui qu'offre dans l'air un essaim d'abeilles fixé en grappe, autour de laquelle on voit voltiger les abeilles encore éparses : de même on voit nager autour du groupe des infusoires ceux qui n'y sont pas réunis. Ce phénomène atteste chez ces animalcules un *instinct d'association* qui prouve incontestablement leur animalité. Cet instinct d'association n'est plus aussi marqué quelques jours après qu'on a commencé à l'observer, et il finit par disparaître complètement lorsqu'il y a environ dix à douze jours que ces animalcules sont produits. Un autre instinct fort remarquable de ces infusoires est celui de fuir la lumière. Ainsi, lorsqu'on met l'eau qui les contient dans un tube de verre fixé verticalement près d'une fenêtre, ils viennent tous se poser à l'état d'immobilité sur la paroi du tube opposée à la fenêtre de laquelle vient la lumière, et ils y restent fixés pendant un certain temps. Ce second instinct disparaît comme le précédent, lorsque les infusoires sont parvenus seulement à l'âge de dix jours.

Je passe actuellement à l'étude d'un autre phénomène que présentent les infusoires de la mousse : pour l'observer, je mets de l'eau chargée de ces infusoires dans un flacon de cristal allongé et aplati. Les flacons dont je me sers pour cette observation ont de deux à trois pouces de longueur et leur cavité a huit ou dix lignes dans son plus grand diamètre, et trois à quatre lignes seulement, dans son plus petit diamètre, qui est le sens de l'aplatissement du flacon. Le liquide contenu dans ces flacons aplatis est beaucoup plus facile à observer par transparence qu'il ne le serait s'il était contenu dans des tubes de verre.

Je mis dans un de ces flacons de l'eau chargée d'infusoires de la mousse ; l'eau ne s'élevait pas jusqu'au goulot, en
sorte que sa surface en contact avec l'air avait toute l'étendue que pouvait permettre la capacité du flacon. Je vis, à
la loupe, les infusoires épars dans le liquide se réunir sur
la paroi du flacon qui était opposée à la lumière; ils se
fixèrent sur cette paroi, et bientôt après je les vis se précipiter vers le fond de l'eau : ensuite ils remontèrent épars vers
la surface, et là ils se réunirent de manière à former une
sorte de nuage épais près de la surface de l'eau. Bientôt il
se détacha de ce nuage une colonne nuageuse composée
d'animalcules pressés, qui descendit vers le fond du flacon.
Arrivée dans le bas, l'extrémité inférieure de cette colonne
nuageuse dispersa ses animalcules réunis lesquels remontèrent épars vers la surface et se réunirent de nouveau au
nuage d'infusoires qui existait dans cet endroit, et duquel
ces mêmes infusoires continuaient de descendre, tantôt en
une seule colonne, tantôt en colonnes multiples. Ainsi, les
animalcules étaient soumis à un mouvement non interrompu de descente et d'ascension alternatives ; ils descen-
daient pressés, ils remontaient épars. Je m'empressai de
rechercher quelle était la cause de ce phénomène.

On sait que l'eau, dans les tubes de verre, présente un
mouvement de circulation par lequel elle transporte les
corps légers qu'elle tient en suspension. J'ai publié mes observations sur ce phénomène circulatoire (1), et j'ai fait voir
qu'il cesse d'avoir lieu lorsque la température est inférieure
à + 10 degrés R. Or, mon observation sur les infusoires de
la mousse se faisait par une température inférieure à + 10
degrés. Ce n'était donc point à cette cause que je pouvais
attribuer la descente et l'ascension alternatives des infusoires ; ce mouvement d'ailleurs n'était nullement circulatoire.

(1) Voyez l'appendice ci-après.

Lorsque j'ai observé ce même phénomène plus tard et par
une température élevée, j'ai vu que le mouvement circulatoire de l'eau était réuni au mouvement de descente et d'ascension des animalcules, et toutefois ces deux phénomènes
quoique associés, étaient faciles à distinguer l'un de l'autre.
Il était facile de voir que la descente des animalcules était
occasionée par l'augmentation momentanée de leur pesanteur spécifique, et je jugeai que c'était à l'oxigène qu'ils ab-
sorbaient près de la surface de l'eau qu'ils devaient l'augmentation de poids qui occasionait leur descente. Pour m'en
assurer, je couvris la surface de l'eau d'une couche d'huile.
La descente des animalcules fut à l'instant interrompue ;
ceux qui étaient descendus remontèrent et tous ces animalcules se réunirent en nuage près de la surface et y demeurèrent nageant avec vivacité ; leur foule agitée se tint constamment dans cette position élevée. J'enlevai l'huile en
l'aspirant avec un tube. Dès que l'eau eut le contact de l'air,
les infusoires commencèrent à descendre en colonnes nuageuses pressées, et leur mouvement subséquent d'ascension
les ramena ensuite vers la surface, en sorte que l'alternative
de la descente et de l'ascension de ces animalcules se trouva
rétablie. Je fis la même expérience avec le même résultat
en bouchant le flacon avec son bouchon de cristal sans y
laisser d'air. Le mouvement de descente des animalcules,
suspendu par cette occlusion, se rétablit lorsque j'ôtai le
bouchon. J'obtins encore les mêmes résultats en mettant
le flacon dans le vide, ou même dans de l'air raréfié seulement par deux coups de piston de la pompe pneumatique.
Le mouvement de descente des animalcules était interrompu, et il se rétablissait aussitôt que l'air soustrait leur était
rendu. Enfin, j'ai vu s'abolir le mouvement de descente des
infusoires de la mousse en mettant le flacon qui les contenait sous un petit récipient de verre fermé par du mercure
et contenant un petit fragment de phosphore auquel je ne

mettais pas le feu. L'absorption de l'oxigène, opérée à la
température de l'atmosphère , par le phosphore, était suffisante, au bout de deux ou trois heures, pour que l'air contenu sous le récipient ne contînt plus assez d'oxigène pour
pouvoir en céder aux animalcules qui cessaient alors de
descendre dans l'eau. Ceux qui étaient descendus remontaient, et tous ces infusoires demeuraient, sous forme d'un
nuage, près de la surface de l'eau, comme dans les expériences précédentes.

Ces expériences prouvent incontestablement que la descente des animalcules est occasionée par l'augmentation de
poids que leur donne l'oxigène qu'ils absorbent près de la
surface de l'eau qui, elle-même, l'emprunte à l'atmosphère.
L'ascension subséquente de ces animalcules prouve qu'ils
ont perdu dans le fond de l'eau l'oxigène qu'ils avaient acquis à sa surface et qui leur avait donné une pesanteur spécifique supérieure à celle du liquide dans lequel ils nagent ;
redevenus spécifiquement plus légers que l'eau, ils sont
portés vers sa surface par un mouvement ascensionnel. Or,
comment s'opère cette perte de l'oxigène acquis ? c'est ce
que l'observation directe n'apprend point ici. Mais on
peut le déterminer par induction. Tous les êtres vivans,
sans exception, absorbent de l'oxigène et versent de l'acide
carbonique. C'est donc sous la forme d'acide carbonique
qu'ils rejettent l'oxigène qu'ils ont absorbé. Il ne paraît
donc pas douteux que ce ne soit sous cette forme d'acide
carbonique que les infusoires de la mousse perdent l'oxigène qu'ils avaient acquis. Cette perte devient sensible dans
le fond de l'eau par la diminution de leur poids, parce
qu'étant alors plus éloignés de la source de l'oxigène, ils
sont moins à même de réparer la perte de cette substance
qu'ils ne le sont lorsqu'ils sont plus rapprochés de l'air atmosphérique dans lequel l'eau puise ce gaz.

Il résulte de ces observations, qu'il y a dans la vie des infusoires de la mousse un jeu continuel d'oxidation et de désoxidation. L'oxigène introduit dans leur organisme n'y reste pas, du moins en entier ; il ne fait que le traverser, et il en sort entraînant avec lui du carbone devenu superflu.

Lorsque le flacon dans lequel on observe les infusoires de la mousse est en observation depuis trois à quatre jours, on voit que le nuage que forment ces animalcules, près de la surface de l'eau, s'est éloigné un peu de cette surface. Ce nuage reste suspendu *entre deux eaux*, et, de là, les animalcules descendent, comme à l'ordinaire, en colonnes nuageuses, puis se dispersent dans le fond de l'eau; ils remontent vers le nuage supérieur qui flotte dans le milieu de l'eau, et ils s'y réunissent pour descendre de nouveau. Les jours suivans, ce nuage supérieur suspendu entre deux eaux continue de s'abaisser, occupant successivement une place plus basse dans le liquide, et les animalcules qui le composent présentent toujours le même phénomène de descente et d'ascension alternatives. Ce phénomène ne cesse point d'avoir lieu même lorsque le nuage supérieur, graduellement abaissé, n'est plus situé qu'à une ou deux lignes au-dessus du fond de l'eau; on voit toujours les animalcules descendre et remonter alternativement, et c'est toujours l'oxigène acquis en haut et perdu en bas qui cause cette descente et cette ascension alternatives, car j'ai expérimenté que toujours on fait cesser leur mouvement de descente en ôtant à la surface de l'eau le contact de l'air atmosphérique qui est la source où l'eau puise l'oxigène qu'elle livre à l'absorption des animalcules; ainsi, ces derniers reçoivent l'oxigène atmosphérique au travers de la couche plus ou moins épaisse d'eau qui les sépare de l'air, mais sans doute avec moins de facilité et moins d'abondance que lorsque leur nuage supérieur, était flottant près de la surface de l'eau.

L'abaissement graduel du nuage des animalcules fait que ces infusoires finissent par être définitivement précipités dans le fond de l'eau. Alors cesse nécessairement leur mouvement de descente et d'ascension ; on sent que cette précipitation complète doit arriver d'autant plus promptement, que le flacon a moins d'élévation, et, par conséquent, l'eau moins de profondeur. Ainsi précipités, les animalcules continuent de vivre pendant un temps plus ou moins long, et ils finissent par mourir de vieillesse sans laisser aucune postérité ; ils sont nés à-peu-près ensemble, ils ont vieilli ensemble et ils meurent ensemble.

Le phénomène physiologique qui se remarque dans l'état de vieillesse des infusoires de la mousse est l'augmentation graduelle de leur pesanteur spécifique *fixe*. On a vu que ces animalcules, en absorbant de l'oxigène, acquièrent instantanément une augmentation de pesanteur spécifique qui les fait descendre au fond de l'eau, et qu'ils perdent promptement cette pesanteur acquise, en sorte que, redevenus légers, ils remontent dans le liquide. Or, par le progrès de leur âge, ils perdent graduellement la faculté de remonter vers la surface de l'eau après leur descente, en sorte qu'ils ne remontent dans ce liquide qu'à une élévation qui va toujours en diminuant. Les infusoires de la mousse acquièrent donc, par le progrès de l'âge, une matière qui augmente d'un manière *fixe* leur *pesanteur spécifique*, et cependant ils continuent toujours d'avoir en même temps une *pesanteur spécifique variable* par l'effet de l'acquisition et de la perte successives de l'oxigène. Quelle est la matière dont l'adjonction donne à ces animalcules une *pesanteur spécifique fixe* toujours croissante ? Une expérience bien simple donne la solution de cette question. Je ferme le flacon qui contient des animalcules vieillis avec son bouchon de cristal, sans y laisser d'air. De cette manière, les animalcules se trouvent réduits à l'oxigène qui est dissous dans l'eau du flacon, et cette substance est bientôt consommée par eux, sans que sa perte puisse se réparer. Dès le

premier jour, on voit les animalcules remonter plus haut
dans l'eau, ce qui prouve qu'ils ont perdu une partie de la
matière qui occasionait leur précipitation. Le second jour,
tout mouvement de descente et d'ascension alternatives a
cessé; les animalcules sont épars dans l'eau et spécialement
vers la partie supérieure. Dans cet état de choses, le bouchon du flacon étant ôté et l'air rendu à la surface de l'eau,
on ne tarde pas à voir les animalcules recommencer à descendre pour remonter ensuite. Leur nuage supérieur, qui
est l'origine et l'aboutissant de ce double mouvement, n'est
plus, comme auparavant, situé profondément dans l'eau,
il est près de sa surface. Les animalcules ont perdu la matière qui leur donnait une *pesanteur spécifique fixe*, supérieure à celle des couches les plus élevées de l'eau, et il est
évident, par cette expérience, que cette matière est l'oxigène. Ainsi, en vieillissant, les infusoires de la mousse acquièrent de l'oxigène qui se fixe dans leur organisme, et qui
augmente leur *pesanteur spécifique fixe*. Cet oxigène fixé ne
peut plus être éliminé par l'action chimique intérieure qui
opère la désoxidation, laquelle succède sans cesse à l'oxidation, ainsi qu'on vient de le voir; mais il peut être
éliminé lorsque l'oxigène du dehors; venant à diminuer
considérablement, l'oxidation de l'organisme ne s'opère
plus comme dans l'état naturel. Alors, l'action chimique
intérieure désoxidante agit pour éliminer cet oxigène fixé,
sur lequel, sans cela, elle eût été sans empire, et l'animalcule, débarrassé de son oxigène surabondant, redevient
spécifiquement léger, comme il l'était dans sa jeunesse.
L'accumulation de l'oxigène fixé dans l'organisme étant
le seul phénomène appréciable par lequel se manifeste
l'état de vieillesse des infusoires de la mousse, il est
permis de considérer cette accumulation comme la cause
qui différencie *l'état de jeunesse* de ces animalcules de
leur *état sénile*. On verra plus bas que l'accumulation

de l'oxigène dans l'organisme, est la cause réelle de la diminution de l'excitabilité, diminution qui est, chez tous les animaux, le signe caractéristique de l'*état sénile.* Je puis donc, dès à présent, considérer l'état sénile comme le résultat d'une oxidation persistante de l'organisme. On vient de voir que cette oxidation, qui est persistante dans l'état naturel chez les infusoires de la mousse, cesse de l'être et disparaît lorsqu'ils sont en grande partie privés d'oxigène extérieur. Cette élimination de l'oxigène persistant doit donc être considérée comme un véritable *rajeunissement.* Dépouillé de son oxigène fixé, l'animalcule devient, par cela même, plus oxidable. Alors le jeu de l'oxidation, et de la désoxidation alternatives, jeu qui paraît être le phénomène fondamental de la vie, a bien plus d'amplitude, c'est-à-dire, que l'oxigène alternativement acquis et perdu est bien plus considérable. Cette *amplitude* diminue graduellement par le progrès de l'âge ou par la vieillesse.

Il résulte de ces observations que, dans le jeu de l'oxigénation et de la désoxigénation alternatives des infusoires de la mousse, la désoxigénation est toujours légèrement inférieure à l'oxigénation. Cette différence est tout-à-fait insensible à des distances de temps rapprochées; mais comme ces légères différences s'ajoutent sans cesse les unes aux autres, elles deviennent sensibles par leur réunion au bout d'un certain temps : l'animalcule, vieilli par l'accumulation de l'oxigène fixé dans son organisme; et qu'il ne peut plus perdre par l'action ordinaire de ses fonctions vitales, peut rajeunir au moyen d'une privation ménagée et suffisamment prolongée d'oxigène extérieur, privation qui force l'oxigène fixé, peu solidement à ce qu'il paraît, à s'éliminer. J'ai rajeuni ainsi des infusoires de la mousse jusqu'à six fois.

Je recherche maintenant quel est l'effet des causes excitantes sur ces infusoires.

, La chaleur a une influence très marquée sur le phénomène de l'oxigénation de ces animalcules. Lorsque la température est élevée, comme elle l'est en été, la descente des animalcules est rapide. En hiver, au contraire, lorsque la température est basse, cette descente est très lente et elle le devient d'autant plus, que la température approche davantage
du terme de la congélation de l'eau. Ainsi, la chaleur agit
en excitant l'oxigénation des animalcules, Cet effet a lieu pour
l'*oxigénation fixe* comme pour l'*oxigénation transitoire* qui
suit immédiatement la désoxigénation. Il résulte de là que la
vieillesse ou l'état sénile des infusoires de la mousse doit
arriver, quand il fait froid, beaucoup plus tard que lorsqu'il fait chaud. C'est aussi ce que l'expérience m'a fait
voir. Dans l'espace de dix jours, par une température
de + 20 degrés, les infusoires de la mousse sont ordinairement vieillis de manière à être tout-à-fait précipités
dans un flacon de deux pouces de hauteur ; il faut plus
de vingt jours, par une température de + 8 à 10 degrés,
pour amener ces animalcules au même degré d'état sénile.

L'action excitante de la lumière est très puissante pour
favoriser l'oxigénation des infusoires de la mousse. On les
voit descendre en colonnes plus nombreuses et plus volumineuses lorsqu'ils sont soumis à une vive lumière, que
lorsqu'ils sont éclairés par une lumière faible. Ainsi, l'action
excitante de la lumière sur ces infusoires a pour effet d'exciter leur oxidation, et cela avec d'autant plus d'énergie,
que la lumière est plus vive, en sorte que la lumière solaire
agit, à cet égard, beaucoup plus énergiquement que la
lumière diffuse. Ces expériences m'ont donné lieu de faire
des observations bien importantes pour la théorie générale
de l'excitation et pour l'appréciation de la cause de la
fatigue qui est le résultat de l'excitation vive ou prolongée.
Ayant soumis à l'action de la lumière solaire des animalcules dont le nuage supérieur était encore situé près de la

surface de l'eau, je vis bientôt ce nuage supérieur s'abaisser un peu dans l'eau, et, de cette position abaissée, la descente des animalcules avait lieu comme à l'ordinaire, et était suivie de leur ascension. Je mis le flacon dans l'obscurité; le nuage supérieur des animalcules remonta un peu vers la surface de l'eau. Une nouvelle exposition des animalcules à la lumière solaire occasiona de nouveau l'abaissement de leur nuage supérieur, qui se releva derechef dans l'obscurité. Il me fut prouvé par ces expériences que l'excitation produite chez les infusoires de la mousse par une vive lumière avait pour effet : 1° d'augmenter l'activité de l'*oxidation transitoire* à laquelle succédait immédiatement la désoxidation ; 2° de déterminer une *oxidation temporairement fixe*, oxidation dont la fixité ne durait qu'autant que durait l'action de la cause excitante qui était la cause de son existence, et qui disparaissait dans l'absence de cette cause excitante, c'est-à-dire par le *repos*. Cette oxidation, dont la fixité est liée à la continuité d'action de la cause excitante, est le phénomène physiologique qui constitue ici la *fatigue*. La *cause excitante* est véritablement une cause déterminante d'oxidation. Lorsque cette cause d'oxidation est très puissante, elle devient supérieure à la cause intérieure de désoxidation qui existe naturellement dans l'être vivant, et l'oxigène s'accumule dans l'organisme; lorsque cette cause excitante de l'oxidation vient à diminuer ou à s'absenter tout-à-fait, la cause intérieure de la désoxidation reprend l'empire et elle élimine l'oxigène peu solidement fixé qui constituait l'état de *fatigue*. Ainsi, la fatigue n'est point un *épuisement*, comme on le dit vulgairement, c'est véritablement une *réplétion*. On ne récupère point par le repos ce que l'on avait perdu par l'excitation, comme on le pense généralement; au contraire, on perd par le repos la substance dont l'excitation avait surchargé l'organisme. La cause chi-

mique intérieure qui opère l'élimination de cette substance,
de cet oxigène fixé, possède dans la jeunesse une activité
qui diminue par le progrès de l'âge. Ainsi, j'ai expérimenté que de jeunes infusoires de la mousse soumis à
l'action de la lumière solaire ne manifestent en aucune
façon qu'ils éprouvent de la fatigue par l'effet de cette
vive excitation, dont le seul effet est d'augmenter considérablement le jeu de leur descente et de leur ascension alternatives. Leur nuage supérieur ne s'abaisse point, il
reste toujours à la surface de l'eau. Il n'en est pas ainsi
lorsqu'on soumet à la même cause excitante des animalcules qui ont déjà commencé à vieillir, dont le nuage supérieur est déjà flottant entre deux eaux. La vive excitation
de la lumière leur fait éprouver promptement une fatigue
profonde qui se manifeste par l'abaissement considérable
de leur nuage supérieur. Si on les soustrait à cette vive
excitation, leur nuage supérieur remonte dans l'eau, mais
non jusqu'à l'élévation qu'il possédait avant l'excitation
qui a produit son abaissement. Cela prouve qu'une partie
de l'oxigène fixé par l'excitant, et produisant l'état [tem-
poraire de *fatigué*, est demeuré dans l'organisme à l'état
d'oxigène fixé définitivement et constituant l'*état sénile*.
On voit, par ces expériences, comment les excitations qui
ne fatiguent point dans la jeunesse fatiguent considérablement dans un âge plus avancé. On voit comment ces
mêmes excitations, qui ne paraissent laisser après elles
aucune trace de progrès d'état sénile dans la jeunesse, font
marcher rapidement vers cet état sénile, l'être vivant déjà
avancé en âge. Plus il y a dans l'organisme d'oxigène fixé
définitivement et constituant l'état sénile, plus il y a de disposition à s'augmenter. Chaque excitation, chaque fatigue,
laisse après elle un petit accroissement d'oxigène sénile.

Ces observations prouvent que, chez les animalcules,
la fatigue produite par une vive excitation consiste, comme

l'état sénile, dans une accumulation d'oxigène fixé sur les organes; mais il y a cette différence entre l'*état sénile* et la *fatigue*, que l'oxigène, dont la fixation constitue cette dernière, est fixé peu solidement et ne manque pas d'être éliminé, au moins en grande partie, lorsque la cause excitante qui 'a déterminé sa fixation devient absente ou diminue d'énergie; tandis que l'oxigène fixé qui produit l'état sénile résiste à la cause intérieure qui opère ordinairement l'élimination de l'oxigène ajouté à l'organisme par les excitans. Cet oxigène fixé qui constitue l'état sénile ne peut être éliminé par la cause intérieure dont je viens de parler que lorsque l'organisme est privé, dans certaines proportions, de l'afflux de l'oxigène du dehors, comme l'expérience l'a fait voir plus haut. L'action excitante par laquelle la lumière détermine l'oxidation des infusoires de la mousse est de beaucoup plus énergique quand la température est élevée que lorsqu'elle est basse. Par le froid, ces infusoires marquent à peine qu'ils éprouvent de l'influence de la part de la lumière solaire elle-même : l'oxidation qui les fait descendre dans l'eau est alors à peine accélérée, tandis que, lorsqu'il fait chaud, la lumière, et spécialement la lumière solaire, augmente énergiquement leur oxidation qui se manifeste par les phénomènes de pesanteur indiqués plus haut. Le froid diminue donc la faculté que les infusoires de la mousse ont d'éprouver l'action par laquelle la lumière les excite à s'oxider : cette faculté, cette *excitabilité* est augmentée par la chaleur.

Les observations qui viennent d'être exposées montrent à découvert le mécanisme de l'action de deux causes excitantes, la chaleur et la lumière, qui agissent sur l'organisme animal comme causes excitantes d'oxigénation. Une troisième cause excitante que je vais étudier agit de la même manière. Cette cause excitante est la pression qui résulte de la secousse imprimée à l'eau qui contient les in-

fusoires de la mousse. Un flacon contenant ces animalcules
étant soumis à une lumière faible, leur descente dans l'eau
et leur ascension subséquente s'établissent avec une vitesse
modérée et proportionnée à l'activité de leur oxigénation.
Si l'on frappe de petits coups avec un marteau sur la table
qui supporte le flacon, on voit bientôt augmenter le nombre et le volume des colonnes descendantes d'animalcules.
Ainsi, la commotion mécanique, qui n'est dans le fait qu'une
modification de pression, est une cause excitante d'oxigénation pour les infusoires de la mousse. Toutes les observations s'accordent donc pour prouver que les excitans
agissent sur l'organisme vivant en le déterminant à s'adjoindre l'oxigène qui est à sa portée.

Les résultats qui viennent d'être exposés touchant l'action
des excitans sur l'organisme ne sont déduits que de l'action
de trois causes excitantes que l'on peut appeler *physiques*,
la chaleur, la lumière et le pression ; mais les causes excitantes que l'on peut appeler *chimiques*, celles qui consistent
dans l'application à l'organisme de substances en solution,
agissent-elles de la même manière? Déterminent-elles aussi la
fixation de l'oxigène sur la matière organique? Ici l'observation n'apprend encore rien. Toutefois, comme il certain que
l'intervention de l'oxigène est aussi nécessaire pour l'action
de ces causes excitantes *chimiques* qu'elle l'est pour l'action
des causes excitantes *physiques*, il demeure, presque démontré que le mécanisme de l'action de toutes les causes
excitantes sur l'organisme est le même ; que toutes agissent
en modifiant l'oxidation de la matière organique soumise
à leur influence. Ceci explique en partie l'usage de l'oxigène
dans l'organisme vivant. C'est sur cette substance et sur la
matière organique simultanément que les causes excitantes
agissent pour les déterminer à s'associer. Les *causes excitantes*
ne sont ainsi pour l'organisme que des *causes déterminantes
d'oxigénation*. L'*excitabilité* est ainsi une véritable *com-*

bustibilité laquelle a besoin, pour être mise en jeu, de l'intervention d'une *cause déterminante* ou *excitante*. Cette *excitabilité*, cette *combustibilité organique* est très grande dans la jeunesse, parce qu'alors l'organisme est éminemment oxidable, il ne possède presque point d'oxigène fixé définitivement. Alors il y a une grande facilité d'oxidation et les causes excitantes qui agissent en déterminant cette oxidation exercent leur influence avec une extrême facilité. Par le progrès de l'âge et par l'effet du nombre des excitations il se fixe définitivement de l'oxigène dans l'organisme, lequel se trouve ainsi en partie *brûlé* ou *oxidé* d'une manière définitive. Ce phénomène a nécessairement pour effet de diminuer la combustibilité qui est mise en jeu par les excitans, c'est-à-dire l'*excitabilité*. Alors les excitans ont peu d'empire sur l'organisme, parce que, tendant à lui adjoindre de l'oxigène, ils le trouvent déjà en partie saturé définitivement de cette substance. On voit ainsi la confirmation de ce qui a été établi plus haut, savoir que l'accumulation de l'oxigène définitivement fixé chez les infusoires de la mousse constitue véritablement leur *état sénile*, puisque cette accumulation produit progressivement la diminution de l'*excitabilité*, diminution qui est généralement le signe caractéristique de l'état de vieillesse. Ainsi, c'est avec pleine raison que j'ai dit que les infusoires de la mousse étaient *rajeunis*, lorsque je leur ai fait perdre l'oxigène fixé qui avait été accumulé chez eux par le progrès de l'âge et par le nombre des excitations. Chez ces infusoires l'état sénile est réduit à sa plus simple expression, il paraît n'être point compliqué de ces nombreuses altérations organiques que produit la vieillesse chez les animaux d'un ordre plus élevé. Ils ont seulement diminué considérablement de *combustibilité* par le fait de l'accumulation chez eux du principe comburant, et ce principe peut être artificielle-

ment éliminé, en sorte que le phénomène de la vie est
ramené à ses conditions initiales ; il y a *rajeunissement* ,
retour de la combustibilité ou de l'excitabilité qui existait
dans la jeunesse. La saturation d'*oxigène sénile* , anéantit
nécessairement la combustion organique vitale, c'est-à-
dire *la vie.*

Il résulte des observations précédentes qu'il existe, chez
les êtres vivans, une alternative continuelle d'oxidation et
de désoxidation. L'oxidation présente trois modifications
différentes; 1° *oxidation transitoire*, sans cesse détruite par
la cause de désoxidation qui existe dans l'organisme vivant, et sans cesse renouvelée, 2° l'*oxidation temporairement fixe;* c'est elle qui constitue la *fatigue ;* elle est détruite pendant le repos, c'est-à-dire, pendant l'absence
des causes *excitantes* ou *oxidantes* par la cause de désoxidation qui existe dans l'organisme vivant ; 3° l'*oxidation*
fixe; c'est elle qui constitue l'*état sénile.*

Les observations précédentes montrent combien est
utile l'observation des êtres vivans les plus simples. Chez
eux, on peut voir à découvert des phénomènes que les animaux d'un ordre plus élevé ne nous montreraient jamais.
Cette étude sert, en outre, à agrandir le cercle des idées
physiologiques ; elle apprend à ne point considérer comme
merveilleux certains phénomènes que ne présentent point
les animaux des classes plus élevées. Les êtres dont
l'organisation est simple ont, par cela même, certains pri-
viléges que ne possèdent point les êtres dont l'organisation
est complexe. Celui qui ne connaîtrait que la physiologie
de l'homme, considérerait comme des merveilles fabuleu-
ses la reproduction que les salamandres, que les écrevisses font de leurs pattes, lorsqu'on les leur coupe : il refu-
serait de croire que le colimaçon reproduit sa tête amputée;
que certains vers aquatiques étant coupés transversalement
en deux, la moitié antérieure reproduit une queue ; et que

la moitié postérieure reproduit une tête qui est pourvue de ses yeux et de ses autres organes; que les polypes coupés par morceaux deviennent autant de polypes qu'il y a de fragmens. A côté de ces phénomènes, qui seraient d'étranges merveilles pour des animaux d'un ordre élevé, et qui sont ici dans l'ordre de la nature, peut se placer le phénomène du rajeunissement des animalcules de la mousse, phénomène que l'on peut mettre en parallèle avec celui de la résurrection de certains animalcules, et notamment du rotifère de Spallanzani, résurrection dont on a douté à tort, car j'ai expérimenté plusieurs fois que ce phénomène est des plus incontestables. Cette résurrection, au reste, n'est pas plus merveilleuse que ne l'est celle des embryons séminaux qui, après avoir vécu et s'être développés dans la graine lorsqu'elle tenait à l'ovaire, se dessèchent dans la graine mûre, et restent ainsi quelquefois pendant plus d'un siècle, dans un véritable *état de mort sans désorganisation*, et avec possibilité de retour à la vie lorsqu'on leur rend l'eau et la température nécessaires pour la germination. La résurrection des embryons séminaux, celle des rotifères, le rajeunissement des infusoires de la mousse, cesseront de paraître des phénomènes merveilleux lorsqu'on sera familiarisé avec cette idée, que le mouvement vital n'est qu'un phénomène physique qui, comme beaucoup d'autres, peut, dans certains cas, être ramené à ses conditions initiales lorsqu'il est voisin de sa terminaison, et qui, lorsqu'il a été interrompu par l'absence de ses conditions d'existence, peut, aussi dans certains cas, être remis en jeu par le retour de ces mêmes conditions.

Les observations contenues dans ce Mémoire ont été faites et répétées pendant trois années dans le département d'Indre-et-Loire. Ayant depuis habité le département de l'Aispe, j'ai voulu revoir encore ces observations, mais je n'ai pu y parvenir. L'*hypnum purum* recueilli dans le département de l'Aisne ne m'a point offert dans son infusion les animalcules que ce même *hypnum purum* recueilli dans le département d'Indre-et-Loire avait offert à mon observation. C'est en vain que j'ai multiplié mes tentatives à cet égard. Alors j'ai pris le parti de faire venir du département d'Indre-et-Loire de l'*hypnum purum* recueilli dans la localité même qui m'avait fourni celui qui avait servi à mes observations, et son infusion m'a fourni les animalcules dont il est question dans ce Mémoire. J'ignore à quoi tient cette différence entre les résultats des expériences faites avec la même plante recueillie dans les deux pays que je viens d'indiquer. J'ajouterai ici une observation que j'ai oublié de mettre dans le Mémoire: c'est que, pour éviter autant que possible d'introduire des animalcules étrangers dans mes infusions d'*hypnum purum*, je ne me suis servi que d'eau de pluie recueillie avec toutes les précautions convenables. Ainsi on ne peut point attribuer l'apparition ou la non-apparition des animalcules dont il est ici question à la différence des qualités de l'eau dont je me serais servi pour mes infusions.

XXVII.

DE LA STRUCTURE INTIME

DES ORGANES DES ANIMAUX,

ET

DU MÉCANISME DE LEURS ACTIONS VITALES.

———◦✦◦———

Les recherches sur la structure intime des organes des animaux sont aussi anciennes que l'est l'usage du microscope pour l'étude de la nature. On connaît les travaux de Leuwenhoeck sur cette partie de la science qui a été cultivée, après lui, par plusieurs observateurs et, entre autres, par Prochaska, par Fontana, par Éverard Home, par Bauer, par les frères Wensel, par MM. Prévost et Dumas et par M. Milne Edwards. L'observation microscopique de la structure intime des organes des animaux offre des difficultés bien plus grandes que celles que l'on rencontre dans

30.

l'étude de la structure du tissu des végétaux. Chez ces derniers il est possible, au moyen de la cuisson dans l'eau et
encore mieux dans l'acide nitrique, de séparer les uns des
autres et d'isoler les organes élémentaires qui les composent : cet isolement est impossible chez les animaux. Tous
les réactifs chimiques altèrent ou détruisent, sans les séparer, les petits organes élémentaires dont les parties des
animaux sont composées ; en outre, ces petits organes élémentaires sont généralement, chez les animaux, d'une
petitesse bien plus considérable que ne l'est celle des organes élémentaires des végétaux, en sorte qu'il arrive souvent qu'ils se dérobent à l'œil armé des meilleurs microscopes. Toutefois il n'est point impossible de déterminer
d'une manière certaine la structure intime des divers organes ; car, lorsque cette structure intime ne peut être aperçue distinctement chez une espèce animale, on la voit
plus facilement chez une autre. Comme il n'est pas douteux que la nature n'ait un plan uniforme dans la structure intime des mêmes organes chez tous les animaux, on
peut conclure de ce que l'on aperçoit chez l'un à ce que
l'on ne voit pas chez l'autre. L'anatomie microscopique
comparée offre des résultats aussi certains que le sont ceux
que l'on déduit de l'anatomie comparée faite avec le scalpel.

Un fait général semble résulter des observations microscopiques faites sur les organes des animaux ; ce fait est que
tous ces organes seraient composés de très petits globules,
tantôt paraissant agglomérés confusément, tantôt réunis
en séries rectilignes. Ces globules ont généralement $\frac{1}{100}$ de
millimètre de diamètre selon M. Milne Edwards ; mais
cette assertion ne doit pas être généralisée, car l'observation
prouve qu'il y a de ces globules dont la grosseur est très
différente. Quelques-uns ont une dimension de beaucoup
supérieure à celle qui vient d'être indiquée ; d'autres sont
beaucoup plus petits et se dérobent presque aux plus puis-

sans microscopes; enfin il est des cas où ils se dérobent
tout-à-fait à la vue, quoique leur existence, fondée sur l'a-
nalogie, ne puisse être mise en doute.

Les globules qui composent par leur agglomération la
plupart des organes des animaux sont bien certainement
de petites vésicules membraneuses. Cela ne se voit point,
il est vrai, chez les animaux vertébrés non plus que chez
les animaux articulés non vertébrés, mais cela se voit de
la manière la plus évidente dans plusieurs organes des
mollusques gastéropodes. Pour se convaincre de la vérité
de ce fait, il faut soumettre au microscope un fragment de
cet organe qui, semblable à un filet blanc, enveloppe l'estomac de tous les *helix* et qui est la glande salivaire de ces
mollusques. Cet organe est entièrement composé par une
agglomération de corps globuleux irrégulièrement déformés
par leur compression mutuelle, et demi transparens. Ce
ne sont plus des *globules*, à proprement parler, comme on
en voit dans les organes sécréteurs des animaux vertébrés,
ce sont de véritables utricules ou cellules globuleuses tout-
à-fait analogues aux cellules végétales. Une lentille d'une
ligne de foyer les fait paraître grosses comme des pois; on
distingue sur leurs parois une grande quantité d'utricules
plus petites qui ne sont encore que des *globules*. Un fragment fort petit de cet organe salivaire étant mis dans un
peu d'eau contenue dans un cristal de montre et soumis
au microscope, j'ajoute à l'eau une goutte de solution
aqueuse de potasse caustique. Bientôt l'alkali dissout les
parois extrêmement minces des utricules globuleuses, et
on les voit crever subitement et disparaître comme des bulles de savon. Il n'est donc point douteux que les organes
des animaux ne soient formés par des utricules agglomérées
et que ces utricules n'aient sur leurs parois des utricules
plus petites; comme cela a lieu pour les cellules ou utricules des végétaux. Ces observations ne laissent aucun doute

sur la nature utriculaire des globules qui composent par
leur assemblage le tissu de la plupart des organes des animaux. On voit par là que la nature possède un plan uniforme pour la structure intime des êtres organisés animaux
et végétaux. Chez tous ces êtres la structure intime offre
une agglomération d'utricules tantôt globuleuses, tantôt
allongées et réduites souvent à de simples globules d'une
extrême petitesse. Les utricules globuleuses élémentaires
se ressemblent généralement toutes chez les animaux. Aussi,
en observant au microscope, par exemple, chez une grenouille, le tissu du cerveau, du foie, des reins, de la rate,
etc., n'aperçoit-on véritablement aucune différence. Les
utricules élémentaires ne diffèrent donc que par la nature
des liquides qu'elles contiennent; cependant cette différence des liquides en atteste une dans la nature intime de
la membrane qui forme l'utricule élémentaire dans les différens organes, car c'est cette membrane qui sécrète le liquide contenu dans l'intérieur de la cavité qu'elle forme.
Or la différence de l'action sécrétoire prouve la différence
de la nature du *filtre sécréteur.*

D'après cette manière de voir tous les organes sans exception seraient des *organes sécréteurs* ; mais le liquide
sécrété et contenu dans les utricules élémentaires serait destiné, tantôt à être versé, par transsudation, dans des canaux excréteurs, tantôt à être versé, également par transsudation, dans les vaisseaux sanguins après avoir demeuré
plus ou moins long-temps dans ces utricules, où il joue un
rôle particulier pour l'exercice des phénomènes vitaux.
Ces considérations font voir que ce n'est point avec un esprit assez philosophique que l'on a établi la distinction
des solides et des liquides chez les animaux. On considère
comme *solides organiques* les agrégats de globules qui ont
une certaine solidité; les *liquides organiques* comme le
sang sont également composés de globules, mais ils sont

dissociés. Or, on rencontre chez les animaux certaines parties dans lesquelles les globules composans sont si faiblement associés qu'on ignore si l'on doit les prendre pour des solides ou pour des liquides ; telle est la pulpe nerveuse surtout chez certains animaux ; aussi Bichat considérait-il la pulpe nerveuse comme une substance en quelque sorte intermédiaire aux liquides et aux solides. Ainsi il n'existe point de limite tranchée entre les agrégats de globules associés ou les *solides organiques*, et les réunions de globules dissociés ou les *liquides organiques*. La distinction la plus philosophique que l'on puisse établir entre les parties constituantes des êtres organisés est donc celle des *parties contenantes* et des *parties contenues*. Les *parties contenantes élémentaires*, sont les membranes qui constituent les utricules élémentaires ; les *parties contenues élémentaires* sont les substances contenues dans l'intérieur de ces utricules. Chez les végétaux, par exemple, il n'est pas douteux que le véritable *solide organique élémentaire* ne soit la membrane de l'utricule ou de la cellule ; lorsque cette cellule, en vieillissant, se remplit d'une substance concrète et solide, ce n'est point cette substance qui constitue réellement le *solide organique élémentaire*, elle est même, le plus souvent, tout-à-fait étrangère à la vie. On en peut dire autant des animaux ; c'est la membrane de l'utricule globuleuse qui est chez eux la partie contenante élémentaire ou le véritable *solide organique* ; les substances que contiennent ces utricules globuleuses peuvent être liquides ou solides ; ce sont les *parties contenues élémentaires*. La vie n'existe, du moins avec un certain degré d'activité, que là où les *substances contenues* élémentaires sont liquides ; dans les os la substance que contiennent les utricules globuleuses est une matière solide, c'est le phosphate de chaux ; aussi dans les os le mouvement de la vie a-t-il très peu d'activité. La diversité des substances contenues

dans les utricules élémentaires est très grande dans les deux
règnes animal et végétal, et cela prouve que l'utricule ou
cellule élémentaire, possède elle-même une très grande
diversité de nature. La diversité à cet égard paraît plus
grande chez les végétaux que chez les animaux ; en effet,
quelle variété étonnante dans les qualités chimiques, dans
le goût, dans les propriétés médicales ou alimentaires des
tiges, des racines, des feuilles, des fleurs ou des fruits
des divers végétaux ! Les animaux sont loin de présenter
une aussi grande diversité dans les produits de leur organisation.

Les organes qui, chez les animaux, ont été le plus
spécialement l'objet des recherches microscopiques sont
les organes nerveux et musculaires. Je vais passer en revue
les découvertes qui ont été faites dans ces deux points importans de la science de l'organisation.

Leuwenhoeck le premier a vu que le cerveau est composé des globules agglomérés ; Prochaska et Fontana ont confirmé cette observation ; MM. Joseph et Charles Wenzel (1)
avancèrent les premiers que ces globules sont vésiculaires
et contiennent un liquide concrescible par l'action de la
chaleur et par celle des acides. Cette opinion a été reproduite et adoptée par Everard Home et Bauer (2). Ces utricules qui composent la masse cérébrale sont adhérentes les
unes aux autres sans aucun *medium* apparent, ainsi que
l'ont dit MM. Wensel. Les observations de M. Milne Edwards sur la structure du cerveau (2) n'ont rien ajouté à ce
qui était connu à cet égard. Cependant il est une particularité qui me semble avoir échappé à tous les observateurs, et cela non par leur faute, mais par l'imper-

(1) De penitiore structura cerebri hominis et brutorum.
(2) Philosophical transactions, 1818.
(3) Mémoire sur la structure élémentaire des principaux tissus organiques.

fection de leurs microsopes. Ces instrumens, en effet, ne sont achromatiques que depuis un petit nombre d'années. Cette particularité est l'existence d'une multitude de *ponctuations* sur les parois des utricules cérébrales. La figure 3, pl. 3o, représente un petit fragment du cerveau de la grenouille; il est traversé par un petit vaisseau sanguin. On voit sur les parois de toutes les utricules composantes une foule de ponctuations opaques d'une excessive petitesse. On croirait voir un tissu cellulaire végétal avec les les nombreuses *ponctuations* de ces cellules. J'avais noté autrefois cette particularité dans le cerveau de l'*helix pomatia*. Quels sont les usages de ces *ponctuations* dont l'existence paraît si générale? C'est ce que l'on ne peut déterminer dans l'état actuel de nos connaissances.

L'étude de la structure intime des nerfs a été faite avec beaucoup de soin par MM. Prévost et Dumas (1). M. Milne Edwards a répété leurs observations et les a appuyées de son témoignage. Ce sont spécialement les nerfs de la grenouille qui ont été étudiés par ces observateurs. Chez ce reptile les nerfs sont composés de fibres longitudinales qui se séparent avec facilité les unes des autres en divisant avec la pointe d'une aiguille le nerf plongé dans l'eau. Ces fibres avaient déjà été vues par Fontana qui les considérait comme étant cylindriques; MM. Prévost et Dumas prétendent qu'elles sont aplaties et semblables à des rubans. J'avoue que je n'ai point vu cette forme aplatie des fibres nerveuses et qu'elles m'ont paru cylindriques, ainsi que l'avait vu Fontana. Selon MM. Prévost et Dumas, et selon M. Milne Edwards ces fibres nerveuses sont composées, chez la grenouille, par la réunion de quatre *fibres élémentaires*, lesquelles sont elles-mêmes composées de globules

(1) Mémoire sur les phénomènes qui accompagnent la contraction musculaire.

placés à la file. Je n'ai jamais pu voir cette organisation.
Ces fibres sont diaphanes, et lorsqu'on les observe au microscope par transparence en les éclairant par dessous, on
les voit bordées de chaque côté par une rangée de globules,
ainsi que cela est représenté par la figure 4 (pl. 30), le milieu de la fibre offre une transparence uniforme. Cependant
en l'examinant avec un fort grossissement, j'avais aperçu
quelques globules dans ce milieu transparent. Pensant que
mes microscopes n'étaient pas assez bons pour apercevoir
ces quatre *fibres élémentaires* dont la fibre nerveuse devait
être composée, je m'adressai à M. Dumas, possesseur du
microscope d'Adams, avec lequel il avait fait ses observations conjointement avec M. Prévost; microscope avec lequel
M. Milne Edwards avait également fait les siennes. M. Dumas eut la complaisance de me préparer lui-même cette
observation; mais malgré tous les soins qu'il prit, je ne
pus apercevoir ces quatre fibres élémentaires; je ne vis
rien autre chose que ce qui est représenté par la figure 4,
c'est-à-dire une fibre transparente bordée de chaque côté
par une rangée de globules. Je continuai donc à penser que
ces quatre fibres élémentaires dont la fibre nerveuse était
supposée composée n'existent point et que cette fibre nerveuse est un cylindre dont la surface est couverte de globules lesquels ne sont apercevables que sur les bords à raison de leur saillie; ceux du milieu se dérobant à la vue
par leur transparence. Cette question ne pouvait être résolue qu'à l'aide d'un bon microscope propre à observer les
objets à l'aide de la lumière qu'ils réfléchissent; le microsco-
cope de M. Amici est éminemment propre à ce genre
d'observations, il est aujourd'hui fort répandu; mais il
n'existait point encore en France, en 1827. J'eus occasion à cette époque d'en faire usage à Genève avec M. Prévost, nous examinâmes ensemble avec ce microscope et à
l'aide de la lumière réfléchie, la structure de la fibre ner-

veuse de la grenouille. Nous vîmes de la manière la plus distincte que cette fibre nerveuse est véritablement un cylindre dont les parois sont formées de globules agglomérés. M. Prévost convint avec moi, d'après cette observation décisive, que la fibre nerveuse n'est point composée, comme il l'avait pensé, de quatre fibres élémentaires composées elles-mêmes de globules placés à la file. Cette fibre nerveuse est, je le répète, un cylindre dont les parois sont formées par des globules juxtaposés confusément, comme on le voit dans la figure 5 (pl. 30). On ignore si ce cylindre est plein, ou s'il est tubuleux.

Les premières observations sur la structure intime de la fibre musculaire, sont dues à Leuwenhoeck (1); il étudia cette structure chez divers quadrupèdes, chez les poissons et chez quelques crutacés; il vit que la fibre musculaire est composée par la réunion en faisceau d'une grande quantité de fibrilles, dont l'assemblage est revêtu par une membrane enveloppante couverte de plis transversaux. Il crut d'abord apercevoir que cette fibre musculaire était formée par une réunion de globules; mais il abandonna ensuite cette opinion qu'il regarda comme n'étant fondée que sur une illusion d'optique. Peu de temps après, Hook, observant les fibres musculaires des écrevisses et des crabes, crut voir qu'elles étaient composées de globules placés à la file; il les comparait à *des fils chargés de perles* (2). Il communiqua cette observation à Leuwenhoeck qui, ayant observé ce fait de nouveau, demeura dans son opinion que l'apparence de *globules* que présentait dans cette circonstance l'observation microscopique, était une illusion d'optique produite par la chute variée de la lumière sur les plis transversaux

(1) Transactions philosophiques, 1674.
(2) Collection philosophique de Hook de 1679 à 1682.

des fibres, plis qui offraient alors l'apparence de globules (1).
Cette question importante ne fut plus soulevée pendant
près d'un siécle et demi, qui s'écoula entre les observations
de Leuwenhoeck et de Hook, et celles de M. Bauer qui sont
rapportées par Everard Home (2). Ces observations faites
sur les fibres musculaires de l'estomac humain, sur celles
du mouton, du lapin et du saumon, tendent à confirmer
l'opinion de Hook; savoir : que les fibres musculaires sont
composées de globules disposés en séries rectilignes et de la
grosseur des globules sanguins. Les recherches microscopiques de MM. Prévost et Dumas (3) sur les fibres musculaires des mammifères, des oiseaux et des poissons, ont sem-
blé établir définitivement comme une vérité incontestable
cette opinion, qui a reçu un nouvel appui par les observations de M. Milne Edwards. Il paraissait donc ne plus exister de doutes sur la structure intime de la fibre musculaire,
lorsque les observations de M. Turpin sont venues remettre
en crédit l'opinion de Leuwenhoeck. Les nombreux per-
fectionnemens que le microscope a reçus dans ces derniers
temps, donnent aux observations microscopiques plus de
certitude qu'elles n'en avaient auparavant. M. Turpin a vu
comme l'avait vu Leuwenhoeck, que la fibre musculaire,
observée spécialement chez la grenouille, consiste dans une
membrane tubuleuse, couverte de plis transversaux extrêmement fins et contenant dans son intérieur des *fibrilles*
très déliées (fig. 6, pl. 30). On ne voit point de globules
dans le tissu de cette membrane tubuleuse, mais avec un
microscope médiocre on est porté à prendre ces plis transversaux irrégulièrement interrompus pour des globules. J'ai
revu ces observations et j'ai expérimenté que lorsque cette

(1) Lettre à Hook, insérée dans la Collection philosophique de ce dernier.
(2) Philosophical transactions, 1818.
(3) Examen du sang, etc.

fibre est abandonnée dans l'eau pendant deux heures environ, tous ses plis transversaux cessent d'exister, et que la fibre apparaît alors comme elle est représentée dans la figure 7; on voit par transparence les nombreuses fibrilles qu'elle contient dans son intérieur, et, ce qu'il y a de remarquable, ces fibrilles offrent à leur surface des *ponctuations* opaques tout-à-fait semblables à celles qui existent sur les utricules cérébrales. Si l'on ne voyait pas souvent ces fibrilles dépourvues de ces *ponctuations* lorsqu'elles sortent accidentellement de la fibre à son extrémité divisée, on serait tenté d'admettre que ces fibrilles sont composées de globules extrêmement petits; mais il est très certain que ces globules ponctiformes sont simplement appliqués sur la surface des fibrilles. Ces dernières ressemblent tout-à-fait à cet égard aux fibres végétales du tissu fibreux incurvable par oxigénation (1); ces fibres végétales sont couvertes de même de globules dont on ignore tout-à-fait l'usage. Ainsi, la fibre musculaire n'est point composée de globules, comme tant d'observateurs l'ont affirmé, mais elle en contient qui sont mêlés aux fibrilles. Si l'on veut voir les fibrilles musculaires avec encore plus de facilité, il faut s'adresser au muscle qui sert à l'huître à fermer les deux valves de sa coquille. En divisant ce muscle en petits fragmens, on obtient un grand nombre de fibrilles parfaitement isolées. Elles sont diaphanes et n'offrent pas la moindre apparence de globules; elles ressemblent à des aiguilles. La fibrille musculaire paraît donc être une utricule extrêmement allongée, comme le sont les fibres du tissu fibreux végétal. Ainsi, il se trouve établi que, conformément aux observations de Leuwenhoëck la fibre musculaire est un organe tubuleux à parois membraneuses, lesquelles dans l'état naturel, offrent des plis transversaux très multipliés.

(1) Voyez dans le tome 1, pages 503, 504.

Dans les observations que j'ai publiées en 1824 sur la structure des organes musculaires, j'ai annoncé que le cœur des animaux n'est pas composé exclusivement de fibres musculaires ; mais qu'on y rencontre aussi une grande quantité d'utricules globuleuses. Cette structure est facile à voir dans le cœur de l'*helix pomatia*, dans le cœur de l'écrevisse, (*astacus fluviatilis*, Fab.), on l'aperçoit aussi dans le cœur de la grenouille. Ce serait une chose fort importante que de déterminer l'usage physiologique de ces utricules globuleuses dans le cœur des animaux ; à cet égard je ne puis émettre qu'un soupçon, mais il me paraît fondé. J'ai fait voir qu'il existe chez les végétaux deux *tissus moteurs*, savoir : le tissu cellulaire ou utriculaire incurvable par turgescence de liquide, et le tissu fibreux incurvable par oxigénation. Ces deux tissus sont ordinairement antagonistes sous le point de vue de leur action ; or, chez certains organes des animaux ces deux tissus moteurs antagonistes se rencontrent également. La vessie, par exemple, possède un tissu fibreux musculaire qui, lorsqu'il agit, tend à diminuer la capacité de cet organe ; cela est bien connu, mais ce qui ne l'est pas à ce que je crois, c'est que ce même organe possède un tissu utriculaire incurvable par turgescence de liquide ou par endosmose, et qui tend à augmenter sa capacité, se trouvant ainsi antagoniste du tissu fibreux musculaire. Si l'on prend un morceau de vessie de porc fraîche ou même desséchée et qu'on le plonge dans l'eau il se roule en spirale *en dedans*, c'est-à-dire, que la membrane muqueuse vésicale occupe alors la concavité de la courbure ; or, ce mode de courbure existant dans tout le pourtour de la vessie il en résulte que cet organe tend à s'élargir ; il tendrait à comprimer le fluide qu'il contient si sa tendance à la courbure était inverse, c'est-à-dire si la membrane muqueuse occupait la convexité de la cour-

bure (1): Le tissu utriculaire incurvable par turgescence
de liquide est, dans la vessie du porc, composé d'utricules
d'une extrême petitese. Ces utricules desséchées reprennent par l'immersion dans l'eau leur liquide dense intérieur, parce que la substance organique qu'elles contiennent
est soluble, et dès-lors elles produisent l'endosmose qui
leur donne une turgescence par suite de laquelle s'effectue
la courbure en dedans de ce tissu utriculaire. Ce dernier
fait prouve que les utricules qui composent ce tissu décroissent de grandeur du dehors vers le dedans. Voilà donc
un organe creux destiné alternativement à admettre un liquide et à l'expulser, qui possède deux tissus moteurs antagonistes, savoir : le tissu fibreux musculaire pour opérer
l'expulsion et le tissu utriculaire incurvable par turgescence
de liquide pour favoriser l'admission. Or, il me paraît
extrêmement probable qu'il en est de même par rapport
au cœur qui se resserre et se dilate alternativement pour
expulser et pour admettre le sang ; l'observation prouvant,
en effet, que le tissu utriculaire existe concomitamment
avec le tissu fibreux musculaire dans le cœur des animaux ;
cela doit porter à penser que ces deux tissus moteurs y sont
antagonistes comme cela a lieu pour la vessie. C'est bien
certainement le tissu fibreux musculaire qui est l'agent de
l'expulsion du sang ; ou de la systole ; par conséquent le
tissu utriculaire serait l'agent de la dilatation subséquente
du cœur ou de la diastole, lorsque arrive le relâchement musculaire ; le tissu utriculaire puiserait dans son état de turgescence une force d'élasticité qui, vaincue lors de la contraction musculaire, reprendrait l'empire lors de la cessation
momentanée de cette contraction; on sait depuis long-temps
que le cœur se dilate par une action propre dans la dias-

(1) Voyez à ce sujet ce que j'ai exposé par rapport aux effets de la courbure
des parois du fruit du *momordica elaterium* dans le tome 1, page 451.

tole, mais personne n'a tenté d'établir le mécanisme de cette dilatation active. Au reste je ne présente tout ceci que comme un simple aperçu; cet important problème physiologique demande de nouvelles études.

J'aborde actuellement l'étude du mécanisme au moyen duquel les muscles se raccourcissent ou se *contractent.*

On donne généralement le nom de *contraction*, en physiologie, à l'action par laquelle certains solides organiques se raccourcissent dans le sens de leur longueur soit après une distension mécanique, soit sans cette distension préalable. Ainsi, pendant la vie et par l'influence de l'action nerveuse, les fibres musculaires se raccourcissent dans le sens de leur longueur. Ces mêmes fibres, après la mort, étant tiraillées et distendues, retournent spontanément à leur longueur première. Le même phénomène s'observe en faisant subir une distension légère à la plupart des solides organiques dont le tissu est lâche. L'observation de ces phénomènes conduit à distinguer la *contraction vitale* de la *contraction de tissu*, et effectivement ces deux phénomènes ne sont point semblables dans leur mécanisme, comme on va le voir tout-à-l'heure.

Bichat, entraîné par l'idée d'établir une différence tranchée entre les propriétés des corps organisés et celles des corps inorganiques, a affirmé que l'*extensibilité* et la *contractilité de tissu* sont des propriétés étrangères aux corps inertes et inhérentes aux seuls organes des corps vivans (1). Ceci est une erreur, car les solides minéraux sont extensibles, et ils se raccourcissent spontanément après l'extension, c'est-à-dire, qu'ils se *contractent.* Ce fait a été prouvé par les expériences de Tredgold (2). Si l'on suspend un poids à une verge métallique, cette verge s'allongera; le

(1) Anatomie générale; considérations générales, § 5.
(2) Annales des mines, 1826, 4ᵉ livr., p. 239.

poids étant retiré, la verge reviendra à son premier état; *elle se contractera;* mais ce retour à l'état primitif n'est possible qu'autant que l'extension n'a pas dépassé une certaine limite, car, si cette extension est poussée trop loin, la verge métallique ne se contractera plus ou se contractera imparfaitement. Tredgold a trouvé, par l'expérience, quelles sont, chez divers minéraux, les limites que ne doit point dépasser l'extension pour être suivie d'une entière et parfaite contraction. Cette extensibilité est exprimée en millionièmes de la longueur du solide dans la table suivante :

Marbre blanc	328
Fer forgé	713
Fonte de fer	830
Plomb	2088
Acier	4485

On voit, par cette table, que l'extensibilité et, si je puis m'exprimer ainsi, la *contractilité de tissu* appartiennent même aux substances qui, comme le marbre, semblaient devoir être totalement dépourvues de ces propriétés; ainsi les substances organiques et les substances minérales possèdent ici des propriétés exactement semblables dans leur nature, mais différentes seulement dans leur degré; certaines substances organiques possèdent à un très haut degré l'extensibilité et la contractilité qui existent de même, mais à un très faible degré chez les minéraux. *L'extensibilité* et la *contractilité de tissu* des solides organiques ne sont donc point des propriétés appartenant exclusivement aux tissus des êtres organisés, ce sont des propriétés générales de la matière solide.

L'allongement d'un solide qui n'acquiert point de matière, ne peut avoir lieu qu'aux dépens de sa largeur; cela se voit bien évidemment lorsqu'on passe un métal à la filière. Alors

les molécules glissent les unes sur les autres sans quitter leur
cohésion ; mais comme, dans cette circonstance, la limite
de l'*extensibilité* a été dépassée, les molécules déplacées ne
tendent point à retourner à leur place. L'*extension* d'un solide dans les limites de son extensibilité n'augmente de
même sa longueur qu'aux dépens de sa largeur ; cela est
évident lorsqu'on opère l'extension d'un morceau de gomme
élastique. Par conséquent cette extension est le résultat
d'un déplacement des molécules qui glissent les unes sur
les autres sans quitter leur cohésion, et la contraction est
le résultat de la tendance que possèdent les molécules à reprendre leur position primitive. Cette tendance dépend
d'une force inhérente aux molécules, force qui est la cause
de ce que nous appelons l'élasticité, mais qui est inconnue
dans sa nature. Ainsi la *contraction de tissu* n'est dans le
fait qu'un phénomène d'élasticité, sollicité par l'extension
mécanique, laquelle, sans produire aucune flexion, produit
simplement le déplacement des molécules dans certaines
limites. La contraction vitale de la fibre musculaire est un
phénomène d'un tout autre genre. La découverte de son
mécanisme est due à MM. Prévost et Dumas. Ces physiologistes ayant soumis au microscope un muscle de grenouille assez mince pour être transparent, firent passer
un courant galvanique au travers de ce muscle et dans le
sens de la direction de ses fibres. A l'instant ces fibres, qui
étaient droites, se fléchirent en zigzag, comme cela est représenté dans la figure 8 (pl. 3o) que j'emprunte au mémoire de MM. Prévost et Dumas. Cette flexion sinueuse
des fibres musculaires sans opérer leur raccourcissement ef-
fectif, rapprocha cependant les unes des autres leurs deux
extrémités opposées, en sorte que le muscle fut raccourc
ou dans l'*état de contraction*. Ayant interrompu le courant
galvanique, les fibres reprirent leur position en ligne droite ;
elles se courbèrent de nouveau en zigzag lorsque le cou-

rant galvanique fut rétabli. Cette curieuse expérience qui a été répétée devant plusieurs physiologistes et dont j'ai moi-même constaté l'exactitude, prouve que, dans le cas dont il s'agit, la contraction musculaire consiste dans la flexion sinueuse des fibres dont les muscles sont composés. MM. Prévost et Dumas découvrirent en outre que les dernières ramifications des nerfs coupent à angle droit la direction des fibres musculaires, comme on le voit dans la figure 8; ces dernières ramifications partent à angle droit du tronc nerveux *aa*, lequel est parallèle aux fibres musculaires. MM. Prévost et Dumas observèrent que les sommets des courbures qu'affectent les fibres musculaires en se courbant sinueusement, existent toujours dans le lieu de leur intersection avec les filets nerveux. Cette observation leur a servi à établir la cause à laquelle ils ont cru pouvoir attribuer la flexion sinueuse de la fibre musculaire, ainsi que cela sera exposé tout-à-l'heure.

Les muscles des animaux à sang chaud comme ceux des animaux à sang froid ont présenté à MM. Prévost et Dumas le même phénomène de flexion sinueuse des fibres; ils l'ont retrouvé de même dans les muscles de l'estomac, des intestins, du cœur, de la vessie, etc.

Il était essentiel de déterminer si la flexion sinueuse de la fibre musculaire constituait à elle seule le phénomène de son raccourcissement ou de sa contraction. MM. Prévost et Dumas sont arrivés à cette détermination en premier lieu en mesurant les muscles dans leurs deux états de relâchement et de contraction, et en comparant ces mesures avec les données d'un calcul basé sur la détermination approximative des angles que forment les plis de la fibre contractée. La ressemblance des résultats obtenus par ces deux moyens prouve que la quantité dont la fibre se raccou ît en se fléchissant sinueusement, représente assez exactement la quantité de la contraction du muscle. En second lieu

31.

MM. Prévost et Dumas se sont assurés, en répétant l'expérience de Barzoletti, que les muscles, en se contractant, ne changent aucunement de volume. Cette expérience se fait en mettant la partie postérieure d'une grenouille dépouillée de sa peau dans un flacon rempli d'eau, lequel est fermé avec un bouchon que traverse un tube de verre dans la cavité capillaire duquel l'eau s'élève à une certaine hauteur. On excite des contractions dans les muscles de ces membres de grenouille au moyen d'un courant galvanique, et l'on voit qu'au moment où elles se manifestent, l'eau contenue dans le tube n'éprouve pas le moindre changement d'élévation, ce qui prouve bien évidemment que le muscle, en se contractant, ne change point de volume; ainsi, il n'est point douteux que la contraction ne consiste dans la flexion sinueuse de la fibre laquelle n'est raccourcie que parce qu'elle a perdu sa rectitude. Cependant il est des circonstances où la contraction existe et même d'une manière très étendue sans que l'on observe aucune flexion sinueuse des fibres lesquelles conservent leur rectitude en se raccourcissant. Ainsi, MM. Prévost et Dumas ont vu que les muscles abdominaux de la grenouille très distendus par les œufs avant la ponte se raccourcissent lorsqu'on les coupe transversalement à leurs extrémités, sans que leurs fibres présentent, au microscope, l'apparence d'aucune flexion sinueuse. Cependant celle-ci se manifeste si l'on fait traverser ces muscles déjà en partie contractés par un courant galvanique. Il en est de même des fibres musculaires de l'estomac, des intestins, de la vessie, etc.; elles s'allongent considérablement sous l'influence des causes de distension qui existent dans ces organes, et elles se raccourcissent sans présenter aucune flexion sinueuse jusqu'à ce qu'elles soient arrivées à un certain degré de raccourcissement. Alors seulement commence à se manifester leur flexion sinueuse. D'après ces observations MM. Prévost et Dumas ont été

conduits à admettre dans la fibre musculaire deux causes
entièrement différentes de raccourcissement ; la fibre distendue dans le sens de sa longueur tend à se raccourcir en
vertu de son élasticité. Lorsqu'elle est arrivée au plus haut
point de raccourcissement qu'elle peut acquérir par ce mécanisme, elle est dans l'*état de repos* suivant l'expression de
MM. Prévost et Dumas. Alors seulement elle serait susceptible de se fléchir sinueusement ; cette flexion sinueuse de
la masse de la fibre serait ainsi le seul phénomène auquel il
conviendrait d'appliquer le nom physiologique de *contraction* ; le raccourcissement antérieur de cette fibre distendue
ne serait que l'effet de ce que Haller nomme l'*élasticité de
la fibre* et que Bichat désigne sous le nom de *contractilité
de tissu.*

Il n'y a pas de doute qu'il n'existe dans la fibre musculaire distendue jusqu'à un certain point une tendance à se
raccourcir par élasticité. Cette propriété existe dans tous
les solides ; elle ne peut donc être étrangère à la fibre musculaire. Dans ce mode de raccourcissement, le solide n'offre
point de plis transversaux à sa surface ; les molécules qui,
par l'effet de la distension mécanique, ont glissé les unes
sur les autres pour produire l'allongement du solide, tendent, par l'effet de la force moléculaire qui constitue l'é-
lasticité, à glisser de nouveau et en sens contraire les unes
sur les autres pour reprendre leur position naturelle et
primitive. C'est ce qui arrive, par exemple, lorsqu'une lanière de caoutchouc distendue mécaniquement est ensuite
abandonnée à elle-même. La fibre musculaire peut et doit
offrir les mêmes phénomènes. Distendue avec excès et de
manière à déranger la position de ses molécules, elle doit
revenir sur elle-même par sa seule élasticité. C'est là son
raccourcissement physique. Lorsque ce phénomène de raccourcissement est accompli, elle est alors dans l'*état de repos,*
pour me servir de l'expression de MM. Prévost et Dumas,

mais ce n'est point alors qu'elle n'a plus d'autre moyen de
se raccourcir que celui de sa flexion en zigzag, ainsi que
le pensent les savans que je viens de citer : après que le *raccourcissement physique* de la fibre est accompli et avant que
le *raccourcissement physiologique* de cette même fibre ait
lieu, au moyen de sa flexion en zigzag, la fibre musculaire se raccourcit par une autre action physiologique qui
est le premier phénomène de la contraction ; elle se raccourcit alors sans perdre sa rectitude. Ce premier *raccourcissement physiologique* de la fibre, a lieu au moyen des
plis nombreux dont se couvre sa surface. Ce phénomène du
plissement transversal de la fibre musculaire est connu
depuis Leuwenhoeck, et il doit paraître étonnant que
MM. Prévost et Dumas ne l'aient pas considéré comme
concourant à produire la contraction ou le *raccourcissement
physiologique* de la fibre musculaire. Ils ont confondu ce
phénomène véritablement physiologique avec le phénomène
purement physique du raccourcissement de la fibre par
élasticité, lorsqu'elle a été préalablement distendue au-delà
de son déplissement. Ce n'est que lorsque la fibre musculaire s'est raccourcie physiologiquement, autant qu'elle
peut le faire, en se plissant sans perdre sa rectitude,
qu'elle commence à se fléchir en zigzag pour se raccourcir
de nouveau, ou plutôt pour rapprocher davantage ses deux
extrémités l'une de l'autre. Ainsi ce n'est pas ce dernier
phénomène seul qui constitue la contraction musculaire,
ainsi que le pensent MM. Prévost et Dumas ; le phénomène
du plissement de la fibre intervient aussi dans cette contraction, et c'est par lui qu'elle commence.

Cette distinction entre les phénomènes qui opèrent le
raccourcissement de la fibre musculaire étant établie, je
passe à l'étude du mécanisme, au moyen duquel s'opère
le plissement transversal de la fibre et sa flexion en zigzag.
C'est par ce dernier phénomène que je commence.

MM. Prévost et Dumas, après avoir découvert le phénomène de la flexion en zigzag de la fibre musculaire durent chercher à déterminer la cause de cette flexion. Dans
leurs expériences, c'était par l'influence d'un courant galvanique que cette flexion en zigzag s'opérait; ils furent
donc portés à considérer ce phénomène de flexion comme
entièrement dû à l'électricité. Voici leur hypothèse à cet
égard. Ayant observé que les sommets des angles des flexions
alternatives de chacune des fibres correspondent aux filamens nerveux qui les croisent dans leur direction, MM.
Prévost et Dumas furent portés à penser que les filets
nerveux parallèles entre eux et perpendiculaires aux fibres
musculaires, comme on le voit dans la fig. 8, pl. 30,
s'attirent réciproquement par l'effet du courant galvanique
qui les traverse, suivant la loi découverte à cet égard par
M. Ampère. Cette attraction réciproque des filets nerveux
parallèles et très voisins les uns des autres détermine leur
rapprochement et par suite la flexion sinueuse des fibres
musculaires qui leur sont adhérentes et qui sont ainsi
ployées passivement. D'après cette hypothèse les nerfs seuls
seraient les organes actifs du raccourcissement du muscle.
Les fibres musculaires seraient des fils inertes destinés seulement par la nature à assujétir les filets nerveux les uns
aux autres. Dans l'état de vie les nerfs seraient traversés,
comme dans l'expérience galvanique, par un courant élec-
trique qui produirait les mêmes phénomènes que l'on observe dans cette expérience. Cependant MM. Prévost et
Dumas ne purent obtenir la manifestation de cette électricité qu'ils supposent exister pendant la vie dans les nerfs.

On sent facilement tout ce qui s'oppose à l'admission
d'une hypothèse qui efface les fibres musculaires de la liste
des organes *actifs* de l'organisme vivant, d'une hypothèse
qui considère les fibres musculaires comme étrangères à
l'action du muscle, qui les réduit à n'être que des fils iner-

tes. Il n'est pas besoin, je pense, d'autrès réflexions pour
faire sentir combien cette hypothèse est peu fondée. L'expérience directe prouve d'ailleurs que la fibre musculaire
est loin d'être inerte et qu'elle possède des mouvemens qui
lui sont propres, même lorsqu'elle est complètement isolée
des filets nerveux. Ainsi, en arrachant avec des pinces
très fines quelques fibres musculaires sur un muscle dénudé
d'une grenouille vivante et en les plongeant dans l'eau sous
le microscope, on voit ces fibres, dont quelques-unes sont
parfaitement isolées, s'agiter en se courbant dans des
sens alternativement inverses, exactement comme le font
les filamens des oscillaires. Souvent il arrive que ces fibres
ne se courbent que dans un seul sens et en spirale concentrique et serrée ou en peloton. Si l'on ajoute une très faible quantité d'alcali à l'eau dans laquelle ces fibres sont
plongées, elles tendent à se déployer et à se redresser ; si,
au lieu d'un alcali, on ajoute un acide affaibli à l'eau, les
fibres ployées se courbent encore davantage.

Je reviendrai plus bas sur ces derniers faits. Toujours
résulte-t-il de ces expériences que la fibre musculaire isolée
de ses nerfs, manifeste des mouvemens spontanés de flexion
dans des sens alternativement inverses; elle n'est donc
point un fil inerte, elle a une action de mouvement qui lui
est propre. Il ne s'agit donc que de savoir si cette action
que l'observation démontre, peut expliquer non-seulement
la flexion en zigzag de la fibre musculaire, mais aussi le
plissement de sa surface. Je ferai d'abord observer que le
plissement transversal de la fibre et sa flexion en zigzag,
sont deux phénomènes du même genre ; ce sont deux modes
différens de *flexion sinueuse;* dans le premier, la fibre
éprouve un flexion sinueuse du tissu de la membrane tubuleuse qui la constitue extérieurement; dans le second,
cette même fibre éprouve une flexion sinueuse de sa masse
entière; en sorte que dans ce dernier cas elle perd sa recti-

tude qu'elle avait conservée jusqu'à un certain point dans
le premier. Ces deux modes de flexion sinueuse opèrent
également et l'un après l'autre le raccourcissement de la
fibre. C'est d'abord en se plissant transversalement que
la fibre se raccourcit ou se contracte; lorsqu'elle a atteint le plus haut point du raccourcissement qu'elle puisse
obtenir par ce premier mode de flexion sinueuse, elle se
raccourcit ou se contracte en se fléchissant en zigzag, second
mode de flexion sinueuse qui ajoute son effet à celui qui l'a
précédé. Alors la contraction de la fibre est arrivée à son
plus haut point. Lorsqu'elle se relâche, elle s'allonge par la
disparition de sa flexion sinueuse de totalité et de sa flexion
sinueuse intime; son zigzag et les plis de sa surface disparaissent. La contraction de la fibre étant ainsi ramenée au
phénomène général de la *flexion sinueuse*, il ne s'agit plus
que de déterminer quelle peut être la cause de cette
flexion.

J'ai fait voir que chez les végétaux (1) tous les phénomènes du mouvement se rapportent à l'*incurvation* du tissu
cellulaire ou du tissu fibreux. Le premier se courbe par implétion de liquide; le second se courbe par implétion
d'oxigène. J'ai exposé plus haut ce qui me porte à penser
que les mouvemens d'incurvation par implétion de liquide,
existent dans le tissu utriculaire de certains organes chez
les animaux et spécialement dans leur cœur dont il opère, selon moi, la dilatation ou la diastole. Il me paraît probable que
la flexion sinueuse des fibres musculaires doit être rapportée
à une tendance de ces fibres à l'incurvation par implétion
d'oxigène, ainsi que cela a lieu pour le tissu fibreux des végétaux. D'abord il est bien connu que la fibre musculaire
est sans action lorsqu'elle cesse de recevoir de l'oxigène, ce
en quoi elle ressemble au tissu fibreux végétal. Il est donc

(1) Voyez dans le premier volume, les Mémoires ix, x et xi.

fort probable que l'oxigène a pour les fibres musculaires le
même usage qu'il a pour les fibres végétales, c'est-à-dire
qu'il doit servir à opérer leur implétion et par suite leur
incurvation. Chez les végétaux, il n'existe point d'*incurvation sinueuse* du tissu fibreux ; ce tissu offre toujours une
seule courbure dans toute sa masse composée de fibrilles extrêmement déliées. Dans les muscles des animaux, les fibres
composées de fibrilles extrêmement ténues, offrent une
incurvation sinueuse, c'est-à-dire qu'elles affectent des courbures multipliées et dirigées dans des sens alternativement
inverses. Il résulte de cette *incurvation sinueuse* un raccourcissement ou une *contraction* des fibres, phénomène
qui est tout-à-fait étranger au tissu fibreux végétal, lequel
ne présente que le seul phénomène de l'*incurvation simple*.
On peut considérer la fibre musculaire comme possédant
dans chacune de ses nombreuses courbures alternatives
l'*incurvation simple* du tissu fibreux végétal. Cette fibre serait ainsi organisée de manière à posséder, dans ses parties
qui se suivent, des tendances successivement inverses à l'incurvation ; chacun des arcs de cette courbure sinueuse serait analogue, par exemple, à l'arc que forme un fragment
de tissu fibreux enlevé longitudinalement sur le renflement
moteur d'une foliole de haricot (voyez tome 1 , pages 501,
504). De cette manière, le phénomène fondamental auquel
serait dû le mouvement chez les animaux comme chez les
végétaux, serait l'*incurvation* et la propriété fondamentale
en vertu de laquelle le mouvement existe serait l'*incurvabilité*. La *contractilité* cesserait , chez les animaux, d'être
une *propriété fondamentale*, puisque la *contraction* ou plus
simplement le *raccourcissement*, ne serait plus que l'effet
tout naturel de l'*incurvation sinueuse*. Or, l'*incurvabilité*
elle-même cesse d'être une *propriété fondamentale* chez les
végétaux, puisqu'on découvre chez eux les conditions physiques de son existence. Toute incurvation, chez les végé-

taux, dérive de la grosseur décroissante des organes creux
qui composent le tissu incurvable; cela est également
prouvé pour le tissu cellulaire (voyez tome 1, page 445) et
pour le tissu fibreux (voyez tome 1, page 504). Il suffit que
le tissu cellulaire à cellules décroissantes soit turgescent de
liquide et que le tissu fibreux à fibres décroissantes soit
turgescent d'oxigène chimiquement combiné, pour que ces
deux tissus se courbent de manière à ce que leurs plus petits organes creux composans soient situés à la concavité de
la courbure. Ici toute idée de *propriété d'incurvabilité* disparaît devant l'exposition des conditions physiques de l'incurvation; car l'on n'admet des *propriétés* que là où l'esprit ne
peut suivre l'enchaînement des causes qui amènent certains
effets. Le mot *propriété* équivaut alors à un signe algébri-
que indiquant *une inconnue*. Si les notions acquises sur le
mécanisme et sur les causes de l'incurvation chez les végétaux sont applicables, comme je le pense, à l'incurvation
sinueuse de la fibre musculaire des animaux, il en résultera
que cette fibre possède dans son tissu fibrillaire un décroissement de grosseur des fibrilles, décroissement dont le sens
alternativement inverse déterminera les incurvations successivement inverses de cette fibre, c'est-à-dire sa flexion
sinueuse et par suite son raccourcissement ou sa *contraction*.
Ces phénomènes de structure organique sont impossibles à
voir chez les animaux; ils se cachent dans l'infiniment petit
qui est inaccessible à notre œil armé des meilleurs microscopes; il n'en est pas de même chez les végétaux qui, seuls
pouvaient donner la connaissance directe du mécanisme
intime des mouvemens, et par là conduire, au moyen de
l'analogie, à la connaissance indirecte du mécanisme intime
de ces mêmes mouvemens chez les animaux. C'est ici qu'apparaît dans tout son jour, l'importance de l'étude de l'anatomie et de la physiologie comparées dans les deux règnes
animal et végétal. Chez les êtres vivans de ces deux règnes,

les mouvemens spontanés s'exécutent par le même mécanisme fondamental qui est celui de l'*incurvation;* mais chez les végétaux, c'est l'incurvation seule qui est le *moyen 'immédiat* de motion, tandis que chez les animaux cette même incurvation n'est qu'un *moyen médial* de motion; c'est en effet le raccourcissement opéré par l'incurvation sinueuse de la fibre qui est le *moyen immédiat* de motion chez les ,animaux. Ce raccourcissement du tissu fibreux par incurvation sinueuse est étranger aux végétaux. Ainsi les animaux se meuvent par *contraction* et les végétaux par *incurvation,* mais comme la contraction dérive en dernière analyse de l'incurvation, il en résulte que c'est cette dernière qui préside généralement aux mouvemens des êtres vivans.

Je viens de supposer que la flexion de la fibre musculaire en arcs alternativement dirigés en sens inverses proviendrait de ce que cette fibre posséderait dans les diversés parties de sa longueur une organisation alternativement inverse et propre à produire cette direction alternativement inverse de ses courbures. Or, il serait possible que ce même phénomène de flexion sinueuse fût le résultat de la tendance de la fibre à se courber dans un sens unique et le même pour toute sa longueur; j'ai souvent observé sous le microscope des fibres musculaires de grenouille arrachées à l'animal vivant et parfaitement isolées; jamais je ne les ai vues présenter de flexion sinueuse; toujours j'ai vu qu'elles se fléchissaient par un mouvement de totalité d'abord dans un sens, ensuite dans le sens opposé; elles finissaient par se courber profondément et par se rouler ou se pelotonner dans un seul sens. D'après cette observation on pourrait penser que la fibre musculaire posséderait, seulement comme les filamens des oscillaires, ou comme le grêle pétiole des folioles de l'*hedysarum girans,* la faculté de se courber par une inflexion de sa totalité dans des sens alternativement inverses, mais qu'elle serait

privée de la faculté de se courber sinueusement. Cette déduction de l'expérience ne serait pas juste, car la fibre musculaire ainsi isolée et privée de rapport avec ses nerfs n'est
plus dans les conditions normales de son action ; toutefois
je puis faire voir comment, en supposant cette déduction
juste et légitime, il n'en résulterait pas moins que la fibre
musculaire, fixée par ses deux extrémités , comme elle l'est
dans le muscle dont elle fait partie, ne laisserait pas de
se courber sinueusement. Pour faire comprendre facilement comme cela pourrait avoir lieu je prendrai pour
exemple la flexion sinueuse dont j'ai démontré le mécanisme dans les nervures de la fleur des *mirabilis* (voyez
tome 1, p. 473). J'ai fait voir que ces nervures tendent
par un mouvement de flexion de totalité à se courber *en
dehors* pour opérer l'épanouissement de la corolle et à se
courber *en dedans,* de même par un mouvement de totalité, pour opérer son occlusion. Or, lorsque l'incurvation
en dedans se manifeste, les nervures ne pouvant point se
courber dans leur entier et d'une manière concentriquement régulière, parce qu'elles en sont empêchées par le
tissu de la corolle qui leur est organiquement lié, elles
se courbent par petites portions ou par petits arcs que séparent les uns des autres autant de *flexions forcées* en sens
opposé, en sorte qu'il en résulte une flexion sinueuse de
la nervure considérée dans son entier. La moitié des flexions
partielles ou des arcs, résulte de la tendance de la nervure à l'incurvation *en dedans;* l'autre moitié des flexions
partielles dirigées en sens opposé , est le résultat d'une
flexion forcée en contradiction avec la tendance naturelle
à l'incurvation de ces portions fléchies. Or il pourrait en
être de même de la fibre musculaire, en supposant qu'elle
ne tende à se courber que d'un seul côté par un mouvement de totalité, ainsi qu'on le voit dans le *pelotonnement*
de la fibre de grenouille isolée et plongée dans l'eau ; ce

pelotonnement ne pouvant avoir lieu , dans l'état naturel ,
parce que la fibre est fixée par ses deux extrémités , et que
de plus elle est fixée par des liens organiques dans beaucoup de points de sa longueur, il en résulterait qu'elle se
ploierait en arcs de cercle partiels placés les uns à la suite
des autres. La moitié de ces arcs serait formée par *l'incurvation naturelle* de la fibre , l'autre moitié serait formée
par une *flexion forcée.* Ce seraient peut-être les arcs de cette
dernière moitié qui auraient offert à MM. Prévost et Dumas des plis situés dans la concavité de la flexion , plis
qu'ils ont attribués à la flexion forcée de la fibre , tout en
convenant que ces plis ne se voient pas toujours. On conçoit en effet qu'ils ne doivent pas exister dans les arcs
formés par l'incurvation spontanée. On voit ces plis dans
quelques-uns des arcs des fibres fléchies sinueusement que
représente la figure 8 (pl. 3o). Il est fort difficile de déterminer quelle est la théorie que l'on doit admettre comme
véritable en pareille circonstance. Au reste, soit que la fibre
ait ses arcs inverses produits tous d'une manière active ,
soit qu'il y ait la moitié de ces arcs qui soient les résultats
de flexions passives , il n'en demeurera pas moins prouvé
que cette fibre possède en elle-même le principe de son incurvation active et qu'elle n'est point un fil inerte , comme
l'admettent MM. Prévost et Dumas.

La fibre musculaire contractée, sous l'influence nerveuse,
n'est point dans un état d'immobilité, elle est dans un état
continuel d'oscillation qui semble attester que les petits
arcs alternativement inverses dans lesquels elle est ployée
sinueusement changent continuellement de place ou de
direction. C'est cette *oscillation* ou cette *vibration* continuelle et rapide des fibres musculaires qui produit cette
sensation de bourdonnement ou de frémissement que l'on
entend en appliquant un stéthoscope sur un membre
dont les muscles sont dans l'état de contraction ; c'est delà

que naît cette même sensation de bourdonnement que
l'on entend en bouchant son oreille avec un doigt, ou
mieux encore avec la paume de la main ; c'est alors le frémissement oscillatoire des fibres des muscles du bras qui
devient perceptible à l'ouie. Ce fait prouve que nos expériences sur la fibre morte ne nous donnent qu'une idée
très incomplète du phénomène de la contraction dans l'é-
tat de vie. L'électricité galvanique, par exemple, provoque la flexion sinueuse de la fibre musculaire ; mais elle ne
fait point osciller cette fibre en changeant rapidement et
continuellement le lieu ou la direction de ses arcs de flexion.
Nous sommes donc bien loin de connaître le mode d'action
et la nature de cette cause excitante intérieure, ou de cet
influx excitateur nerveux qui fait fléchir sinueusement les
fibres musculaires, comme le fait l'électricité galvanique
et qui de plus les fait osciller.

Ce fait de l'oscillation des fibres musculaires paraît être
du même genre que l'oscillation qui s'observe dans les filamens des oscillaires, dans le pétiole des folioles de l'*hedysarum girans* et même dans les feuilles de la sensitive soumise à une lumière continue (voyez tome 1, page 571).
Seulement ce mouvement oscillatoire et infiniment plus
rapide chez les fibres musculaires qu'il ne l'est chez les
parties végétales que je viens de citer. Ce phénomène d'*os-
ciliation* qui, lorsqu'il est très rapide, prend le nom de
vibration, paraît donc être un phénomène général, puisqu'on l'observe chez les végétaux et chez les animaux. (1)

J'ai dit plus haut que des fibres musculaires arrachées à
une grenouille vivante étant plongées dans l'eau sous le microscope, on les voit se fléchir par un mouvement de tota-

(1) Voyez à cet égard l'ouvrage de Purkinge et Valentin, intitulé : *De
phænomeno generali, et fundamentali motus vibratorii continui in membra-
nis animalium plurimorum*, 1836.

lité, et qu'une petite quantité d'acide ajoutée à l'eau augmente cette incurvation de la fibre. La petite quantité d'acide ajoutée à l'eau dans cette expérience ne peut agir en opérant le *raccornissement;* elle agit évidemment en augmentant l'incurvation de la fibre et cela seulement dans le sens où cette incurvation avait lieu avant l'addition de l'acide. Ainsi l'acide agit, dans cette circonstance, comme augmentant l'action naturelle d'incurvation de la fibre. Il est fort remarquable que les acides agissent d'une manière exactement semblable chez les végétaux. J'ai fait voir, en effet (tome I, page 450), que l'addition d'une petite quantité d'acide à l'eau dans laquelle baigne une valve de péricarpe de balsamine, augmente sur-le-champ l'incurvation que cette valve avait prise dans l'eau. Ici le degré de l'incurvation dépend du degré de l'implétion des cellules ou des utricules décroissantes qui composent le tissu incurvable. L'acide agit donc de manière à produire un effet semblable à celui qui serait produit par l'introduction d'une plus grande quantité d'eau dans les cellules du tissu cellulaire incurvable. L'effet réel de l'acide, dans cette circonstance, est de coaguler le liquide contenu dans les cellules; or, comme il est de fait que cette coagulation produit exactement ici le même effet que l'augmentation de l'implétion des cellules, il faut accepter ce fait donné par l'expérience, fait que, du reste, je ne crois pas facile à expliquer. Or, en se reportant au fait exposé plus haut touchant l'augmentation de l'incurvation des fibres musculaires par l'action d'un acide, on voit que ce dernier agit encore ici en coagulant le liquide intérieur de ces fibres qui deviennent opaques. Par le fait de cette coagulation ces fibres se comportent comme si leur tissu éprouvait une implétion plus grande, et, en conséquence, elles augmentent leur incurvation. Si on ajoute une petite dose d'alcali à ces fibres courbées par l'action de l'acide, elles se redressent et,

comme en même temps, elles redeviennent transparentes,
cela prouve que l'alcali a rendu la liquidité aux liquides
que l'acide avait coagulés : ce fait de l'incurvation de la
fibre par les acides qui coagulent, et le fait de son redressement par les alcalis, qui rétablissent la liquidité dans l'intérieur des fibres musculaires, sont, je le répète, des faits
qu'il faut accepter, parce que l'expérience les donne, mais
je n'essaie point de les expliquer. Ces faits vont me servir à
donner l'explication du phénomène de contraction que
présentent les muscles après la mort et du phénomène de
leur relâchement subséquent.

Nysten (1), en démontrant que la raideur des membres
après la mort est produite par la contraction générale des
muscles, est tombé dans une erreur palpable, en prétendant
que cette contraction musculaire est un dernier phénomène
vital : il a été porté à cette conclusion, par la considération de ce fait connu, que la raideur des membres cesse
spontanément quelques jours après la mort. Il semble naturel, en effet, de conclure de cette observation que la
contraction des muscles, après la mort, est un phénomène
qui atteste un reste de vie, laquelle venant à s'éteindre
complètement, au bout de quelques jours, entraîne alors,
par sa cessation complète, la cessation de la contraction
musculaire. Ceci est une erreur des plus évidentes. La
contraction des muscles, après la mort, est le résultat de
l'incurvation sinueuse de leurs fibres par l'effet de la coagulation des liquides qu'elles contiennent. Quelques jours
après la mort, la putréfaction commence, il se forme de
l'ammoniaque, et cet alcali opère la dissolution ou fait cesser la coagulation des liquides et, par suite, fait cesser
l'état de contraction des fibres musculaires. Il n'y a donc
rien de vital dans le phénomène de la contraction des

_____

(1) Recherches de physiologie et de chimie pathologiques.

muscles après la mort. Cette contraction et la raideur des
membres qui en est la suite, n'ont point lieu lorsque le
mort est produite par certaines causes d'asphyxie lesquelles
enlèvent en même temps au sang là propriété de se coaguler. Ceci est un fait de plus qui prouve que la contraction
des muscles après la mort est véritablement un phénomène
produit par la coagulation des liquides contenus dans les
fibres musculaires, coagulation qui produit chez elles un
effet analogue à celui qui résulterait de l'augmentation de
l'implétion de leur tissu. Or, c'est cette implétion du tissu
des fibres, mais implétion d'un autre genre, implétion d'oxigène, qui, dans l'état naturel, paraît produire leur incurvation sinueuse ou, en d'autres termes, leur contraction.

On a prétendu que la fibrine du sang se contracte
comme les fibres musculaires sous l'influence de l'électricité galvanique; mais cette assertion n'est fondée que
sur une erreur d'observation, laquelle sera rendue sensible par l'expérience suivante. J'ai mis une goutte de sang
de grenouille dans l'eau que contenait un cristal de montre;
cette goutte de sang s'est coagulée en formant une membrane diaphane et composée par l'agglomération des globules sanguins; cette membrane tapissait le fond du cristal;
on pouvait l'enlever et l'agiter dans l'eau sans que ses globules composans quittassent leur adhérence mutuelle. Ayant
ajouté une très petite goutte d'acide nitrique à l'eau, je
vis, au microscope, la membrane se resserrer sur elle-
même; ainsi le solide formé par la coagulation du sang,
est susceptible de présenter un resserrement général ou une
sorte de *contraction* par le contact d'un acide même très
faible. J'ignore quel est le mécanisme de cette action de
l'acide; il paraît qu'il occasionne la diminution du volume
de tous les globules dont l'agglomération forme le caillot
membraneux dont il est ici question. Quoi qu'il en soit, il
est permis de penser que le mouvement que manifeste la

fibrine du sang sous l'influence de l'électricité de la pile voltaïque, est un phénomène du même genre; Un acide libre
se dégage au pôle positif de la pile, et il me paraît fort probable que c'est l'action de cet acide sur la fibrine qui détermine dans cette substance le mouvement de resserrement qu'elle présente dans cette circonstance, mouvement
qui ne peut aucunement être comparé à la *contraction* ou
à la flexion sinueuse de la fibre musculaire. A cette occasion
je parlerai ici transitoirement d'un phénomène assez singulier, qui se manifeste lorsque de l'eau tenant en suspension ou en solution une petite quantité de sang est placée
entre deux fils de platine qui sont en communication avec
les deux pôles de la pile voltaïque. Une grosse goutte de
cette eau sanguinolente étant placée sur une lame de verre
soumise au microscope, et les deux fils conjonctifs touchant
aux deux extrémités de cette grosse goutte allongée, on
voit se produire auprès de l'extrémité de chacun des fils
ou à chaque pôle une aire transparente qui est le résultat
de la dissolution du sang par l'acide, produit au pôle positif, et par l'alcali, produit au pôle négatif. La dissolution
du sang par l'acide est incolore, la dissolution du sang par
l'alcali conserve la couleur rouge de ce fluide organique.
Ces deux dissolutions augmentent rapidement d'étendue
dans la goutte d'eau sanguinolente qui les contient et bientôt elles se joignent. Alors l'acide de l'une se combine, au
point de contact, avec l'alcali de l'autre et la substance organique que ces deux agens chimiques tenaient en dissolu-
tation se précipite sous la forme d'un solide plissé. Si l'on
intervertit les deux pôles de la pile par rapport aux deux
extrémités de la goutte d'eau sanguinolente, la substance
organique précipitée sous forme de solide plissé, disparaît
rapidement; on voit alors de nouveau naître deux dissolutions, l'une acide et l'autre alcaline, auprès des deux fils
conjonctifs, et le phénomène de formation par précipitation

3 s.

du solide plissé se renouvelle. Si, au lieu d'eau sanguinolente, on emploie pour cette expérience de l'eau à laquelle
est ajoutée une petite quantité de jaune d'œuf, on voit des
phénomènes analogues, et souvent il arrive que la matière
organique solide qui se précipite au point de contact des
deux dissolutions, acide et alcaline, se ploie en zigzag
d'une manière très régulière, ses plis se courbant alternativement dans des sens opposés sous l'œil de l'observateur armé du microscope. Je fus séduit par l'observation
de ce singulier phénomène; je crus un instant que l'action
de l'électricité voltaïque formait, dans cette circonstance,
un solide organique analogue à la fibre musculaire, puisqu'il se ployait en zigzag comme elle; mais j'ai reconnu
que c'était ici user trop légèrement de l'induction de
l'analogie.

L'absorption, cette action par laquelle les êtres vivans
introduisent dans leur organisme les substances du dehors,
a été considérée par la plupart des physiologistes comme
une action vitale tout-à-fait différente de la simple imbibition, telle qu'elle a lieu dans les corps minéraux. Cependant, M. Magendie a prétendu et a essayé de démontrer
que l'absorption n'était qu'une véritable *imbibition* due à la
capillarité. Il y a dans cette assertion une part pour la vérité et une part pour l'erreur; mais cette dernière était ici
bien pardonnable, puisqu'elle tenait au défaut de connaissance d'un phénomène qui n'était pas encore découvert;
ce phénomène est celui de l'endosmose. C'est incontestablement l'endosmose qui opère l'introduction de l'eau ou
de la sève lymphatique dans le tissu organique des végétaux; on en doit conclure par analogie, que c'est également
l'endosmose qui opère l'introduction des substances liquides dans le tissu organique des animaux. Cependant, on
peut objecter à cette théorie, que quelquefois l'absorption
est *élective* chez les animaux. Ainsi, le chyle mêlé dans les

intestins aux matières fécales est seul absorbé; comment
cela s'opérerait-il à l'aide de la seule endosmose? Il me
semble que l'existence constante de l'hydrogène sulfuré
dans les matières fécales, est un fait qui répond à cette objection. J'ai démontré, en effet, que les liquides imprégnés
d'hydrogène sulfuré opèrent l'endosmose dans un sens diamétralement opposé à celui dans lequel ils opéreraient ce
phénomène sans l'adjonction de cette substance (V. t. 1, p.
64). On conçoit dès-lors comment il se fait qu'une substance
fortement hydrosulfurée, comme l'est la matière fécale, ait
une tendance à l'endosmose ou à la transmission au travers
des parois des vaisseaux absorbans dans un sens diamétralement opposé à celui de la tendance à l'endosmose qui est
propre à un liquide organique tel que le chyle. Si ce dernier est introduit par endosmose dans les vaisseaux chy-
lifères et au travers de leurs parois, les liquides hydrosul-
furés que contient la matière fécale qui ont tendance à opérer l'endosmose dans un sens opposé, doivent nécessairement n'y point être admis. Ainsi l'hydrogène sulfuré, dont
l'odeur révoltante semble accuser les fonctions intestinales
d'une dégoûtante imperfection, intervient, au contraire,
comme condition indispensable de l'exercice de ces fonctions. C'est un trait nouveau à ajouter aux considérations
sur la perfection qui règne partout dans l'admirable ma-
chine organique.

Toutes les sécrétions s'opèrent dans les utricules qui composent les organes sécréteurs par leur agglomération. Ainsi
ce sont les parois de ces utricules qui sont seules chargées
de la *sécrétion*, laquelle est quelquefois une simple séparation de certaines substances contenues dans le sang, et qui
d'autres fois consiste dans une élaboration particulière ou
dans la *fabrication* d'un liquide. Les expériences de MM.
Prévost et Dumas ont prouvé que l'urée existe toute formée
dans le sang des animaux, en sorte que l'action des reins

consiste à séparer du sang cette matière qui s'y trouve ;
mais l'urine contient d'autres substances qui ne sont point
toutes formées dans le sang ; leur production est donc un
résultat de l'action des organes sécréteurs de l'urine. La
bile n'existe point toute formée dans le sang ; elle est donc
formée ou *fabriquée* par les utricules qui composent le foie.
Ainsi, on peut considérer ces utricules comme des *filtres
chimiques*, dont les parois élaborent, en les transmettant, les
liquides qui les traversent. La théorie qui établit l'origine
des liquides sécrétés dans les utricules élémentaires des
organes sécréteurs, n'est point hypothétique ; elle est fondée sur l'observation la plus positive. Il suffit d'examiner
au microscope l'organe salivaire d'un *helix*, pour voir de la
manière la plus distincte les utricules assez grosses dont il
est composé ; on voit les canaux excréteurs et les vaisseaux
sanguins ramper entre ces utricules. Les vaisseaux sanguins
sont ici des moyens d'irrigation pour les utricules auxquelles ils fournissent, par transsudation, les matériaux de la
nutrition et de la sécrétion ; les canaux excréteurs communiquent peut-être immédiatement avec l'intérieur des utricules, peut-être ne reçoivent-ils le liquide sécrété que par
transsudation ; il me paraît impossible de savoir quelque
chose de positif à cet égard.

Les animaux étant, comme les végétaux, composés de
cellules ou d'utricules agglomérées, l'accroissement ne peut
s'opérer, chez les uns comme chez les autres, que par l'addition de nouvelles utricules ; le mécanisme de cette addition qui constitue la nutrition, n'est pas encore connu. Je
renvoie à ce que j'ai dit sur cet objet en traitant de l'accroissement des végétaux (voyez tome 1, page 142). Quelques observations m'avaient porté à penser que les globules
sanguins se fixent aux organes par une agrégation interca-
laire, et que ce sont ces globules fixés qui forment les globules élémentaires dont se composent tous les organes ;

mais cette théorie me paraît aujourd'hui inadmissible. J'ai vu, il est vrai, assez souvent des globules sanguins suspendre leur mouvement et demeurer fixés dans le tissu organique transparent de la queue des têtards, mais cela provenait probablement de ce que ces globules étaient engagés dans des vaisseaux trop petits; ce n'était point là un phénomène de nutrition et d'accroissement.

Le sang, vu au microscope, se montre composé de globules qui nagent dans un liquide séreux; ces globules observés pour la première fois par Leuwenhoeck ont été étudiés depuis par un grand nombre d'observateurs parmi lesquels se trouvent Haller, Spallanzani, Hewson, Everard-Home, Bauer, et enfin MM. Prévost et Dumas. Il y a bien peu de chose à ajouter à tant d'excellens travaux; mon intention n'est donc que de présenter ici quelques observations sur ce point important de la science, et non de l'approfondir.

Les globules sanguins sont composés de deux parties, savoir : d'un noyau central qui est opaque et d'une enveloppe demi transparente et fort délicate qui se dissout rapidement dans l'eau, et qui contient la matière colorante à laquelle le sang doit sa couleur rouge. Suivant la remarque d'Everard-Home, cette enveloppe membraneuse extérieure se détache et se précipite au bout d'une demi-minute, et forme une sorte de collerette au globule situé sur le porte-objet du microscope. Le sang du protée offre cela de très particulier que plusieurs globules agglomérés sont enveloppés par une seule enveloppe membraneuse extérieure. M. Prévost de Genève m'a rendu témoin de ce fait très curieux.

Les premiers observateurs s'accordèrent à considérer les globules du sang comme sphériques; quelques-uns, trompés par une illusion d'optique, crurent qu'ils étaient percés d'un trou dans leur milieu. Hewson le premier affirma que la forme des globules sanguins est celle d'un disque aplati pourvu d'un renflement dans son milieu. Bauer et Everard Home restituèrent aux globules sanguins leur forme sphérique. Enfin MM. Prévost et Dumas, après des observations très nombreuses, se sont rangés de l'avis de Hewson; ils ont considéré les globules sanguins comme ayant une forme discoïde. Une pareille dissidence d'opinions entre des observateurs dont les assertions méritent une égale confiance, aurait de quoi surprendre s'il n'était pas probable que ces assertions différentes sont également fondées. Il n'est pas douteux, en effet, qu'il n'y ait beaucoup de globules sanguins discoïdes, surtout chez les reptiles batraciens; mais l'observation la moins attentive suffit pour voir qu'il y en a aussi d'ellipsoïdes et même en bien plus grand nombre. C'est presque toujours sous cette apparence que les globules se présentent à l'observation microscopique. On pourrait peut-être penser que cela proviendrait de ce que ces globules aplatis se présenteraient plus fréquemment à la vue par leur surface plate que par leur bord vu de champ, et cela parce que les porte-objets du microscope étant toujours horizontaux, la pesanteur dispose les globules discoïdes dans une position parallèle au porte-objet, en sorte qu'on les voit ronds ou elliptiques. Pour éviter cette cause d'erreur j'ai observé la circulation dans la queue transparente d'un têtard tenu dans une position verticale; mon microscope était alors dirigé horizontalement. Si la pesanteur eût influé sur la position horizontale des globules discoïdes, j'aurais dû, dans cette observation, voir la plus grande partie des globules de champ ou dans le sens de leur aplatissement. Or, je vis tous ces globules, comme à l'ordinaire, avec la forme elliptique. Il me paraît donc certain que les globules sanguins sont généralement sphéroïdes ou ellipsoïdes, et qu'il y a parmi eux un certain nombre de globules discoïdes. Cette assertion d'ailleurs semble confirmée par les observations qui ont été faites par Fontana et par Spallanzani sur le changement de forme que peuvent subir les globules sanguins. Fontana a vu chez la grenouille et Spallanzani, chez la salamandre que les globules engagés dans un vaisseau dont le calibre était plus petit que ne l'était leur propre diamètre, se changeaient, pour le traverser, en un ellipsoïde très allongé, qu'ils se courbaient en croissant dans les angles de jonction de l'un de ces petits vaisseaux avec un autre, et qu'enfin ils reprenaient leur forme ordinaire lorsqu'ils étaient parvenus dans un vaisseau plus large. Il est certain que de pareils changemens de forme ne pourraient pas être présentés par un disque fort aplati ; un sphéroïde seul peut les présenter.

La privation de nourriture diminue le nombre des globules sanguins. J'ai conservé un têtard de crapaud accoucheur pendant une année entière sans lui donner de nourriture. On ne voyait plus aucun globule sanguin dans les vaisseaux, observés au microscope dans les parties transparentes de la queue; aussi la circulation ne pouvait-elle plus y être aperçue. Le sang ne consistait plus que dans un liquide séreux dont le mouvement ne pouvait se dénoter à la vue. Cette observation prouve que l'existence des globules sanguins n'est pas indispensable pour l'existence de la vie; elle prouve en même temps que ces globules sont consommés par les actes de la nutrition ou des sécrétions, et que leur nombre est réparé par les alimens.

Leuwenhoeck avait cru voir que les globules sanguins tournent sur eux-mêmes; Haller (1) et Spallanzani (2) ont affirmé, avec juste raison, que ce mouvement de rotation des globules sanguins n'existe pas. Ces deux grands observateurs s'accordent pour reconnaître dans les globules sanguins une tendance réciproque à la répulsion, qui ne cesse que lorsque le sang cesse de circuler aux approches de la

(1) Mémoire sur le mouvement du sang.
(2) De' fenomeni della circolazione.

mort. Tant que la circulation subsiste, on voit les globules sanguins se tenir constamment éloignés les uns des autres ; jamais ils ne se heurtent, jamais ils ne se touchent. Spallanzani a vu souvent que, lorsque deux globules se présentaient pour entrer dans un vaisseau qui n'en pouvait admettre qu'un seul, il y eu avait un qui était repoussé et qui prenait un mouvement rétrograde sans avoir touché le globule qui le devançait. Haller (1) a observé qu'un de ces globules sanguins, étant placé dans une anfractuosité d'un vaisseau où il demeurait stationnaire, il repoussait sans les toucher les globules sanguins que le mouvement circulatoire portait sur lui. Aux approches de la mort, cette répulsion réciproque des globules sanguins cesse d'exister; alors Haller a vu ces globules se réunir les uns aux autres, et perdre par ce contact mutuel leur forme sphérique qu'ils reprenaient en se séparant, lorsque la vie et la circulation venaient à se ranimer. Mes observations à cet égard confirment pleinement celles de Haller et de Spallanzani. La circulation du sang observée dans les parties transparentes des têtards et des jeunes salamandres, m'a toujours fait voir les globules sanguins constamment éloignés les uns des autres tant que la circulation et la vie ont une certaine activité; mais lorsque la vie commence à s'éteindre, lorsque la circulation étant devenue languissante, le sang s'avance dans les artères pendant la systole du cœur et rétrograde dans ces mêmes artères pendant la diastole du cœur, alors les globules sanguins s'agglomèrent en petits caillots dans les vaisseaux, et ces globules ainsi agglomérés marchent encore quelque temps, avançant et reculant alternativement sans quitter leur adhésion. J'ai fait particulièrement cette observation en asphyxiant de jeunes têtards ou de jeunes salamandres renfermées dans un cristal de montre

---

(1) Deuxième mémoire sur le mouvement du sang.

rempli d'eau et recouvert hermétiquement avec une lame
de verre. Lorsque tout l'oxigène dissous dans l'eau était absorbé par la respiration de l'animal, je voyais les phénomènes de l'asphyxie se dénoter d'abord par l'état languissant
de la circulation, ensuite par le mouvement alternativement progressif et rétrograde du sang. C'était alors que les
globules sanguins commençaient à s'agglomérer, et la circulation ne tardait pas à cesser tout-à-fait. La mort cependant n'était pas encore complète, ou du moins il y avait
encore facilité de retour à la vie; car en rendant de l'eau
aérée à l'animal asphyxié, je voyais la circulation se ranimer peu-à-peu, et les globules agglomérés quittaient leur
adhésion mutuelle. Cette tendance que manifestent les globules sanguins à se repousser mutuellement tant que la vie
et la circulation subsistent, est un phénomène qui mérite
toute l'attention des physiologistes.

Le sang nouvellement extrait des vaisseaux et observé au
microscope avec les rayons solaires, manifeste dans ses globules un mouvement de trépidation fort rapide. Ce même
mouvement de trépidation des globules s'observe dans les
vaisseaux des parties transparentes d'un animal qui vient de
mourir. Ce phénomène a été découvert par le docteur
Schultz (1), dont j'ai rapporté ailleurs les observations sur
un mouvement de trépidation semblable, qu'il a également découvert dans les feuilles de la grande chélidoine
(voyez tome 1, page 432). Le docteur Schultz, trompé
par une illusion d'optique, rapportait à un rapide mouvement de progression du latex de cette plante, ce qui
n'était ici que l'effet d'un mouvement de trépidation
des globules. La même cause d'erreur l'a porté à admettre
un mouvement rapide de progression dans le sang que con-

(1) Le mémoire du docteur Schultz se trouve dans le xix° tome du Journal
complémentaire du Dictionnaire des Sciences médicales.

tiennent les vaisseaux de l'animal qui vient de mourir, c'est-
à-dire à admettre une continuation de la circulation du sang.
J'ai répété les observations du docteur Schultz et je me suis
assuré que cette prétendue circulation, après la mort,
n'existe point. J'ai coupé l'oreille d'une souris vivante et
je l'ai soumise au microscope en l'éclairant avec la lumière
diffuse. Je n'ai aperçu aucun mouvement dans les vaisseaux
sanguins de cette oreille transparente. Je l'ai éclairée ensuite avec les rayons solaires : à l'instant un mouvement
de trépidation des globules extrêmement vif s'est manifesté
dans le sang que contenaient les vaisseaux sanguins, et ce
mouvement de trépidation présentait l'apparence trompeuse d'un courant. L'oreille de souris soumise à l'influence
de la chaleur développée par les rayons solaires se dessèche assez rapidement, si l'on n'a pas le soin de l'humecter
avec un peu d'eau. Avec cette précaution, j'ai pu observer
le mouvement de trépidation dans les vaisseaux sanguins
de l'oreille de souris pendant vingt-cinq minutes. Ce mouvement, tout-à-fait semblable à celui qui s'observe dans
les nervures de la grande chélidoine, est, comme lui, sujet à des intermittences qui ne durent guère qu'un quart
de seconde : après ce moment de repos, il recommence
avec la même rapidité qu'auparavant. Ces mêmes intermittences de la trépidation des globules s'observent dans
le sang extrait des vaisseaux et placé sur le porte-objet
du microscope. Le sang contenu dans les vaisseaux sanguins du mésentère extrait du corps de la souris, même
une heure après sa mort, m'a offert le même mouvement de trépidation des globules, et il m'a été bien facile de voir qu'il n'y avait point là de progression du sang
dans les vaisseaux, car j'ai vu un des petits vaisseaux du
mésentère dont les deux extrémités ouvertes ne ver-
saient point de sang, et cependant ce liquide, dont il
était rempli, offrait un mouvement de trépidation très

vif et l'apparence d'un courant fort rapide. Lorsque ce mouvement de trépidation des globules du sang touche à sa fin, il devient de plus en plus intermittent. Les intermittences durent alors quelquefois une ou deux minutes, puis le mouvement de trépidation renaît subitement pour cesser bientôt après tout-à-fait. J'ai observé comparativement, sous ce point de vue, le sang artériel et le sang veineux, le sang des mammifères et celui des reptiles; j'ai vu partout la même rapidité dans le mouvement de trépidation des globules du sang soumis à l'action des rayons solaires.

La cause du mouvement de trépidation du sang et du mouvement apparent de rapide progression qu'il présente, lorsque, renfermé dans ses vaisseaux transparens, il est soumis aux rayons solaires, est encore inconnue.

Lorsqu'il existe une inflammation dans une partie, le sang y est attiré en plus grande quantité que dans l'état naturel. Ce fait bien connu a donné lieu à des hypothèses que je ne reproduirai pas ici. Je me contenterai de faire observer que cette abondance du sang dans une partie enflammée n'est point le résultat d'un embarras dans la circulation du sang dans cette partie; il est très certain que ce qui a lieu alors n'est que l'exagération de ce qui a lieu dans l'état de santé. Le sang, poussé par le cœur dans les artères, est attiré par les capillaires, en sorte qu'il se meut en vertu d'une *impulsion* et en vertu d'une *attraction*; semblable en cela à la sève lymphatique des végétaux qui se meut de bas en haut, poussée par les spongioles des racines et attirée par les feuilles. Or j'ai fait voir (tome 1, p. 413) que la force qui préside à l'attraction de la sève par les feuilles trouve sa source dans la fixation de l'oxigène dans le tissu intime de ces organes. Il paraîtra, en conséquence, fort probable qu'il en est de même de la force qui préside chez les animaux à l'attraction du sang artériel par les capilaires. Les causes excitantes sont des causes de fixation d'oxigène (1). On conçoit donc que la fixation de l'oxigène du sang artériel étant augmentée localement par ces causes excitantes, il résultera de cette fixation d'oxigène une augmentation de production de la force attractive inconnue qui *appelle* le sang dans la partie sur-excitée ou *enflammée*. Ce fait de l'attraction des liquides et de son rapport avec la fixation de l'oxigène dans le tissu organique m'a été prouvé directement chez les végétaux. On sent facilement toute la puissance de l'induction d'analogie qui tend à le faire admettre chez les animaux. C'est encore là l'un de ces cas où la physiologie végétale pouvait seule éclairer la physiologie animale.

Je terminerai ce Mémoire par l'étude du mécanisme des mouvemens que manifestent les fameux *tubes à ressort* que l'on trouve dans la laite de plusieurs mollusques céphalopodes. Ces tubes, découverts par Swammerdam dans la laite de la seiche (2), ont été observés avec beaucoup plus de soin par Needham, dans la laite de calmar (3). Il n'y a véritablement rien à ajouter aux observations de ce dernier naturaliste, relativement à la forme de ces tubes et à celle de leurs diverses parties. Il a de même parfaitement observé les phénomènes de mouvement qu'ils présentent, lorsqu'on les met dans l'eau. Je ne puis donc mieux faire que de reproduire ici ses figures et la description qu'il donne des phénomènes dont il s'agit ici, phénomènes que j'ai eu occasion d'observer également. Ce n'est que relativement à l'explication de ces phénomènes que j'ai quelque chose de neuf à présenter.

(1) Voyez ci-dessus mon mémoire intitulé : *De l'usage physiologique de l'oxigène considéré dans ses rapports avec l'action des excitans.* Voyez aussi mon mémoire sur l'*excitabilité végétale* dans le t. 1, p. 534.

(2) Biblia naturæ. Anatome sepiæ maris.

(3) An account of some new microscopical discoveries, 1745.

C'est dans le mois de décembre que la laite du calmar commence à prendre du développement, et un certain temps après on la trouve remplie par un liquide dans lequel se trouvent en nombre immense les célèbres *tubes à ressort* dont il est ici question. La figure 9 (planche 30) représente très grossi l'un de ces tubes microscopiques ; il se compose : 1° d'un tube extérieur *t e*, qui est membraneux et transparent ; 2o d'un tube intérieur également transparent, dans lequel on voit en haut un fil contourné en spirale *r ;* vers le milieu, se voit un petit corps renflé *p,* auquel Needham a donné le nom de *piston ;* au-dessous de lui se trouve un autre corps renflé *b,* qui a été désigné sous le nom de *barillet ;* au-dessous de ce dernier, on observe un corps opaque et allongé *a c,* qui tient au barillet *b* par un tube étroit *l.* Aussitôt que l'un de ces tubes est mis en contact avec l'eau, on voit s'accomplir avec rapidité les phénomènes suivans. Le tube intérieur qui contient le fil contourné en spirale *r,* sort avec lui du tube extérieur *t e* par une ouverture située à l'extrémité *t* de ce tube extérieur. Le piston *p,* le barillet *b* et le corps opaque *a c,* suivent le fil spiralé *r* dans ce mouvement de sortie, en sorte que l'on voit le corps opaque *a c* abandonner l'extrémité *e* du tube extérieur et arriver promptement à l'autre extrémité *t* de ce même tube, par l'ouverture duquel il sort tout-à-fait, suivant ainsi les parties *b, p, r,* qui l'ont précédé dans ce mouvement de sortie. Pendant que cela s'opère, le tube extérieur *t e,* loin de s'affaisser ou de se contracter, conserve son état d'implétion et de turgescence ; il demeure évidemment gonflé par l'eau qui remplace les parties qu'il contient à mesure qu'elles sortent. Lorsque cette sortie qui est fort rapide est terminée, le corps opaque *a c* (figure 9) prend sur-le-champ un accroissement considérable en grosseur et en longueur, comme on le voit dans la figure 10, *a c.* Le canal étroit *l* qui, dans la fig. 9 joint le corps opaque *a c* au barillet *b,* est devenu, dans la

figure 10, aussi gros que le corps opaque *a c*, avec lequel il
se confond ainsi qu'avec le barillet *b*. Bientôt ce barillet *b*
(figure 10) se sépare par rupture du piston *p*, et alors on
voit le liquide granuleux que contient dans son intérieur le
corps opaque tubuleux *c, a, b*, se déverser au dehors *s*, et
se répandre dans l'eau environnante. Le fil spiralé *r* (fig. 9)
qui est sorti le premier par l'ouverture *t* du tube extérieur,
demeure attaché au bord de cette ouverture (figure 10)
après que toutes les parties contenues dans ce tube sont
sorties. Telle est la manière dont s'accomplit le phénomène ; il s'agit actuellement d'en trouver la cause.

L'existence du fil disposé en spirale *r* (fig. 9) à l'extrémité du tube qui donne issue aux parties que contient ce
dernier, dut fait penser d'abord que ce fil disposé comme
un *ressort à boudin* faisait effort par son élasticité pour faire
ouverture à l'extrémité du tube avec laquelle il se trouvait
en contact ; c'est même de là qu'est venu le nom fort impropre de *tubes à ressort* qui a été donné à ces tubes. Needham a prouvé que cette opinion ne pouvait être admise en
faisant voir que ce fil en spirale ne possède par lui-même
aucune force d'elasticité. Il a prouvé, en même temps, par
diverses expériences que le principe des mouvemens qu'exécutent les parties contenues dans ces tubes, réside principalement dans le corps opaque *a c* (fig. 9) et cela en vertu
de la tendance énergique que ce corps manifeste pour l'expansion. Cependant cela ne donnait pas l'explication de la
rapide sortie de ce corps *a c* hors du tube extérieur. Needham soupçonna qu'il existait dans le tube extérieur un
fluide très élastique dont l'expansion comprimait le corps
a c et le forçait à sortir de ce tube lorsqu'une issue lui était
offerte à l'extrémité *t* de ce tube. Afin de voir si ce soupçon
était fondé, il mit dans le vide de la pompe pneumatique
de la laite de calmar remplie de tubes espérant que l'action
du vide favoriserait l'expansion du fluide élastique qu'il

supposait exister dans les tubes et que leurs parties intérieures seraient ainsi chassées au dehors sans le concours du
contact de l'eau; mais cette expérience ne justifia point ses
prévisions; les tubes ne manifestèrent aucune action. Ainsi la
cause du mouvement d'évacuation de ces tubes continua à demeurer problématique. Buffon crut pouvoir employer la considération de ces phénomènes pour fortifier son hypothèse
sur la vitalité des *molécules organiques,* au moyen desquelles il expliquait la génération des animaux; mais on ne peut
considérer ces mouvemens des tubes séminaux des céphalopodes comme des mouvemens vitaux, puisqu'ils se manifestèrent chez les tubes d'une seiche conservée depuis plusieurs
années dans l'alcool lorsqu'ils furent mis dans l'eau. Cette
observation est due à G. Cuvier (1), qui pense que le principe du mouvement que manifestent ces tubes, réside dans
l'élasticité du corps filiforme contourné en spirale, lequel
ferait effort par son élasticité pour sortir du tube extérieur
lorsque la membrane qui le retient à l'extrémité de ce tube
vient à être amollie par l'eau. Or, d'après les observations très
précises de Needham, cette explication ne peut être admise.

Tel était l'état de cette question, lorsque j'ai trouvé
l'occasion d'observer par moi-même les phénomènes que
présentent les tubes séminaux des céphalopodes, lorsqu'on
les met dans l'eau. Dès la première vue de ces phénomènes
il me fut facile de reconnaître là l'existence de l'endosmose.
Voici comment ces phénomènes sont produits. Un liquide
organique plus dense que l'eau existe dans le tube extérieur
t e (fig. 9), c'est lui qui remplit l'extrémité *e* de ce tube dans
laquelle ne s'étend point le corps opaque *a c.* A l'instant
du contact de l'eau sur la partie extérieure du tube *t e,* l'endosmose introduit avec force l'eau dans l'intérieur de ce
tube au travers de ses parois. Cette eau introduite avec

_____

(1) Leçons d'anatomie comparée, tome v, p. 169.

II. 33

excès comprime les parties contenues dans le tube *te* et les
chasse vers son extrémité *t*, qui s'ouvre sous cet effort
impulsif; l'eau continuant d'affluer rapidement dans le tube
te par l'effet de l'endosmose, elle chasse hors de ce tube
toutes les parties qu'il contenait et prend leur place, en
sorte que ce tube conserve son état d'implétion et de turgescence. Le corps opaque *ac* est lui-même un tube membraneux extensible rempli par un liquide très dense. L'endosmose introduit donc aussi l'eau dans son intérieur;
l'introduction continuelle et rapide de ce liquide dans ce
tube *ac* (fig. 10), déjà chassé hors du tube extérieur *te*,
l'accroît en grosseur et en longueur et cela jusqu'au point
de provoquer sa rupture dans l'endroit où le barillet *b*, qui
fait partie de ce tube, est joint au piston *p* qui, à ce qu'il
paraît, n'a point de cavité continue avec celle du tube
cab. Ce point de jonction, qui paraît être l'endroit le plus
faible du tube *cab*, étant rompu, le liquide dense et granuleux que contient ce tube, se déverse dans l'eau environnante par cette extrémité ouverte; il est chassé hors du tube
par l'eau que l'endosmose continue d'introduire au travers
de ses parois. Ce phénomène d'expulsion est tout-à-fait
semblable par sa cause et par son mécanisme à celui que
j'ai observé dans les petits sacs spermatiques de la limace
(voyez tome 1, page 5); c'est de même indubitablement ici
le liquide spermatique, qui contenu dans le tube opaque
bac (fig. 10), en est expulsé par l'eau que l'endosmose introduit dans ce tube, et c'est la même cause qui a expulsé
ce tube opaque lui-même du tube extérieur et transparent
et. Le mécanisme de cette expulsion ne pouvait être connu
avant la découverte de l'endosmose, de là les erreurs dans
lesquelles sont tombés ceux qui ont voulu l'expliquer. Cependant Needham avait entrevu que cette expulsion était
opérée par l'action d'un fluide qui, augmentant graduellement de volume, chassait devant lui les parties qu'il rem-

plaçait dans le tube extérieur; mais n'imaginant pas que
ce fluide fût l'eau introduite au travers des parois du tube,
il crut que c'était un fluide élastique gazeux, et il fut très
surpris de ne point voir ce prétendu fluide élastique se dilater dans le vide de la pompe pneumatique et expulser
ainsi les parties contenues dans le tube extérieur. Toutefois cela prouve que Needham avait aperçu le véritable
mécanisme de l'expulsion dont il est ici question. Il ne lui
a manqué que de savoir que le fluide impulsif était l'eau et
qu'elle était introduite dans le tube au travers de ses parois
par une action physique alors inconnue, c'est-à-dire par
l'endosmose. Avec cela il existe dans les tubes dont il s'agit
ici une disposition organique qui a été une cause d'erreur
très décevante: c'est l'existence dans le tube extérieur *te*
(fig. 9) d'un corps filiforme *r*, disposé en spirale et semblable à un *ressort à boudin*. On a été porté naturellement,
par cette observation, à considérer les mouvemens qui se
manifestent dans ce tube, comme l'effet du ressort que l'on
croyait y voir. On compara ensuite ce tube extérieur à un
corps de pompe dans lequel on reconnut un *piston* et un
barillet; de là le nom de *pompes séminales* donné par Needham à ces tubes spermatiques. Le fait est qu'il n'y a là ni
piston, ni *barillet*, ni *ressort à boudin*, ni *pompe;* toutes les
parties auxquelles on a donné ces noms, ne les méritent en
aucune façon. Ce sont des particularités de structure anatomique qui ne servent en rien au mécanisme des mouvemens que l'on observe dans les tubes spermatiques auxquels elles appartiennent.

Les tubes spermatiques n'exécutent les mouvemens qui
leur sont propres que lorsqu'on les met dans l'eau; Needham a observé qu'ils n'ont point lieu dans l'huile, et la
cause en est évidente, puisque l'endosmose ne peut avoir
lieu que lorsque les deux liquides que sépare une cloison
perméable sont miscibles (voyez tome 1, page 18). Or, le

33.

liquide organique contenu dans les tubes spermatiques n'est point miscible à l'huile. L'émission des parties contenues dans les tubes spermatiques n'a point lieu non plus lorsqu'on les plonge dans l'alcool, et cela parce que, dans les expériences d'endosmose, l'alcool agit comme un liquide très dense (voyez tome 1, page 81). Il agit par conséquent de la même manière que le liquide organique très dense que contiennent les tubes spermatiques , et dès-lors il ne peut y avoir d'endosmose dans cette circonstance ; les deux liquides intérieur et extérieur ont alors une égalité d'action qui rend l'endosmose nulle ou à-peu-près. Ces tubes spermatiques conservés dans l'alcool, s'en imbibent, et lorsque ensuite on vient à les mettre dans l'eau, ce dernier liquide s'introduit par endosmose dans leur intérieur et chasse au dehors leurs parties internes, ainsi que l'a observé G. Cuvier. Dans cette circonstance, l'alcool mêlé au liquide organique dense que contiennent les tubes spermatiques en contact au dehors avec l'eau, détermine l'endosmose implétive de ces tubes, et par conséquent l'évacuation des parties intérieures de ces tubes a lieu comme dans l'état frais. J'ai observé avec Needham que les phénomènes que présentent les tubes spermatiques plongés dans l'eau, ont lieu encore plusieurs jours après la mort de l'animal ; mais ces mêmes phénomènes cessent de se montrer, lorsque l'organe qui les contient commence à répandre une odeur de putréfaction. Cependant les tubes spermatiques observés alors au microscope, ne manifestent encore aucune altération dans leurs formes, ni dans leur structure ; pourquoi donc le contact de l'eau ne détermine-t-il plus l'exécution de leur mouvement d'évacuation? Il ne me paraît pas douteux que cela ne provienne de l'hydrogène sulfuré (acide hydrosulfurique) dont se trouvent imprégnés ces tubes par le fait de la putréfaction. J'ai fait voir en effet (tome 1, page 64) que la putréfaction animale arrête l'endosmose, et qu'elle produit cet effet en développant de l'acide hydrosulfurique; j'ai démontré que cet acide agit dans cette circonstance en intervertissant ou en tendant à intervertir le sens antécédent du courant d'endosmose. Lorsque les liquides animaux sont à l'état frais et qu'ils sont séparés de l'eau par une membrane, le courant d'endosmose est dirigé de l'eau vers le liquide organique animal; mais lorsque ce dernier a acquis de l'acide hydrosulfurique par la putréfaction, cet acide qui tend à passer par endosmose dans l'eau contrebalance ainsi la tendance de l'eau à passer par endosmose dans le liquide organique, et il en résulte que l'endosmose se trouve complétement abolie. De là vient, sans aucun doute, que les tubes spermatiques dont le liquide intérieur est putréfié n'offrent plus, lorsqu'on les plonge dans l'eau, le phéno- mène d'évacuation qu'ils offraient lorsqu'ils étaient dans l'état sain. Ces tubes plongés dans le liquide organique dense qui remplit l'organe qui les contient, n'y manifestent aucun mouvement, parce qu'il n'y a point de différence de densité entre leur liquide intérieur et le liquide qui les en- vironne; dès-lors, il n'y a point chez eux d'endosmose.

Les tubes spermatiques des mollusques céphalopodes me semblent offrir une analogie fort remarquable avec les grains de pollen des végétaux. Ces derniers sont composés de deux cellules ou utricules emboîtées l'une dans l'autre; l'utricule intérieure contient le fluide fécondant, fluide dense qui attire par endosmose l'eau extérieure au grain de pollen, et cela avec une force telle que ce grain vésiculeux crève et répand au dehors le liquide qu'il contient. Si ce grain est simplement placé dans de l'air chargé d'eau en dissolution, son utricule intérieure, qui seule est extensi- ble, développe un appendice tubuleux, qui est une extension de sa cavité, sous l'effort lent de dilatation qu'opère l'eau dont se gonfle le liquide qu'elle contient, et il arrive enfin que cet appendice tubuleux se crève à son extrémité et ré-

pand au dehors le liquide granuleux qu'il contient. Ce phénomène a été annoncé par Needham, dans le même ouvrage où il a exposé ses observations sur les mouvemens des
tubes spermatiques du calmar, et ils ont été revus depuis
par MM. Amici et Adolphe Brongniart; je les ai également
constatés. Or, d'après ce seul exposé, on saisit de suite
l'analogie qui existe entre les phénomènes que présentent
les grains de pollen et les tubes spermatiques des mollusques céphalopodes. Ces tubes sont composés de même de
deux organes utriculaires emboîtés, desquels l'interne seul
est extensible et se dilate sous l'effort de l'eau introduite
par endosmose dans le liquide dense et granuleux qu'il
contient. Par suite de cette dilatation il se crève, et son
liquide intérieur est versé au dehors. Ce liquide, on n'en
peut guère douter, est le liquide fécondant. Ainsi tout est
semblable jusqu'ici entre le grain de pollen et le tube spermatique; il n'y a de particulier chez ce dernier, que le phénomène de l'expulsion complète du tube intérieur hors du
tube extérieur; chez le grain de pollen, cette sortie de l'organe utriculaire intérieur n'est que partielle. Il résulte de
ce rapprochement de faits, que les tubes spermatiques des
mollusques céphalopodes ressemblent par les phénomènes
qu'ils présentent aux grains de pollen des végétaux, ils en
diffèrent seulement par certaines particularités d'organisation. Il me paraît fort probable que ces tubes spermatiques
sont produits par une sorte de végétation dans l'intérieur
de l'organe qui les contient, et qu'ils s'en détachent à une
certaine époque; le long filament par lequel se termine ordinairement l'extrémité de chacun de ces tubes qui correspond au fil contourné en spirale, semble être un débris du
pédicule par lequel ce tube spermatique était, dans le
principe, lié organiquement avec l'organe qui l'a produit.

XXVIII.

ESSAI

D'UNE NOUVELLE THÉORIE

DE LA VOIX.

Le génie, en quelque sorte rival de la nature, a souvent tenté de reproduire les merveilles qu'elle étale à nos yeux; mais, dans cette lutte inégale, l'homme est toujours resté au-dessous de son modèle. Faible imitateur, il doit s'estimer heureux quand, à force de travaux et de soins, il parvient à s'approcher de cette perfection qui semble n'avoir rien coûté à l'auteur des choses. Cette vérité est surtout frappante quand on jette un coup-d'œil sur les

(1) Cet essai, qui est le premier de mes travaux, a été publié en 1808, comme thèse inaugurale; sans doute il n'établit pas d'une manière complète la théorie de la formation de la voix humaine, mais les faits qu'il contient doivent contribuer, je pense, à l'établissement futur de cette théorie.

moyens que l'art et la nature ont mis en usage pour produire et varier les sons. Si l'homme, en effet, a su créer les instrumens de musique les plus ingénieux et les plus diversifiés, il avait reçu auparavant le plus parfait, comme le plus simple de tous, l'organe de la voix.

Non-seulement la voix humaine, surtout quand elle est perfectionnée par l'exercice, a une étendue considérable, mais elle peut saisir avec facilité tous les intervalles entre les tons ; elle peut, en outre, imprimer aux sons une foule de modifications particulières, que l'art ne parviendra probablement jamais à imiter.

La théorie de la voix a beaucoup occupé les savans ; et cependant nous sommes encore bien loin de posséder une explication satisfaisante des phénomènes qu'elle présente. J'offre dans cet essai quelques idées nouvelles sur cette matière. Mais, avant de les exposer, avant d'examiner les diverses théories de la voix qui ont paru jusqu'à ce jour, il est nécessaire de jeter un coup-d'œil sur les différentes manières dont le son peut être produit et varié, et de donner une description sommaire du larynx.

La cause prochaine de la sensation que nous appelons *son* réside dans les vibrations des molécules de l'air : il n'y a nul doute sur cela parmi les physiciens. Examinons de combien de manières le mouvement de vibration peut être imprimé aux molécules de l'air ; nous verrons que ce mouvement se rapporte à trois causes déterminantes différentes. (1)

1° Les molécules de l'air peuvent recevoir le mouvement de vibration de la part d'un corps solide : c'est ce que nous remarquons dans l'effet d'une corde tendue à laquelle on imprime un mouvement de vibration ; d'une cloche dont on excite les frémissemens, etc. Les molécules de l'air sont,

_____

(1) Cette division des sons en trois classes a été faite par EULER (*Testamen novæ theoriæ musicæ, caput* 1, § 7.)

dans cette circonstance, frappées avec plus ou moins de force, plus ou moins de vitesse, par un corps solide qui leur communique les vibrations dont il est animé. Je nomme les corps sonores de ce genre *corps vibrans*.

2° Le mouvement de vibration peut être imprimé aux molécules de l'air par le choc que l'air lui-même, animé d'un mouvement de masse, produit sur des corps solides et immobiles; telle est l'origine du son dans le tuyau de la flûte de Pan, ou dans la clef forée, dans la flûte, les flageolets, etc. Je donne à ces instrumens le nom général de *tuyaux sonores*.

3° Un gaz comprimé et subitement rendu à son état naturel, ou bien un gaz subitement développé, frappe l'air environnant par son rapide mouvement d'expansion : voilà une troisième cause de vibration dans les molécules de l'air; c'est la cause du son produit par les armes à feu; c'est, en général, ce qui arrive dans tous les phénomènes auxquels nous donnons les noms de *détonation*, d'*explosion* : ici l'air en repos est frappé par de l'air en mouvement.

De ces trois manières de produire le son, les deux premières ont seules été employées par l'art et par la nature pour la production des sons comparables ou musicaux. Tous nos instrumens de musique sont composés de corps vibrans ou de tuyaux sonores, ce qui forme deux classes distinctes d'instrumens. Mais, parmi ceux-ci, il en est quelques-uns qui semblent appartenir également à chacune de ces deux classes; ce sont les instrumens à anche et les cors. Essayons, en considérant isolément ceux de leurs phénomènes qui les rapprochent de l'une ou de l'autre classe, de déterminer celle à laquelle ils appartiennent. Étudions d'abord l'anche séparée du corps de l'instrument.

On sait que tous les corps vibrans déterminent le ton, en vertu de leurs dimensions et de leur force élastique, tandis que les dimensions de la cavité et la force élastique

de l'air (1) règlent le ton dans les tuyaux sonores. Or, il
est facile de prouver que ce n'est point par le changement
de grandeur de sa cavité, mais par le degré de vitesse de
ses vibrations que l'anche modifie les tons, et que, par
conséquent, elle ne doit point être rangée dans la classe
des tuyaux sonores, mais dans celle des corps vibrans.

L'anche est formée de deux lames minces et élastiques
séparées par une petite cavité, ou d'une seule lame élastique
appliquée sur une pièce immobile et concave. Quand l'air
traverse l'intervalle de ces lames, il excite dans celles-ci des
vibrations qui sont telles, que le sommet de la lame le plus
éloigné de son point fixe décrit autour de ce point des arcs
de cercle en sens successivement inverses. On sait qu'une
lame élastique, ainsi fixée par l'une de ses extrémités, fait
des vibrations d'autant plus rapides, qu'elle est plus courte,
et l'expérience apprend également que le ton de l'anche est
d'autant plus aigu, que sa lame vibrante est moins longue.
Ainsi, les anches du jeu de régale de l'orgue, qu'on peut
considérer comme des anches sans tuyau, donnent un ton
d'autant plus aigu, qu'on raccourcit davantage leur languette; chez elles le ton est déterminé, non-seulement par
la longueur de la languette, mais aussi par sa force élastique, laquelle dépend de son épaisseur et de l'élasticité du
métal qui la forme. Cette force élastique croît encore, suivant l'impétuosité du vent, parce que, plus l'air est con-
densé dans le pied du tuyau, plus il agit avec force pour
appliquer la languette sur son anche, ou déterminer son
retour vers elle, quand elle en a été écartée : aussi l'impétuosité du souffle augmentée rend-t-elle le ton plus aigu.

Nous voyons ainsi que l'anche, comme tous les corps
vibrans, détermine le ton par le nombre des vibrations
qu'exécute sa languette dans un temps donné. Le mouve-

(1) EULER, op. cit., cap. 1, § 38.

ment de l'air n'est que la cause déterminante de ces vibrations. Ce n'est point parce que l'ouverture de l'anche est
petite que le ton est aigu, c'est parce que sa languette
courte ou fortement pressée exécute des vibrations rapides.
Une preuve de plus de cette assertion, c'est que, si l'on
construit une anche de telle façon que sa languette ne
puisse vibrer, il n'y aura aucun son de produit, quelque
petite que soit rendue l'ouverture, et avec quelque impétuosité que le vent la traverse. Il est donc prouvé que les
sons produits par les anches ont la même origine que ceux
qui sont produits par les autres corps vibrans; c'est-à-
dire, qu'ils sont dus aux mouvemens communiqués aux
molécules de l'air par les vibrations d'un corps solide.

Je range ainsi l'anche dans la classe des corps vibrans,
dont elle forme un genre particulier. Les lèvres du joueur
de cor forment également un instrument vibrant du genre
des anches, mais d'une espèce particulière.

Mais si l'anche est un instrument vibrant simple, on
forme un instrument composé en l'appliquant à un tuyau;
alors les molécules de l'air, animées par l'anche d'un mouvement de vibration, communiquent ce mouvement à la
corde aérienne contenue dans le tuyau, laquelle, ainsi
que l'a démontré Euler, détermine le ton, en vertu de sa
longueur, de sa grosseur et de sa force élastique. Les haut-
bois, les cors, et les autres instrumens de ce genre sont
ainsi des instrumens compliqués d'un corps vibrant et d'un
tuyau sonore. (1)

_____

(1) Euler, après avoir établi la division des instrumens de musique en
deux grandes classes, telles que je viens de les exposer, parle brièvement des
instrumens à anche et des trompettes, sans décider dans laquelle de ces
classes on doit les placer : il se contente de dire que ces instrumens semblent
avoir quelque analogie avec les flûtes. Il admet cependant que le son est
formé exclusivement par les anches, et que les tubes qui leur sont joints
n'ont d'autre effet que de transmettre le son formé à leur embouchure, en le

Les sons qui doivent leur origine aux vibrations d'un corps solide ont un caractère particulier auquel il est facile de les reconnaître, surtout quand ils sont très graves. L'oreille y distingue des tremblemens dus aux petits intervalles qui existent dans le son et qui font qu'un son qui paraît continu n'est, en effet, que l'assemblage de sons courts et rapides qui se succèdent à de très petits intervalles de temps. Il n'est personne qui ne distingue parfaitement ces intervalles dans les sons donnés par les gros tuyaux à jeu d'anche de l'orgue, par les cordes d'une contre-basse et même dans les tons très graves de la voix humaine. Quand le son est aigu, il paraît continu, parce que l'oreille ne peut plus percevoir les intervalles des vibrations devenus très petits. Ces intervalles n'existent point dans le son produit par les tuyaux sonores non compliqués de corps vibrans ; il est continu, quelle que soit sa gravité : c'est ce qui fait la *douceur* du son des flûtes.

Cette remarque peut nous conduire à déterminer la classe à laquelle appartient un instrument d'après la nature du son qu'il produit : elle nous donne le droit d'affirmer par avance que le larynx est un instrument vibrant ; car il est facile à l'oreille d'apprécier des frémissemens dans les sons très graves des basses-tailles. Ils sont encore plus sensibles dans la voix des grands quadrupèdes. L'étude du larynx nous dévoilera quelles sont les parties de cet organe qui, par leurs vibrations, donnent naissance à la voix et les moyens que l'homme a à sa disposition pour en varier les tons.

Le larynx est formé par l'assemblage de cinq cartilages mobiles les uns sur les autres. Celui qui sert aux autres de point d'appui, le cricoïde, a une forme annulaire ; peu

rendant plus intense, de la même manière qu'un porte-voix augmente l'intensité de son vocal (*Op. cit., cap.* I , § 45).

large en devant, il est embrassé par le thyroïde, avec lequel il s'articule sur les côtés. Sa partie postérieure, beaucoup plus élevée que l'antérieure, supporte les aryténoïdes, petits cartilages, de forme pyramidale, articulés d'une manière très mobile. Le thyroïde, formé de deux plans quadrangulaires réunis à angle en devant, soutient supérieurement l'épiglotte, dont le principal office est de fermer le larynx pendant la déglutition.

La membrane muqueuse qui revêt l'intérieur du larynx forme de chaque côté deux replis qui interceptent entre eux des cavités que l'on a nommées *ventricules du larynx.* Les replis inférieurs fixés en arrière aux pointes antérieures des aryténoïdes comprennent entre eux l'ouverture à laquelle on a donné le nom de *glotte* (1) : elle représente un triangle, dont la base est en arrière, et le sommet en devant. Les expériences les plus décisives prouvent que c'est dans cette ouverture que se forment les sons vocaux.

Divers muscles meuvent le larynx en totalité, ou ses différentes parties les unes sur les autres; ces muscles sont :

1° Le thyro-hyoïdien, fixé supérieurement aux branches de l'hyoïde, inférieurement à la face latérale du thyroïde.

2° Le sterno-thyroïdien, fixé inférieurement au sternum, inséré supérieurement au-dessous du précédent. Cette dernière attache se fait sur une ligne oblique de bas en haut. Je démontrerai l'utilité de cette disposition.

3° Le constricteur inférieur du pharynx s'attache à toute l'étendue du bord postérieur du thyroïde, et un peu au bord supérieur de ce cartilage; de là les fibres de chaque

(1) Plusieurs auteurs ont appelé *glotte* l'ouverture supérieure du larynx : à l'exemple de *Bichat,* je réserve exclusivement ce nom à l'ouverture que j'indique.

côté viennent s'unir par un raphé sur la ligne médiane. Ce muscle a des usages importans dans les fonctions du larynx.

4° Le crico-thyroïdien, fixé en bas au cricoïde, en haut, au bord inférieur du thyroïde, a pour usage de fléchir ce dernier en avant, en faisant décrire un arc de cercle à son bord supérieur. L'articulation du thyroïde avec le cricoïde est le centre de ce mouvement.

5° Le crico-aryténoïdien postérieur, fixé à la partie postérieure du cricoïde d'une part, et de l'autre à la partie postérieure externe de l'aryténoïde, dirige celui-ci en arrière et en dehors. Il est dilatateur de la glotte et tenseur de ses lèvres.

6° Le crico-aryténoïdien latéral, fixé d'une part au bord supérieur latéral du cricoïde, se fixe de l'autre part à la base externe de l'aryténoïde qu'il tire en dehors et en avant.

7° Le thyro-aryténoïdien se fixe à l'angle rentrant du thyroïde, dans une étendue de trois à quatre lignes; de là ses fibres toutes parallèles viennent se rendre à la partie externe de la base de l'aryténoïde, comme le muscle précédent, avec lequel il est intimement uni. Ce muscle, en se contractant, tend à amener en devant la partie externe de l'aryténoïde, ce qui ne se peut faire sans que la pointe antérieure de ce cartilage ne se rapproche de son analogue du côté opposé. Par conséquent, il rétrécit la glotte par degrés, jusqu'au contact de ces pointes. Ce muscle est celui de tous, qui joue le rôle le plus important dans la formation de a voix.

En enlevant avec précaution la membrane muqueuse qui revêt ce muscle en dedans, on voit qu'il est recouvert d'une aponévrose dont les fibres parallèles sont étendues de l'angle rentrant du thyroïde à la base de l'aryténoïde. Cette aponévrose qui, à ce qu'il me semble, n'a été bien vue par aucun anatomiste, est fixée en bas au bord supérieur latéral du cricoïde ; elle se replie à angle droit en haut, après avoir tapissé l'ouverture de la glotte, et finit sans se fixer, un peu après avoir formé ce repli. C'est celui-ci qu'on a nommé *ligament thyro-aryténoïdien, corde vocale.* Ce n'est, dans le fait, qu'un repli de l'aponévrose, qui n'est pas beaucoup plus épaisse dans cet endroit que dans le reste de son étendue. Les muscles thyro-aryténoïdien et crico-aryténoïdien latéral lui sont immédiatement subjacens, et lui adhèrent fortement. Cette aponévrose, différente des aponévroses d'enveloppe, est du genre de celles que la nature a placées sur les parties qui sont exposées à des frottemens violens, telles que les aponévroses plantaires et palmaires. Comme celles-ci, l'aponévrose laryngée est intimement adhérente aux parties qui lui sont contiguës.

8° Le dernier muscle, dont il me reste à parler, est l'aryténoïdien qui, étendu entre les aryténoïdes, a pour usage de les rapprocher l'un de l'autre.

Les principaux nerfs du larynx, le laryngé et le récurrent, sont fournis par le nerf vague ou pneumo-gastrique. Dès le temps de Galien on savait que la section des nerfs récurrens occasionne la perte de la voix. Cette expérience a été fréquemment répétée depuis par les physiologistes.

Telle est la structure du larynx. Il nous reste à examiner comment il produit et varie les sons.

Les premiers physiologistes qui voulurent expliquer la formation de la voix durent naturellement comparer l'organe qui la produit aux instrumens à vent qu'ils connaissaient. Ainsi, les anciens regardaient le larynx comme un instrument du genre des flûtes. Galien croyait que les longueurs diverses que prend la trachée-artère par l'ascension ou la dépression du larynx, produisaient les différens tons. Cette erreur fut répétée après lui par un grand nombre de physiologistes : cependant Galien n'ignorait pas que la glotte est l'organe principal de la voix. Il admit avec Aristote que le caractère grave ou aigu de la voix dépend de

l'ouverture plus ou moins grande de la glotte et du degré
de vitesse de l'air qui la traverse.

Dans le seizième siècle, Fabrice d'Aquapendente émit
quelques idées nouvelles sur les causes de la variation des
tons de la voix humaine. Il admit que les différens tons sont
produits par le degré d'ouverture de la glotte, et par les
changemens de longueur et de largeur du canal vocal, lequel s'allonge, dans les tons graves, par la dépression du
larynx, et se raccourcit, dans les tons aigus, par l'ascension
de cet organe (1). Fabrice donna peu de développement à
sa théorie, qui a été reproduite de nos jours avec des additions, et sur laquelle je reviendrai.

Au commencement du siècle dernier, Dodart, adoptant
une partie des idées des anciens, entreprit de donner une
théorie complète de la voix. Dans son Mémoire, inséré
parmi ceux de l'Académie des Siences pour 1700, il admet
que le jeu du larynx, dérobé à nos regards par la nature,
peut être expliqué par les phénomènes que nous présente
le jeu des anches, quoiqu'il dise, avec raison, que la glotte
n'est point exactement semblable à ces derniers instrumens. Nous savons qu'un musicien peut tirer différens sons
d'une anche séparée du corps de son instrument, en pres-
sant plus ou moins ses lames avec les lèvres, ce qui diminue
son ouverture, et en variant le degré de force et de vitesse
de l'air. Dodart admet que ce sont les mêmes causes qui
font varier les tons de la voix : « Il ne voit que la seule ou-
« verture de la glotte, jointe aux vibrations des lèvres plus
« ou moins pressées, à proportion qu'elles sont plus ou
« moins bandées, qui puisse produire les tons de la voix
« (page 253). Il est certain, dit-il plus loin, que les dif-
« férentes ouvertures de la glotte produisent, ou au moins
« accompagnent inséparablement différens tons, tant dans

(1) De larynge vocis organo, part. 3 ; cap. 11.

« les instrumens à vent naturels, comme la glotte humaine,
« que dans les instrumens à vent artificiels » (page 258).

L'opinion de Dodart est, que les cavités de la bouche et
des narines ne concourent en rien à la détermination des
tons. Si le canal vocal s'allonge dans les tons graves, et devient plus court dans les tons aigus, c'est uniquement pour
favoriser le ton en s'y proportionnant.

Dodart, dans son premier Mémoire, ne s'était point occupé des moyens que la nature avait dû employer pour
opérer simultanément le rétrécissement de la glotte et la
tension de ses lèvres; ce fut l'objet de ses recherches dans
son Mémoire de 1706. Il vit, en étudiant le larynx, que les
muscles qui raccourcissent les lèvres de la glotte les relâ-
chent, et que ceux qui les tendent les allongent, de sorte
que ces deux effets doivent se compenser et se détruire mutuellement. Il en conclut que les muscles, tant extérieurs
qu'intrinsèques du larynx, ne sont point les agens des mouvemens qu'exécute la glotte, mais qu'il y a quelque autre
partie inconnue et soumise à la volonté qui exécute ces
mouvemens. Il crut le trouver, cet organe de mouvement,
dans le ligament que contiennent les lèvres de la glotte. Il
le regarda comme un muscle d'une nature particulière, soumis à la volonté et seul agent du rétrécissement de la glotte.
Il suffit de connaître la nature de cette partie, pour sentir
toute la fausseté de cette assertion.

Enfin, dans un dernier Mémoire donné à l'Académie des
Sciences en 1707, Dodart assimile le glotte à l'ouverture
que forment les lèvres dans l'action de siffler, il donne
à celle-ci le nom de *glotte labiale*. Il prétend que dans ces
deux glottes les tons sont déterminés par les mêmes causes, qui sont, la quantité et la vîtesse de l'air sonnant lancé
dans l'air dormant. La méprise de Dodart est ici évidente :
il assimile deux instrumens qui sont d'une classe différente.
En effet, la bouche forme, dans l'action de siffler, un in-

strument du genre des sifflets; l'air est brisé sur le bord
tranchant des dents, et transmis par le canal plus ou moins
large et plus ou moins allongé que forment les lèvres, qui,
très certainement, ne vibrent pas dans cette circonstance
comme le prétend Dodart; les sons du larynx, au contraire,
sont manifestement accompagnés des vibrations des lèvres
de la glotte.

Il faut distinguer deux choses dans la théorie de Dodart :
1° l'analogie qu'il établit entre l'organe de la voix et certains instrumens; 2° la manière dont il explique la production des sons, tant dans le larynx que dans les instrumens
auxquels il le compare.

Dodart compare l'organe vocal à une anche. S'il se fût
contenté d'établir cette analogie, sa théorie eût été inatta-
quable; mais elle n'eût pas été complète. Il a donc voulu
aller plus loin, et il a prétendu expliquer la manière dont
le son est produit et varié par les anches et par le larynx.
C'est ici qu'il a erré; mais son erreur ne tombe pas spécialement sur la théorie de la voix; elle s'étend sur celle de
tous les instrumens à anche. Au reste, ce que j'ai dit précédemment des anches s'applique naturellement ici pour
démontrer que la petitesse de l'ouverture de la glotte ne
détermine point l'acuité des tons, quoiqu'elle l'accompagne
nécessairement, et que l'air n'a plus de vitesse dans cette
circonstance, que parce qu'il lui faut plus de force pour
exciter les vibrations de parties qui sont plus tendues.

La théorie de Dodart fut universellement adoptée, jusqu'à Ferrein, qui, en 1741, osa avancer le paradoxe singulier que le larynx est moins un instrument à vent qu'un
instrument à cordes; il ôta à la glotte le titre d'*organe de
la voix*, pour en revêtir les lèvres de cette ouverture, auxquelles il donna le nom de *cordes vocales*. Il admit que
ces cordes vibrent, sous l'impulsion de l'air, de la même
manière que les cordes d'une viole vibrent sous l'impulsion

de l'archet. Il fit ainsi du larynx un instrument à-la-fois à vent et à cordes.

Dans ses expériences, qu'il répéta devant l'Académie des sciences, sur des larynx d'hommes et d'animaux séparés du corps, il démontra que cet organe rend des sons semblables à ceux qu'il produit pendant la vie, lorsque après avoir tendu les lèvres de la glotte, on y fait passer de l'air avec une certaine vitesse. Il fit voir à la loupe, et même à l'œil nu, que ces lèvres étaient animées de vibrations plus ou moins rapides pendant la production des sons.

Ferrein regarde les ligamens contenus dans les lèvres de la glotte comme les seules parties dont les vibrations produisent les sons. C'est à ces seuls ligamens qu'il donne le nom de *cordes vocales*. Il rapporte une suite d'expériences par lesquelles il démontre que ces cordes, fixées dans leur milieu, de manière que leurs moitiés puissent vibrer séparément, font entendre l'octave au-dessus du ton qu'elles rendent quand elles vibrent dans leur entier. Elles donnent la quinte, la tierce au-dessus de ce dernier ton, suivant qu'on ne permet les vibrations que des 2/3 ou des 4/5 de leur longueur.

La même chose a lieu en fixant entièrement une des lèvres de la glotte, de façon que l'autre puisse vibrer seule.

Fixant l'une des cordes vocales dans sa moitié, et laissant l'autre libre, on entend deux sons à l'octave l'un de l'autre.

Toutes ces expériences réussissent encore en enlevant la portion du larynx qui est au-dessus de la glotte; ce qui prouve que c'est dans cette ouverture seule que se forment les sons et leurs modifications, relativement au caractère de grave ou d'aigu, et que le canal qui la surmonte n'y a aucune part.

Ferrein a vu que les divers tons correspondent à des de-

grés de tension différens, mais il n'a rien donné d'exact
sur cet article.

Enfin, il a vu qu'à une tension déterminée, les cordes
vocales donna'ent toujours le même ton, soit que l'ouverture de la glotte fût grande ou petite, soit que le vent fût
fort ou faible, l'intensité du son était seule changée par
ces modifications.

On voit par ces expériences que l'on peut, par deux
moyens différens, augmenter l'acuité des sons rendus par
les cordes vocales : 1° en diminuant leur longueur ; 2° en
augmentant leur tension. Ferrein pense que la diminution
de longueur des cordes vocales ne pouvant avoir lieu pendant la vie, la distension de ces cordes est le seul moyen
que la nature ait mis en usage pour remplir toute l'étendue
de la voix humaine. Cette distension, qui croît comme
l'acuité des tons, est opérée par le renversement en arrière
des aryténoïdes, et le mouvement circulaire en avant du
thyroïde ; elle doit, dans son plus haut degré, allonger les
cordes vocales d'environ trois lignes. Les tons graves, au
contraire, naissent du relâchement de ces cordes. Les divers degrés de vitesse de l'air et de rétrécissement de la glotte
n'influent sur les tons en aucune manière ; ils règlent seulement l'intensité de la voix.

Ferrein a établi le premier, et prouvé, par des expériences, que les sons rendus par le larynx sont dus
uniquement aux vibrations des lèvres de la glotte, et
qu'ils sont indépendans du degré d'ouverture de celle-ci.
Voilà ce qui lui appartient incontestablement ; mais tout
le reste était connu depuis long-temps, quoiqu'il affecte
de le nier. Il prétend qu'avant lui on n'avait jamais comparé le larynx qu'aux flûtes, aux flageolets, et aux jeux à
biseau de l'orgue. Cela est évidemment faux. On vient de
voir, par l'exposé de la théorie de Dodart, que ce savant
comparait le larynx aux jeux d'anches, et qu'il admettait

que les divers tons rendus par la glotte dépendent en partie
du degré de tension de ses lèvres. Près d'un demi-siècle
avant ce dernier, Perrault avait dit : « Pour ce qui est du
« ton de la voix, il est bas et grave, quand la glotte fait
« une fente bien longue ; car alors la longueur de l'une et
« de l'autre membrane qui composent la glotte, rendant
« chaque membrane lâche et peu tendue, leurs endoyemens
« sont rares et lents .... Le ton aigu se fait par des causes
« opposées. (1)

Nous voyons ainsi qu'avant Ferrein on ne doutait point
des vibrations totales des lèvres de la glotte, vibrations
dont cependant il s'attribue l'idée. Fondé sur l'existence de ces vibrations, et sur ce que les variations des
tons suivent les changeu ns de longueur et de force
élastique des lèvres de la glotte, il décide que les ligamens que contiennent celles-ci sont des cordes sonores.
Il suffit de connaître la structure et les connexions de cette
partie, pour sentir combien cette assertion est fausse. Si
Ferrein eût étudié le mécanisme des anches, il eût vu que
les tons qui naissent de leurs vibrations varient également,
suivant qu'on change la longueur de leurs lames ou leur
force élastique. Il eût donc été forcé de convenir que les
lèvres de la glotte ont plus d'analogie avec les lames d'une
anche qu'avec des cordes sonores ; il eût fallu qu'abandon-
nant son opinion paradoxale, il se bornât à corriger et perfectionner la théorie de Dodart. Je ne sais s'il a senti la
difficulté, mais il l'a éludée en la passant sous silence, car
il n'est pas question une seule fois des anches dans toute
l'étendue de son mémoire.

J'ai répété le plus grand nombre des expériences de
Ferrein, et j'ai obtenu les mêmes résultats que lui, hormis
dans quelques cas où ces expériences ne m'ont pas réussi.

(1) Traité du bruit, chap. 19.

Je remarquerai que jamais je n'ai pu obtenir de tons graves des larynx humains soumis à mes expériences; ils étaient muets quand la tension était faible. Toute l'étendue des tons que j'ai pu obtenir par une tension graduée, n'a jamais pu s'élever qu'un peu au-dessus d'une octave complète; encore, dans les tons plus aigus, les lèvres de la glotte étaient dans un état de tension tel, que le mouvement le plus rapide de l'air pouvait à peine les faire vibrer, et les aryténoïdes étaient renversés en arrière, bien au-delà de ce que peuvent exécuter les muscles crico-aryténoïdiens postérieurs.

Ferrein n'ayant rien donné d'exact sur les variations qu'apportent dans les tons les différens degrés de tension des lèvres de la glotte, j'ai tenté de suppléer à son silence, et j'ai fait, dans cette vue, des expériences qui m'ont appris que, pour obtenir de la glotte deux sons à l'octave l'un de l'autre, il fallait tendre ses lèvres par des poids qui fussent entre eux comme 1 est à 8. Le poids 1 donnant le ton le plus grave, le poids 2 donnait à-peu-près la quarte, et le poids 4 donnait environ la sixième au-dessus de ce ton. Quelque singulier que paraisse ce phénomène au premier coup-d'œil, je crois qu'il est possible d'en rendre raison, en considérant que toutes les parties qui s'étendent du thyroïde aux aryténoïdes participent à la tension, sans participer toutes à la production des sons; les replis supérieurs des ventricules, par exemple, sont fortement tendus; il y a donc une grande partie de la force tensive qui se trouve perdue. D'ailleurs, la tension allonge les lèvres de la glotte, ce qui détruit en partie son effet.

Ces diverses observations me paraissent de fortes objections contre la vérité de la théorie de *Ferrein*; j'y joins la réflexion suivante :

Si la seule tension des cordes vocales déterminait les tons indépendamment du degré d'ouverture de la glotte,

il est clair que le ton le plus aigu devrait correspondre
à ce degré d'ouverture de la glotte qui favoriserait le
plus la tension de ses lèvres. Or, les fibres des muscles
crico-aryténoïdiens postérieurs étant obliques de bas en
haut, et de dedans en dehors, elles agissent perpendiculairement à la direction des lèvres de la glotte, quand celle-ci
est le plus ouverte possible; par conséquent, c'est alors que
ces muscles ont le plus de force pour tendre les cordes vocales. A mesure que la glotte diminue d'ouverture par la
contraction du muscle aryténoïdien, cette force devient
d'autant moindre, que les fibres des muscles tenseurs deviennent alors de plus en plus obliques à la direction des
lèvres qu'elles tendent. Il suit donc naturellement de là,
que, suivant la théorie de Ferrein, les tons les plus aigus
doivent correspondre à l'ouverture la plus grande de la
glotte, ce qui est évidemment faux. La petite quantité d'air
qui passe par cette ouverture dans la production des tons
aigus, opposée à la masse considérable de ce fluide qui la
traverse dans la production des tons graves, prouve incontestablement que la glotte est rétrécie dans le premier cas,
et élargie dans le second.

Enfin, il paraît que Ferrein n'a pu trouver la cause de l'ascension du larynx dans les tons aigus et de son abaissement
dans les tons graves, car il ne parle point de ce phénomène
si connu.

La théorie de la voix, imparfaitement ébauchée, il y a
plus de deux siècles, par Fabrice d'Aquapendente, a été
reproduite dernièrement, mais avec des changemens qui
en font une théorie nouvelle, par l'un de nos plus célèbres naturalistes, par M. Cuvier (1). Auteur d'une
théorie de la voix de oiseaux, ce savant a pensé que sa
théorie pouvait s'appliquer aussi à la voix de l'homme et

(1) Traité d'anatomie comparée, tome IV, p. 445,

des mammifères. Rejetant entièrement l'idée des *cordes vocales*, il regarde l'organe de la voix comme un instrument du genre des cors, dans lesquels le ton est déterminé par la longueur du tube, la tension et l'ouverture des lèvres, la force et la vitesse de l'air.

Ainsi, il assimile la glotte à l'ouverture plus ou moins grande des lèvres du joueur de cor, et le tube de ce dernier instrument est représenté par le canal vocal qui s'étend de la glotte à la double ouverture de la bouche et des narines. Le larynx, par ses différens degrés d'élévation ou d'abaissement, produit différentes longueurs du canal vocal; ces longueurs déterminent les divers tons fondamentaux que l'homme peut prendre, et la glotte, par sa tension et son ouverture, les divers tons harmoniques du ton fondamental de chaque longueur. Ainsi, quoique la longueur du canal vocal ne puisse, à beaucoup près, diminuer de moitié, la voix humaine peut néanmoins s'élever à bien plus d'une octave, parce que quelques tons fondamentaux suffisent pour donner de nombreux harmoniques. Cette étendue peut être encore augmentée par les changemens de diamètre du canal vocal, et par l'occlusion plus ou moins complète de sa dernière issue extérieure. Ce dernier moyen est analogue à ce que pratiquent les joueurs de cor, qui, pour baisser le ton de leur instrument, bouchent en partie son pavillon avec la main; mais cet abaissement est borné, dans le cor, à un ton, ou, à-peu-près, ce que M. Cuvier attribue à ce qu'on ne peut fermer l'ouverture de cet instrument sans en raccourcir le tube. On sait que, dans les tuyaux à jeu de biseau de l'orgue, on fait baisser le ton d'une octave entière, en bouchant complètement leur dernière issue; il baisse d'une quantité moindre en ne la bouchant que partiellement, comme cela s'observe dans les tuyaux qu'on nomme *à cheminée*.

M. Cuvier a expérimenté que l'on pouvait ainsi parcourir tous les tons d'une octave descendante, en bouchant de plus en plus la dernière issue d'une flûte à bec sans trous latéraux. Il a appliqué cette observation à la théorie de la voix des oiseaux, et il pense que l'ouverture plus ou moins grande que forment les lèvres de l'homme peut influer de même sur les tons de sa voix.

En comparant ainsi le double canal vocal de l'homme au tube d'un instrument à vent, M. Cuvier ne s'est pas dissimulé les difficultés qu'offre sa théorie : « Mais, dit-il, en « considérant, non-seulement la dissimilitude de ces deux « cavités avec tous les instrumens qui nous sont connus, « mais encore les moyens presque infinis que nous avons « d'en changer la longueur, le diamètre, la figure et les « issues, moyens qu'il est presque impossible de détermi- « ner assez exactement pour en tirer des conséquences « physiques, on ne s'étonnera pas des difficultés que pré- « sente la théorie de notre organe vocal ». (1)

Il faut sans doute avoir des raisons bien plausibles pour se permettre d'attaquer les opinions de l'homme célèbre auquel est due cette théorie. On sera peu étonné que je l'aie entrepris, quand on saura que M. Cuvier a pris soin d'indiquer lui-même les plus fortes objections qui s'élèvent contre son système. Elle n'appartient qu'à un homme su- périeur cette franchise si rare parmi les savans qui n'ont pas toujours mis assez de bonne foi dans la recherche de la vérité pour exposer sans détour les faits contraires à leurs opinions; trop souvent même ces faits ont été altérés, quand ils n'ont pas été passés sous silence.

Voici les objections que l'on peut faire à M. Cuvier; elles sont de la plus grande force :

1° Si les diverses longueurs du canal vocal déterminaient les tons fondamentaux et leurs harmoniques, on verrait le

(1) Ouvrage cité, p. 453.

larynx tantôt monter, tantôt descendre, en parcourant l'é-
chelle diatonique, car un ton harmonique aigu aurait souvent pour générateur un ton qui exigerait un grand abaissement du larynx ; cet organe donnerait un ton fondamental et tous ses harmoniques, sans changer de position,
comme le cor les donne sans changer de longueur : rien de
tout cela n'arrive. Le larynx monte continuellement et
graduellement pendant qu'on parcourt la gamme, de sorte
que chaque ton et partie de ton correspond à une longueur
différente du canal vocal.

2° La longueur du canal vocal n'est jamais en rapport
avec les tons qu'elle accompagne, car l'observation apprend
que, pour parcourir tous les tons que contiennent deux
octaves, le larynx monte d'un pouce, ce qui ne raccourcit
le canal vocal que d'environ $\frac{1}{3}$; or, ce raccourcissement
devrait donner seulement la tierce majeure au-dessus du
ton le plus grave, tandis que, par le fait, l'organe vocal
donne la double octave, et l'on ne peut pas dire que ce
dernier ton soit un harmonique de sa double octave grave,
car le larynx n'eût pas changé de position pour le produire.

3° Si les changemens de diamètre et de configuration
des diverses parties de la bouche, si l'ouverture plus ou
moins grande des lèvres pouvaient changer les tons, le
chant articulé serait extrêmement difficile, et peut-être
impossible. On ne pourrait, en effet, faire coïncider un
ton déterminé avec la prononciation de toutes les voyelles,
sans changer la position du larynx, car on sait que les
modifications de la voix, que nous nommons *voyelles*, dépendent des divers changemens de figure et de grandeur
de la cavité de la bouche et de son ouverture extérieure :
or, on peut s'assurer que le larynx donne constamment le
même ton, sans changer de place, quelles que soient la
configuration de la bouche et l'ouverture des lèvres.

4° On peut alternativement fermer complètement ou la

bouche ou les na.iues, sans faire autre chose que rendre le son plus sourd, ce qui n'aurait pas lieu si le ton était déterminé par la longueur du double canal vocal. Pour m'en assurer, j'ai adapté une anche à un tuyau bifurqué : le ton a baissé considérablement quand j'ai bouché l'extrémité de l'une quelconque des branches de ce tuyau.

5° Si les tons dépendaient de la longueur du tube vocal, on acquerrait la facilité de rendre des tons plus graves, en ajoutant un tuyau à l'ouverture de la bouche et en bouchant en même temps les narines : c'est ce qui n'a point lieu; l'intensité seule de la voix est changée par cette addition.

6° Enfin, Bichat a prouvé, par des expériences sur des animaux vivans, que les sons vocaux ne changent pas sensiblement de caractère en cessant de traverser le double canal de la bouche et des narines (1). Je ne citerai pas à mon appui les expériences de Ferrein, car dans celles qui me sont propres je n'ai obtenu des larynx séparés du corps que des sons qu'il eût été difficile de reconnaître pour ceux de la voix humaine.

Les conclusions rigoureuses que l'on peut tirer de tout cela, sont : que les tons rendus par le larynx ne sont point les uns des tons fondamentaux, les autres des tons harmoniques, et que ces tons ne sont point déterminés par les diverses longueurs du canal vocal, non plus que par ses changemens de diamètre, ni par l'occlusion plus ou moins complète de ses issues extérieures.

Les trois théories que je viens d'exposer, différentes dans presque tous les points, s'accordent cependant toutes pour admettre des vibrations dans les lèvres de la glotte; c'est le seul point sur lequel il ne puisse y avoir de difficulté. Ces vibrations sont prouvées par les expériences de Ferrein, comme elles le sont par la nature même du son et par la

(1) Traité d'anatomie descriptive, tome II, p. 403.

sensation de frémissement que nous éprouvons en rendant des tons graves.

Le larynx est donc un instrument vibrant; et, comme l'ensemble des preuves que je viens de rapporter démontre que les dimensions du canal vocal n'influent point sur les tons, il en résulte que l'organe vocal est un instrument vibrant non compliqué d'un tuyau, et que, par conséquent, les tons sont produits uniquement par le larynx. Cherchons donc à découvrir les moyens que la nature a mis en œuvre pour donner à cet organe la faculté de produire des tons aussi variés.

Expliquer la formation et les variations de la voix suivant les lois connues de la production et de la variation des sons, en tenant compte de tous les phénomènes que présente le larynx en action, tel est le problème qui reste à résoudre. On vient de voir que jusqu'ici aucun physiologiste n'en a donné une solution complète.

La voix, comme tous les sons, présente trois qualités différentes : 1° le ton qui dépend du nombre des vibrations dans un temps donné; 2° l'intensité, qui dépend de l'étendue de ces vibrations; 3° le timbre qui tient à la nature, à la forme particulière du corps sonore.

Les tons de la voix dépendent uniquement des changemens survenus dans la partie vibrante du larynx. Son intensité reconnaît deux causes : 1° le degré de la force qui détermine les vibrations : cette force est égale au produit de la masse par la vitesse de l'air expiré; 2° la forme plus ou moins évasée du canal vocal, lequel, faisant office de porte-voix, agit, suivant sa configuration, en augmentant ou en diminuant l'intensité de son vocal. Pour le timbre de la voix, il tient à des causes, pour la plupart, indéterminées; mais il dépend, en partie, du larynx, et en partie de la forme du canal vocal, car on doit regarder les modifications du son que nous nommons *voyelles* comme des changemens de timbre d'une nature, il est vrai, toute particulière.

Avant de nous occuper de la partie du larynx, dont les vibrations donnent naissance à la voix, il est indispensable de jeter un coup-d'œil sur les diverses causes qui font varier les tons. Nous prendrons les cordes pour exemple, parce que ce sont les corps vibrans que l'on a le plus étudiés.

On sait, par l'expérience, que le ton produit par les cordes sonores varie suivant leur longueur et leur grosseur; il varie également suivant leur force élastique, qui peut être distinguée en celle qui leur est communiquée et en celle qui leur est propre. On peut communiquer de l'élasticité aux cordes de deux manières: 1° en les distendant; 2° en provoquant leur raccourcissement, quand leurs extrémités sont fixées d'une manière invariable. Ainsi les cordes à boyau *montent* quand elles sont humides, parce que l'humidité les raccourcit : l'effet est alors le même que si elles étaient plus tendues, mais la cause est différente et doit être distinguée.

La force élastique propre des cordes dépend de l'élasticité de la matière qui les forme. L'élasticité paraît généralement proportionnelle à la dureté (1); celle-ci peut donc être regardée comme la mesure de la première. Or, toutes choses égales d'ailleurs, les cordes faites des métaux les plus durs sont celles qui donnent les tons les plus aigus. Cela est également vrai pour les autres corps vibrans; ainsi le ton d'une anche d'orgue, d'un timbre, etc., varie, non-seulement suivant les dimensions de ces instrumens, mais aussi suivant le degré d'élasticité du métal qui les forme.

Je vais faire l'application de ces notions à la partie vi-

_____

(1) *Hauy*, Traité élémentaire de Physique, tome 1, p. 24 et suiv.

brante du larynx , qu'il s'agit actuellement de déterminer.
Je prends l'analogie pour guide dans cette recherche.

Les vibrations des lèvres sont, dans le jeu du cor, la
cause première des sons. Quel est l'organe actif de ces vibrations? Ce n'est certainement pas la peau des lèvres :
loin d'être tendue , elle est alors molle et plissée. Il est
évident que ce sont les deux moitiés du muscle orbiculaire
des lèvres qui vibrent alors : elles entraînent dans leurs
vibrations les tégumens qui les recouvrent et qui ne sont
que passifs dans cette conjoncture. Les deux parties de ce
muscle , tirées en dehors par les muscles zigomatiques, et
se contractant en même temps, acquièrent un degré de
tension qui les rend propres à opérer des vibrations plus
ou moins rapides. En même temps , les lèvres s'appliquent
l'une contre l'autre dans une étendue plus ou moins grande,
ce qui donne une longueur variable à leur partie vibrante.
Fondé sur cette observation et guidé par l'analogie, je pense
que ce sont les muscles thyro-aryténoïdiens et non les
membranes aponévrotiques qui les recouvrent, qui sont
les parties vibrantes du larynx humain. Les aponévroses
laryngées n'ont d'autre usage que de garantir les muscles
qu'elles recouvrent des collisions trop fortes qu'ils auraient
éprouvées s'ils eussent vibré l'un contre l'autre , dépourvus
de cette enveloppe. Voyons donc quelles sont les conditions particulières qui peuvent mettre les muscles thyro-
arythénoïdiens en état d'exécuter des vibrations plus ou
moins rapides. Ces conditions sont les mêmes que pour
les autres corps vibrans, c'est-à-dire, les dimensions, la
force élastique et la densité. On va voir comment la nature
a multiplié les moyens pour varier ces conditions.

Les muscles thyro-aryténoïdiens peuvent diminuer de
longueur en se contractant, cela est évident ; mais cette
diminution est bornée, parce que les aryténoïdes ne peuvent que peu s'éloigner ou se rapprocher du thyroïde ; il

doit donc exister un autre moyen de raccourcissement, et le voici :

On a vu précédemment que les muscles thyro-aryténoïdiens s'étendent de la base des aryténoïdes à l'angle rentrant du thyroïde ; ils forment ainsi entre eux un angle plus aigu que celui qui est formé par les deux plans du thyroïde, entre lesquels ces muscles se trouvent compris. Or, que doit-il résulter de leur contraction, eu égard à leur position ? Il est clair que ne pouvant se contracter sans augmenter en épaisseur, et rencontrant en devant les parois du thyroïde qui s'opposent à leur développement en dehors, tout l'effort de ce développement se portera en dedans, et il en résultera l'application, l'une contre l'autre, des lèvres de la glotte dans sa partie antérieure, et par conséquent le raccourcissement d'avant en arrière de la partie libre des muscles vibrans. Il est clair encore que l'angle du thyroïde étant plus grand que l'angle de la glotte, et le développement des muscles en grosseur étant proportionnel à leur force de contraction ; il est clair, dis-je, qu'une plus forte contraction des thyro-aryténoïdiens oblitérera une plus grande étendue de la glotte, et qu'une faible contraction n'oblitérera que sa partie antérieure. Ceci explique parfaitement les usages du thyroïde, et rend raison de la forme angulaire de ce cartilage ; car la nature, même dans la configuration de nos parties, n'a rien fait au hasard et sans but d'utilité. Il est facile de concevoir que, plus l'angle thyroïdien sera aigu, plus il comprimera les muscles thyro-aryténoïdiens, et plus, par conséquent, ces muscles, par leur développement en grosseur, auront de facilité pour oblitérer une plus grande étendue de la glotte. Or, l'angle thyroïdien peut être rendu plus aigu par la contraction du constricteur inférieur du pharynx combinée avec celle du thyro-hyoïdien. Le constricteur inférieur s'attache à toute la longueur des bords postérieurs du thyroïde; les fibres de ce muscle; dirigées en dedans et en haut, viennent s'unir par un raphé sur la ligne médiane; ce muscle, en se contractant, doit par conséquent rapprocher l'un de l'autre les deux plans du thyroïde; et comme son attache fixe est à l'apophyse basilaire de l'occipital, il est clair qu'il ne peut se contracter sans élever le larynx. Plus cet organe sera élevé, moins l'action des fibres du constricteur inférieur sera oblique, plus, par conséquent, elle sera énergique. Aussi tous les muscles élévateurs du larynx agissent-ils concurremment avec ce dernier; et même les branches de l'hyoïde étant fléchies en dedans par le constricteur moyen, le thyro-hyoïdien, qui y prend son insertion, peut, en se contractant, exercer sur le thyroïde une pression latérale qui favorise la flexion de ce cartilage.

La flexion du thyroïde est rendue plus facile par l'échancrure qui se trouve à la partie supérieure de son angle. Elle a pour effet de diminuer la résistance à la flexion, puisqu'elle diminue l'étendue du bord dans lequel se passe ce mouvement. Aussi cette échancrure est-elle plus profonde chez l'homme adulte que chez la femme et les enfans, afin de compenser la dureté et la raideur plus grandes qu'ont les cartilages du premier. Le thyroïde est mou et très flexible chez la femme et les enfans. C'est à cette flexibilité que doit en partie être attribuée l'étendue plus grande de leur voix dans le haut. A la puberté, les cartilages du larynx, comme toutes les autres parties, prennent plus de solidité spécialement chez les hommes, et cela concourt avec les changemens de dimension du larynx à produire la mue de la voix; par les progrès de l'âge, les cartilages du larynx s'ossifient, et le thyroïde perd entièrement sa flexibilité. Aussi les vieillards n'ont-ils plus la faculté de produire des tons élevés, quoique, dans les efforts qu'ils font pour les donner, leur larynx monte aussi haut qu'il le faisait auparavant.

Ainsi, le larynx monte dans la production des tons aigus comme il le fait dans la déglutition ; ce n'est qu'un phénomène accessoire, quoique nécessairement lié à son action. On peut s'assurer de l'influence qu'a la flexion du thyroïde sur la production des tons aigus, en le comprimant latéralement avec les doigts pendant qu'on rend un ton quelconque. L'effet de cette compression, qui diminue l'angle thyroïdien, est constamment de hausser le ton, et même, lorsqu'on est parvenu aux tons les plus élevés que l'on puisse donner, on acquiert la possibilité de monter un peu plus haut par le moyen de cette compression artificielle.

Le larynx, pour donner des tons graves, ne retourne pas simplement à sa position naturelle, il est fortement tiré en bas. Cette traction, opérée par le sterno-thyroïdien, a pour but de rendre plus obtus l'angle du thyroïde. Il suffit de considérer la disposition de ce cartilage et l'insertion du sterno-thyroïdien, pour être convaincu de cette vérité. Ce muscle s'insère au milieu de la face latérale du thyroïde ; et, comme je l'ai fait remarquer, cette insertion est oblique de bas en haut. Il est à remarquer également que les côtés du thyroïde présentent chacun un plan incliné de haut en bas et de dehors en dedans, de sorte que le bord supérieur de chacune des ailes de ce cartilage est plus externe et plus antérieur que le bord inférieur. Le sterno-thyroïdien, agissant ainsi dans une direction oblique au plan auquel il s'attache, doit avoir pour effet d'augmenter l'obliquité de ce plan, et par conséquent, d'augmenter l'angle thyroïdien. On conçoit que, plus l'attache de ce muscle sera élevée, plus il aura de force pour ouvrir les plans du thyroïde ; puisqu'il agit sur un levier dont la longueur est représentée par la distance de son point d'attache à l'angle inférieur du thyroïde qui a son point fixe sur le cricoïde. Cette fixité de la partie inférieure

du thyroïde fait qu'elle ne participe que peu aux mouvemens de flexion et d'extension qui se passent presque en
entier dans la partie supérieure du cartilage, et surtout dans
l'angle postérieur supérieur de chacun de ses deux plans ou
ailes; aussi est-ce vers cet angle que se dirige l'insertion oblique du sterno-thyroïdien. Cette obliquité est d'autant plus
favorable à l'ouverture de l'angle du thyroïde, qu'elle produit le même effet que si ce muscle avait effectivement une
insertion plus élevée, et qu'elle le dirige vers la partie la plus
mobile du cartilage. Le seul effet de la contraction du sterno-
thyroïdien serait d'abaisser le thyroïde sans influer sur l'ouverture de son angle, si l'attache de ce muscle se faisait au
bord inférieur du plan thyroïdien, comme je l'ai observé
dans le bœuf, ou si son insertion, quoique très élevée, se
faisait plus antérieurement que celle du thyro-hyoïdien et
dans le voisinage de la ligne médiane, comme je l'ai observé
dans le larynx du porc.

On peut se convaincre de l'influence qu'a l'ouverture de
l'angle thyroïdien sur la production des tons graves, en
appuyant plus ou moins fortement sur la crête de cet angle;
ce qui doit nécessairement le rendre plus obtus. L'effet de
cette pression est toujours de rendre le ton plus grave qu'il
n'était, et même elle donne la facilité de descendre un peu
plus bas qu'on ne le peut faire naturellement. Au contraire, la compression latérale du thyroïde ôte la faculté
de donner des tons très graves, quoique le larynx descende
aussi bas que possible.

Le changement de longueur de la partie libre des thyro-
aryténoïdiens n'est pas le seul effet qui résulte du changement d'ouverture de l'angle du thyroïde, il est facile de voir
qu'il doit aussi résulter un changement dans la tension de
ces muscles. Pour peu qu'on ait quelque teinture de géomé-
trie, on sent que, plus on diminue la base d'un triangle iso-
cèle, en rapprochant l'un de l'autre les deux côtés, dont

la longueur est égale et toujours la même, plus on augmente
la hauteur de ce même triangle, et *vice versá;* par conséquent, les thyro-aryténoïdiens, étendus du sommet à la
base d'un triangle dont les côtés, représentés par les ailes
du thyroïde, ont une longueur fixe, doivent être distendus
quand l'angle thyroïdien est rendu plus aigu, et relâchés,
au contraire, quand ce même angle est rendu plus obtus.
La tension opérée par ce moyen est très bornée ; aussi
n'est-il pas le seul.

Les thyro-aryténoïdiens peuvent être tendus par le renversement en arrière des aryténoïdes. Il n'est pas moins
évident que le mouvement en avant du thyroïde doit produire le même effet. L'observation qui prouve le mouvement
de ce dernier est due à Ferrein. Si l'on met le doigt sur
l'intervalle qui sépare le thyroïde du cricoïde pendant qu'on
parcourt l'échelle diatonique, on sent cet espace diminuer dans les tons aigus, et s'agrandir dans les tons
graves ; ce qui prouve que le thyroïde s'éloigne des aryténoïdes dans le premier cas, et s'en rapproche dans le
second.

J'ai déjà exposé trois moyens de tension : il en existe un
quatrième analogue à ce que produit l'humidité sur les
cordes à boyau, c'est le raccourcissement ou la contraction
des thyro-aryténoïdiens, les cartilages auxquels ils s'attachent étant rendus fixes. Il est indubitable que, plus
ces muscles se contracteront, plus ils acquerront de tension, plus, par conséquent, ils donneront un ton aigu.
Que l'on se rappelle ici que l'effet de la contraction des
thyro-aryténoïdiens est de diminuer l'ouverture de la
glotte, et l'on comprendra pourquoi celle-ci est rétrécie
dans les tons aigus, et élargie dans les tons graves; c'est une
suite nécessaire du degré de contraction des muscles vibrans. Ce rétrécissement de la glotte, en présentant à l'air
une issue plus petite, doit augmenter son impétuosité et

35.

sa force; ce qui était nécessaire pour que l'impulsion de ce
fluide pût déterminer les vibrations de parties qui sont
plus tendues; ainsi la force motrice croît comme la résistance au mouvement.

La contraction des thyro-aryténoïdiens a encore un effet
important, c'est augmenter leur élasticité propre : plus un
muscle est contracté, plus il oppose de résistance aux puis-
sances qui tendent à l'allonger, plus, par conséquent, il a de
force pour revenir à sa position quand il a été déplacé; or,
cette dernière force est l'élasticité. Elle croît donc comme
la contraction du muscle, et, ce qui est remarquable,
comme sa dureté; car on sait que c'est la propriété des
muscles de devenir d'autant plus durs, que leur contraction est plus forte. Le changement de force de contraction
des thyro-aryténoïdiens a donc un effet analogue à ce que
produit dans nos instrumens l'emploi de cordes faites de
métaux de duretés différentes; mais ce qui n'a point d'analogue dans les ouvrages de l'art, c'est l'existence de corps
vibrans susceptibles de varier à volonté en dureté. Il n'appartenait qu'à la nature d'opérer cette merveille; c'est ce
qu'elle a fait en appliquant à la production des sons des organes musculaires qui deviennent d'autant plus durs et plus
élastiques qu'ils sont plus fortement contractés.

Enfin, les thyro-aryténoïdiens peuvent diminuer de grosseur, en ne contractant qu'une portion de leurs fibres. Cette
contraction partielle n'est point prouvée, et n'est point
susceptible de l'être; mais on n'aura aucune répugnance à
l'admettre, en songeant qu'on admet généralement que les
muscles thyro-aryténoïdien et crico-aryténoïdien latéral
peuvent se contracter isolément, quoiqu'il n'y ait aucune
ligne de séparation entre eux : aux yeux de l'observateur,
ces deux muscles n'en font évidemment qu'un seul. Si l'anatomie en a fait deux, c'est parce qu'ils peuvent être considérés isolément sous le rapport de leur action. On conçoit,

sans plus de peine, que les fibres toutes parallèles des thyro-aryténoïdiens peuvent se contracter isolément, par exemple, les supérieures sans les inférieures, pour la production des tons aigus. Le muscle entier doit entrer en action dans les tons graves, dont la production, qui embarrassait Ferrein, cesse d'être un problème, quand on considère le volume du thyro-aryténoïdien dans l'homme adulte.

En récapitulant les causes qui font varier les tons produits par le larynx, nous voyons que ces causes sont :

1° Le raccourcissement des thyro-aryténoïdiens par la contraction de ces muscles.

2° Le raccourcissement des thyro-aryténoïdiens par l'oblitération de la partie antérieure de la glotte. (1)

3° La tension de ces muscles, résultat de la diminution de l'angle du thyroïde.

4° Leur tension opérée par le renversement en arrière des aryténoïdes.

5° Leur tension opérée par le renversement en avant du thyroïde.

6° Leur tension, résultat de leur raccourcissement, les cartilages auxquels ils s'attachent étant rendus fixes.

7° L'augmentation de dureté des thyro-aryténoïdiens.

8° La diminution de grosseur de ces muscles par leur contraction partielle.

Ce qui forme huit moyens qui sont très bornés, quand on les considère isolément, mais dont la réunion ou les différentes combinaisons ont pour avantage de nécessiter

(1) Le fait de l'oblitération de la partie antérieure de l'ouverture de la glotte dans la production des tons aigus, fait que j'avais déduit de l'observation de la structure du larynx, a été depuis démontré par les expériences que M. Magendie a faites sur des chiens dans le but de voir le mécanisme du larynx dans la production des sons.

l'emploi de fort peu de chacun d'eux pour produire de grands changemens dans les tons.

Le larynx réunit ainsi toutes les conditions nécessaires pour donner le plus de tons possible avec des dimensions très bornées.

Telle est la théorie que j'ai puisée dans l'étude attentive du larynx. Je n'ai point cherché à lui donner des preuves par des expériences faites sur des animaux vivans; le larynx de l'homme m'a paru trop différent de celui des autres mammifères, pour pouvoir conclure de ce qui se passe chez ces derniers à ce qui a lieu chez le premier. Je n'entreprendrai point d'exposer ici les imperfections nombreuses que présente l'organe vocal des quadrupèdes, étudié comparativement avec celui de l'homme; il me suffit de faire observer que, chez les animaux, les thyro-aryténoïdiens ne sont pas toujours les organes immédiats de la voix. Souvent ils ne sont pas, comme chez l'homme, employés exclusivement à former les parois de la glotte; plus souvent encore ils sont recouverts de parties si épaisses, qu'ils ne peuvent que difficilement participer aux vibrations. Chez l'homme, au contraire, les thyro-aryténoïdiens sont presqu'à nu e i dededans, ou ne sont recouverts que de membranes incapables, par leur peu d'épaisseur, de nuire à leurs vibrations, quoique assez fortes pour leur former une enveloppe solide. Chez les quadrupèdes, ces membranes sont ordinairement très développées, et forment des saillies considérables dans l'intérieur du larynx. Il est indubitable que ce sont ces membranes, plutôt que les thyro-aryténoïdiens, qui produisent, par leurs vibrations, les sons rauques et peu variés de la voix des quatrupèdes. Certainement, ainsi que l'a remarqué Vicq-d'Azyr (1), la perfection de la voix de l'homme est, en grande partie, le fruit de son industrie;

(1) Mémoires de l'Académie royale des sciences, 1779, p. 181.

mais on ne peut nier qu'elle ne soit également le résultat
de la perfection de son organisation. La voix des quadrupèdes est très bornée ; ce qui s'accorde avec l'imperfection
de leur organe vocal. Cependant, en ne leur accordant
point la possibilité d'égaler la perfection de la voix humaine, la nature ne paraît pas leur avoir refusé à tous la
faculté de varier un peu les intonations de leur voix ; s'ils
ne le font pas, c'est parce que, selon la judicieuse remarque de M. Cuvier (1), l'instinct détermine et borne l'usage
que l'animal fait de ses facultés. L'homme seul, guidé par
un flambeau bien supérieur à l'instinct, non content d'employer toutes les facultés qui lui ont été départies, sait les
perfectionner, et souvent parvient à étendre considérablement leur sphère. (2).

(1) Leçons d'anatomie comparée, tome IV, p. 482.

(2) Je n'ai point dû faire mention des recherches qui ont été faites sur la
voix humaine depuis la première publication de cet essai ; j'ai voulu seulement reproduire ici mon travail sur cette matière.

APPENDICE.

Quoique les deux mémoires suivans ne se rattachent point directement au titre général de ce recueil, j'ai dû néanmoins les insérer ici. Le premier, par le sujet qu'il traite, tient de fort près à la physiologie végétale; j'ai eu occasion de citer deux fois le second dans ce recueil, savoir: dans mon VIII° Mémoire (tome 1, page 431) et dans mon XXVI° Mémoire (tome 2, page 451); il était donc nécessaire que le lecteur pût le consulter.

I.

COMMENT AGIT LA DIASTASE POUR DÉTERMINER LA RUPTURE DES TÉGUMENS DES GRAINS DE FÉCULE. (1)

L'enveloppe tégumentaire des grains de fécule est rompue et la substance (2) que contiennent ces grains est mise

(1) Ce mémoire a été lu à l'Académie des Sciences dans sa séance du 2 décembre 1833; il a été publié dans les Annales des Sciences naturelles, t. xxx, p. 354.

(2) Les chimistes n'étant point encore d'accord sur la composition de la fécule, et par conséquent sur le nombre comme sur le nom des substances qu'elle contient, je m'abstiens d'adopter ici aucun de ces noms.

en liberté par l'action de plusieurs agens. Le plus généralement employé de ces agens est l'eau échauffée à la température de l'ébullition. Lorsque la quantité de ce liquide
est assez considérable pour que la substance qu'il dissout
ne forme point un liquide pâteux, on voit qu'en se refroi-
dissant, il laisse précipiter, non-seulement les tégumens
insolubles de la fécule, mais aussi une très grande quantité de la substance qui était dissoute à chaud. La quantité
de cette substance qui reste dissoute dans le liquide re-
froidi est si petite qu'à peine son adjonction augmente-
t-elle sensiblement la densité de l'eau. J'ai trouvé que
cette densité de l'eau froide, aussi chargée qu'elle peut
l'être de la substance soluble de la fécule, n'était que de
1,002, la densité de l'eau pure étant 1. Lorsque la quantité de cette substance dissoute dans l'eau chaude est plus
considérable, elle se prend en gelée par le refroidisse-
ment. Cette gelée est le résultat d'une véritable précipitation de la substance soluble de la fécule, substance
qui reste suspendue dans le liquide, lequel cesse de mériter ce nom; c'est ce qu'on appelle de l'*empois*. Ainsi la
substance intérieure de la fécule, indéfiniment soluble
dans l'eau bouillante, l'est très peu dans l'eau froide.

On peut penser avec raison que l'eau bouillante détermine la rupture des tégumens des grains de la fécule en
amollissant ces tégumens et en dilatant par la chaleur la
substance qu'ils renferment. On doit ajouter à ces causes
de rupture l'endosmose qui ne peut manquer d'être très
énergique à raison de la grande densité de la substance
liquéfiée que renferment les grains de fécule baignés extérieurement par l'eau chaude. L'endosmose introduit l'eau
dans ces petites vésicules qui deviennent ainsi extrêmement
turgescentes et qui finissent par se rompre. Alors leur liquide organique intérieur se mêle à l'eau environnante avec
laquelle il forme l'*empois*. Il peut arriver et il arrive, en ef-

fet, quelquefois que, dans le cas dont il s'agit, les tégumens des grains de fécule paraissent ne point se rompre
sous l'effort de la distension que leur fait éprouver leur
liquide intérieur augmenté de volume par l'endosmose, et
cependant ce liquide intérieur ne laisse pas de sortir de la
cavité des grains de fécule pour se mêler à l'eau environnante qui le dissout. Il paraît que, dans cette circonstance,
le liquide intérieur de chaque grain de fécule, sans cesse
augmenté de volume par l'adjonction de l'eau qu'introduit
l'endosmose et soumis, par conséquent, à une forte pression, filtre au travers d'ouvertures imperceptibles, sans
rompre le tégument du grain de fécule d'une manière apparente, et qu'il se déverse ainsi dans l'eau environnante.

L'acte de la germination produit dans les graines des
céréales une substance particulière à laquelle MM. Per-
soz et Payen qui l'ont découverte ont donné le nom de
diastase. Cette substance, sans pouvoir en aucune manière être considérée comme un menstrue chimique,
opère cependant la dissolution de la fécule avec une
grande rapidité. La manière dont la diastase agit pour opérer ce phénomène me paraît facile à déterminer. La diastase ne dissout point les tégumens de la fécule. Ce fait
est prouvé par l'expérience, car l'action très prolongée de
la diastase sur les tégumens de la fécule séparés préalablement ne leur fait éprouver aucune perte en poids. Ce n'est
point, par conséquent, en attaquant ces tégumens qu'elle
occasionne leur rupture. Il faut donc ici recourir exclusivement à l'action de la diastase sur la substance intérieure
de la fécule. J'ai dit plus haut que cette dernière est très
peu soluble dans l'eau froide. Or, l'accession d'une quantité excessivement petite de diastase, 0,0005 par exemple,
donne rapidement à cette substance une extrême solubilité
dans l'eau froide et tend en même temps à la convertir en
sucre. Le mode de cette action chimique est inconnu; mais le

fait qu'elle dévoile est d'une grande importance , non-seulement en chimie, mais aussi en physiologie. Il est évident que c'est à cette augmentation de solubilité de la substance intérieure de la fécule qu'il faut rapporter alors la rupture des tégumens qui la renferment. En raison de sa solubilité acquise , cette substance forme avec l'eau un liquide très dense; elle exerce, par conséquent , une endosmose très énergique , et, en raison de cela , elle fait crever rapidement les tégumens délicats des grains de fécule. Pour vérifier cette théorie, j'ai expérimenté comparativement la force d'endosmose de l'eau froide aussi chargée de substance soluble de la fécule qu'elle peut l'être par l'action préalable de l'ébullition , et la force d'endosmose de l'eau froide chargée d'une certaine quantité de cette même substance modifiée et rendue soluble par la diastase. Le premier de ces liquides dont la densité était de 1,002 ne produisit pas la plus légère endosmose; le second, ou l'eau chargée de substance intérieure de la fécule modifiée par la diastase qui lui avait été ajoutée dans la proportion de $\frac{1}{4}$ de son poids , et dont la densité était 1,006, produisit une endosmose qui, comparée à celle de l'eau sucrée de la même densité , se trouva avec elle dans le rapport de sept à neuf. En employant une solution de cette même substance dont la densité était 1,013, j'obtins une endosmose qui, comparée à celle de l'eau sucrée de même densité , se trouva avec elle dans le rapport de cinq à six. Cette différence dans les deux expériences provient probablement de ce que dans les deux solutions l'action de la diastase avait produit plus de sucre dans l'une que dans l'autre. Toujours résulte-t-il de ces expériences que la substance intérieure de la fécule modifiée et rendue soluble par la diastase possède un pouvoir d'endosmose peu inférieur à celui que possède l'eau sucrée. Or, j'ai fait voir, (tome 1, page 45), que le sucre est de toutes les substances vé-

gétales celle qui possède le plus grand pouvoir d'endosmose. La substance intérieure de la fécule modifiée par la
diastase s'en rapproche sous ce point de vue ; son pouvoir
d'endosmose est bien supérieur à celui de la gomme qui,
d'après mes expériences, est à-peu-près inférieur de moitié à celui du sucre. Ainsi, il n'est point douteux que la
substance contenue dans les grains de fécule ne produise
une endosmose énergique lorsqu'elle a été modifiée par
l'action de la diastase. Alors les tégumens des grains de
fécule, de plus en plus distendus par l'introduction de
l'eau extérieure, finissent par se rompre. Cet effet a lieu
dans l'eau froide comme dans l'eau chauffée jusqu'à 75 degrés centigrades, mais seulement avec plus de lenteur. On
sait qu'à une plus haute température, la diastase se décom-
pose. Lorsque les grains de fécule n'ont point subi l'action
de la diastase, la substance qu'ils renferment étant ou insoluble ou très peu soluble dans l'eau froide, il n'y a point
d'endosmose de produite ; ces grains, par conséquent, ne
sont point déterminés à se crever ; ils conservent leur intégrité.

On voit ainsi que la séparation de la substance intérieure
de la fécule de ses tégumens sous l'influence de la diastase
est le résultat d'une succession de phénomènes. La diastase agit sur cette substance intérieure comme agent d'une
modification de composition qui augmente sa solubilité dans
l'eau ; en vertu de cette modification, cete substance acquiert un grand pouvoir d'endosmose. Cette dernière action
physique produit l'entrée de l'eau dans la vésicule tégumentaire du grain de fécule et la rend turgescente avec un excès
tel qu'elle se crève. Cette rupture étant fait, la séparation
de la substance intérieure de ses tégumens s'opère par la seule
action dissolvante de l'eau environnante. Ainsi la diastase
n'agit point directement en séparant la substance intérieure
de la fécule de ses enveloppes, comme l'étmologie de son

nom l'indique. Il eût été plus convenable de donner à ce
nouvel agent chimique un nom dont la signification étymologique eût indiqué qu'il changeait la nature chimique de
la substance peu insoluble sur laquelle il agissait et qu'il lui
donnait ainsi une grande solubilité. Toutefois ce nom étant
imposé doit être conservé, mais sans aucun égard à sa signification. La science offre bien d'autres exemples de dés-
accord entre les objets et les noms relativement à la
signification étymologique de ces derniers, et cependant on
les conserve. La découverte de la diastase aura une haute
portée en physiologie. C'est un phénomène de chimie organique bien digne d'être médité que celui du changement
rapide de nature et d'augmentation de solubilité qui est
produit dans une substance organique par l'accession de
quelques atomes d'une autre substance organique qui n'est
ni acide ni alcaline. Ce fait prouve que lorsque des substances organiques éprouvent une dissolution ou plutôt une
liquéfaction, on ne doit pas toujours attribuer ce phénomène à l'action d'un menstrue chimique. Il peut être produit par un agent qu'on pourrait nommer *diastasique*,
c'est-à-dire à-la-fois transformateur et liquéfacteur sans être
menstrue. Le phénomène de la digestion recevra certainement une lumière inattendue de la découverte de ce nouvel ordre de faits dans la chimie organique. Il est bien probable, en effet, que le suc gastrique est pour les substances
organiques alimentaires une sorte de *diastase* qui produit
la transformation et occasionne la solution des substances organiques alimentaires. Toutes les substances organiques
animales et végétales sont composées de globules agglomérés, et ces globules qui sont vésiculaires comme les grains
de fécule ont besoin d'être crevés pour livrer à l'alimentation les substances qu'ils renferment. Il y aurait ainsi plusieurs espèces d *diastases gastriques* en rapport avec le
genre d'alimentation des animaux.

La liquéfaction des substances alimentaires dans l'acte de la digestion offre des phénomènes qu'il est impossible d'expliquer par l'action des menstrues chimiques. Ainsi, par exemple, on sait avec quelle facilité les os les plus durs, même lorsqu'ils sont avalés entiers ou en gros fragmens, sont liquéfiés dans l'estomac des chiens. Cette liquéfaction est le résultat de la solution de la gélatine qui réunit les molécules du phosphate calcaire. L'os est alors converti en bouillie mieux qu'il ne le serait par l'action de l'eau chauffée à une haute température dans la marmite de Papin. Cet effet surprenant ne peut évidemment être attribué à l'action d'un menstrue chimique. Admettons, au lieu de cela, l'existence d'une diastase gastrique dont l'accession occasionne la transformation de la gélatine et lui donne une grande solubilité, et le phénomène dont il vient d'être question s'explique sans difficulté. L'os ingéré dans l'estomac du chien sera promptement liquéfié et la gélatine se sera transformée en un autre liquide organique ; ce sera l'acte de la digestion stomacale.

Chez les graines des végétaux pendant leur germination, il se forme de la diastase qui rend soluble dans l'eau froide la substance intérieure des grains de fécule et qui commence à la transformer en sucre. Cette opération naturelle de chimie organique qui fait que la fécule devient susceptible de livrer ses élémens nutritifs à l'absorption opérée par la plante naissante peut, à mon avis, être considérée comme une sorte de *digestion végétale* qui sera analogue à la digestion animale, si, comme je le pense, la théorie que j'ai indiquée plus haut relativement à la digestion des animaux est fondée.

II.

EXPÉRIENCES

SUR LA CIRCULATION DES LIQUIDES DANS LES TUBES DE VERRE VERTICAUX. (1)

Lorsque l'attention des physiologistes se porta, il y a quelques années, sur le phénomène de circulation, découvert depuis long-temps par Corti dans les *Chara*, un physicien ingénieux, M. Le Baillif, imagina de donner une idée de cette circulation au moyen d'une expérience de physique, dont l'idée première paraît appartenir au comte de Rumford.

Un liquide contenu dans un vase dont deux côtés opposés sont inégalement échauffés, prend dans ce vase un mouvement circulatoire; il monte du côté qui est le plus échauffé, et il descend du côté qui l'est le moins. C'est ce qui a lieu, par exemple, dans l'eau contenue dans un vase placé latéralement auprès du feu. Si l'on a un tube de verre rempli d'eau et placé verticalement, et qu'on approche un corps chaud de l'un de ses côtés, l'eau prendra dans ce tube un mouvement circulatoire. Rendue plus légère par la chaleur, elle montera du côté du corps chaud, et elle descendra du côté opposé. Ce mouvement sera rendu sensible par les corps légers que l'eau tiendra en suspension. Or, il est d'expérience qu'un tube vertical rempli d'eau qui tient en suspension des corps légers, manifeste un mouve-

(1) Ce mémoire a été lu à l'Académie des Sciences dans sa séance du 23 novembre 1829.

ment de circulation lorsqu'il est placé dans un appartement
dont l'air paraît cependant également échauffé dans toutes
ses parties. C'est cette circulation que M. Le Baillif présentait plutôt comme une image que comme une explication de la circulation qui existe dans les *Chara*. Il se servait pour cela d'un tube de verre contenant de l'alcool dans
lequel étaient suspendues des molécules impalpables de
liège râpé. Il paraît que la cause de la circulation dont il
est ici question, était considérée comme problématique, et
que rien ne prouvait qu'elle pût être rapportée à l'action de
la chaleur, puisque M. Raspail, vers le même temps, présenta quelques-uns de ces tubes à l'Académie des sciences
et à la Société philomatique, comme des objets curieux, et
sans déterminer la cause des phénomènes qu'ils présentaient.
Il publia ses observations à cet égard dans les *Annales des
Sciences d'observation* (juin 1829), et il se servit de ce phénomène inexpliqué pour rendre raison de la circulation
des *Chara*. Curieux de savoir à quelle cause était due la
circulation observée dans le liquide que contenaient des tubes de verre établis dans un appartement dont la température paraît être partout la même, je m'appliquai à l'étude
de ce phénomène. Je cherchai d'abord quels étaient les
corps légers qui pouvaient rester long-temps suspendus dans
l'eau sans se précipiter. Les molécules ligneuses impalpables ne restent suspendues dans l'eau qu'autant qu'elle est
en mouvement; dès qu'elle est dans un parfait repos, elles
se précipitent; il en est de même des molécules terreuses,
etc. Il me fallait avoir des molécules opaques qui, par leur
légèreté spécifique, pussent rester suspendues dans l'eau,
lorsqu'elle est sans mouvement, sans tendre ni à se précipiter ni à surnager. J'ai trouvé ce que je cherchais à cet égard
en employant le lait. Une seule goutte de ce liquide ajoutée
à six et même à dix onces d'eau que l'on agite, suffit, par
ses globules dispersés, pour rendre apercevable à la loupe

tout mouvement de cette eau mise dans un tube de verre.
Ces globules restent suspendus dans l'eau sans tendre à se
précipiter pendant plusieurs jours, en sorte qu'il est facile
de faire des observations suivies avec cette eau chargée de
corps légers en suspension, et que l'on peut considérer
comme de l'eau pure. Ayant rempli avec cette eau un tube
de verre de six pouces de longueur et de six ligne de diamètre, je le plaçai verticalement non loin d'une fenêtre
fermée et éclairée seulement par la lumière diffuse. Je vis
l'eau qu'il contenait circuler en montant d'un côté et en
descendant du côté opposé. Je ne tardai pas à m'apercevoir
que la circulation changeait de direction, suivant les variations de la température extérieure. Lorsque la température
de l'appartement était supérieure à celle du dehors, le courant ascendant était dans le tube du côté du fond de l'appartement, et le courant descendant du côté de la fenêtre;
l'inverse avait lieu lorsque la température de l'appartement
était inférieure à celle du dehors. Ainsi il me fut démontré
que la circulation dont il s'agit était produite par le faible
courant de chaleur qui existait dans l'air de l'appartement,
et qui était dirigé, au travers de la fenêtre fermée, du dedans au dehors, ou du dehors au dedans. Les tubes remplis
d'eau dont on voit la circulation à l'aide des corps légers
que cette eau tient en suspension, sont donc des instrumens
propres à faire découvrir la direction des faibles courans
de chaleur qui existent dans l'air ambiant. Pour me servir
d'une expression qui évite une circonlocution, je désignerai
ces tubes sous le nom de thermoroscopes (1), mot qui signifie que ces tubes sont des instrumens indicateurs du sens
dans lequel s'opère l'écoulement de la chaleur.

Le mouvement circulatoire qui a lieu dans le liquide du

---

(1) Mot dérivé de θερμὸς, chaleur ; de ῥέω, écoulement ; et de σκοπέω,
je découvre.

thermoroscope n'est point égal dans tous les points du tube;
il est plus rapide dans le fond que dans la partie supérieure.
Le courant descendant présente un mouvement accéléré,
en sorte que ce mouvement de descente, assez lent dans la
partie supérieure, acquiert graduellement plus de rapidité
à mesure qu'on l'observe dans une partie plus inférieure.
Le courant ascendant offre au contraire un décroissement
graduel de vitesse du bas en haut, en sorte que ce mouvement d'ascension, rapide dans la partie inférieure, devient
plus lent dans la partie supérieure. Ainsi, en observant le
mouvement de descente et le mouvement d'ascension à la
même hauteur, on les voit constamment égaux; mais en les
observant à des hauteurs différentes, on voit le mouvement
de descente graduellement accéléré, et le mouvement d'ascension graduellement retardé.

La chaleur, dont l'inégalité légère aux deux côtés opposés du thermoroscope produit la circulation du liquide,
agit d'une manière très marquée par le degré général de
son élévation sur cette circulation. Ainsi j'ai observé que
lorsque la température générale est au-dessous de + 10
degrés R., il n'y a plus de circulation dans un tube rempli
d'eau pure. C'est en vain qu'il existe alors un puissant courant de transmission de température; il n'agit en aucune
manière sur le liquide du thermoroscope pour provoquer sa
circulation. Ainsi j'ai vu que cette dernière n'existait point
dans des thermoroscopes situés près d'une fenêtre dans un
appartement dont la température était à + 5 degrés, lorsque la température du dehors était à — 10 degrés. Il y
avait alors 15 degrés de différence entre la température de
l'appartement et la température du dehors; le courant de
transmission de la température du dedans au dehors devait
être bien intense, et cependant il était sans action sur le
liquide contenu dans le thermoroscope. Lorsque la température générale est supérieure à + 15 degrés, il suffit d'un

quart de degré de différence entre la température de l'appartement et celle du dehors pour que le courant de chaleur qui résulte de cette inégalité provoque une circulation dans le thermoroscope. Ainsi l'absence de la circulation lorsque la température est au-dessous de + 10 degrés, tient évidemment à ce que les molécules du liquide étant fort rapprochées par la perte d'une partie du calorique qui les écartait les unes des autres, elles sont alors soumises à une attraction réciproque plus forte, ce qui leur donne une *force d'inertie* à l'aide de laquelle elles résistent davantage au mouvement que le courant de la chaleur tend à leur imprimer. En effet, si l'on détruit momentanément cette *force d'inertie* au moyen d'une légère agitation du liquide, la circulation s'établit dans le sens du courant de la chaleur, et dure pendant quelque temps, ce qui prouve que le courant de la chaleur exerce alors son action sur les molécules du liquide pour les déterminer à se mouvoir. L'ébranlement des molécules du liquide est donc une condition préalable nécessaire pour que ces molécules soient mises en mouvement par le courant de la chaleur, lorsque ce courant est trop faible pour opérer à lui seul ce mouvement. Un thermoroscope dont le liquide est à la température de + 5 degrés R., non-seulement ne présente plus de circulation sous l'influence des courans de la chaleur qui existent dans l'atmosphère, mais les rayons mêmes du soleil le frappent vainement pendant quelques minutes; ils n'y produisent point de circulation, ce n'est que lorsque leur action prolongée a suffisamment augmenté la température du liquide que celui-ci circule. Ce même liquide, cependant, lorsqu'il possède une température supérieure à + 15 degrés, présente une circulation dont la rapidité devient très considérable à l'instant même qu'il est frappé par les rayons solaires.

Ces faits prouvent que la mobilité moléculaire de l'eau

est beaucoup plus grande quand elle est échauffée, que lorsqu'elle est refroidie, ce qui avait déjà été prouvé d'une autre manière par les expériences de M. Girard sur l'écoulement des liquides par les tubes capillaires. Ces faits prouvent en même temps, ce me semble, que le mouvement de la chaleur dans les corps est d'autant plus facile que ces corps possèdent une température plus élevée.

L'eau qui tient en solution des substances acides, alcalines ou salines, offre plus de mobilité moléculaire que l'eau pure, car les circonstances extérieures étant les mêmes, elle circule beaucoup plus vite. C'est ce dont je me suis assuré en mettant en expérience les uns à côté des autres des tubes semblables qui contenaient les uns de l'eau pure ; les autres, de l'eau avec addition d'une petite quantité d'acide, d'alcali, ou d'un sel quelconque. Lorsque la température générale n'avait point assez d'intensité pour déterminer la circulation de l'eau pure, l'eau acide, alcaline ou saline circulait très bien. L'eau pure cesse de circuler lorsque la température générale est à + 10 degrés R. L'eau acide, alcaline ou saline circule à des degrés inférieurs et variables de température générale. J'ai vu l'eau acidulée circuler très bien, la température générale étant à + 5 degrés, tandis que l'eau pure d'un thermoroscope contigu était complètement immobile. Ainsi il est certain que l'eau à laquelle on ajoute un acide, un alcali ou un sel, éprouve par cette addition, une augmentation de mobilité moléculaire qui rend ses molécules susceptibles d'obéir à des causes de mouvement qui, dans les mêmes circonstances, n'agissent point pour mouvoir les molécules de l'eau pure.

La pression exercée par la pesanteur d'une colonne de liquide sur les molécules de ce même liquide qui occupent la partie inférieure est un obstacle à leur mobilité. Celles de ces molécules qui sont à la partie supérieure étant les moins pressées, obéiront par cela même avec plus de faci-

lité aux causes qui tendront à les mouvoir. Ainsi, j'ai expérimenté qu'un tube vertical long de trois pieds étant
rempli d'eau la circulation ne pénétrait qu'à environ deux
pieds de profondeur, encore avant d'arriver jusque-là
éprouvait-elle une diminution graduelle de vitesse jusqu'à ce que son mouvement cessât tout-à-fait de pénétrer
plus avant.

J'avais remarqué plusieurs fois que le matin la circulation du thermoroscope était beaucoup plus lente que lorsque la lumière était devenue plus intense, et cela quoique
la température n'eût pas varié. Cela me fit soupçonner que
la lumière avait une influence sur ce mouvement circulatoire. Pour m'en assurer, j'établis auprès d'une fenêtre
éclairée par la seule lumière diffuse, deux thermoroscopes
dont la circulation s'établit sur-le-champ. Alors je couvris
un de ces tubes avec un récipient de carton, et l'autre avec
un récipient de verre. Au bout de 20 minutes, je trouvai
la circulation complètement suspendue dans le tube couvert avec le récipient opaque; elle se rétablit moins d'une
minute après le retour de la lumière. Quant au tube qui
avait été couvert avec le récipient de verre, il ne cessa
point de présenter la circulation, seulement ce mouvement
se trouva un peu diminué de vitesse. Ces expériences qui
semblaient établir bien décidément l'influence de la lumière sur la circulation du liquide contenu dans le thermoroscope, n'étaient cependant point au-dessus de toute
objection. Le carton est moins facilement perméable à la
chaleur que le verre, il serait donc possible que le courant
de la chaleur alors existant dans l'appartement eût continué
à s'effectuer au travers des parois du récipient de verre, et
eût été arrêté par les parois du récipient de carton, en sorte
que ce serait encore ici l'absence du courant de la chaleur,
et non l'absence de la lumière, qui aurait amené la suspension de la circulation. Cette manière de voir semble

même étayée par le fait de la diminution de vitesse de la
circulation dans le tube que recouvrait le récipient de verre.
Ce récipient, en effet, opposait aussi un obstacle quelconque à la transmission du courant de la chaleur; la diminution de ce courant dans l'intérieur du récipient avait
diminué la vitesse de la circulation; si l'obstacle eût été
plus grand, la circulation eût été suspendue tout-à-fait.
Ainsi, en supposant que l'absence de la lumière eût véritablement une influence sur la suspension de ce phénomène
circulatoire, il fallait admettre que cette suspension était
en même temps l'effet de la diminution du courant de la
chaleur auquel le thermoroscope était soumis. Afin d'apprécier ce qui pouvait être dû à la lumière dans cette circonstance, il était nécessaire d'étudier son influence dans
des circonstances où le courant de la chaleur ne variait
pas du tout. Un thermoroscope étant donc placé près d'une
fenêtre fermée et éclairée par la seule lumière diffuse, j'observai la circulation jusqu'au soir. Le lendemain, dès la
naissance du jour, je retournai à l'observation du thermoroscope, et je trouvai la circulation complètement suspendue. Le ciel était alors couvert de nuages, ce qui contri-
buait à diminuer l'intensité de la lumière naissante. Je
notai le degré de la température dans l'intérieur de l'appartement et le degré inférieur de la température au dehors. Trois quarts d'heure après, la lumière ayant augmenté d'intensité, la circulation commença à s'établir
d'une manière lente. Cependant la température intérieure
et la température extérieure n'avaient point varié; par conséquent, le courant de la chaleur qui se portait du dedans
de l'appartement au dehors était toujours le même. Quelques heures après, la circulation était devenue très rapide,
ce qui coïncidait avec l'augmentation considérable de l'intensité de la lumière. Cependant la température extérieure
avait augmenté, tandis que la température intérieure était

demeurée la même; par conséquent, le courant de la chaleur toujours dirigé du dedans au dehors, avait perdu une
partie de son intensité, ce qui devait être une cause de
diminution de rapidité de la circulation. Or cette rapidité
de la circulation était, au contraire, augmentée; donc
cette augmentation était due à l'intensité augmentée de la
lumière. Pendant la nuit, le courant de la chaleur dirigé
du dedans au dehors existait; il agissait sans obstacle sur
le thermoroscope, et cependant la circulation n'existait
pas. Je m'en assurai en éclairant instantanément le thermoroscope avec la lumière d'une bougie; donc la suspension de cette circulation était due à l'absence de la lumière.
Peut-être pourrait-on penser que, dans cette circonstance,
la lumière, même lorsqu'elle est diffuse, agit en échauffant
le côté du tube qu'elle frappe, et facilite ainsi la circulation
du liquide qu'il contient. Cette objection tombe d'elle-
même devant l'observation qui fait voir que le matin,
lorsque la circulation recommence, après le repos de la
nuit, le courant ascendant est toujours situé du côté opposé à celui qui est frappé par la lumière, et cela parce
que l'air de l'appartement est alors plus échauffé que l'air
extérieur.

L'absence de la lumière diffuse ne produit la suspension
de la circulation du thermoroscope que lorsque cet instrument est rempli d'eau pure. Cette suspension n'a point
lieu lorsque l'eau contient un acide, un alcali ou un sel.
Cette suspension n'a point lieu non plus lorsque la température excède + 15 degrés. Cela provient de ce que l'eau
qui contient un acide, un alcali ou un sel en solution,
possède une mobilité moléculaire supérieure à celle de
l'eau pure et suffisante pour que sa circulation existe sans
avoir besoin de l'influence de la lumière, et malgré que la
température soit inférieure à + 10 degrés. Lorsque la température générale est supérieure à + 15 degrés R., l'eau

pure acquiert également une mobilité moléculaire suffisante
pour circuler sans avoir besoin de l'influence de la lumière
diffuse. Ainsi au dessous de + 10 degrés R., l'eau pure
ne circule point dans le thermoroscope par l'effet des faibles courans de chaleur tels qu'ils existent ordinairement
dans l'air d'un appartement. De + 10 degrés à + 15 degrés, l'eau pure circule le jour et cesse de circuler la nuit.
Il paraît que l'action de la lumière diffuse donne à l'eau
une augmentation de mobilité moléculaire qu'elle perd
dans l'absence de cet agent. Enfin au-dessus de + 15 degrés, l'eau, en vertu de l'élévation de sa température,
possède assez de mobilité moléculaire pour circuler continuellement dans le thermoroscope soumis aux plus faibles
courans de chaleur.

FIN DU SECOND VOLUME.

TABLE DES MÉMOIRES

CONTENUS DANS LE TOME II.

FIN DE LA TABLE.

Fautes à corriger dans le tome II.

—◆—

Page 101, ligne 25.   les deux pétales dont l'ensemble porte le nom de pavillon, lisez : le pétale qui porte le nom de pavillon.

Page 101, ligne 27.   c'est aussi cette face externe, lisez : c'est aussi cette face interne.

Page 132 (dans la note), divisé, lisez : dérivé.

Page 159, ligne 7.   Page 58, lisez : Page 258.

Page 165, ligne 6.   *tropœlum*, lisez : *tropæolum*.

—◆—

www.ingramcontent.com/pod-product-compliance
Lightning Source LLC
Chambersburg PA
CBHW031343210326
41599CB00019B/2622